手機應用
程式設計
超簡單

App Inventor 2
小專題特訓班

ABOUT eHappy STUDIO

關於文淵閣工作室

常常聽到很多讀者跟我們說：我就是看您們的書學會用電腦的。是的！這就是我們寫書的出發點和原動力，想讓每個讀者都能看我們的書跟上軟體的腳步，讓軟體不只是軟體，而是提昇個人效率的工具。

文淵閣工作室是一個致力於資訊圖書創作三十年的工作團隊，擅長用循序漸進、圖文並茂的寫法，介紹難懂的 IT 技術，並以範例帶領讀者學習程式開發的大小事。我們不賣弄深奧的專有名辭，奮力堅持吸收新知的態度，誠懇地與讀者分享在學習路上的點點滴滴，讓軟體成為每個人改善生活應用、提昇工作效率的工具。舉凡應用軟體、網頁互動、雲端運算、程式語法、App 開發，都是我們專注的重點，衷心期待能盡我們的心力，幫助每一位讀者燃燒心中的小宇宙，用學習的成果在自己的領域裡發光發熱！

我們期許自己能在每一本創作中注入快快樂樂的心情來分享，也期待讀者能在這樣的氛圍下，快快樂樂的學習。

文淵閣工作室讀者服務資訊

如果您在閱讀本書時有任何問題，或是有心得想討論共享，歡迎光臨文淵閣工作室網站，或者使用電子郵件與我們聯絡。

文淵閣工作室網站 **http://www.e-happy.com.tw**

服務電子信箱 **e-happy@e-happy.com.tw**

Facebook 粉絲團 **http://www.facebook.com/ehappytw**

總 監 製 鄧文淵
監　　督 李淑玲
行銷企劃 David · Cynthia
責任編輯 黃信溢
執行編輯 邱文諒 · 鄭挺穗 · 黃信溢
企劃編輯 黃信溢

PREFACE

前言

資訊科技的發展日新月異，這個世界正在以無法想像的速度向前邁進。無論是個人的日常生活到整個社會國家的前景方向，資訊科技的發展都扮演了不能搖撼的重要地位。為了因應資訊科技的發展與教育理念的變遷，世界各國也都紛紛積極的修正資訊科技教育的目標與內涵。

全球的教育界因為「運算思維」的趨勢，對於資訊科技教育的規劃有了不一樣的視野，希望能系統性地建構學生科學、科技、工程、數學 (STEM) 等高階技能，加強每個人邏輯思維與問題解決的能力。而程式設計的風潮就應運而生，希望能讓學生透過動手實作，有效利用運算思維與資訊科技工具解決問題、合作共創與溝通表達。

隨著手機、平板電腦、智慧電視、觸控螢幕等智慧裝置普及，行動學習與翻轉教室成為學習潮流，過去習慣的媒體呈現方式也從傳統的平面、影片、網頁改變為 APP 的形式。不僅可以呈現創意，更能跨界整合豐富的資源，透過網路就能隨時下載，立即使用。App 的開發是程式設計教育中十分適合投入的主題，其中由 Google 設計、麻省理工學院維護的 App Inventor 就是一個十分理想的 App 開發教學軟體。

App Inventor 利用視覺式的程式開發模式，降低了學習與開發的門檻。經由正確的引導與練習下，每個人都能製作出畫面精緻、功能強大的 App 程式。在學習的過程中不僅能培養學生邏輯思考、解決問題的能力，藉由作品的完成更能提升學生的學習動機與開發能力，應用到自己的生活中。不僅能夠符合世界教育的潮流，更能貫徹國家教育的學習目標，為學生帶來無可限量的遠景。

程式設計能讓運算思維的運作具體化，所以本書針對不同的應用情境，精心設計了不同的專題方向。其中包含了生活應用、媒體播放、學習教育、網路整合、娛樂遊戲等不同主題，讓學習者能夠快速地掌握 App 開發的關鍵技術，經由實際操作與測試進行紮實而深入的學習。由實作中引發學習興趣與動機，讓運算思維落實在每個人的生活當中，成為不可取代的終身技能。

文淵閣工作室

SUPPORTING MEASURE

學習資源說明

為了確保您使用本書學習的效果，並能快速練習或觀看範例，本書特別提供作者製作的完整範例檔案，供您操作練習時參考或是先行測試使用。

光碟內容

1. **本書範例**：將各章範例的完成檔依章節名稱放置各資料夾中。
2. **教學影片**：將書中所有專題的製作過程錄製成影音教學影片，請依連結開啟單元進行參考及學習。
3. **專題完整程式拼塊、App Inventor 2 單機版與伺服器架設說明、App Inventor 2 環境建置說明、Google Play 上架全攻略**：將相關資料與說明整理成 PDF 文件檔，讀者可依照需求進行參考。

專屬網站資源

為了加強讀者服務，並持續更新書上相關資訊的內容，我們提供了本系列叢書的相關網站資源，您可以取得書本中的勘誤、更新或相關資訊消息，更歡迎您加入我們的粉絲團，讓所有資訊一次到位不漏接。

藏經閣專欄　http://blog.e-happy.com.tw/?tag= 程式特訓班
程式特訓班粉絲團　https://www.facebook.com/eHappyTT

注意事項

本內容提供讀者自我練習及學校補教機構於教學時使用，版權分屬於文淵閣工作室與提供原始檔案及程式的各公司所有，未經授權不得抄襲、轉載或任意散佈。

CONTENTS

目錄

Chapter

02

鐵琴音樂演奏

Chapter

03

翻譯麥克風

Chapter

04

電子書

Chapter 05

計算機

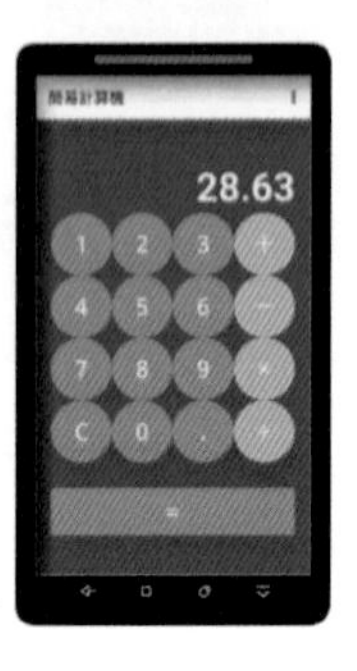

Chapter 06

拉霸遊戲機

Chapter 07

地鼠敲敲樂

Chapter
08 猴子奪寶記

Chapter
09 電子羅盤

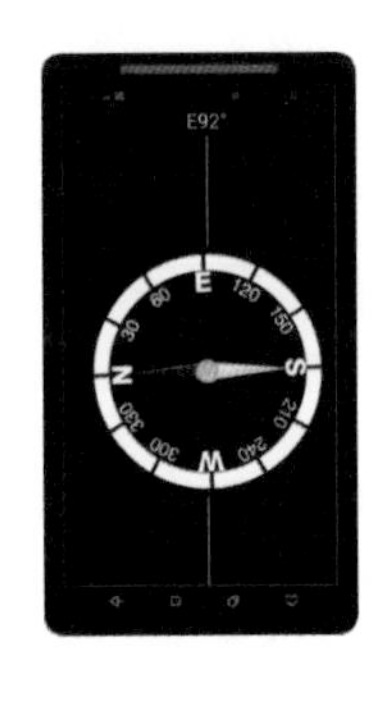

Chapter 10

整點報時掛鐘

Chapter

11

健康計步器

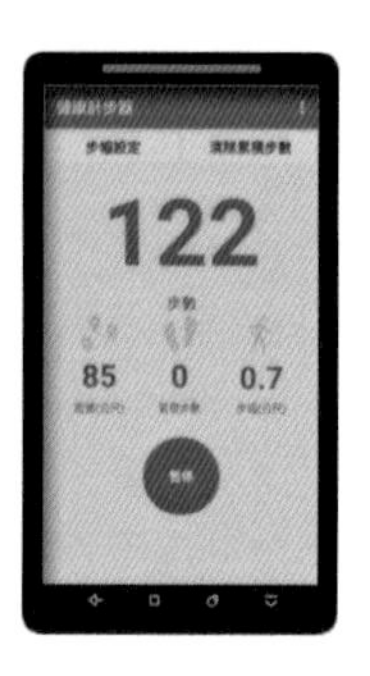

Chapter 12

自行車道景點地圖

Chapter 13

發票速掃快手

Chapter

14

館區導覽

[00] 運算思維與程式設計

- 認識運算思維
- 程式設計是運算思維的體現

0.1 認識運算思維

0.1.1 運算思維的出現

資訊科技的成長與發展帶動了世界的進步，拉近了國家的界限，也影響了人類的生活。現代人的生活週遭不斷會有新的科技名詞誕生：人工智慧、大數據、機器學習、物聯網等等新技術、新觀念的出現，讓人可能因為無法掌握吸收而感到焦慮，但又因為這樣的進步為生活品質帶來的提升而難以割捨。

電腦的出現是資訊科技突飛猛進的一大主因，對於人類生活中所產生的問題可以提出快速且適合的解決方案。因為運算快速，計算精準的特性，對於重複性高的工作或是大量的資料處理，都能發揮高度的效率來完成工作。在日常生活中隨著可見電腦為人類生活帶來改善的痕跡，無論是聯絡通訊、資料處理，甚至金融交易、交通運輸等大大小小的事項，都必須仰賴電腦的運算來達成各項的工作。

其實電腦並不是能會自主思考的個體，所以在面對任務、遭遇問題時都必須由人類給予正確、適當的指令，讓電腦能夠依循進而執行問題的解決。運算就是利用電腦一步一步地執行指令來解決問題的過程，就像是數學家利用數學思維來證明數學定理、工程師用工程思維在設計製造產品、藝術家用藝術思維進行詩歌音樂繪畫的創作，能夠利用獨特的邏輯思維，進而提出方案，進行問題解決。

2006 年 3 月，美國電腦科學家 Jeannette M. Wing 在 ACM 上發表了一份名為《運算思維》(Computational Thinking) 的文章，主張無論是否為電腦資訊相關的專家，一般人都應該學習電腦運算思考的技巧，讓運算思維能像閱讀、寫字、算術一樣成為每個人的基本技能。

0.1.2 什麼是運算思維？

所謂運算思維，就是運用電腦科學的基礎概念與思考方式，去解決問題時的思維活動，其中的重點包括了如何在電腦中描述問題、如何讓電腦通過演算法執行有效的過程來解決問題。電腦原本只是人們解決問題的工具，但當這種工具在幾乎每一個領域中都得到廣泛使用後，就能反過來影響人們的思維方式。因此，當運算思維普及到所有人的生活中，即使一般人也能利用電腦來解決自己生活、工作中的問題，對於適應未來的社會就具有重要意義。

隨著科技快速進步，人類所面臨的挑戰也愈來愈困難，如何以更有效率且更好的方式去解決問題，是每個人都不能逃避的任務。訓練具有批判性思考能力去探索問題及理解問題的本質，學會如何解構問題，建立可被運作的模式，並在過程中培養邏輯思考的能力，善用電腦找到適合的演算方式及解決方案，這就是運算思維的概念所要推行的理念。唯有培養了這樣的能力，才能有自信地面對未來的所有挑戰，也難怪世界各國對於國民教育中運算思維能力的培養，都視為刻不容緩，必須積極投入的工作。

0.1.3 運算思維的特色

運算思維，簡單來說就是用資訊工具解決問題的思維模式，可以在長期面對問題並找出解決方案的過程中，發展出解決問題的標準流程。經由運算思維的幫助，人類可以在發現問題後進行觀察陳述、分析拆解，找出規律產生原則，進而建立解題的方案，讓問題易於處理，所以有抽象化、具體化、自動化、系統化等特色。

Google for Education 定義運算思維為一個解決問題的過程，除了用於電腦應用程式的開發，也適用於支持其它知識領域，例如在數學、科學上的問題解決。中就從運算思維中獨立出四個核心能力：

1. 拆解問題 (Decomposition)：將資料或問題拆解成較小的部分。
2. 發現規律 (Pattern Recognition)：觀察資料的模式、趨勢或規則等現象。
3. 歸納與找出核心概念 (Abstraction)：找出產生模式的一般性原則。
4. 設計演算法 (Algorithm Design)：建立一個解決相同或類似問題的步驟。

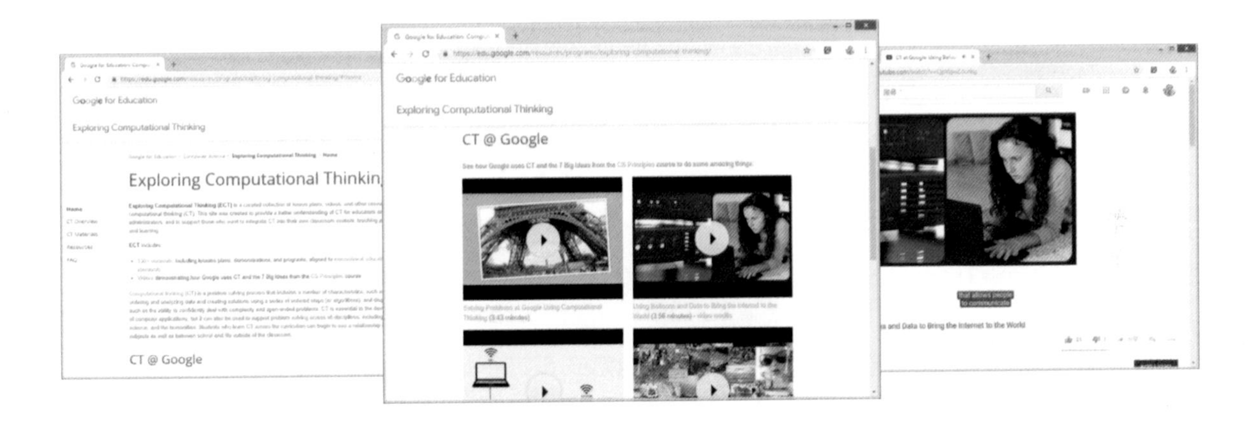

學習這四個核心能力就能強化每個人在未來面對問題時，運用這些技巧來嘗試解決問題。這與過去傳統單純教導知識的方式不同，因為運算思維能藉由這個運作的流程將問題解決標準化，能在有效率的執行中得到最佳的解決。就像認知發展裡的語言能力、記憶力及觀察力等，透過適當的訓練後就能成為一輩子受用的工具。

資訊補給站

Google for Education : Exploring Computational Thinking
https://edu.google.com/resources/programs/exploring-computational-thinking/
Google 探索運算思維的課程計劃網站，提供教育工作者能更了解運算思維，並協助將運算思維的內容整合到教育者的教學現場，進行教學與學習。

0.2 程式設計是運算思維的體現

0.2.1 學習程式設計的重要性

程式設計的學習為實踐運算思維教學的重要途徑，透過撰寫程式，能將運算思維中抽象的運作方式，例如變數使用、流程控制、資料處理、迴圈、除錯等能力具體化。儘管運算思維並非等同於程式設計，但程式設計是創造運算作品的主要方式，亦是輔助運算思維中所需的認知任務的工具及展現運算思維能力的媒介。許多研究開始探討如何利用程式設計教學培養問題解決與運算思維，課程設計著重在引導學習者利用運算思維解決問題。透過程式設計的學習，能讓學習者由運算的設計與實作中了解資訊系統的組成與運算原理，並能分析評估問題的解決方法，進一步培養利用運算工具解決問題的能力。

0.2.2 世界各國程式設計課程的發展

程式設計的學習成為教育領域中的一個新風潮，也在世界的教育趨勢上成為很重要的指標。許多先進國家皆因深知程式設計能力對國家競爭力的影響而紛紛大力倡導程式設計教學之重要性，如美國、英格蘭與澳洲等皆於國小階段即將程式設計納入資訊科技課程，我國也將程式設計納入十二年國教科技領域課綱，足見重視的程度。由這樣的方向看來，程式設計在未來將不再只是資訊相關業別人員才必須會的技巧，無論想進入社會上任何一個階層，扮演何種身份，從事何種行業，程式設計都將會是一項重要的技能，也是每個都必須培養的新素養。

0.2.3 視覺化程式設計

視覺化程式設計現在已成為程式設計的發展趨勢與主流，可以讓學習者容易地學會程式設計，且能專注於設計與創作，經歷創作、修改與使用的歷程。跟過去的程式設計軟體最明顯的差異，是視覺化程式設計軟體不再使用文字條列的呈現方式來進行撰寫，而是改用拼塊、線條等與其他的輔助標誌進行圖形上的排列組合，讓整體圖形可以表現出代表的邏輯與功能。因為使用的是圖片，所以相較於傳統使用文字表現的程式設計語言，可以讓設計者更容易瞭解程式所組成的功能與設計概念。學習者可體驗與應用運算思維，更進一步可接續一般的程式語言，以逐步發展運算思維。

[01] 照相機

- 學習圖形按鈕
- 學習水平配置自動寬度時元件操作
- 學習照相機元件
- 學習圖像選擇器元件

1.1 認識 App 專題：照相機

1.1.1 專題介紹

多媒體功能是 App Inventor 2 最為人稱道的優點之一，許多設計者選擇使用 App Inventor 2 來開發行動裝置應用程式，就是看上其簡單易用的多媒體元件，而照相機元件則是使用最多的多媒體元件。

本專題將設計一款讓使用者照相的應用程式，完成照相功能後會顯示相片讓使用者觀看。通常手機中會儲存相當數量的照片，本專題提供選取及顯示相片庫相片的功能，方便使用者隨時回顧過去拍攝的珍貴相片。

1.1.2 專題作品預覽

「照相機」App 執行後按下方照相鈕即可照相，照完相後相片會顯示於手機螢幕中。按下方選圖鈕則會開啟手機相簿讓使用者挑選相片，點選相片後，該相片會顯示於手機螢幕中。

學習小叮嚀

本專題會使用到相機鏡頭，建議使用實機測試才能正確操作其中的功能。

1.2 App 畫面編排

使用 App Inventor 2 製作「照相機」App，在規劃程式功能及流程後，再依架構設計版面並收集素材，最後即可開始進行畫面編排。

1.2.1 App 畫面編排完成圖

1.2.2 新增專案及素材上傳

在「照相機」App 的範例畫面編排中，除了畫面上版頭的圖片之外，最重要的是要加入 **圖像**、**按鈕** 及 **圖像選擇器**。

1. 登入開發頁面按 **新增專案** 鈕。
2. 在對話方塊的 **專案名稱** 欄位中輸入「ex_easycamera」。
3. 按下 **確定** 鈕完成專案的新增並進入開發畫面。

❹ 按 **素材** 的 **上傳文件** 鈕。

❺ 在對話方塊按 **選擇檔案** 鈕。

❻ 在對話視窗中選取本章原始檔資料夾，選取圖片 <camera_head.png> 檔後按 **開啟** 鈕，然後在對話方塊中按 **確定** 鈕。

❼ 完成後即可在 **素材** 中看到上傳的圖片檔名。請利用相同的方式將其他圖片上傳到 **素材** 中。

1.2.3 設定畫面

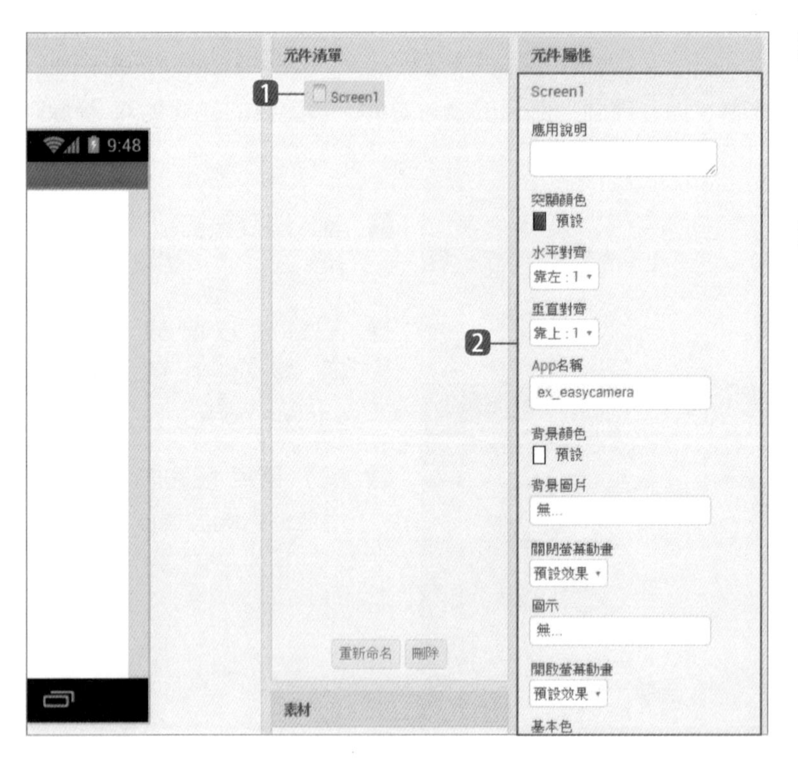

❶ 首先進行外觀編排：在 **元件清單** 選按 **Screen1** 準備進行設定，這是預設的畫面元件。

❷ 請在 **元件屬性** 依下頁表格資料進行欄位設定。

欄位	值
水平對齊	置中：3
垂直對齊	靠上：1
App 名稱	簡易照相機
螢幕方向	鎖定直式畫面
允許捲動	取消核選

欄位	值
視窗大小	固定大小
Theme	Device Default
標題	簡易照相機
標題顯示	取消核選

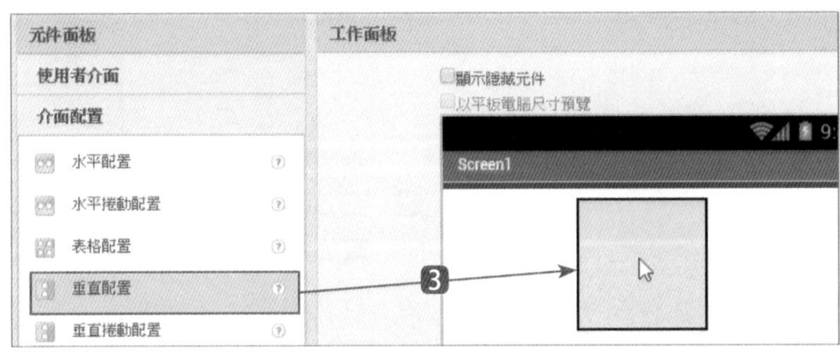

❸ 在 **元件面板** 拖曳 **介面配置 / 垂直配置** 到工作面板中。

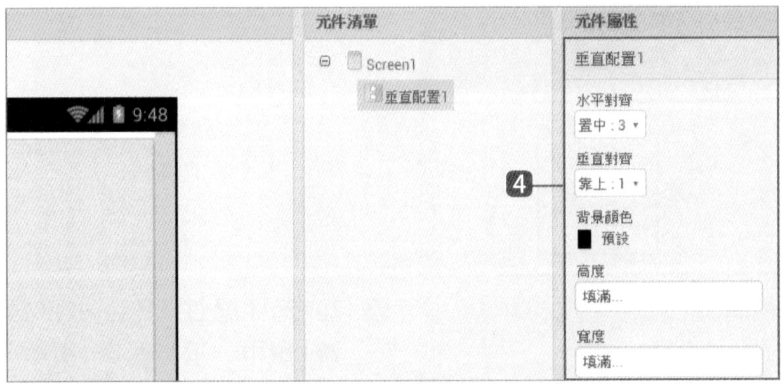

❹ 在 **元件屬性** 設定 **水平對齊：置中**、**垂直對齊：靠上**，**高度：填滿**、**寬度：填滿**。

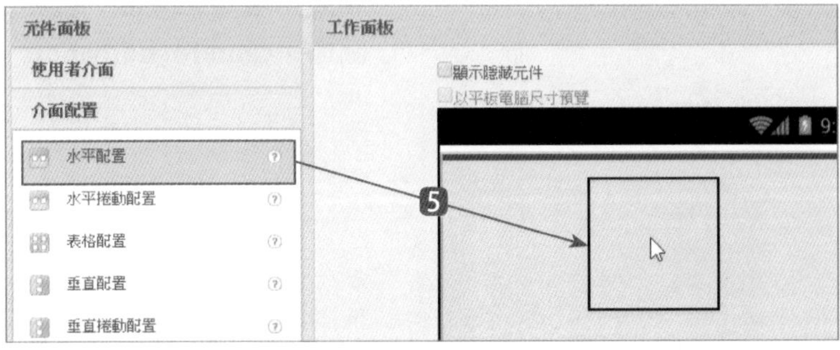

❺ 在 **元件面板** 拖曳 **介面配置 / 水平配置** 到剛才的配置區域中。

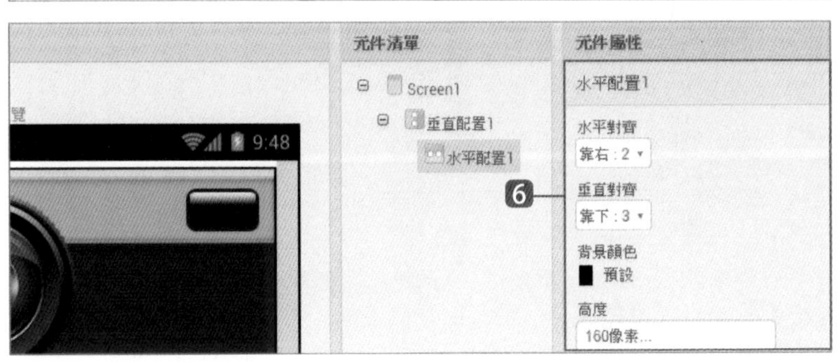

❻ 在 **元件屬性** 設定 **水平對齊：靠右**、**垂直對齊：靠下**，**高度：160 像素**、**寬度：320 像素**、**圖像：camera_head.png**。

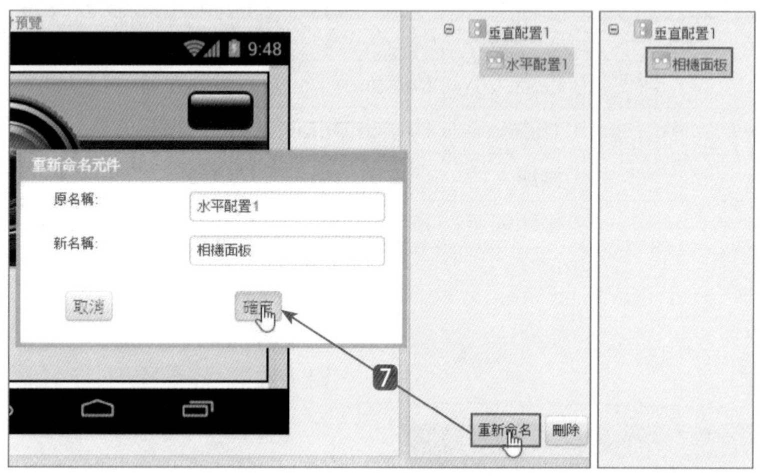

7 在 **元件清單** 選取 **水平配置 1** 後按 **重新命名** 鈕，在對話方塊的 **新名稱** 欄輸入「相機面板」後按 **確定** 鈕。

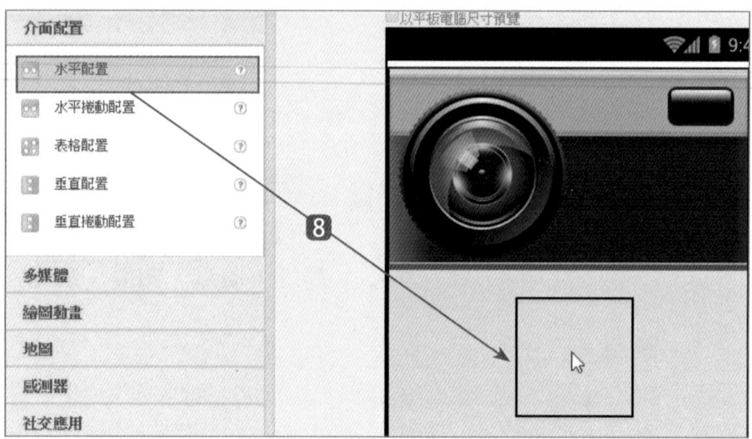

8 在 **元件面板** 拖曳 **介面配置 / 水平配置** 到 **相機面板** 的下方。

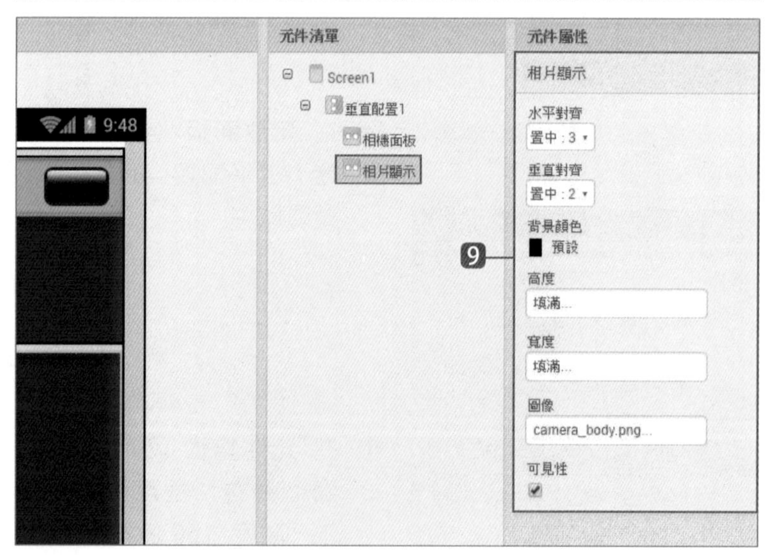

9 在 **元件屬性** 設定 **水平對齊：置中**、**垂直對齊：置中**，**高度：填滿**、**寬度：填滿**、**圖像：camera_body.png**。

1.2.4 加入功能按鈕

接著要在面板中加入照相鈕及選圖鈕，請依下述步驟操作：

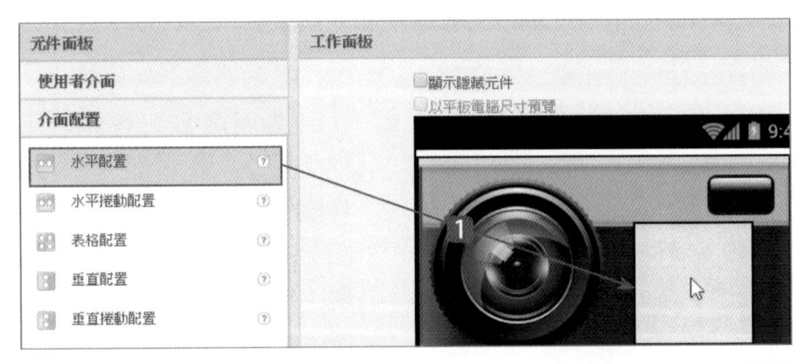

❶ 在 **元件面板** 拖曳 **介面配置 / 水平配置** 到 **相機面板** 中。

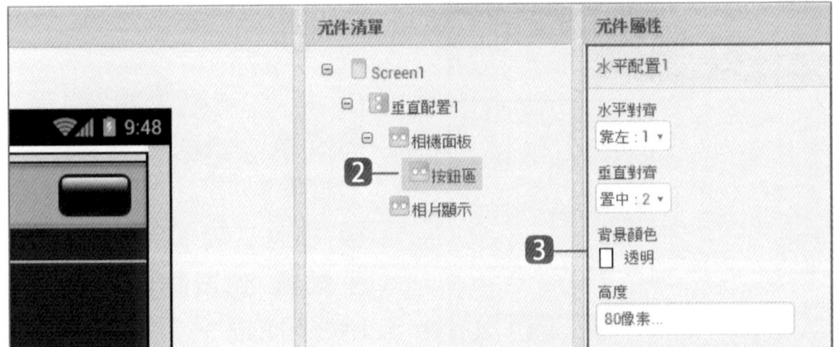

❷ 使用 **重新命名** 鈕將這個配置更名為 **按鈕區**。

❸ 在 **元件屬性** 設定 **水平對齊：靠左**、**垂直對齊：置中**，**高度：80 像素**、**寬度：自動**。

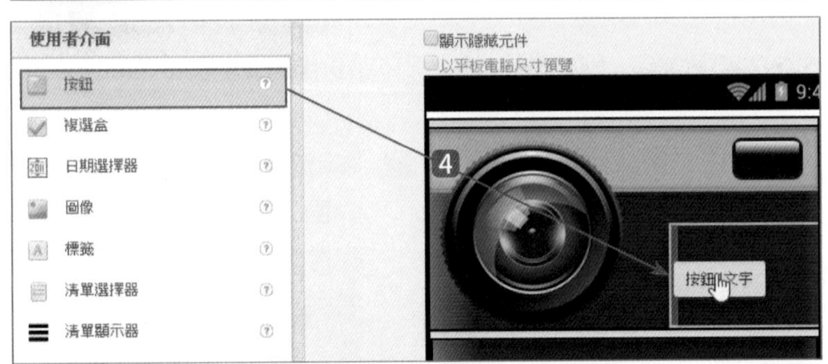

❹ 在 **元件面板** 拖曳 **使用者介面 / 按鈕** 到 **按鈕區** 區域中。

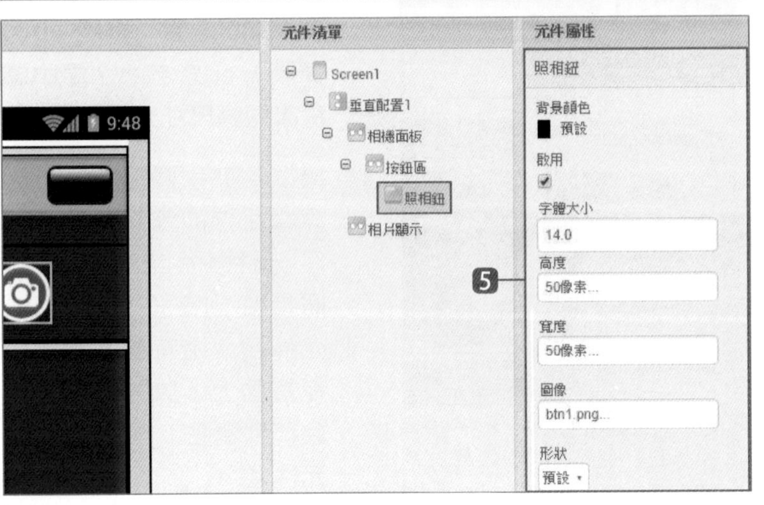

❺ 使用 **重新命名** 鈕將這個按鈕更名為 **照相鈕**。在 **元件屬性** 清空 **文字** 欄的值，設定 **高度：50 像素**、**寬度：50 像素**、**圖像：btn1.png**。

❻ 在 **元件面板** 拖曳 **多媒體 / 圖像選擇器** 到 **按鈕區** 裡的 **照相鈕** 旁。

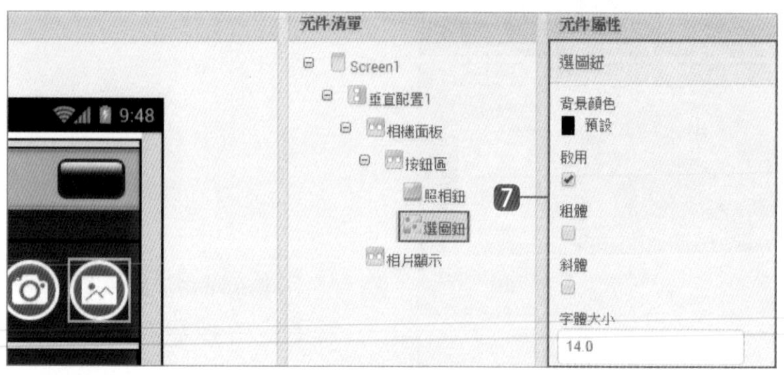

❼ 使用 **重新命名** 鈕將這個元件更名為 **選圖鈕**。在 **元件屬性** 清空 **文字** 欄的值，設定 **高度：50 像素**、**寬度：50 像素**、**圖像：btn2.png**。

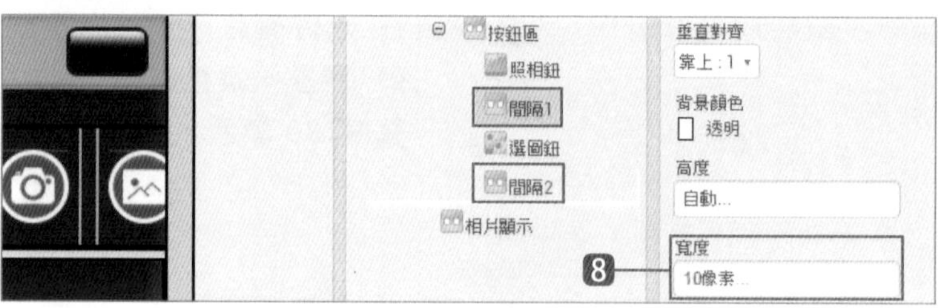

❽ 為了讓二個按鈕還有下方區域有點間距，在 **元件面板** 拖曳二個 **介面配置 / 水平配置** 到按鈕間與下方，除了分別改名為「間隔 1」、「間隔 2」，再設定 **寬度：10 像素**。

1.2.5 加入相片顯示區及照相機元件

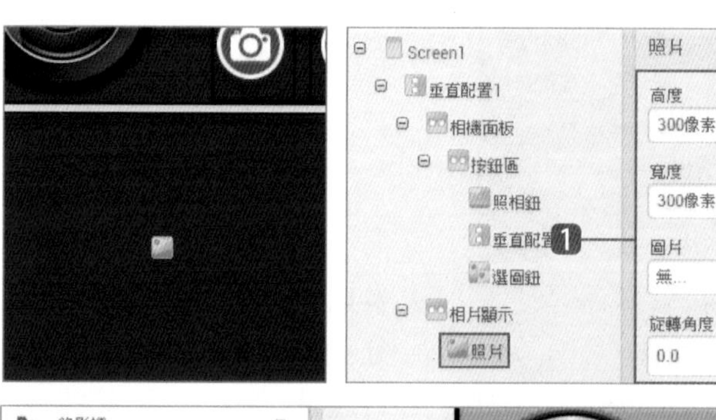

❶ 在 **元件面板** 拖曳 **使用者介面 / 圖像** 到畫面下方的 **相片顯示** 裡，使用 **重新命名** 鈕將這個元件更名為 **照片**。在 **元件屬性** 設定 **高度：300 像素**、**寬度：300 像素**、核選 **放大 / 縮小圖片來適應尺寸**。

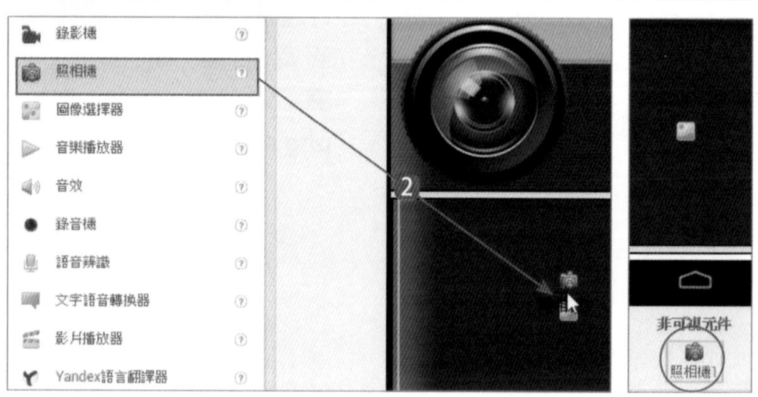

❷ 最後要使用 **照相機** 元件來呼叫手機的照相功能。請在 **元件面板** 拖曳 **多媒體 / 照相機** 到畫面中，因為該元件在使用時並不會顯示在畫面上，放開後該元件會掉到畫面下方的 **非可視元件** 區。

1.3 App 程式設計

完成了「照相機」App 的畫面編排後，接下來就要加入程式設計的拼塊。

1.3.1 設定照相功能

首先設定使用者按 **照相鈕** 後執行照相功能並顯示相片。

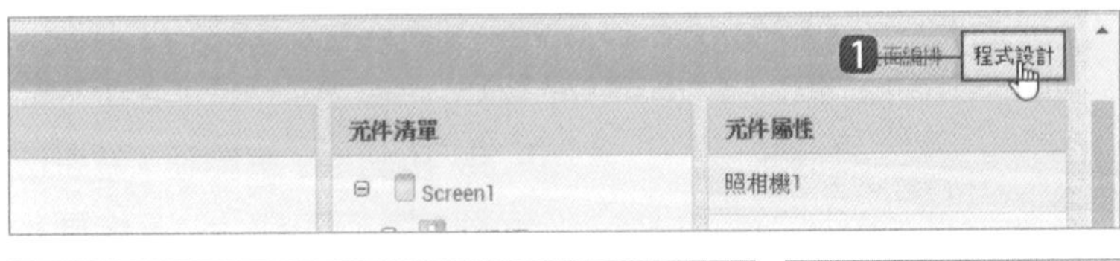

❶ 按功能表右方的 **程式設計** 進入程式設計模式。

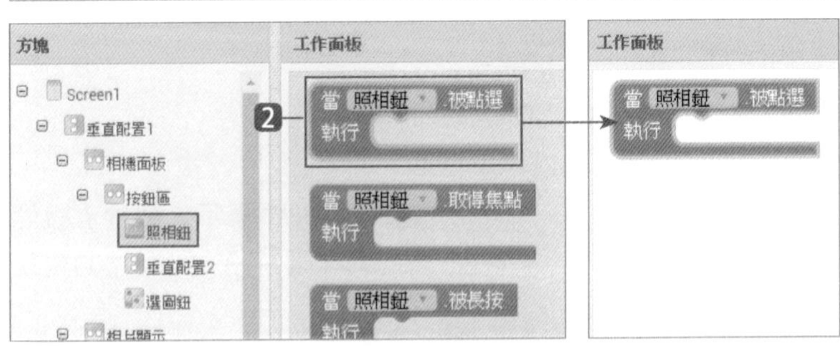

❷ 取 **按鈕區 / 照相鈕 / 當照相鈕 . 被點選** 到 **工作面板** 中。

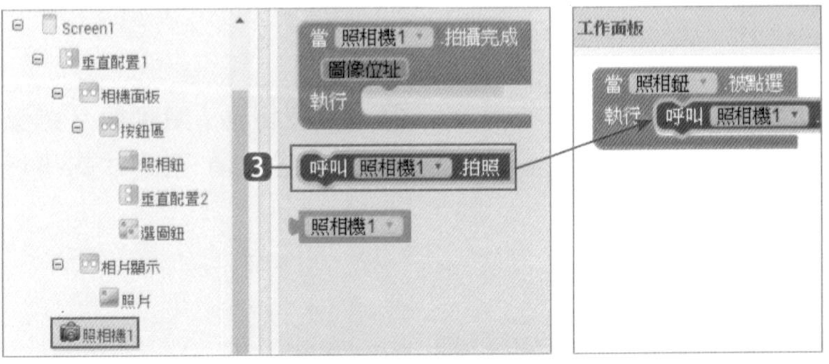

❸ 取 **照相機 1 / 呼叫照相機 1. 拍照** 到 **工作面板** 剛才的拼塊中。

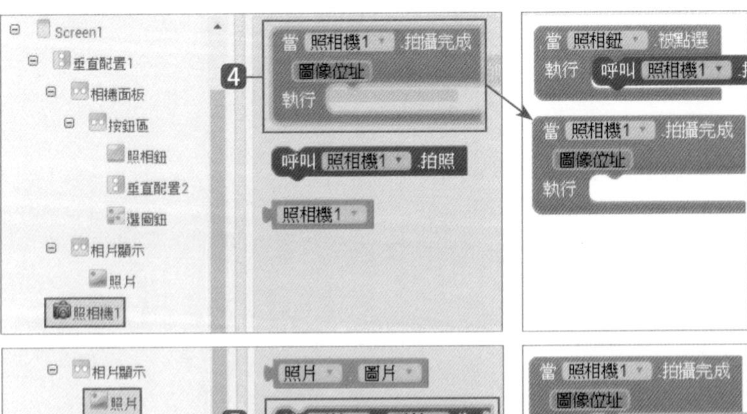

❹ 取 **照相機 1 / 當照相機 1. 拍攝完成** 到 **工作面板** 中。

❺ 取 **相片顯示 / 照片 / 設照片 . 圖片 為** 到剛才的拼塊中。

6 將滑鼠在 **當照相機 1. 拍攝完成 / 圖像位址** 停留 2 秒，取 **取圖像位址** 到剛才的拼塊後。

1.3.2 設定選擇圖片功能

使用者按 **圖像選擇器** 元件後，不需撰寫程式拼塊就會開啟手機相簿讓使用者選取相片，只要在選取完成後再以程式拼塊顯示相片即可。

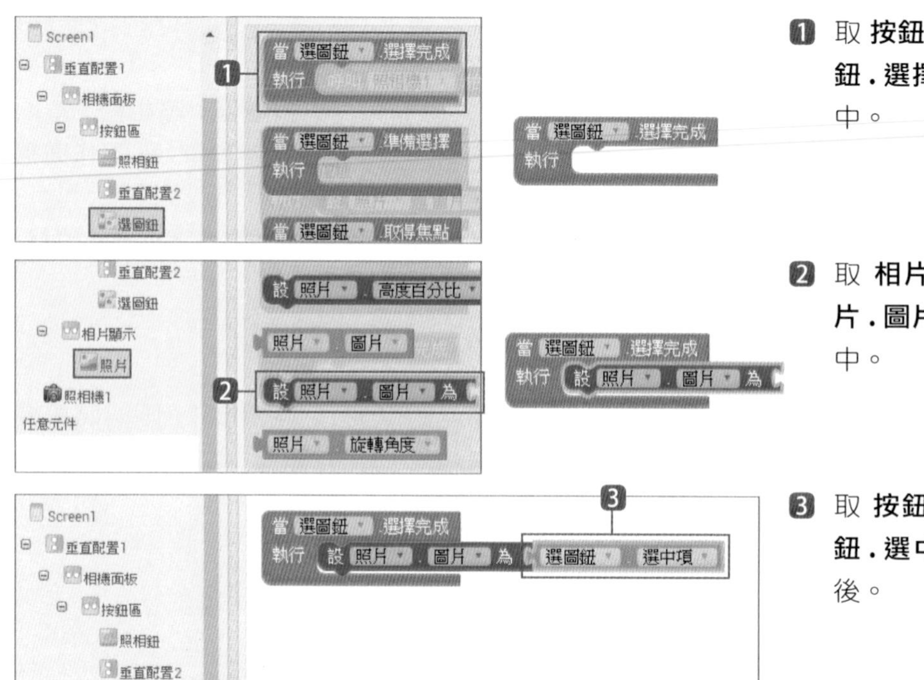

1 取 **按鈕區 / 選圖鈕 / 當選圖鈕 . 選擇完成** 到 **工作面板** 中。

2 取 **相片顯示 / 照片 / 設照片 . 圖片 為** 到剛才的拼塊中。

3 取 **按鈕區 / 選圖鈕 / 選圖鈕 . 選中項** 到剛才的拼塊後。

如此即完成 App 的專題製作。

[02] 鐵琴音樂演奏

- 學習介面配置元件透明背景設定
- 學習組合圖形按鈕
- 學習使用音效元件
- 學習設定手機震動
- 學習複製事件程式拼塊

2.1 認識 App 專題：鐵琴音樂演奏

2.1.1 專題介紹

要設計生動活潑的應用程式，聲音是不可或缺的關鍵因素。App Inventor 2 提供的 **音效** 元件可以播放聲音檔，其主要功能是播放較短的音效檔，例如遊戲中常用的碰撞聲、樂器的單一音符等。**音效** 元件的另一功能是讓手機產生震動，並且可以設定震動時間。

本專題模擬真實鐵琴的鍵盤，使用者按下鍵盤就以音效元件播放對應音調的聲音檔案。為了簡化程式規模，本專題僅建立 8 個按鍵，只要再自行加入按鍵圖形及聲音檔案，就可完成功能更完整的小鐵琴樂器。

2.1.2 專題作品預覽

「鐵琴音樂演奏」App 執行後會模擬鐵琴鍵盤顯示 8 個按鍵，由左到右分別為 Do、Re、Mi、Fa、So、La、Si 及 高音 Do 音調，使用者點按琴鍵就可發出對應音調的琴聲。如果使用實機執行，發出聲音時手機會震動，與真實鐵琴相似。

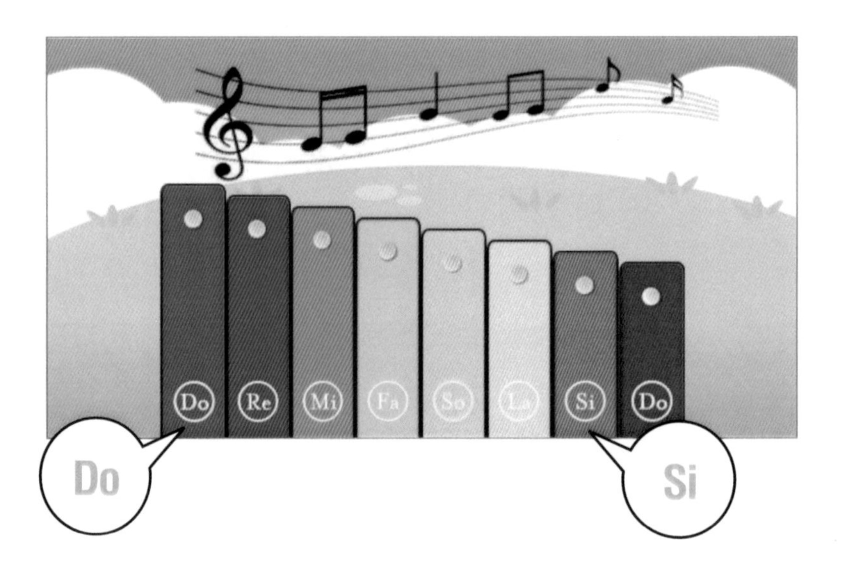

學習小叮嚀

本專題設定螢幕為橫向，在模擬器執行時可按 **Ctrl + F12** 鍵切換為模擬器橫向顯示。

2.2 App 畫面編排

使用 App Inventor 2 製作「鐵琴音樂演奏」App，在規劃程式功能及流程後，再依架構設計版面並收集素材，最後即可開始進行畫面編排。

2.2.1 App 畫面編排完成圖

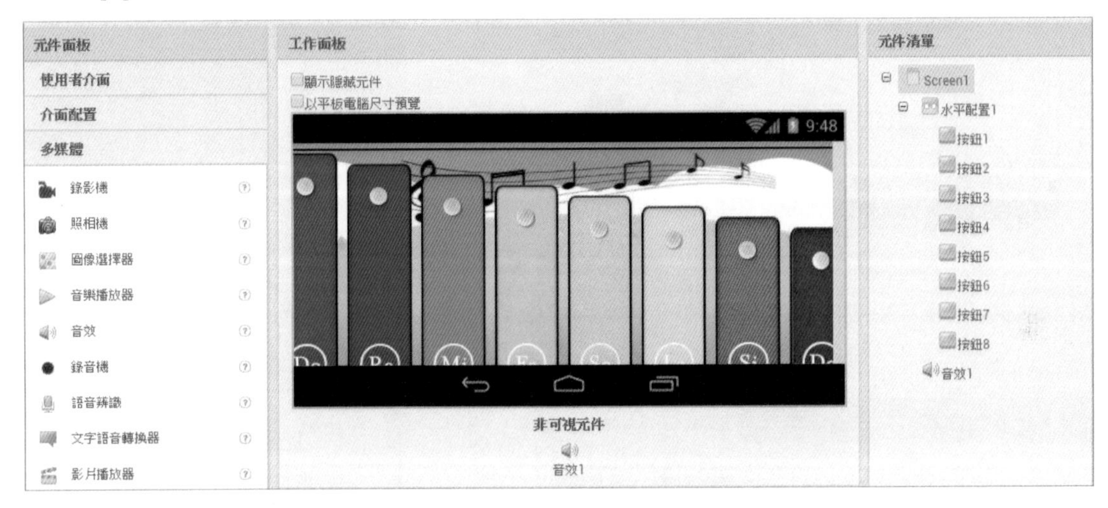

2.2.2 新增專案及素材上傳

在「鐵琴音樂演奏」App 的範例畫面編排中，除了畫面的背景圖片之外，最重要的是要加入小鐵琴鍵盤圖形。

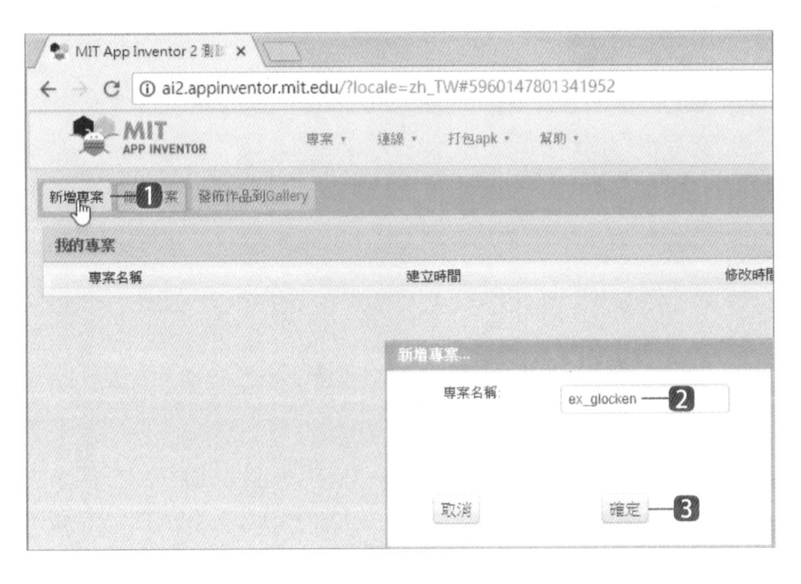

1. 登入開發頁面按 **新增專案** 鈕。
2. 在對話方塊的 **專案名稱** 欄位中輸入「ex_glocken」。
3. 按下 **確定** 鈕完成專案的新增並進入開發畫面。

❹ 按 **素材** 的 **上傳文件** 鈕。

❺ 在對話方塊按 **選擇檔案** 鈕。

❻ 在對話視窗中選取本章原始檔資料夾，選取圖片 <bg.png> 檔後按 **開啟** 鈕，然後在對話方塊中按 **確定** 鈕。

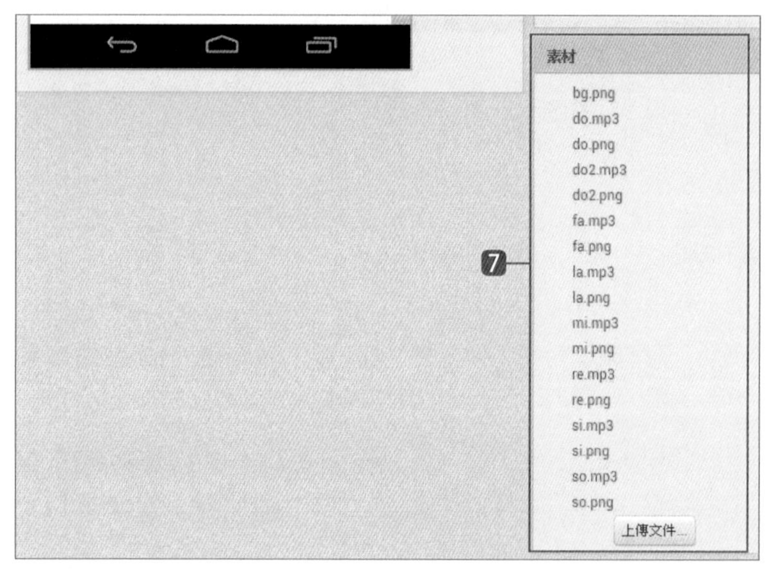

❼ 完成後即可在 **素材** 中看到上傳的圖片檔名。請利用相同的方式將其他圖片和聲音檔上傳到 **素材** 中。

2.2.3 設定畫面

首先進行外觀編排：在 **Screen1** 元件屬性依下列表格進行設定。

欄位	值	欄位	值
水平對齊	置中：3	允許捲動	取消核選
垂直對齊	靠下：3	狀態欄顯示	取消核選
App 名稱	小鐵琴	視窗大小	自動調整
背景顏色	預設	Theme	Device Default
背景圖片	bg.png	標題	小鐵琴
螢幕方向	鎖定橫式畫面	標題顯示	取消核選

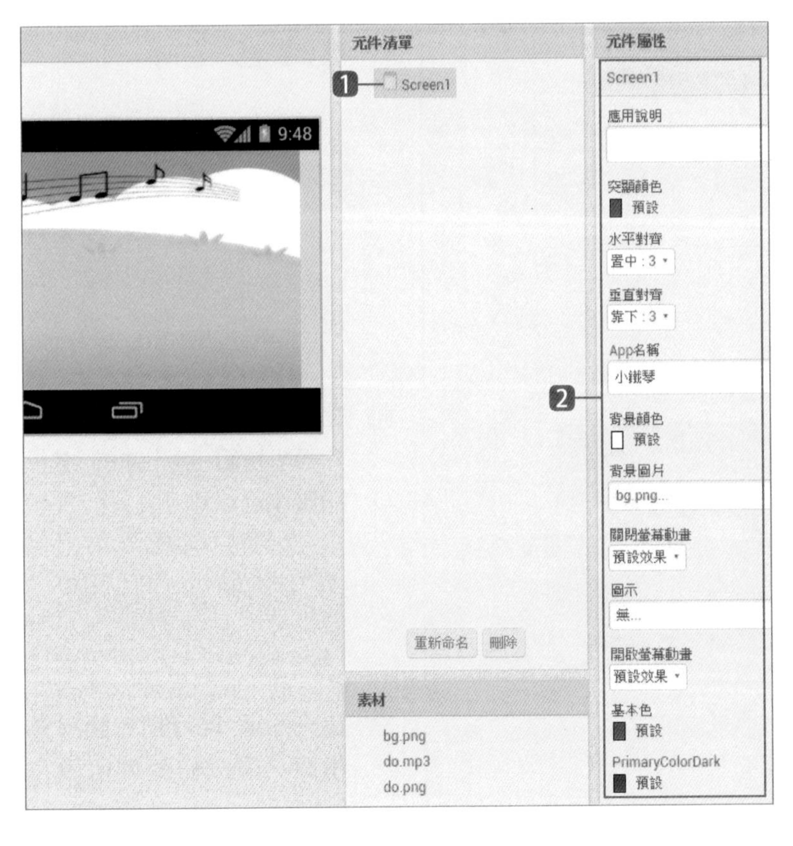

1. 首先進行外觀編排：在 **元件清單** 選按 **Screen1** 準備進行設定，這是預設的畫面元件。
2. 請在 **元件屬性** 依上方表格資料進行欄位設定。

2.2.4 加入琴鍵按鈕

接著在面板中加入水平配置，並在水平配置中加入顯示小鐵琴按鍵的按鈕，請依下述步驟操作：

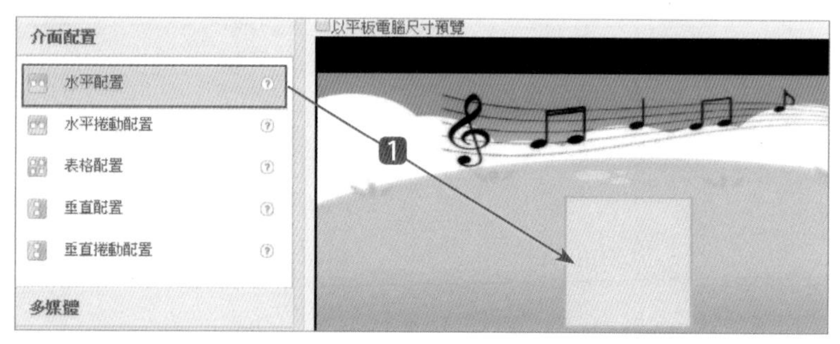

❶ 在 **元件面板** 拖曳 **介面配置 / 水平配置** 到工作面板中。

❷ 在 **元件屬性** 設定 **水平對齊：置中**、**垂直對齊：靠下**，**背景顏色：透明**。

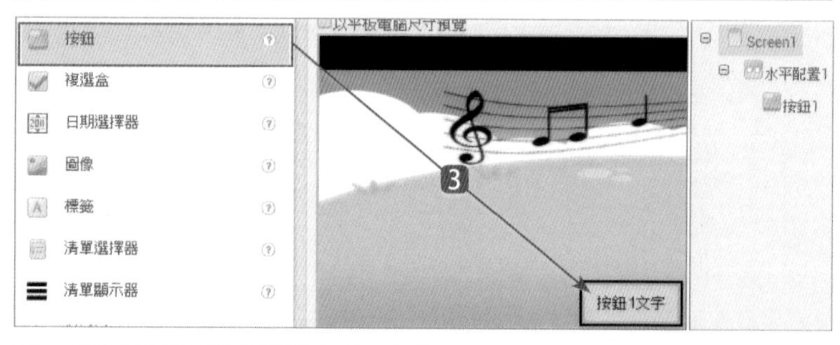

❸ 在 **元件面板** 拖曳 **使用者介面 / 按鈕** 到剛才的 **水平配置 1** 區域中。

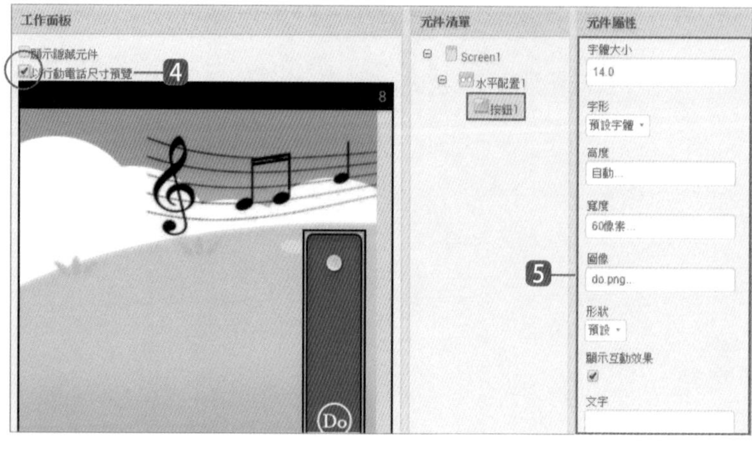

❹ 請先核選 **以行動電話尺寸預覽**，讓按鈕圖片可以完整顯示。

❺ 在 **元件屬性** 設定 **寬度：60 像素**，**圖像：do.png**，**文字：空字串**。

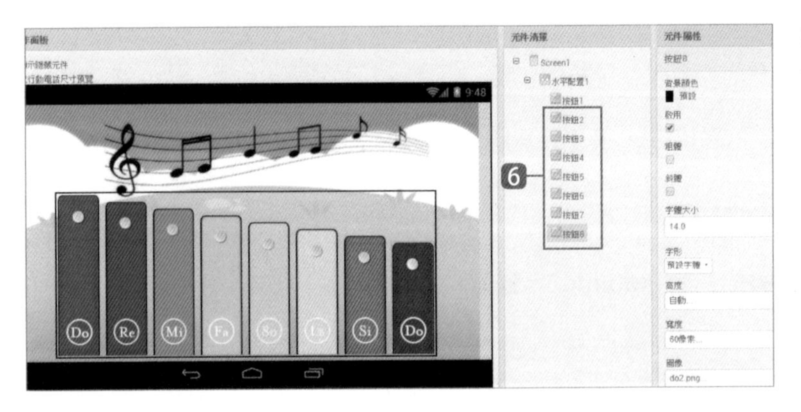

6 重複 3 5 的操作七次：由左至右依序加入 **按鈕 2~按鈕 8**，並依序在元件屬性設定 **圖像** 為 **re.png**、**mi.png**、**fa.png**、**so.png**、**la.png**、**si.png** 和 **do2.png**，其餘屬性設定和 **按鈕 1** 相同。

2.2.5 加入音效元件

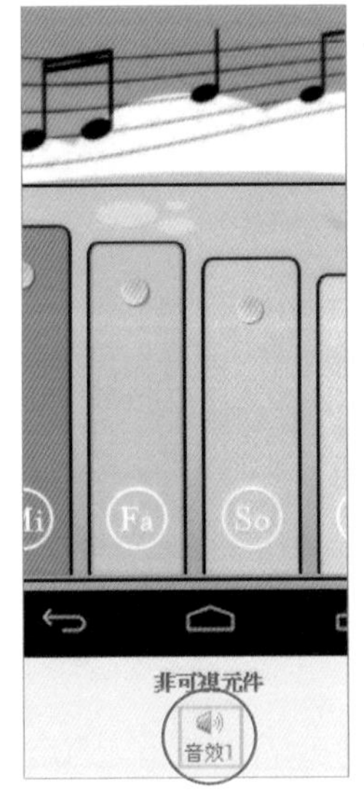

1 在 **元件面板** 拖曳 **多媒體 / 音效** 到畫面中。

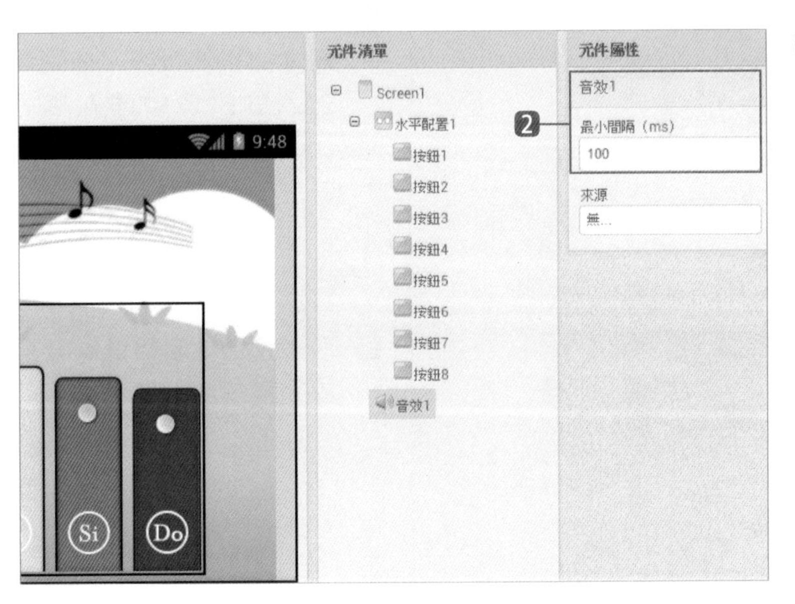

2 請在 **音效 1** 的 **元件屬性** 設定 **最小間隔：100**。

2.3 App 程式設計

完成了「鐵琴音樂演奏」App 的畫面編排後，接下來就要加入程式設計的拼塊。

2.3.1 設定播放音調 Do 聲音檔

首先設定使用者按 **按鈕 1** 後執行播放音調 <do.mp3> 聲音檔並讓手機震動 0.1 秒。

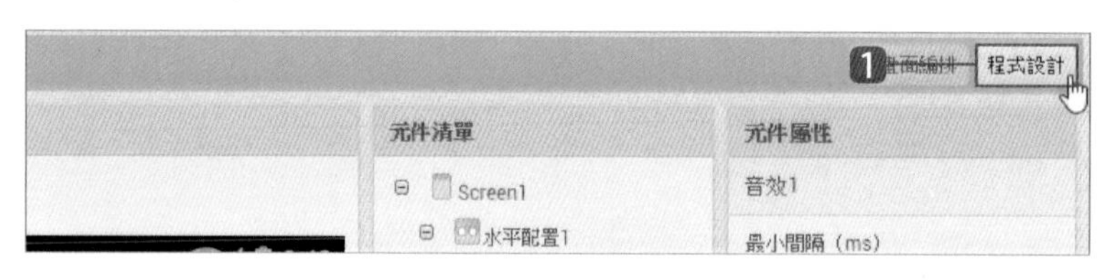

❶ 按功能表右方的 **程式設計** 進入程式設計模式。

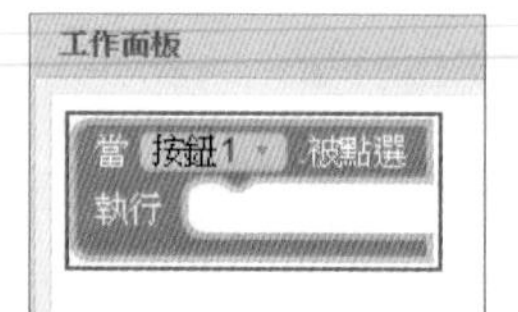

❷ 取 **水平配置 1 / 按鈕 1 / 當按鈕 1. 被點選** 到 **工作面板** 中。

❸ 取 **音效 1 / 設音效 1. 來源為** 到 **工作面板** 剛才的拼塊中。

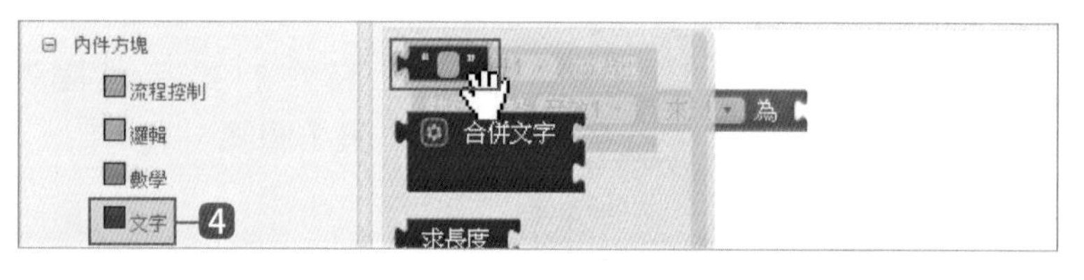

❹ 取 **內件方塊 / 文字 / " "** 到剛才的拼塊後方。在剛新加入的拼塊中輸入檔名「do.mp3」。

❺ 取 **音效 1 / 呼叫音效 1. 播放** 到前拼塊下方。

❻ 取 **音效 1 / 呼叫音效 1. 震動** 到前拼塊下方。

❼ 取 **內件方塊 / 數學 / 0** 到剛才的拼塊後方。在剛新加入的拼塊中輸入「100」。

2.3.2 複製播放聲音檔拼塊

使用者按 **按鈕 2** 到 **按鈕 8** 執行的程式拼塊與 **按鈕 1** 雷同，只是播放的聲音檔不同，可使用複製程式拼塊的方式製作。

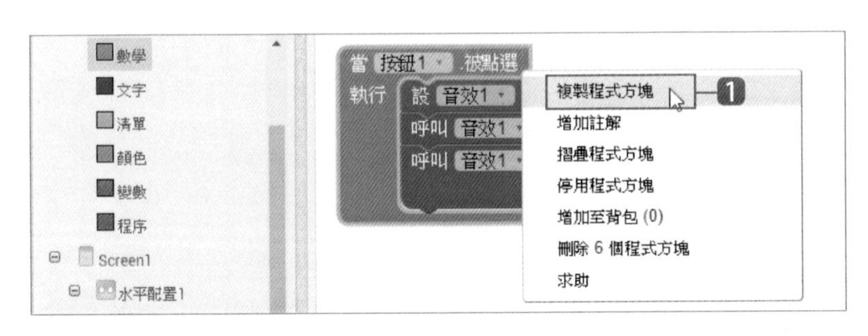

❶ 於 **當按鈕 1. 被點選** 事件按滑鼠右鍵，在快顯功能表點選 **複製程式方塊**。

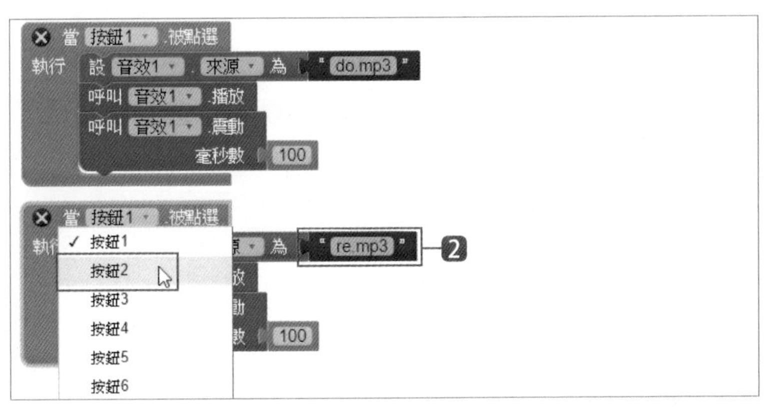

❷ 於 **按鈕 1** 下拉式選單點選 **按鈕 2**，同時修改「do.mp3」文字方塊為「re.mp3」。

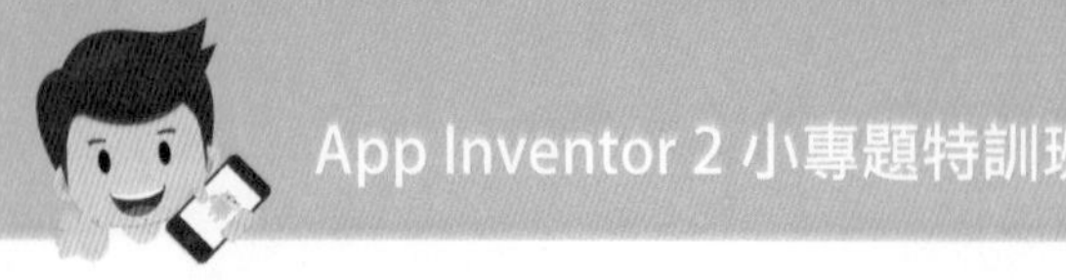

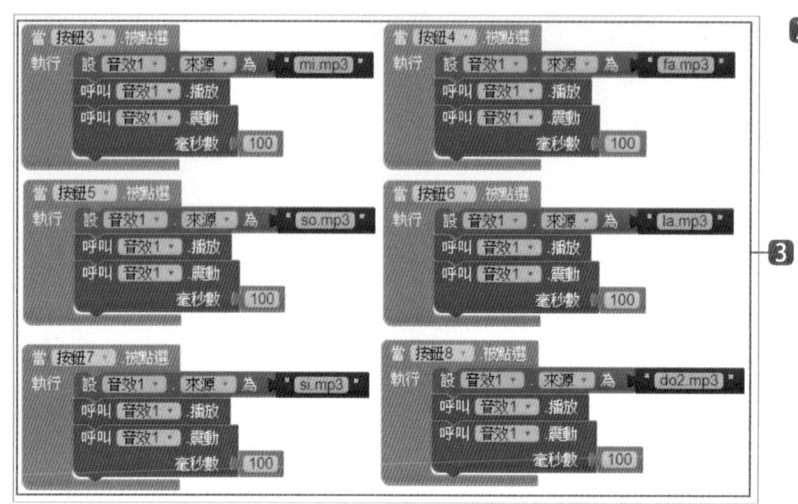

3 重複步驟 1 2 六次，依下表於下拉式選單點選 **按鈕 xx**，及修改文字方塊。

按鈕名稱	文字方塊
按鈕 3	mi.mp3
按鈕 4	fa.mp3
按鈕 5	so.mp3

按鈕名稱	文字方塊
按鈕 6	la,mp3
按鈕 7	si.mp3
按鈕 8	do2.mp3

如此即完成 App 的專題製作。

[03] 翻譯麥克風

- 學習下拉式選單元件
- 學習對話框元件顯示警告訊息
- 學習語音辨識元件
- 學習文字語音轉換器元件
- 學習 Yandex 語言翻譯器元件

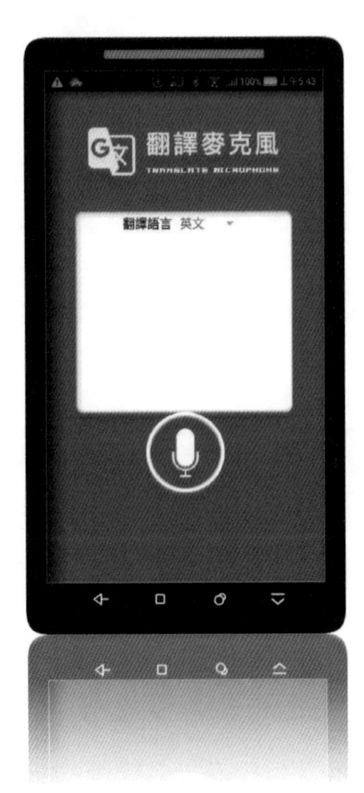

3.1 認識 App 專題：翻譯麥克風

3.1.1 專題介紹

最近售價高達新台幣 8000 元的日本翻譯神器 ILI 在台灣賣翻了，下訂單後常需等半個月才能拿到貨品，其實利用 **語音辨識**、**文字語音轉換器** 及 **Yandex 語言翻譯器** 元件，只要少許程式拼塊，就能製作出比 ILI 功能更強大的即時語音翻譯機了！

本專題設計原理是先以 **語音辨識** 元件將語音轉換為文字，再以 **Yandex 語言翻譯器** 元件翻譯為輸出語言，最後用 **文字語音轉換器** 元件以輸出語言唸出翻譯文稿。

3.1.2 專題作品預覽

「翻譯麥克風」App 預設翻譯語言是英文，使用者可以點選 **翻譯語言** 下拉式選單設定要翻譯的語言，為簡化程式，本專題只能使用英文、日文、韓文三種語言。

使用者點按下方麥克風按鈕就可用中文語音輸入文句，程式會顯示說出的中文，然後以翻譯語言進行翻譯，翻譯完成後會顯示翻譯後的文字，並且用翻譯語言讀出翻譯後的文字。

學習小叮嚀

本專題會使用到麥克風以及網路語言套件，測試時建議要確定網路使用狀態並使用實機測試才能正確操作其中的功能。

3.2 App 畫面編排

使用 App Inventor 2 製作「翻譯麥克風」App，在規劃程式功能及流程後，再依架構設計版面並收集素材，最後即可開始進行畫面編排。

3.2.1 App 畫面編排完成圖

3.2.2 新增專案及素材上傳

在「翻譯麥克風」App 的範例畫面編排中，除了畫面上版頭的圖片之外，最重要的是要加入 **標籤**、**下拉式選單** 及 **圖像按鈕**。

1. 登入開發頁面按 **新增專案** 鈕。
2. 在對話方塊的 **專案名稱** 欄位中輸入「ex_translatemicrophone」。
3. 按下 **確定** 鈕完成專案的新增並進入開發畫面。

4 按 **素材** 的 **上傳文件** 鈕。

5 在對話方塊按 **選擇檔案** 鈕。

6 在對話視窗中選取本章原始檔資料夾，選取圖片 <m1_btn.png> 檔後按 **開啟** 鈕，然後在對話方塊中按 **確定** 鈕。

7 完成後即可在 **素材** 中看到上傳的圖片檔名。請利用相同的方式將其他圖片上傳到 **素材** 中。

3.2.3 設定畫面

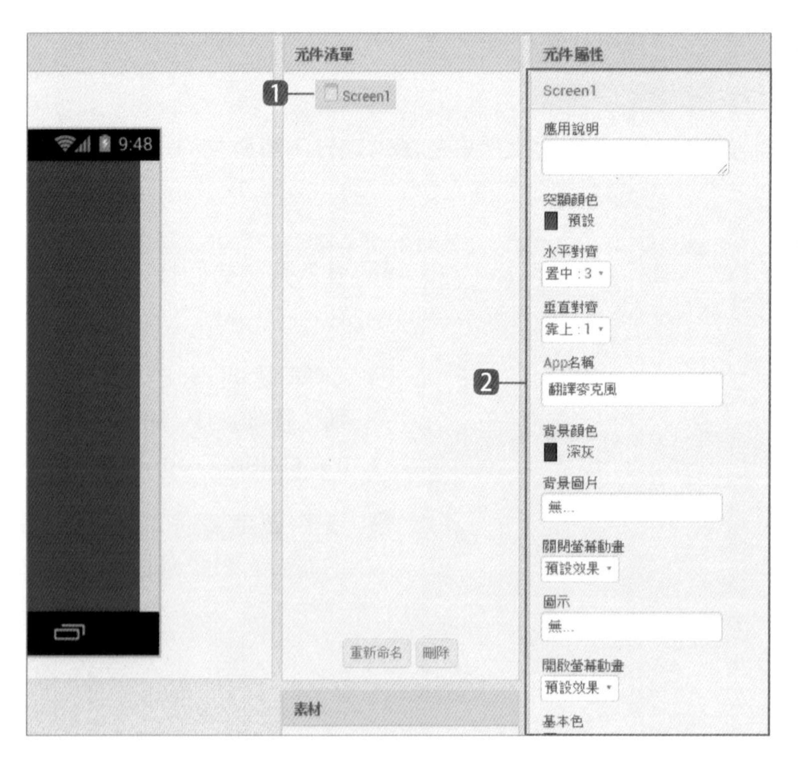

1 首先進行外觀編排：在 **元件清單** 選按 **Screen1** 準備進行設定，這是預設的畫面元件。

2 請在 **元件屬性** 依下頁表格資料進行欄位設定。

欄位	值
水平對齊	置中：3
App 名稱	翻譯麥克風
背景顏色	深灰
螢幕方向	鎖定直式畫面
允許捲動	核選

欄位	值
視窗大小	自動調整
Theme	Black Title Text
標題	翻譯麥克風
標題顯示	取消核選

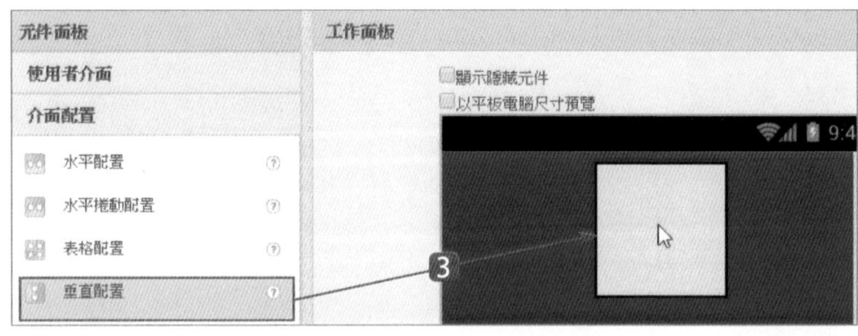

3 在 **元件面板** 拖曳 **介面配置 / 垂直配置** 到工作面板中。

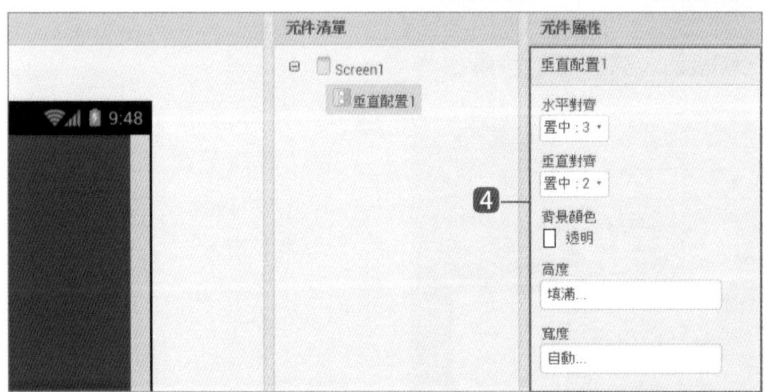

4 在 **元件屬性** 設定 **水平對齊：置中**、**垂直對齊：置中**，**背景顏色:透明**，**高度:填滿**。

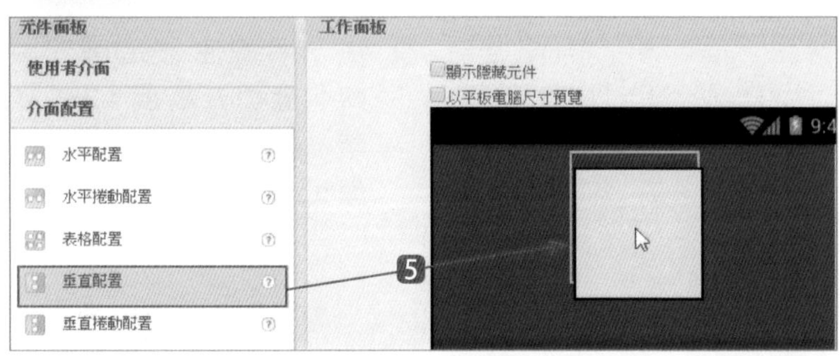

5 在 **元件面板** 拖曳 **介面配置 / 垂直配置** 到剛才的垂直配置中。

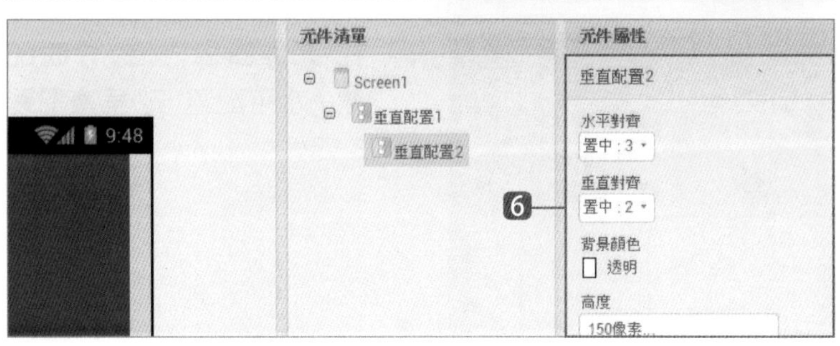

6 在 **元件屬性** 設定 **水平對齊：置中**、**垂直對齊：置中**，**背景顏色:透明**，**高度:150 像素**。

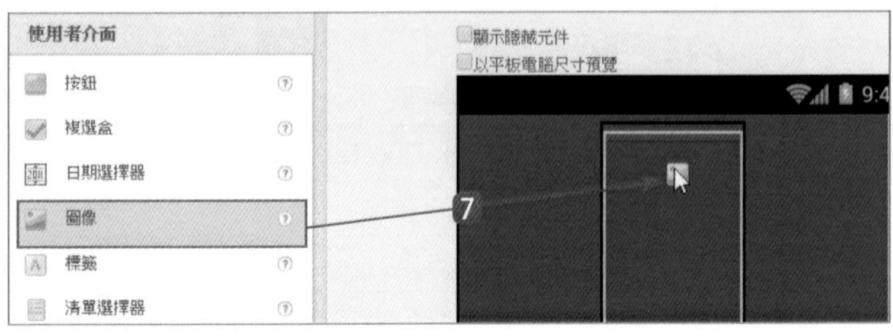

7 在 **元件面板** 拖曳 **使用者介面 / 圖像** 到剛才的垂直配置中，此元件用來顯示標題圖片。

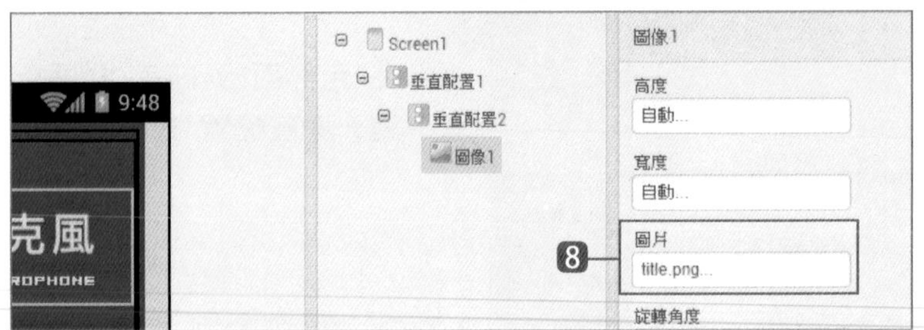

8 在 **元件屬性** 設定 **圖片**：**title.png**。

3.2.4 建立語言區

接著要在面板中加入語言列表及語言顯示，請依下述步驟操作：

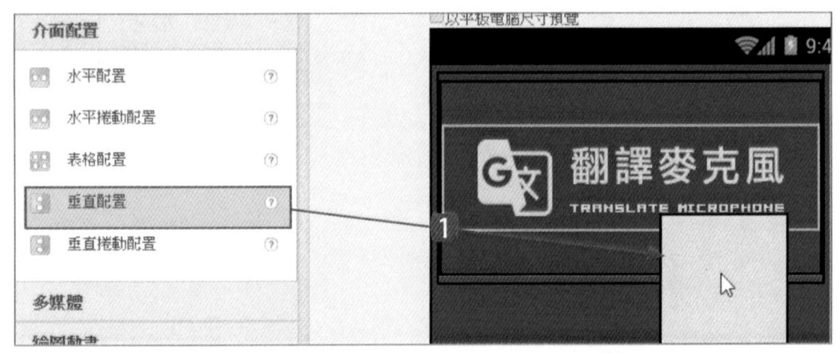

1 在 **元件面板** 拖曳 **介面配置 / 垂直配置** 到 **垂直配置 1** 元件中且在 **垂直配置 2** 元件下方。

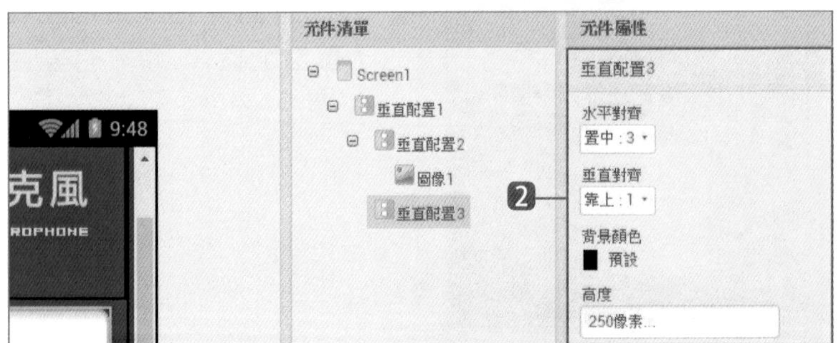

2 在 **元件屬性** 設定 **水平對齊**：**置中**、**高度**：**250** **像素**、**寬度**：**280** **像素**、**圖像** **:textbg.png**。

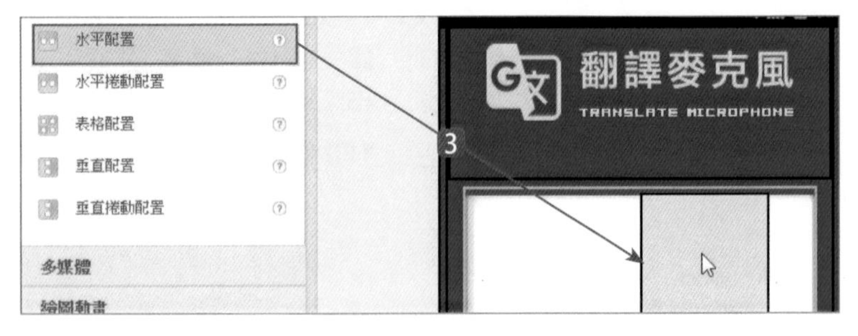

3 在 **元件面板** 拖曳 **介面配置 / 水平配置** 到 **垂直配置 3** 元件中。

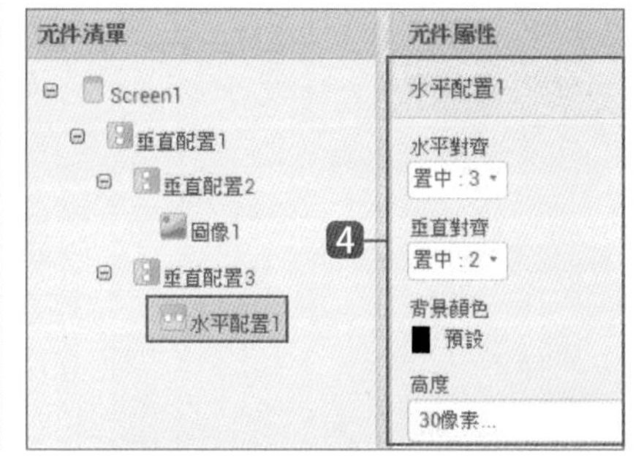

❹ 在 **元件屬性** 設定 **水平對齊：置中**、**垂直對齊：置中**、**高度：30 像素**、**寬度：填滿**。

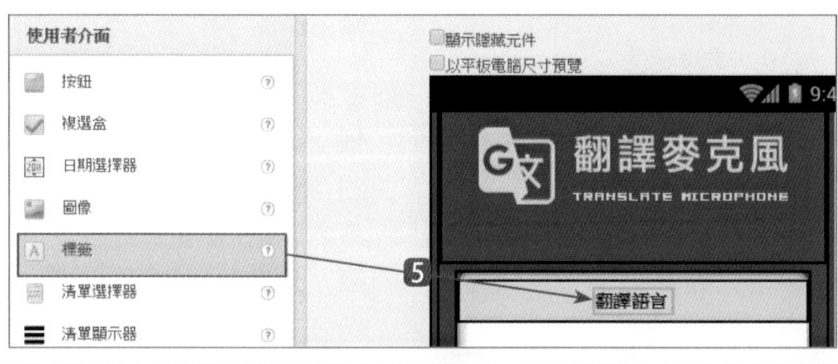

❺ 在 **元件面板** 拖曳 **使用者介面 / 標籤** 到剛才的水平配置中。在 **元件屬性** 設定 **粗體：核選**、**字體大小：16**、**文字：翻譯語言**。

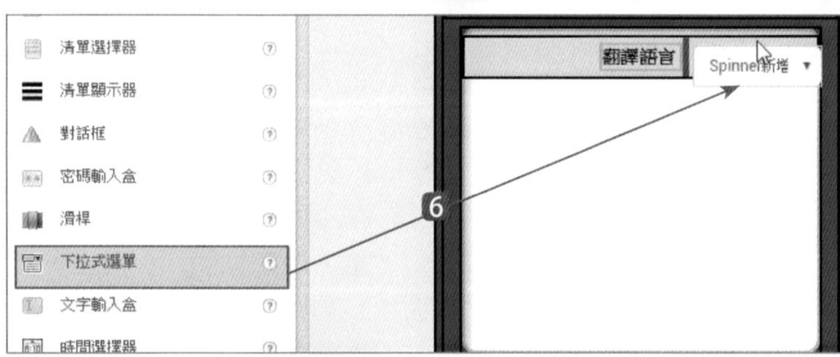

❻ 在 **元件面板** 拖曳 **使用者介面 / 下拉式選單** 到 **翻譯語言** 標籤右方，用來讓使用者選取要翻譯的語言。

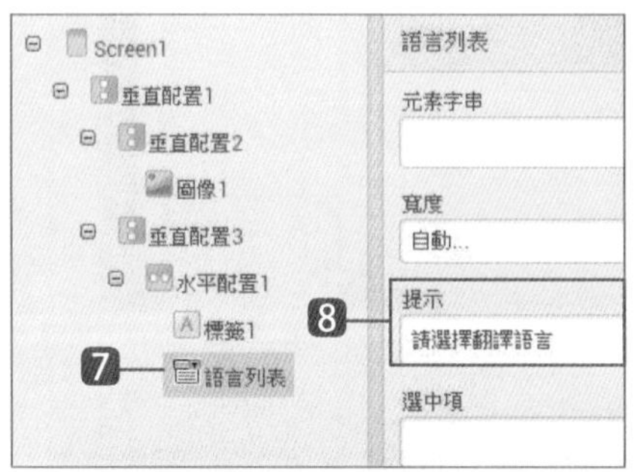

❼ 使用 **重新命名** 鈕將下拉式選單更名為 **語言列表**。

❽ 在 **元件屬性** 設定 **提示：請選擇翻譯語言**。

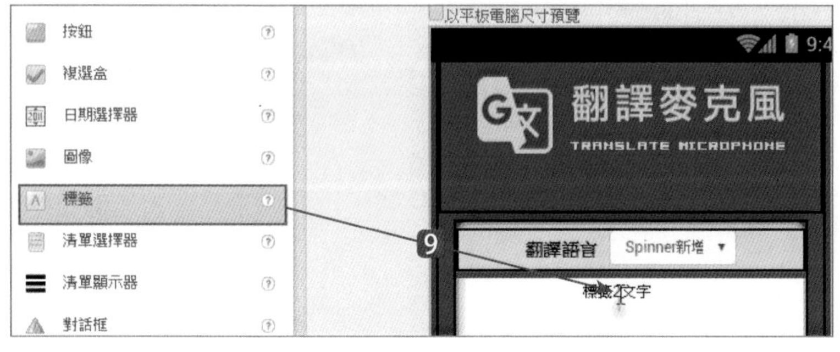

❾ 在 **元件面板** 拖曳 **使用者介面 / 標籤** 到 **水平配置 1** 下方。

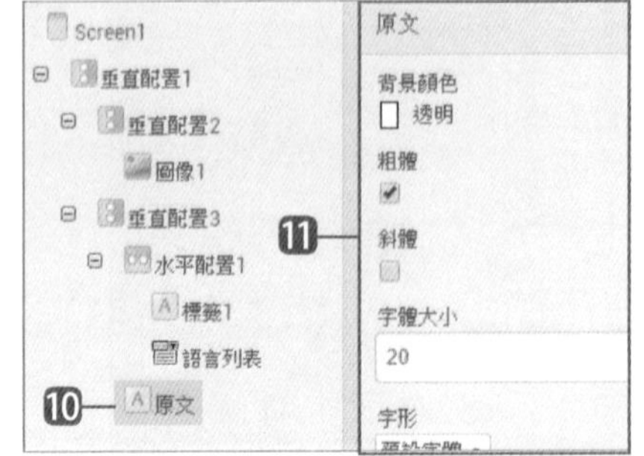

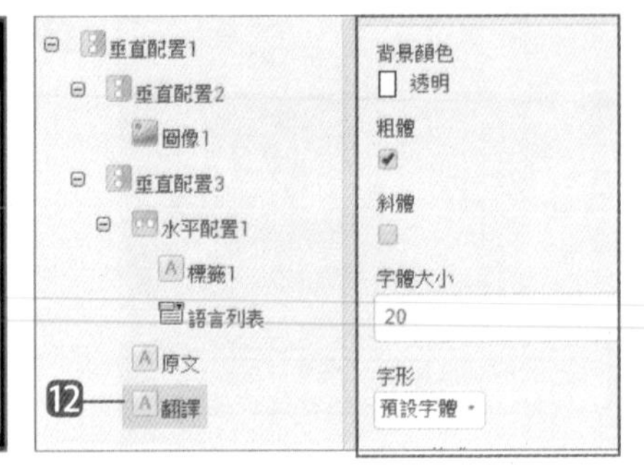

⑩ 使用 **重新命名** 鈕將標籤 2 更名為 **原文**，用來顯示原來的文字。

⑪ 在 **元件屬性** 設定 **粗體：核選**、**字體大小：20**、**高度：填滿**、**寬度：250 像素**、**文字**：清空留白、**文字顏色：預設**。

⑫ 重複 ⑨ 到 ⑪，在 **元件面板** 拖曳 **使用者介面 / 標籤** 到 **原文** 下方。使用 **重新命名** 鈕將標籤 2 更名為 **翻譯**。**元件屬性** 設定與 **原文** 相同，用來顯示翻譯後的文字。

3.2.5 加入按鈕及非可視元件

最後在面板中加入圖形按鈕及非可視元件，請依下述步驟操作：

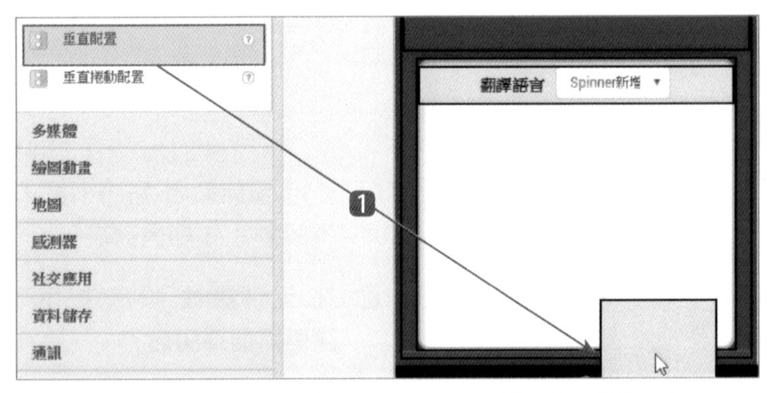

❶ 在 **元件面板** 拖曳 **介面配置 / 垂直配置** 到 **垂直配置 1** 元件中且在 **垂直配置 3** 元件下方。

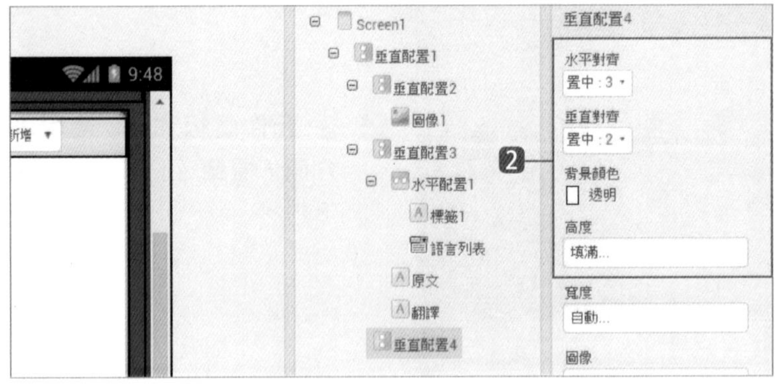

❷ 在 **元件屬性** 設定 **水平對齊：置中**、**垂直對齊：置中**、**背景顏色：透明**、**高度：填滿**。

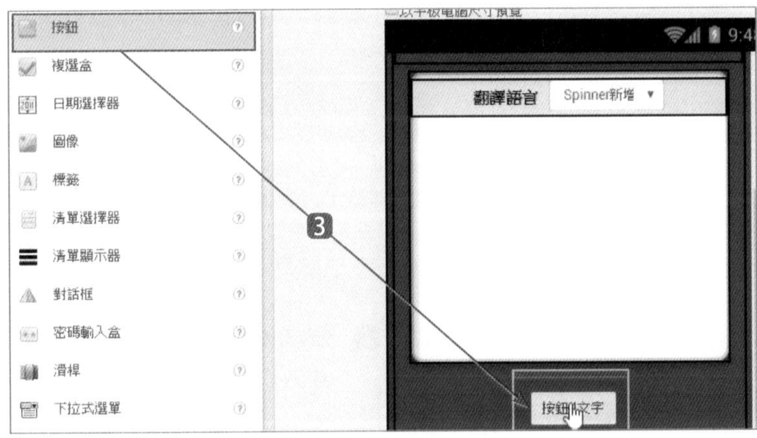

❸ 在 **元件面板** 拖曳 **使用者介面 / 按鈕** 到 **垂直配置 4** 中。

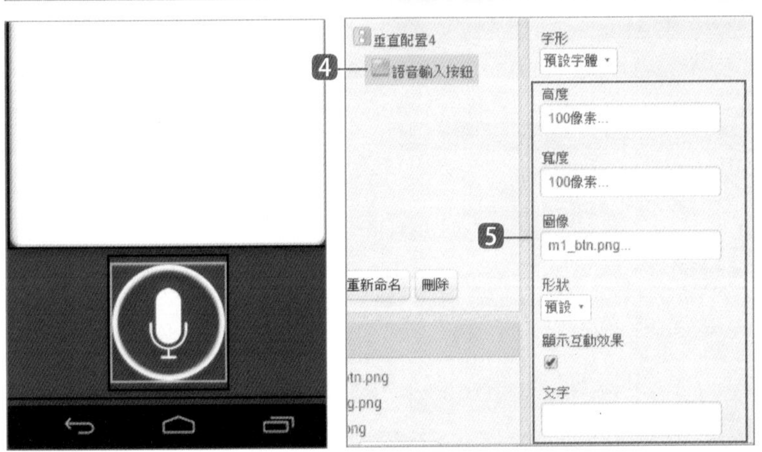

❹ 使用 **重新命名** 鈕更名為 **語音輸入按鈕**，用來讓使用者輸入語音。

❺ 在 **元件屬性** 設定 **高度：100 像素**、**寬度：100 像素**、**圖像：m1_btn.png**、**文字：** 清空留白。

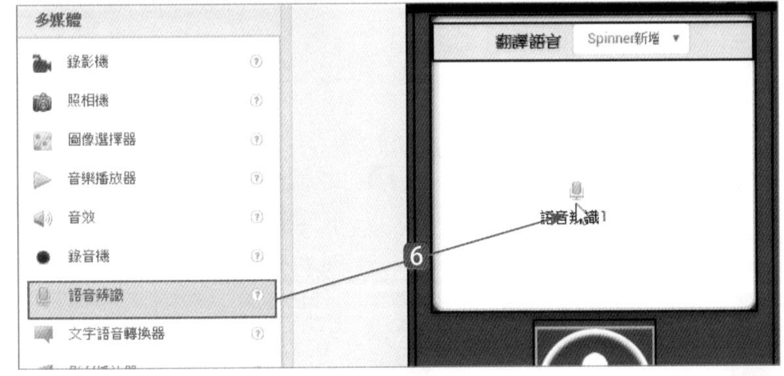

❻ 在 **元件面板** 拖曳 **多媒體 / 語音辨識** 到工作面板中，語音辨識為非可視元件，會顯示於工作面板下方。

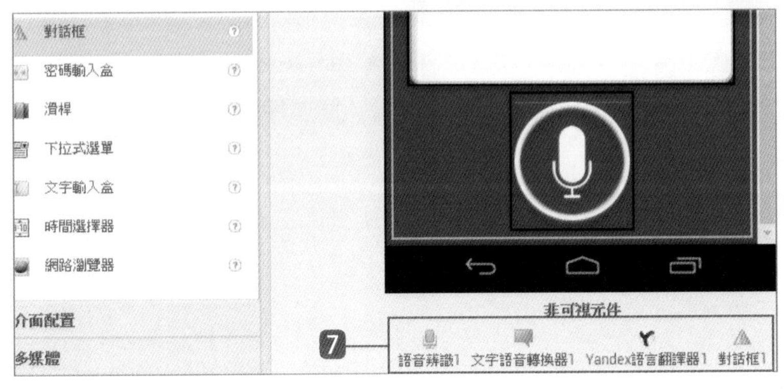

❼ 在 **元件面板** 分別拖曳 **多媒體 / 文字語音轉換器** 及 **Yandex 語言翻譯器**、**使用者介面 / 對話框** 到工作面板中。

3.3 App 程式設計

完成了「翻譯麥克風」App 的畫面編排後，接下來就要加入程式設計的拼塊。

3.3.1 建立清單初始值

首先建立翻譯語言的清單初始值：包含 en、ja 及 ko 三個元素，表示英語、日語及韓語。

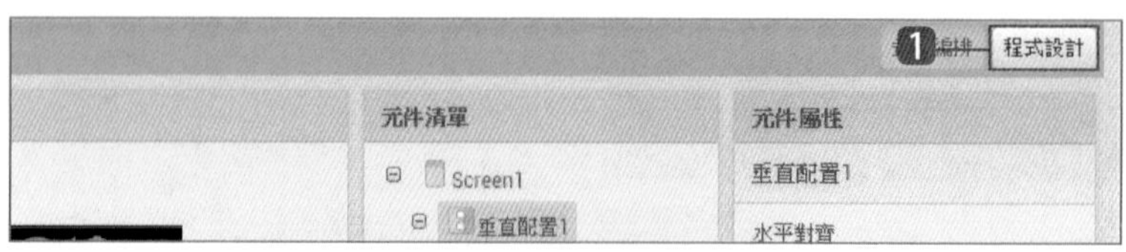

❶ 按功能表右方的 **程式設計** 進入程式設計模式。

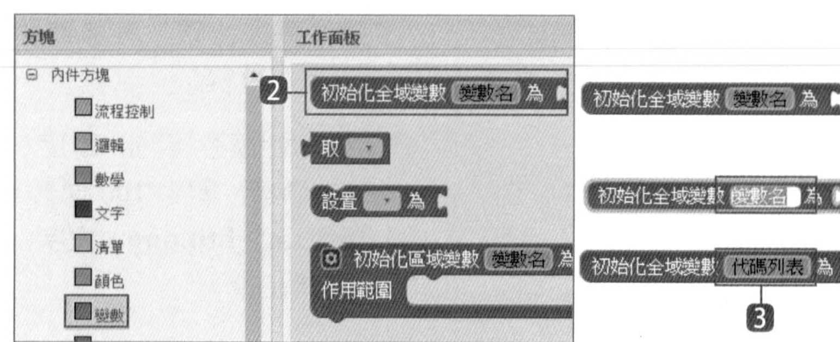

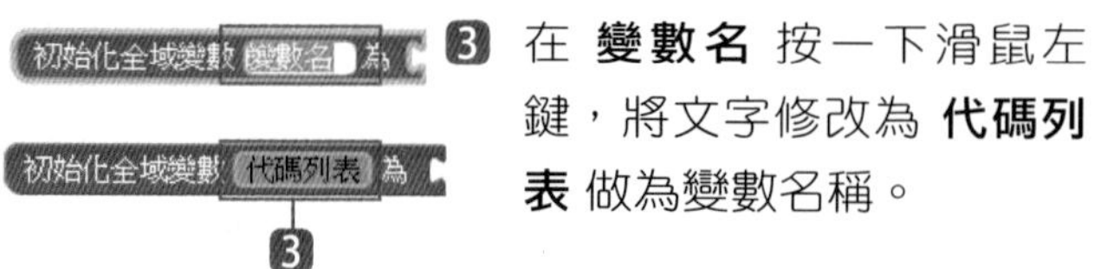

❷ 取 **內件方塊 / 變數 / 初始化全域變數變數名為** 到 **工作面板** 中。

❸ 在 **變數名** 按一下滑鼠左鍵，將文字修改為 **代碼列表** 做為變數名稱。

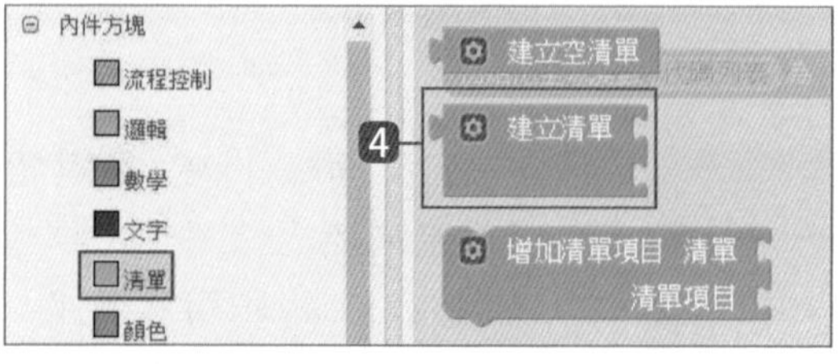

❹ 取 **內件方塊 / 清單 / 建立清單** 到剛才變數拼塊右方。

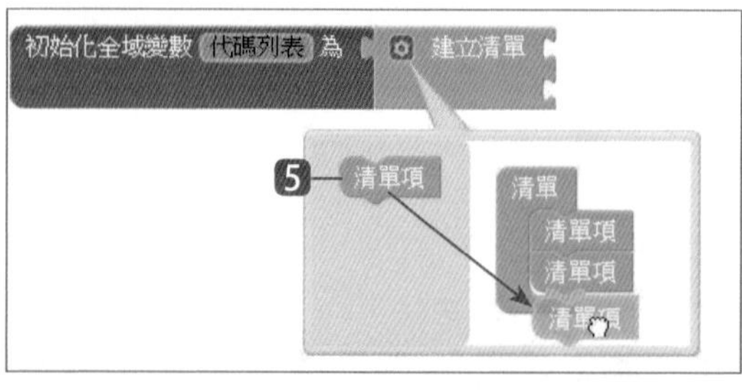

❺ 此清單需要 3 個值：按一下 ⚙，拖曳左方 **清單項** 到右方最下方就可新增一個清單項。

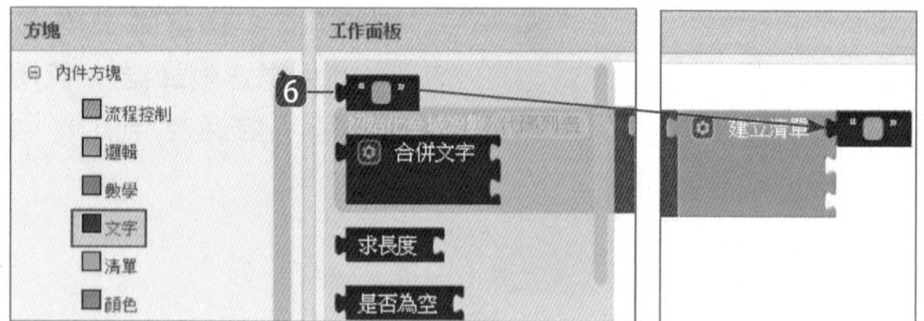

❻ 取 **內件方塊 / 文字 / " "** 做為清單的第一個項目。

7 在 " " 按一下滑鼠左鍵，將文字修改為 **en** 表示翻譯語言為英文。

8 重複步驟 6 及 7，加入兩個項目值 **ja** 及 **ko**，表示翻譯語言為日文及韓文。

3.3.2 設定語音列表功能

使用者點選 **語音列表** 下拉式選單可設定翻譯的語言。

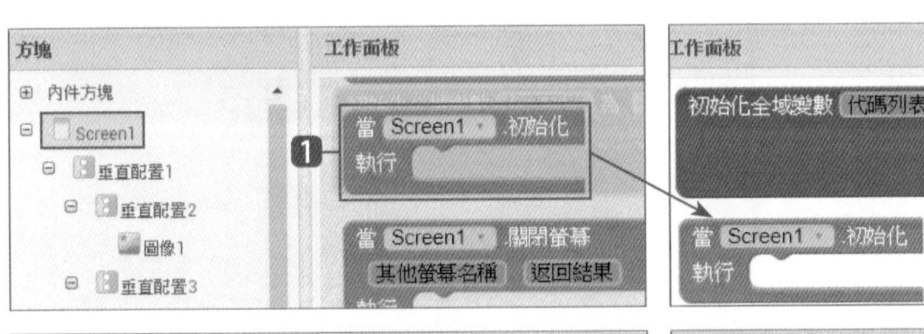

1 程式開始時會執行 **Screen1. 初始化** 事件：取 **Screen1 / 當 Screen1. 初始化** 到 **工作面板** 中。

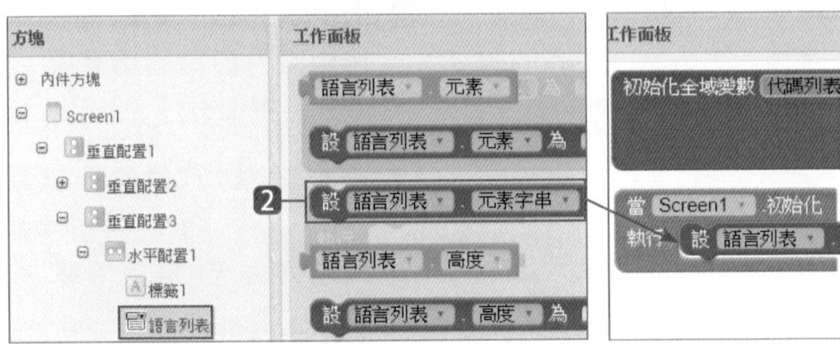

2 取 **語言列表 / 設語言列表 . 元素字串為** 到剛才的拼塊中。

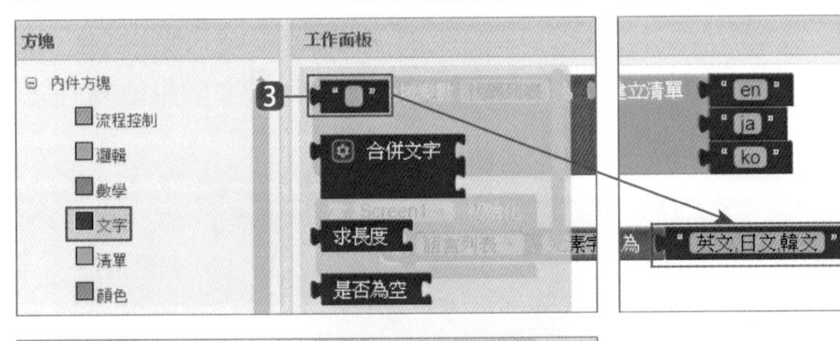

3 取 **內件方塊 / 文字 / " "** 到剛才的拼塊右方，將文字修改為 **英文 , 日文 , 韓文**。

4 取 **文字語音轉換器 1 / 設文字語音轉換器 1. 語言** 到剛才的拼塊下方。

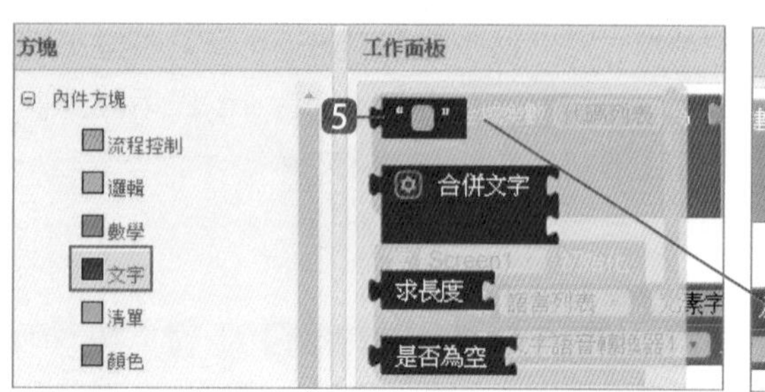

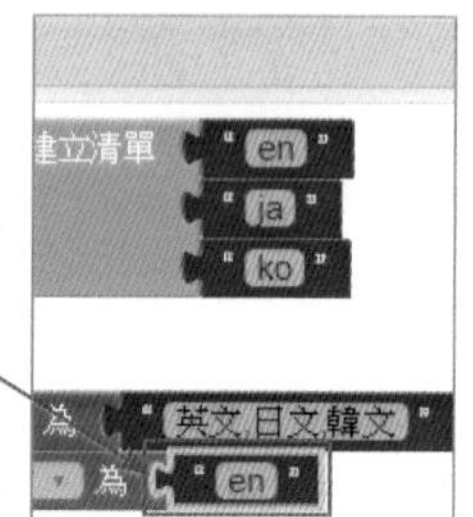

❺ 取 **內件方塊 / 文字 / " "** 到剛才的拼塊右方，並將文字修改為 **en**，表示初始翻譯語言為英文。

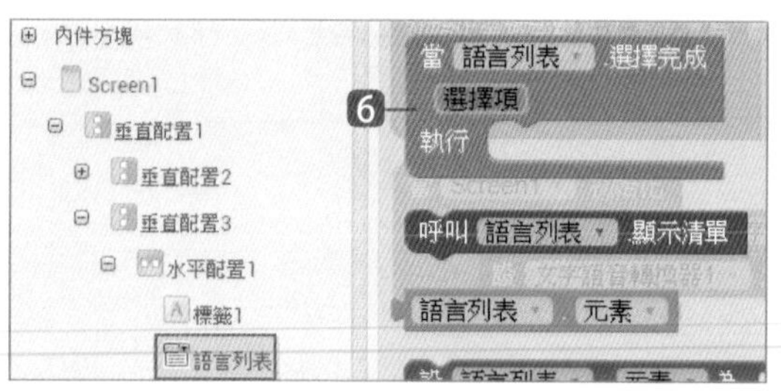

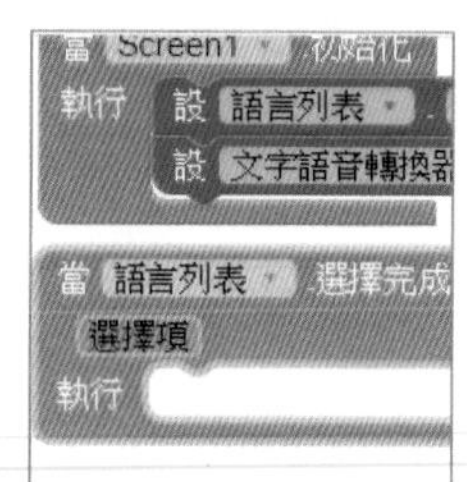

❻ 使用者點選 **語言列表** 選項會觸發 **當語言列表選擇完成** 事件：取 **語言列表 / 當語言列表 . 選擇完成** 到 **工作面板** 中。

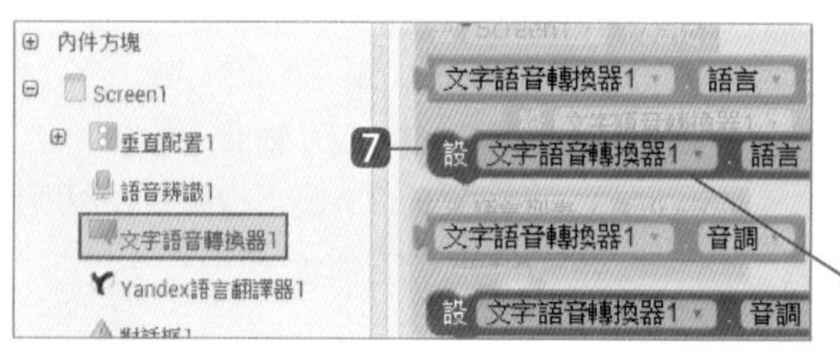

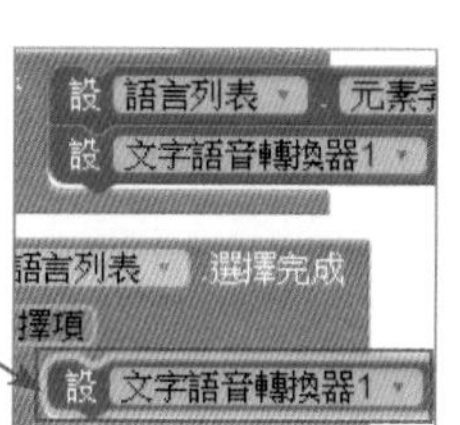

❼ 取 **文字語音轉換器 1 / 設文字語音轉換器 1. 語言** 到剛才的拼塊中。

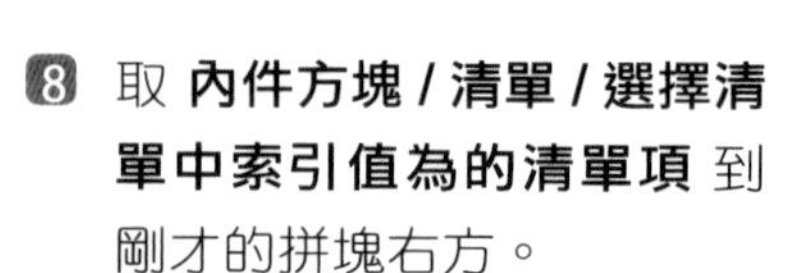

❽ 取 **內件方塊 / 清單 / 選擇清單中索引值為的清單項** 到剛才的拼塊右方。

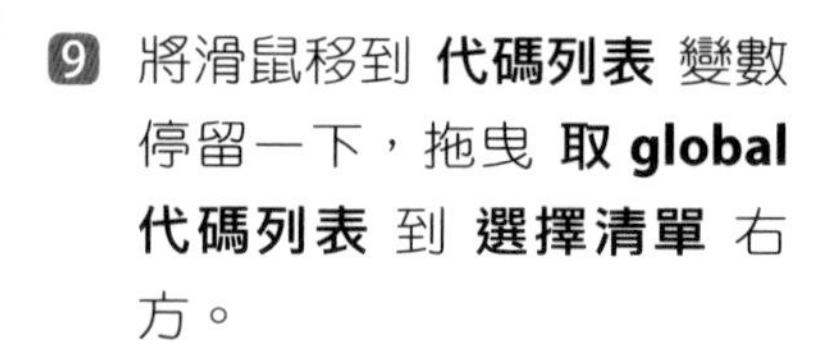

❾ 將滑鼠移到 **代碼列表** 變數停留一下，拖曳 **取 global 代碼列表** 到 **選擇清單** 右方。

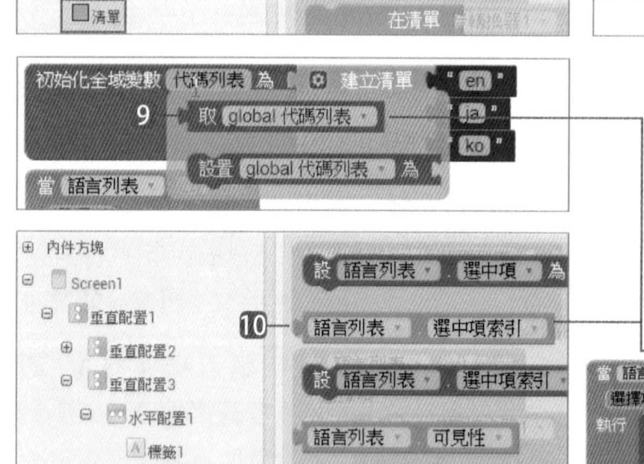

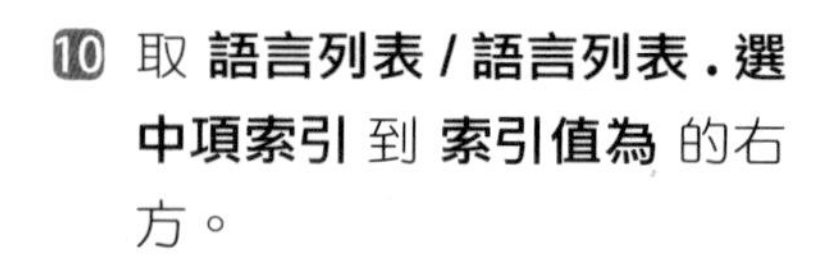

❿ 取 **語言列表 / 語言列表 . 選中項索引** 到 **索引值為** 的右方。

3.3.3 設定語音辨識功能

使用者按 **語音輸入按鈕** 就開啟語音輸入對話方塊讓使用者輸入語音，輸入完成後進行語音辨識並傳回辨識結果，再將辨識結果翻譯為指定的語言。

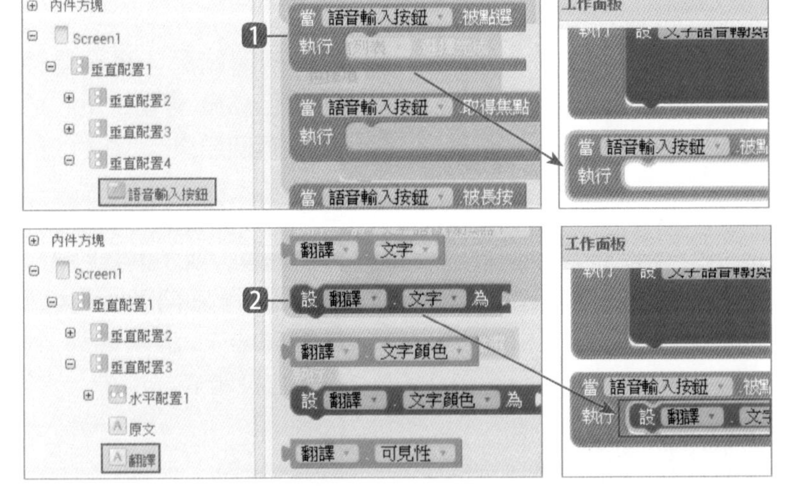

❶ 取 **語音輸入按鈕 / 當語音輸入按鈕 . 被點選** 到 **工作面板** 中。

❷ 取 **翻譯 / 設翻譯 . 文字為** 到剛才的拼塊中。

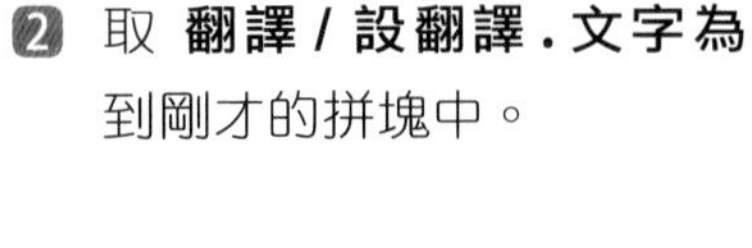

❸ 取 **內件方塊 / 文字 / " "** 到剛才的拼塊右方。

❹ 重複步驟 ❷ 及 ❸，設定 **原文** 的 **文字** 屬性值為空字串。

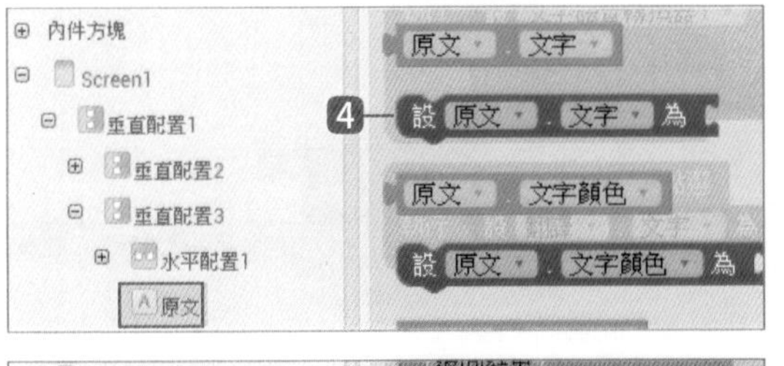

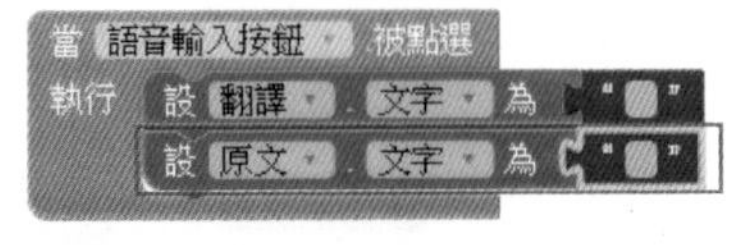

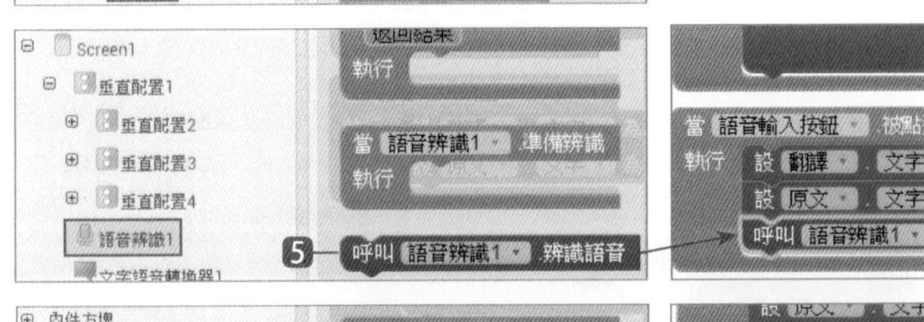

❺ 進行語音辨識：取 **語音辨識 1 / 呼叫語音辨識 1. 辨識語音** 到剛才的拼塊下方。

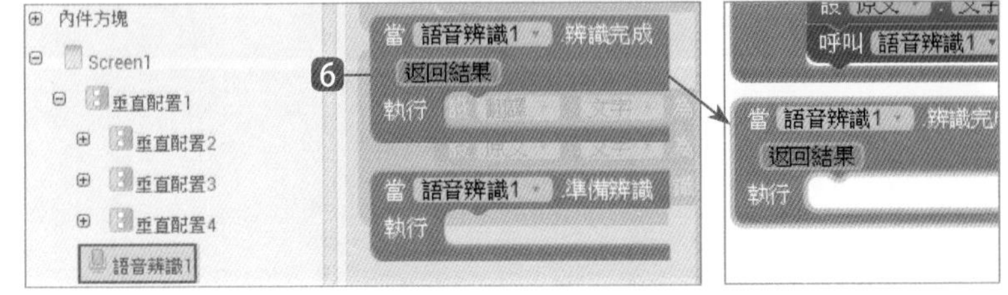

❻ 語音辨識結束後會觸發 **辨識完成** 事件：取 **語音辨識 1 / 當語音辨識 1. 辨識完成** 到 **工作面板** 中。

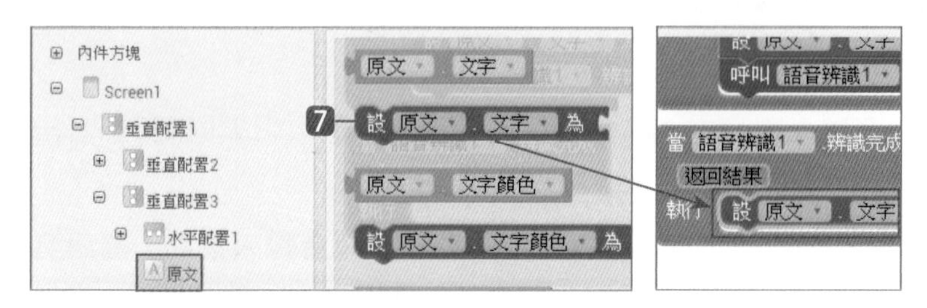

7 取 **原文 / 設原文 . 文字為** 到剛才的拼塊中。

8 顯示辨識結果：將滑鼠移到 **返回結果** 停留一下，拖曳 **取返回結果** 到剛才的拼塊右方。

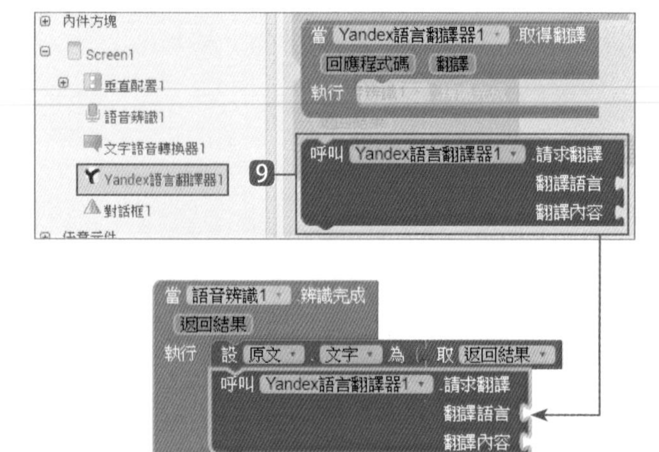

9 進行翻譯：取 **Yandex 語言翻譯器 1 / 呼叫 Yandex 語言翻譯器 1 . 請求翻譯** 到剛才的拼塊下方。

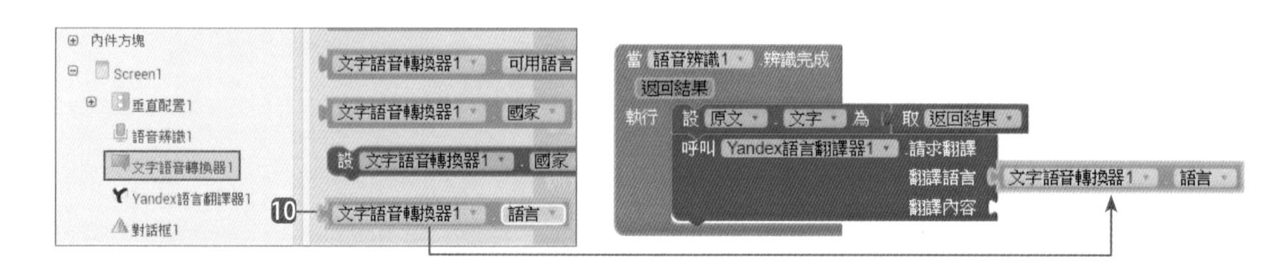

10 取 **文字語音轉換器 1 / 文字語音轉換器 1. 語言** 到 **翻譯語言** 的右方。

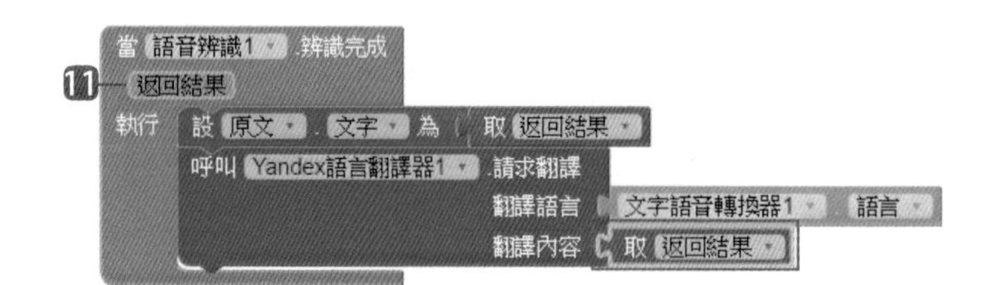

11 將滑鼠移到 **返回結果** 停留一下，拖曳 **取返回結果** 到 **翻譯內容** 的右方。

3.3.4 取得翻譯結果

翻譯完成後就顯示翻譯結果並將翻譯結果讀出。

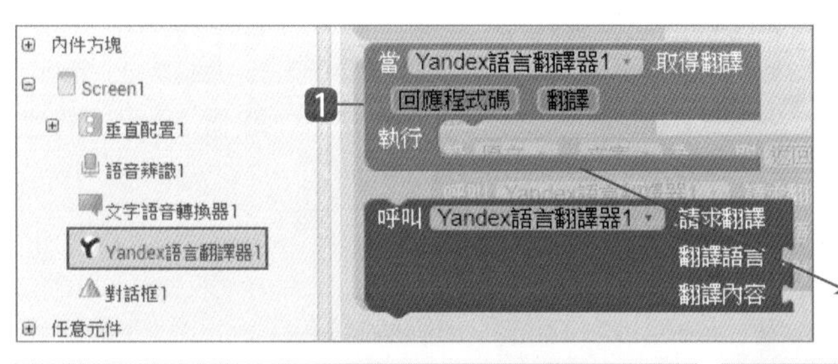

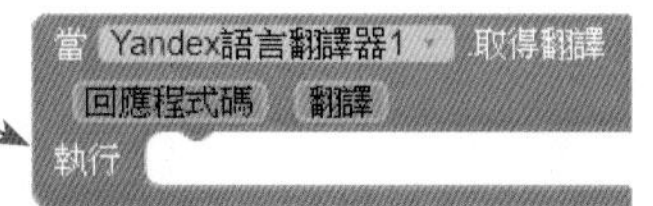

❶ 翻譯完成會觸發 **取得翻譯** 事件：取 **Yandex 語言翻譯器 1 / 當 Yandex 語言翻譯器 1. 取得翻譯** 到 **工作面板** 中。

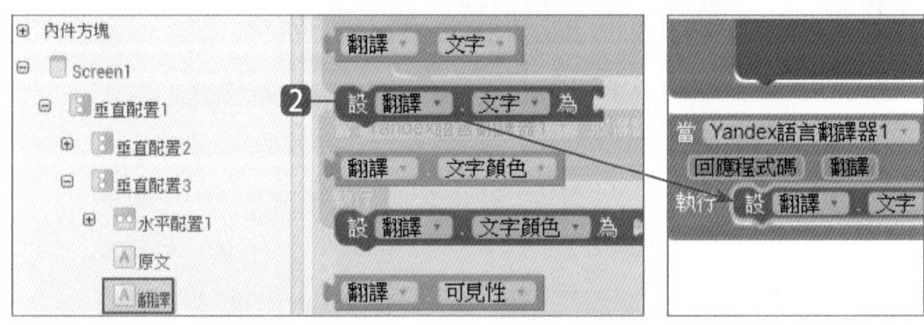

❷ 取 **翻譯 / 設翻譯 . 文字為** 到剛才的拼塊中。

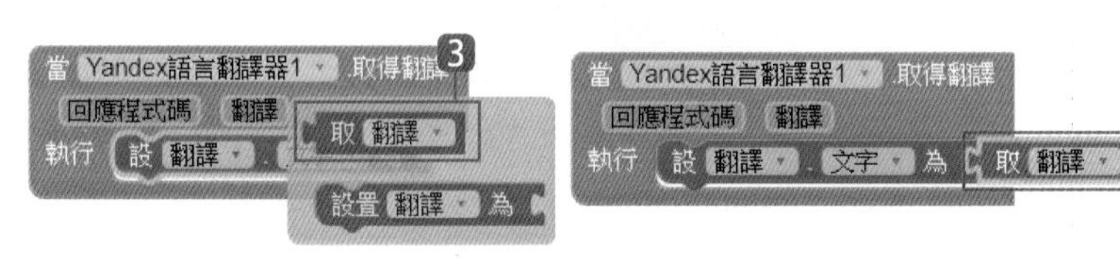

❸ 將滑鼠移到 **翻譯** 停留一下，拖曳 **取翻譯** 到剛才的拼塊右方。

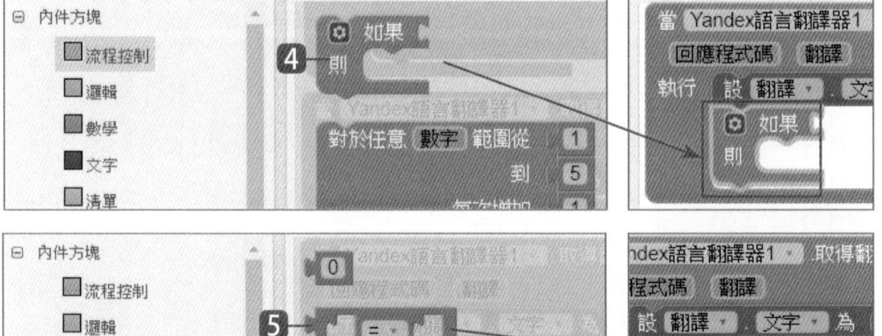

❹ 取 **內件方塊 / 流程控制 / 如果則** 到剛才的拼塊下方。

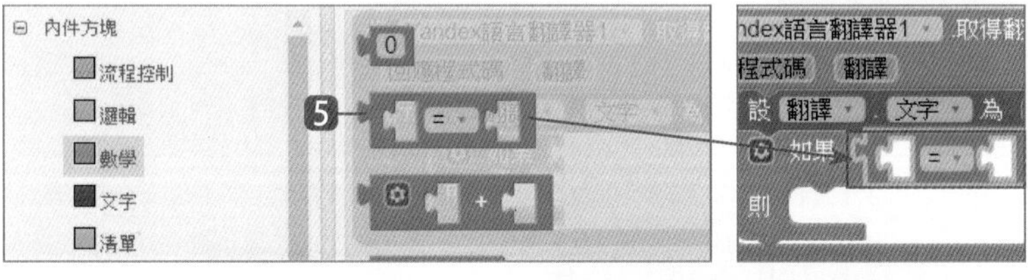

❺ 取 **內件方塊 / 數學 / =** 到 **如果** 右方。

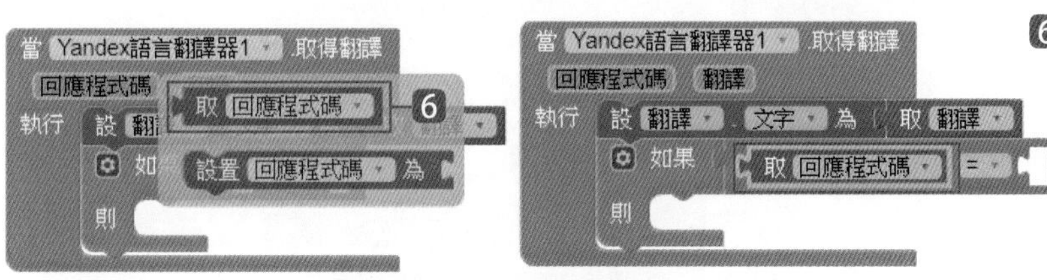

❻ 將滑鼠移到 **回應程式碼** 停留一下，拖曳 **取回應程式碼** 到 **=** 的左方。

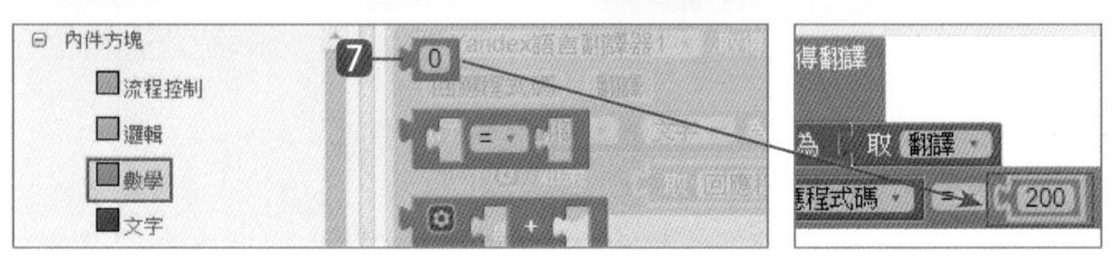

❼ 取 **內件方塊 / 數學 / 0** 到 **=** 右方，並將數字修改為 **200**。「回應程式碼 =200」表示翻譯成功。

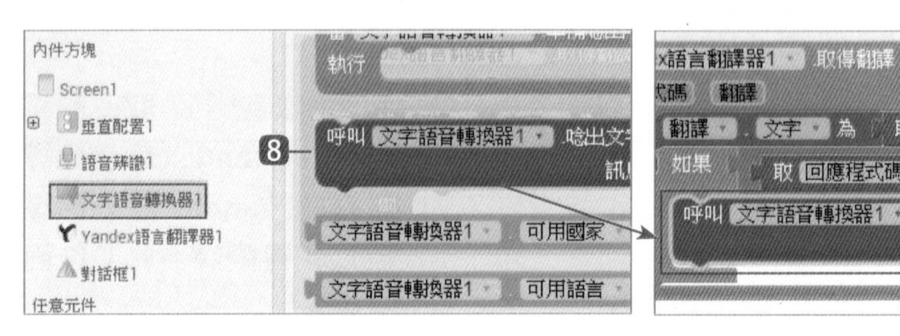

8 取 **文字語音轉換器 1 / 呼叫文字語音轉換器 1. 唸出文字** 到 **則** 的右方。

9 將滑鼠移到 **翻譯** 停留一下，拖曳 **取翻譯** 到 **訊息** 的右方。

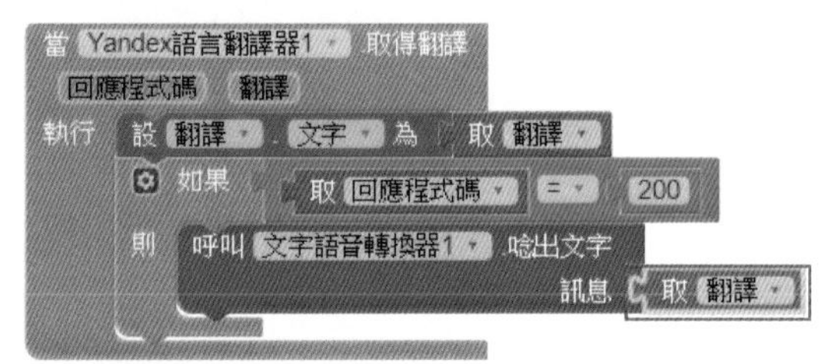

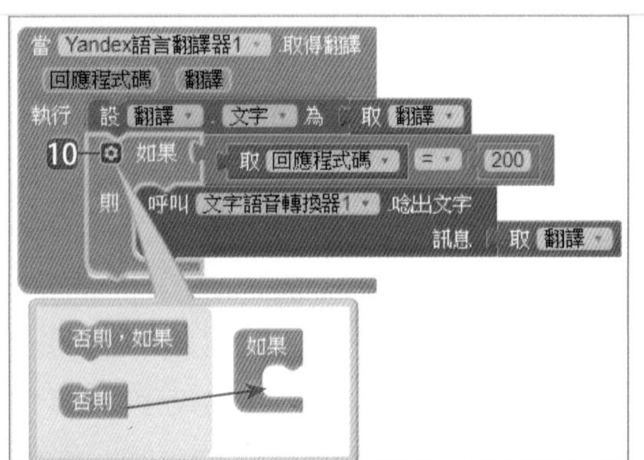

10 按一下 ⚙ 鈕，拖曳左方 **否則** 到 **如果** 下方就可新增 **否則** 拼塊。

11 取 **對話框 1 / 呼叫對話框 1. 顯示警告訊息** 到 **否則** 右方。

12 取 **內件方塊 / 文字 / " "** 到 **通知** 右方，將文字改為 **翻譯失敗！**。這是當翻譯失敗時以對話框告知使用者。

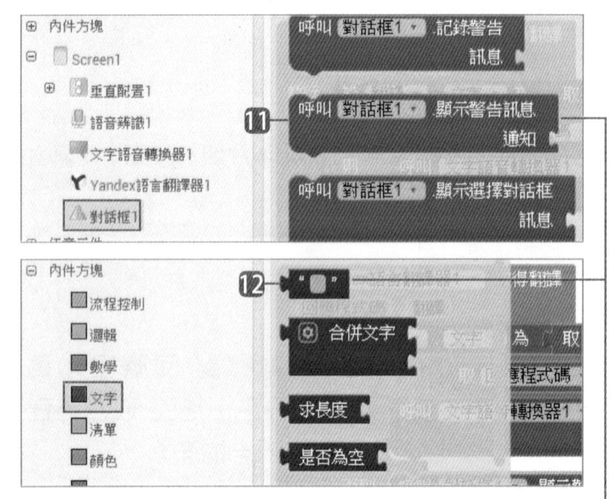

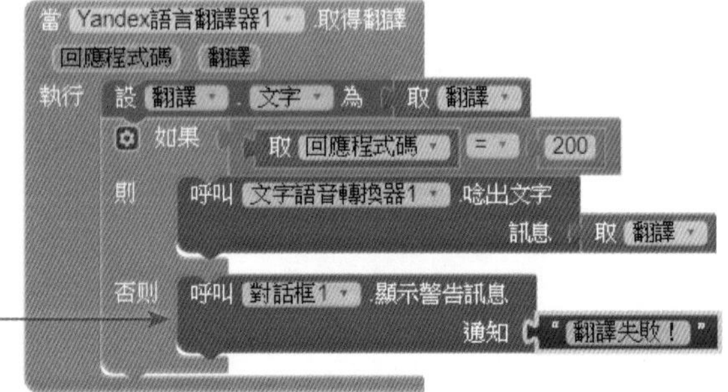

如此即完成 App 的專題製作。

[04] 電子書

- 學習多畫面螢幕切換
- 加入畫布、設定畫布背景圖片
- 學習當畫布被滑過使用拼塊控制畫面切換
- 學習複製不同畫面的程式拼塊
- 學習音樂播放器播放聲音

4.1 認識 App 專題：電子書

4.1.1 專題介紹

近年來，教育界盛行將閱讀融入教學活動中，除了紙本形式之外，更大量採用電子書來呈現。這不只是環保的考量，電子書可以加入互動遊戲的特色以及多媒體的聲光效果，都是傳統紙本書所無法比擬的。

本專題將設計一款具有影音效果的 App，並且可用左右滑動上、下的翻頁，讓整個 App 更具張力和特色。

4.1.2 專題作品預覽

「電子書」App 共有 5 個螢幕 (Screen)，執行之後會由首頁 (Screen1) 開始播放，並循環播放背景音樂。使用者在 Screen1 向左滑動即可翻到第二頁 (Page1)，在 Page1 向左滑動可翻到下一頁 (Page2)，向右滑動則可回到上一頁 (Screen1)。Page2~Page3 和 Page1 相同，都可以上、下翻頁，在最後一頁 Page4 向右滑動可回到上一頁 (Page3)。

學習小叮嚀

本專題如果要檢視到多個頁面之間換頁的效果，以及避免背景音樂重疊的問題，測試時建議可以將專題發佈為 apk 檔，安裝到實機上進行測試。

4.2 App 畫面編排

使用 App Inventor 2 製作「電子書」App，在規劃程式功能及流程後，再依架構設計版面並收集素材，最後即可開始進行畫面編排。

4.2.1 App 畫面編排完成圖

4.2.2 新增專案及素材上傳

在「電子書」App 的範例是以橫放的方式配置版面，預設的第一個螢幕 (Screen1) 中加入 **畫布**、**圖像精靈** 和 **音樂播放器**，同時再新增 Page1~Page4 等 4 個螢幕，每一個螢幕中分別加入 **畫布**，而 Page4 螢幕中除了加入 **畫布**，還在 **畫布** 中加入 3 個 **圖像精靈**。

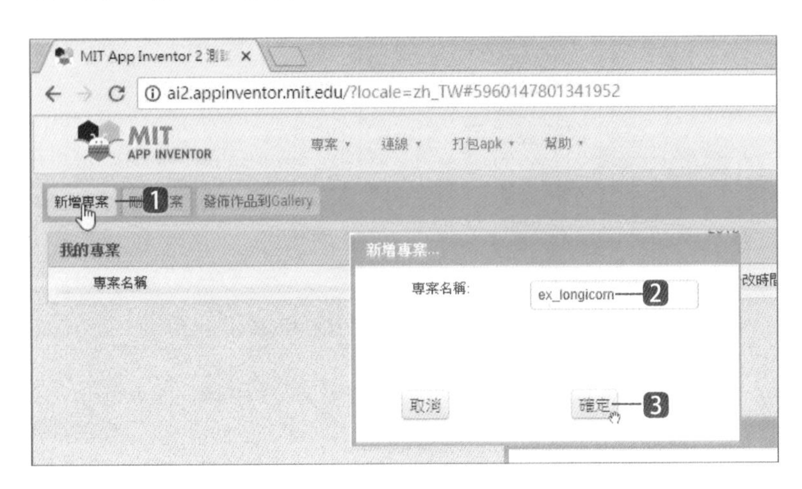

1. 登入開發頁面按 **新增專案** 鈕。
2. 在對話方塊的 **專案名稱** 欄位中輸入「ex_longicorn」。
3. 按下 **確定** 鈕完成專案的新增並進入開發畫面。

❹ 按 **素材** 的 **上傳文件** 鈕。

❺ 在對話方塊按 **選擇檔案** 鈕。

❻ 在對話視窗中選取本章原始檔資料夾，選取圖片 <bg.jpg> 檔後按 **開啟** 鈕，然後在對話方塊中按 **確定** 鈕。

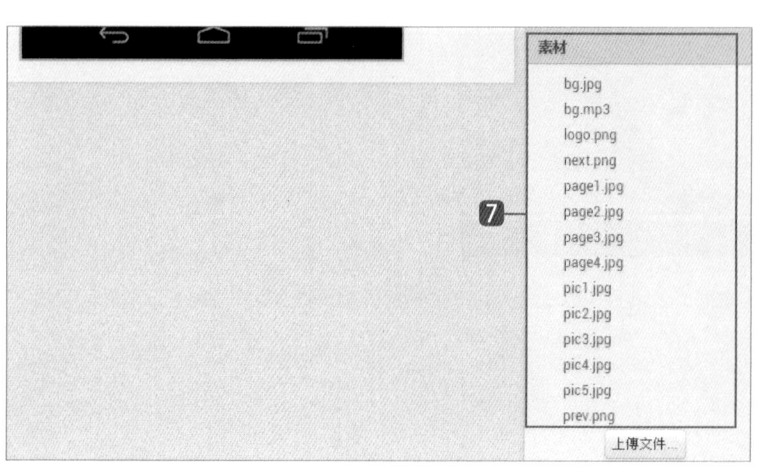

❼ 完成後即可在 **素材** 中看到上傳的圖片檔名。請利用相同的方式將其他圖片及聲音上傳到 **素材** 中。

4.2.3 設定畫面

首先進行外觀編排：在 **Screen1** 元件屬性依下列表格進行設定。

欄位	值
水平對齊	靠左：1
垂直對齊	靠上：1
App 名稱	霧社血斑天牛
關閉螢幕動畫	水平滑動
開啟螢幕動畫	水平滑動
螢幕方向	鎖定橫式畫面

欄位	值
允許捲動	取消核選
狀態欄顯示	取消核選
視窗大小	自動調整
Theme	Classic
標題	霧社血斑天牛
標題顯示	取消核選

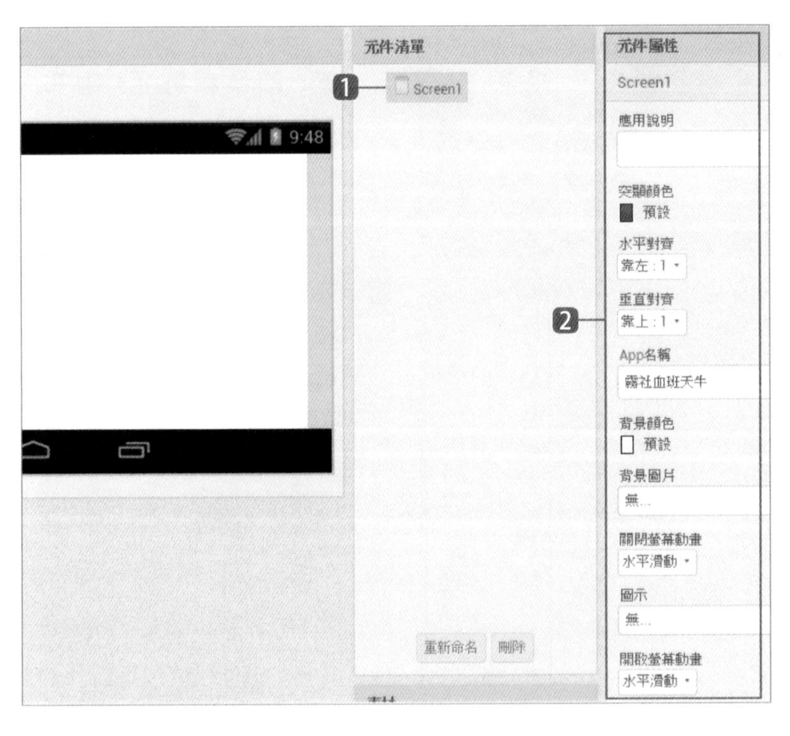

1. 首先進行外觀編排：在 **元件清單** 選按 **Screen1** 準備進行設定，這是預設的畫面元件。
2. 請在 **元件屬性** 依表格資料進行欄位設定。

4.2.4 加入畫布

接著要在面板中加入畫布，並在畫布中加入顯示主題圖像的圖像精靈，請先核選 **以行動電話尺寸預覽**，讓圖像精靈可以完整顯示。

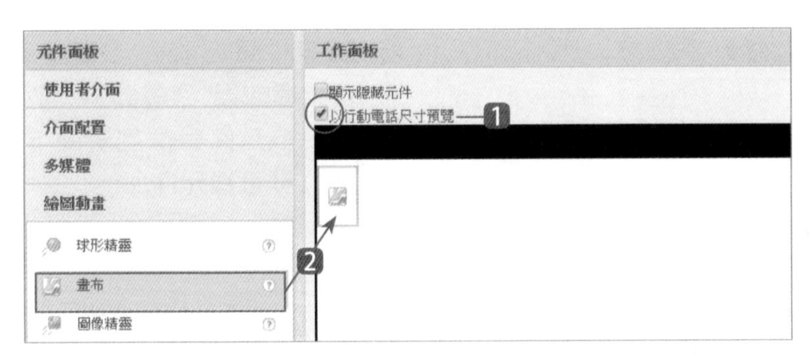

1. 請先核選 **以行動電話尺寸預覽**。
2. 在 **元件面板** 拖曳 **繪圖動畫 / 畫布** 到工作面板中。

3. 在 **元件屬性** 設定 **背景圖片：bg.jpg**，**高度：填滿**、**寬度：填滿**。

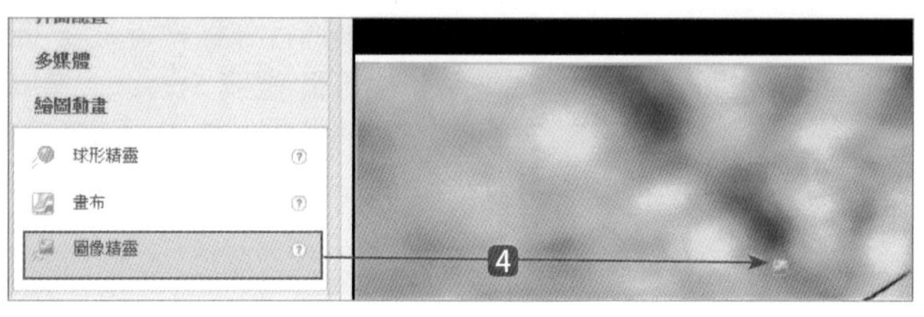

❹ 在 **元件面板** 拖曳 **繪圖動畫 / 圖像精靈** 到 **畫布 1** 中。

❺ 在 **元件屬性** 設定 **指向：90**，**間隔：10**，**圖片：logo.png**，**旋轉：取消核選**，**速度：20.0**。

4.2.5 加入音樂播放器元件

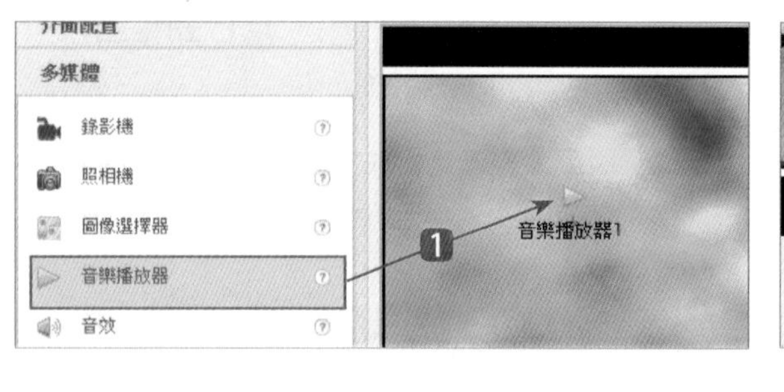

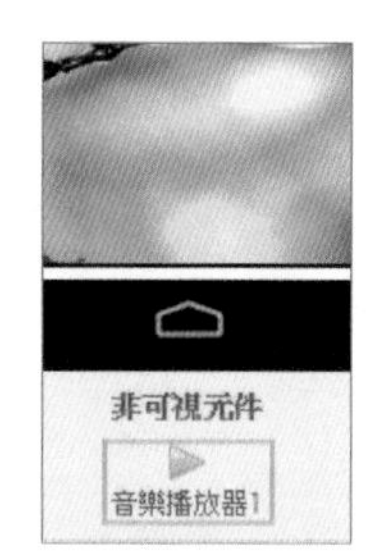

❶ 在 **元件面板** 拖曳 **多媒體 / 音樂播放器** 到畫面中，放開後該元件會掉到畫面下方的 **非可視元件** 區。

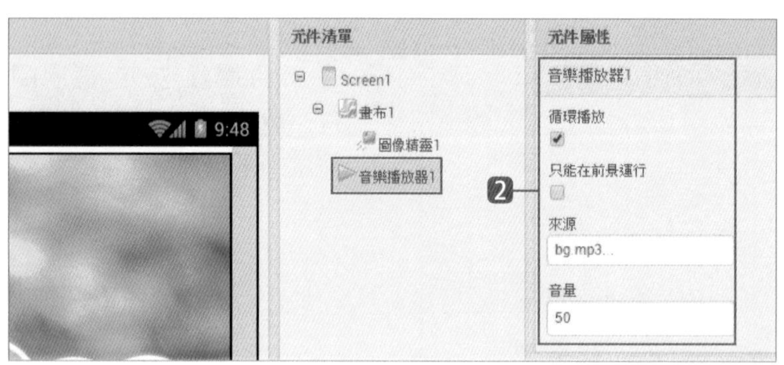

❷ 請在 **音樂播放器 1** 的 **元件屬性** 設定 **循環播放：核選**，**只能在前景運行：取消核選**，**來源：bg.mp3**，**音量：50**。

4.2.6 新增螢幕 Page1

1. 按 **新增螢幕** 可以新增一個螢幕 (Screen)。
2. 對話方塊中預設的螢幕名稱為 **Screen2**，改名為「Page1」，按 **確定** 鈕完成螢幕新增。

設定 Page1 螢幕屬性

請參考 4-2-3 的操作，設定 **Page1** 的屬性。

欄位	值
水平對齊	靠左：1
垂直對齊	靠上：1
關閉螢幕動畫	水平滑動
開啟螢幕動畫	水平滑動
螢幕方向	鎖定橫式畫面

欄位	值
允許捲動	取消核選
狀態欄顯示	取消核選
標題	Page1
標題顯示	取消核選

在 Page1 螢幕中加入畫布

請參考 4-2-4 的操作，加入一個畫布元件並設定 **畫布 1** 的屬性：**背景圖片：page1.jpg**，**高度：填滿**、**寬度：填滿**。

Page1 螢幕建立完成的畫面

4.2.7 加入螢幕 Page2~Page4

新增螢幕與所屬畫布

重複 4-2-6 的操作，分別再新增螢幕 **Page2~Page4**，同時在每個螢幕中分別加入一個畫布元件。以 **Page2** 為例，設定 Page2 螢幕屬性的標題：Page2，加入的畫面設定屬性：**背景圖片：page2.jpg**，**高度：填滿**、**寬度：填滿**。**Page3~Page4** 的設定依此類推。

Page2~Page4 螢幕建立完成畫面

4.2.8 在 Page4 螢幕的畫布中再加入 3 個圖形精靈

新增圖形精靈

在 **Page4** 螢幕中的畫布元件中，再加入 3 個圖形精靈，用來顯示圖片與翻頁的播放圖示。

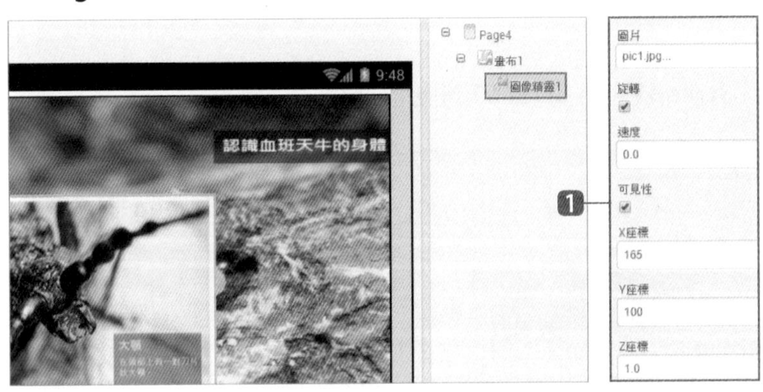

1. 在 **元件面板** 拖曳 **繪圖動畫 / 圖像精靈** 到 **畫布 1** 中，預設名稱為 **圖形精靈 1**，在 **元件屬性** 設定 **圖片：pic1.jpg**，**X 座標：165**、**Y 座標：100**。

2. 重複剛才的操作，再拖曳 2 個圖像精靈到 **畫布 1** 中，預設的名稱為 **圖像精靈 2**、**圖像精靈 3**。

   在 **圖像精靈 2** 設定 **圖片：prev.png**，**X 座標：83**、**Y 座標：193**。

   在 **圖像精靈 3** 設定 **圖片：next.png**，**X 座標：512**、**Y 座標：193**。

Page4 螢幕新增圖形精靈完成畫面

4.3 App 程式設計

完成了「電子書」App 的畫面編排後，接下來就要加入程式設計的拼塊。

4.3.1 切換到 Screen1

目前的螢幕是在 **Page4**，切換回到 **Screen1**，由 **Screen1** 開始設計程式拼塊。

❶ 按螢幕選擇鈕，於下拉式選單點選 **Screen1**。

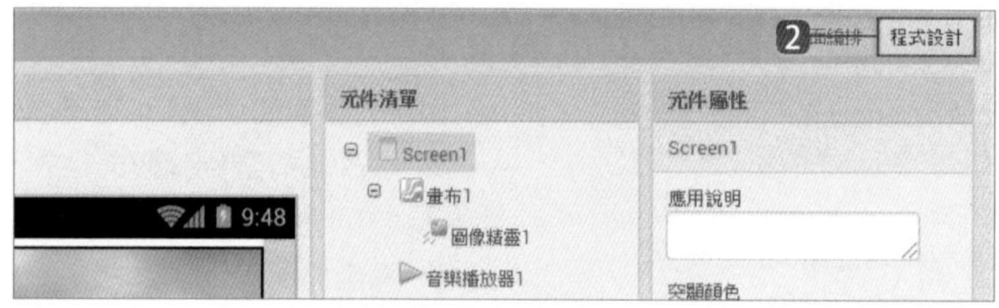

❷ 按功能表右方的 **程式設計** 進入程式設計模式。

4.3.2 應用程式初始化設定

設定應用程式執行後即開始循環播放背景音樂。

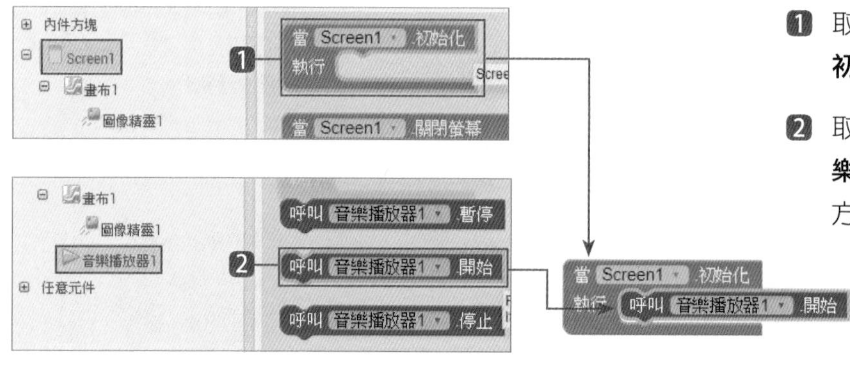

❶ 取 **Scrren1 / 當 Screen1. 初始化** 到 **工作面板** 中。

❷ 取 **音樂播放器 1 / 呼叫 音樂播放器 1. 開始** 到剛才的方塊中。

4.3.3 滑動畫布翻頁設定

接著要判斷畫布滑動的方向，如果是向左滑動時會取得 X 速度分量小於 0，就翻到下一頁。

❶ 取 **畫布 1 / 當 畫布 1. 被滑過** 到 **工作面板** 中。

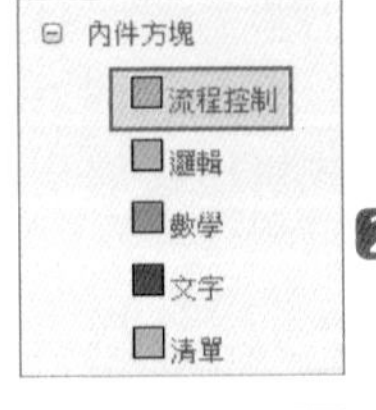

❷ 取 **內件方塊 / 流程控制 / 如果 ... 則** 到剛才的方塊中。

❸ 取 **內件方塊 / 數學 / ...=...** 到 **如果 ... 則** 後方成為判斷條件，將判斷方式切換為「<」。

❹ 將滑鼠移到 **速度 X 分量**，出現 **取速度 X 分量** 方塊後，拖曳 **取速度 X 分量** 方塊到 **...<...** 方塊的前方。

❺ 取 **內件方塊 / 數學 / 0** 到到 **...<...** 方塊的後方。

❻ 取 **內件方塊 / 流程控制 / 開啟另一螢幕 ...** 到 **如果 ... 則** 方塊中。

❼ 取 **內件方塊 / 文字 / " "** 到前方塊的後方。在剛新加入的方塊中輸入「Page1」。

4.3.4 複製 Screen1 所有的程式拼塊

由於 **Page1** 的程式拼塊和 **Screen1** 的程式拼塊相似，因此可以將 **Screen1** 的程式拼塊複製到背包，當切換到不同的專案或是不同的頁面時就可以由背包中取出來使用。

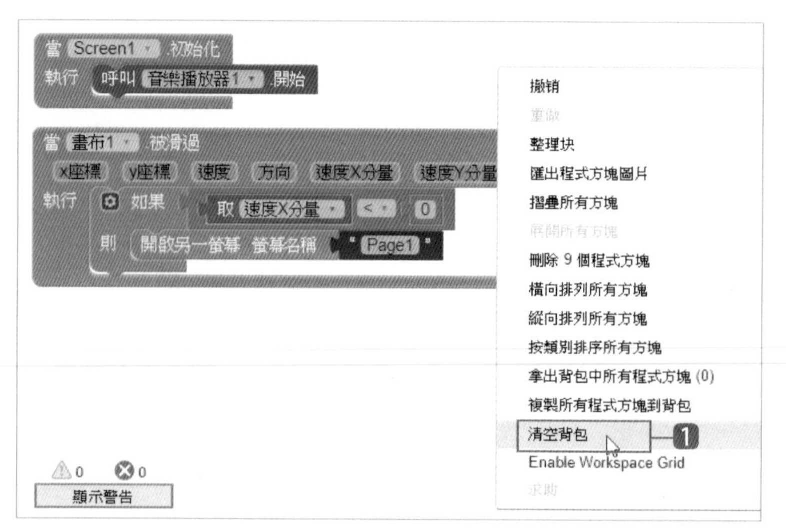

❶ 在 **工作面板** 空白處按滑鼠右鍵，會出現背包的選項，首先選取 **清空背包**，在確認視窗中按 **確定** 鈕先清除背包中殘留的程式拼塊。

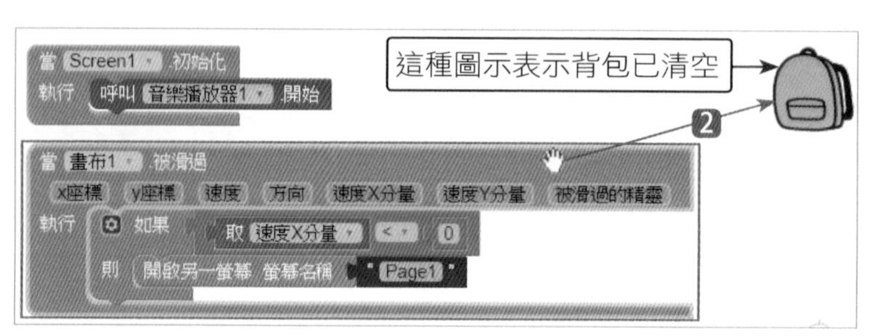

❷ 拖曳 **當 畫布 1. 被滑過** 程式拼塊到 **背包** 中，複製 **當 畫布 1. 被滑過** 中所有的程式拼塊到背包中。

❸ 在 **背包** 圖示上放開拖曳的程式拼塊，即可將程式拼塊複製到背包中，完成後可看到背包圖示已澎漲。

這種圖示表示背包中有程式

4.3.5 切換到 Page1 進行設定

目前的螢幕螢是在 **Screen1**，切換到 **Page1**，開始設計 **Page1** 的程式拼塊。首先將背包所有的程式拼塊複製到 **Page1** 工作面板中。

使用背中的程式拼塊

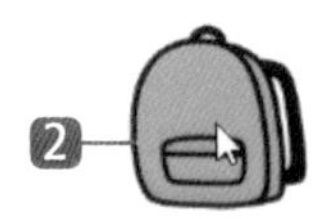

1. 按螢幕選擇鈕，於下拉式選單點選 **Page1**。
2. 點選 **背包** 會打開 **背包** 的程式拼塊。

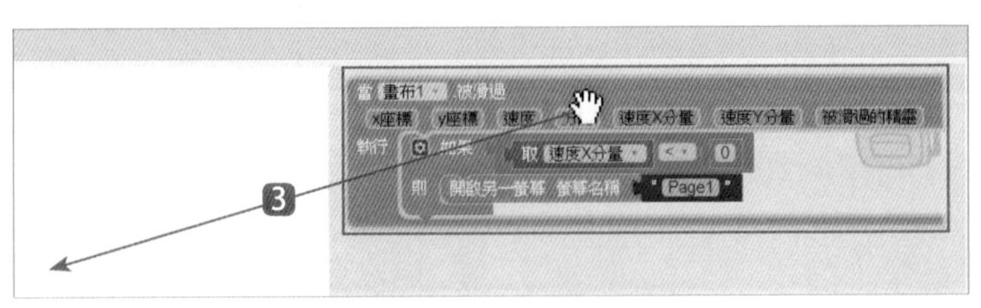

3. 拖曳要複製的程式拼塊到 **工作面板** 中，即完成複製的操作。

調整 Page1 程式拼塊

在畫布上向右滑動，會關閉目前螢幕，返回上一個螢幕。在這裡複製程式拼塊之後，還要稍微調整程式拼塊並加入不足的程式拼塊。

1. 更改 **開啟另一螢幕 ... 螢幕名稱** 為 **Page2** 表示向左滑動時會載入 **Page2**。
2. 按 **如果 ... 則** 方塊的 ，取左方的 **否則** 到右方的 **如果** 中。原來的 **如果 ... 則** 方塊就多了 **否則** 的區域。

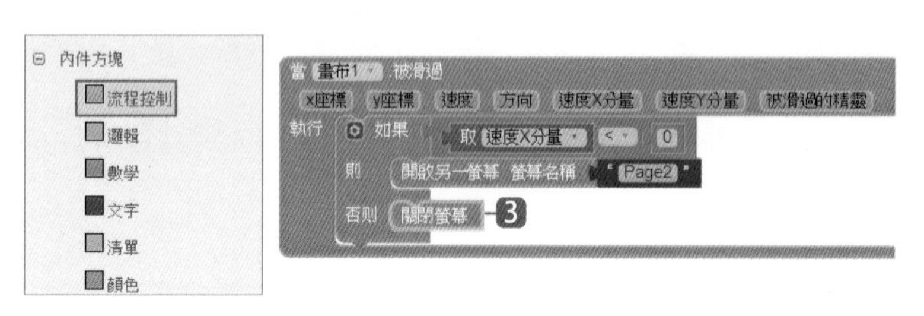

❸ 取 **內件方塊 / 流程控制 / 關閉螢幕 ...** 到 **否則** 方塊中。

複製 Page1 所有的程式拼塊

由於 **Page2~Page4** 的程式拼塊和 **Page1** 的程式拼塊幾乎相同，因此將 **Page1** 的全部程式拼塊複製到背包中。請先按 **清空背包** 清除背包的程式拼塊，拖曳 **Page1** 工作面板的 **當 畫布 1. 被滑過** 程式拼塊到 **背包** 中，複製 **當 畫布 1. 被滑過** 中所有的程式拼塊到背包中。

4.3.6 完成 Page2~ Page3 程式拼塊

目前的螢幕是在 **Page1**，請切換到 **Page2** 後開始設計程式拼塊。

❶ 切換到 Page2。

❷ 將背包中將 **當 畫布 1. 被滑過** 程式拼塊複製到工作面板。更改 **開啟另一螢幕 ... 螢幕名稱** 為 **Page3** 表示向左滑動時會載入 **Page3**。

❸ 切換到 Page3。

❹ 將背包中將 **當 畫布 1. 被滑過** 程式拼塊複製到工作面板。更改 **開啟另一螢幕 ... 螢幕名稱** 為 **Page4** 表示向左滑動時會載入 **Page4**。

4.3.7 調整 Page4 程式拼塊

Page4 是最後一頁，它只能返回上一頁，無法翻到下一頁，因此必須將翻到下一頁的程式拼塊刪除。此外，在 **Page4** 中再增加以 **圖像精靈 1** 顯示圖片的程式拼塊，同時也加入 **圖像精靈 2** 控制顯示前一張圖片、**圖像精靈 3** 控制顯示下一張圖片的程式拼塊。

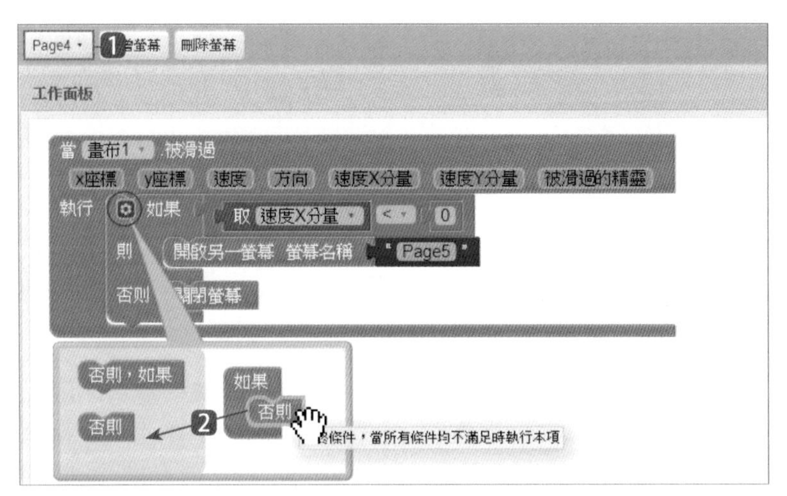

❶ 切換到 Page4。

❷ 按 **如果 ... 則** 方塊的 ⚙，如左圖將 **否則** 拖曳出來。原來的 **如果 ... 則** 方塊就刪除了 **否則** 的區域。

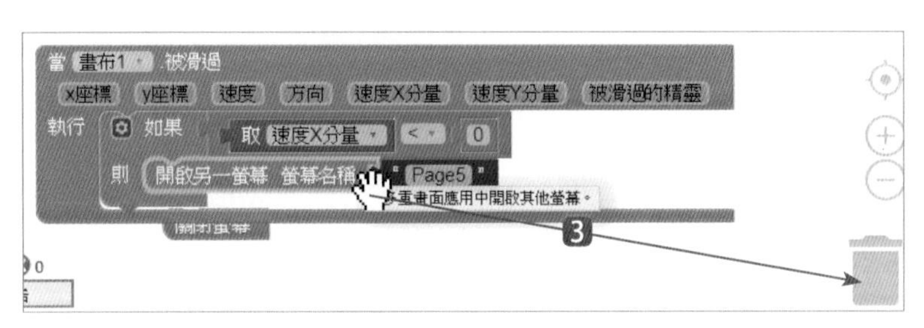

❸ 拖曳 **開啟另一螢幕 ... 螢幕名稱** 拼塊到垃圾桶中，當垃圾桶蓋子打開時放開，該拼塊將會被刪除。

❹ 更改 **...<...** 為 **...>...**，並拖曳 **關閉螢幕** 到 **如果 ... 則** 方塊中。

4.3.8 顯示上一張圖片程式拼塊

設定變數記錄圖片索引

首先定義變數 **index**，並設定預設值為 1，記錄目前是第幾張圖片。

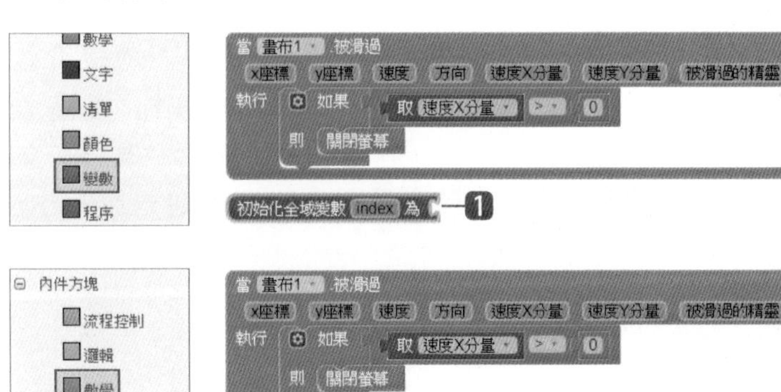

❶ 取 **內件方塊 / 變數 / 初始化全域變數 ... 為** 到 **工作面板** 中，並輸入變數名稱為「index」。

❷ 取 **內件方塊 / 數學 / 0** 到 **工作面板** 中剛才的方塊後，並更改為數字 **1**，成為 **index** 變數的預設值。

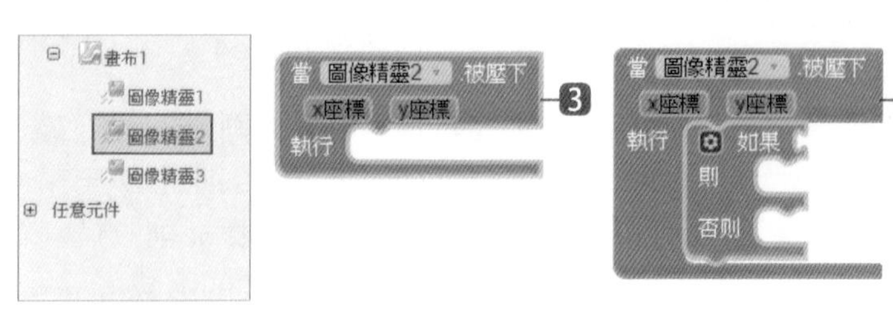

❸ 取 **圖像精靈 2 / 當 圖像精靈 2. 被壓下** 到 **工作面板** 。

❹ 加入 **如果 ... 則** 方塊到前方塊中，按 **如果 ... 則** 方塊的 ⚙，加入 **否則** 區。

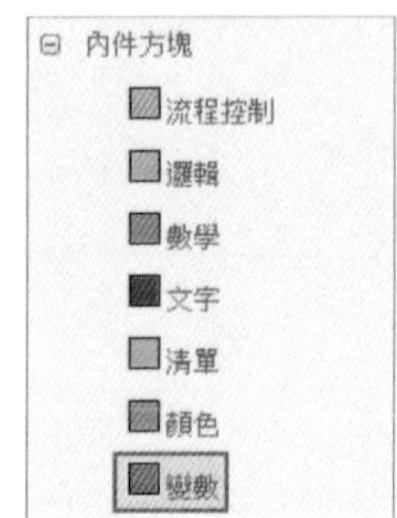

❺ 加入 **...=...** 到 **如果 ... 則** 後成為判斷條件。

❻ 取 **內件方塊 / 變數 / 取 ...** 到剛才拼塊前方，將變數設為「index」，取 **內件方塊 / 數學 / 1** 到拼塊後方塊。

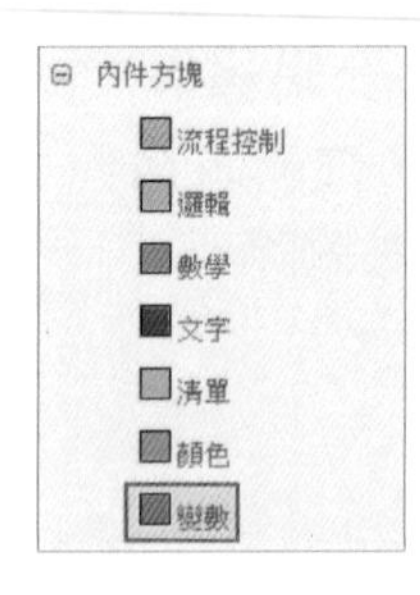

❼ 取 **內件方塊 / 變數 / 設置 ... 為** 到 **則** 方塊中，並將變數設為「index」，再取 **內件方塊 / 數學 / 5** 到拼塊後方塊。

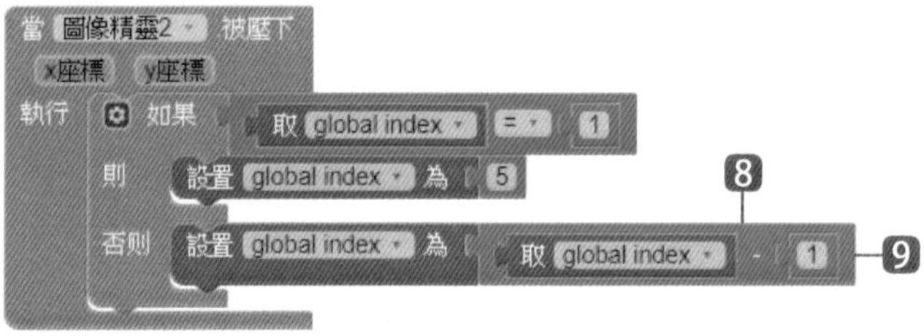

❽ 加入設置變數 **index** 到 **否則** 方塊中，將變數名稱設為「index」，再加入 **內件方塊 / 數學 / ...-...** 到**設置 index 為** 後方。

❾ 加入變數 **index** 到 **...-...** 前方，再加入 **內件方塊 / 數學 / 1** 到 **...-...** 後方。

顯示圖片

圖片檔名是 pic1.jpg~pic5.jpg，先以合併字串組合圖片檔名，再以 **圖像精靈 1** 顯示此圖片。

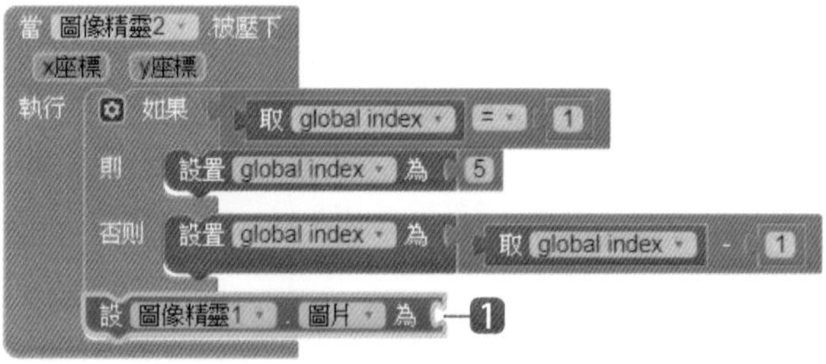

❶ 取 **圖像精靈 1 / 設 圖像精靈 1 . 圖片 為** 到 **如果 ... 則 ... 否則** 方塊下方。

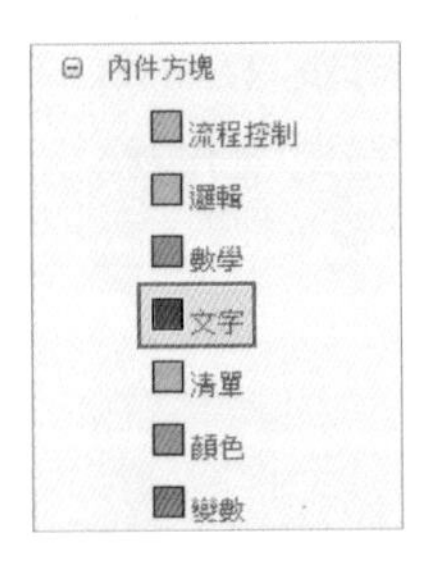

❷ 取 **內件方塊 / 文字 / 合併文字** 到之前方塊後方。

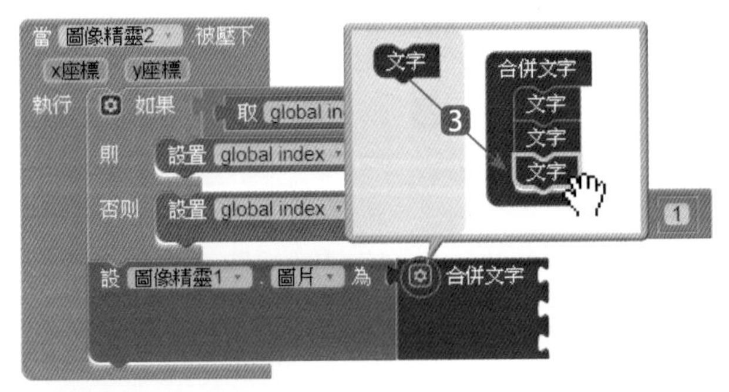

❸ 按 **合併文字** 方塊的 ⚙，取左方的 **文字** 到右方的 **合併文字** 之中。**合併文字** 就會增加一個欄位。

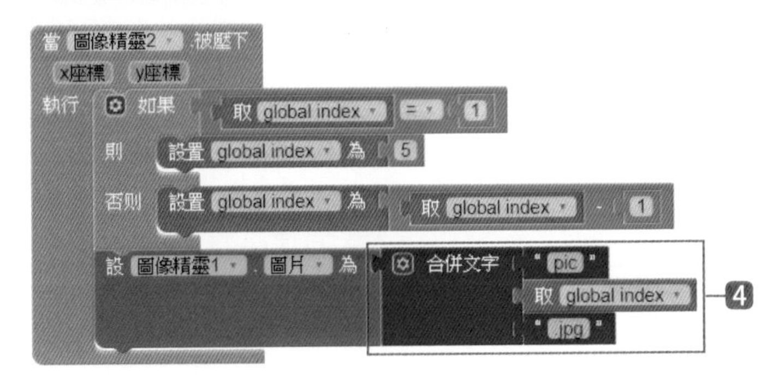

❹ 取 **內件方塊 / 文字 / " "** 到 **合併文字** 拼塊第一、三個欄位中，並更改字串為「pic」、「.jpg」，再取變數 **index** 到第二個欄位中。

4.3.9 顯示下一張圖片的程式拼塊

使用者按顯示下一張圖片的程式方塊與這裡雷同，只是 **index** 改為加 1，可使用複製程式方塊的方式製作。

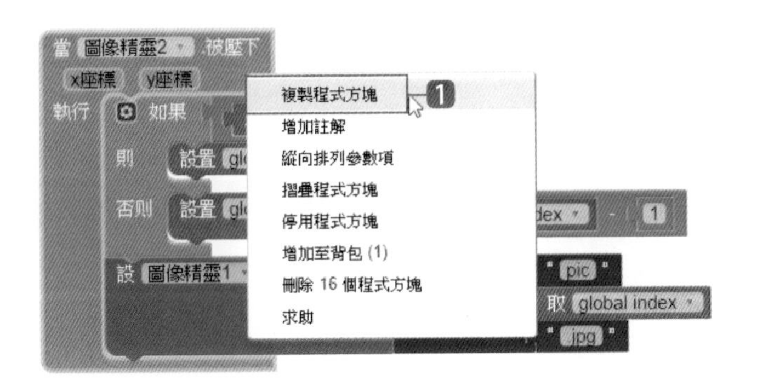

❶ 於 **當 圖像精靈 2. 被壓下** 事件按滑鼠右鍵，在快顯功能表點選 **複製程式方塊**。

當 圖像精靈2 被壓下
圖像精靈1
✓ 圖像精靈2
圖像精靈3 ❷
執行 ... global index = 1
則 設置 global index 為 5
否則 設置 global index 為 取 global index - 1
設 圖像精靈1 . 圖片 為 合併文字 "pic" 取 global index ".jpg"

❷ 於 **當 圖像精靈 2. 被壓下** 下拉式選單點選 **圖像精靈 3**，修改事件名稱為「圖像精靈 3」。

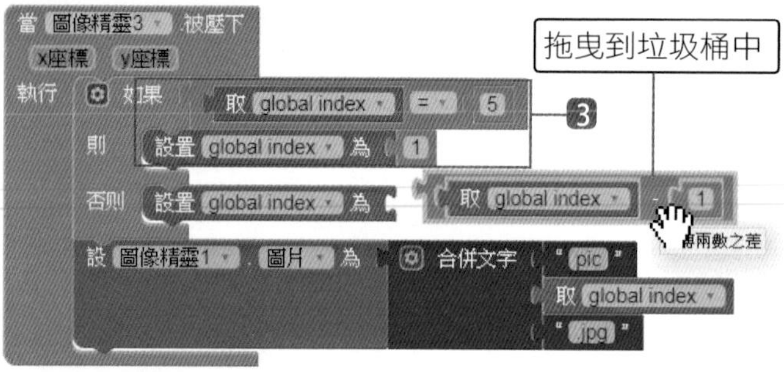

當 圖像精靈3 被壓下
x座標 y座標
執行 如果 取 global index = 5
則 設置 global index 為 1
否則 設置 global index 為 取 global index - 1
設 圖像精靈1 . 圖片 為 合併文字 "pic" 取 global index ".jpg"
拖曳到垃圾桶中
❸
兩數之差

❸ 修改為如果是由第 5 張圖片向下翻，設定 index=1 表示要翻到第一張圖片。如左圖修改 **index** 的值為 **5**、**1**，再拖曳 **index**-1 拼塊到垃圾桶中將此拼塊刪除。

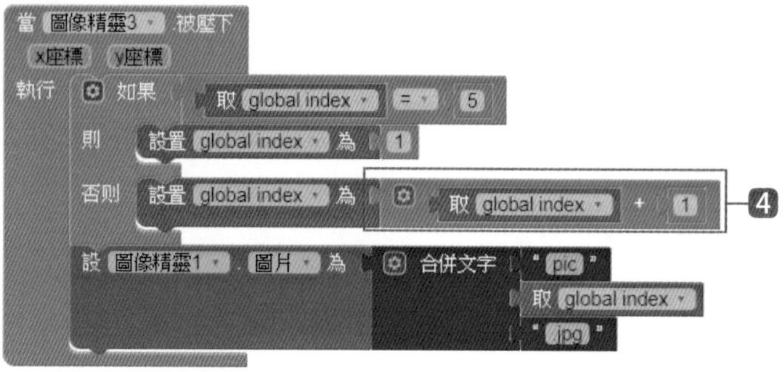

當 圖像精靈3 被壓下
x座標 y座標
執行 如果 取 global index = 5
則 設置 global index 為 1
否則 設置 global index 為 取 global index + 1 ❹
設 圖像精靈1 . 圖片 為 合併文字 "pic" 取 global index ".jpg"

❹ 加入 index+1 的拼塊表示要翻到第下一張圖片。取 **數學 / ...+...** 到 **設置 index 為** 方塊後方，再加入變數 **index** 和數字 **1** 到 **...+...** 的前後方。

如此即完成 App 的專題製作。

[05] 計算機

- 學習建立具有參數的程序
- 學習表格配置元件
- 學習處理具有相同功能的眾多按鈕元件
- 學習如果則元件的多重判斷式
- 學習對話框元件顯示警告訊息

5.1 認識 App 專題：簡易計算機

5.1.1 專題介紹

「計算機」是學習程式語言必備的範例，不但可以訓練學習者各種運算子的使用方法，最重要的是處理多達十餘個功能相同的數字按鈕，只要使用程序就可簡化處理過程。

為簡化程式，本專題運算方式只提供加、減、乘、除四種運算。可輸入小數點做浮點數運算，輸入時會檢查小數點數量，若輸入第二個小數點會將其忽略。進行除法運算時，除數不得為 0，否則程式會發生錯誤而中斷，本專題會進行檢查，若除數為 0 就不進行運算並且顯示提示訊息。

這只是一個簡易計算機專題，並未對所有可能產生的錯誤都進行檢查，使用者若亂按各種按鈕，仍有可能導致錯誤運算結果。

5.1.2 專題作品預覽

「計算機」App 可輸入含小數點的數值，再按加、減、乘、除後輸入第二個數值，接著按 **=** 鈕即可顯示運算結果。若輸入錯誤，可按 **C** 鈕清除已輸入的內容，重新輸入。

如果沒有輸入內容就按 **=** 鈕，會顯示「必須輸入內容！」提示訊息；若執行除數為 0 的除法運算，會顯示「不能除以 0 喔！」提示訊息。

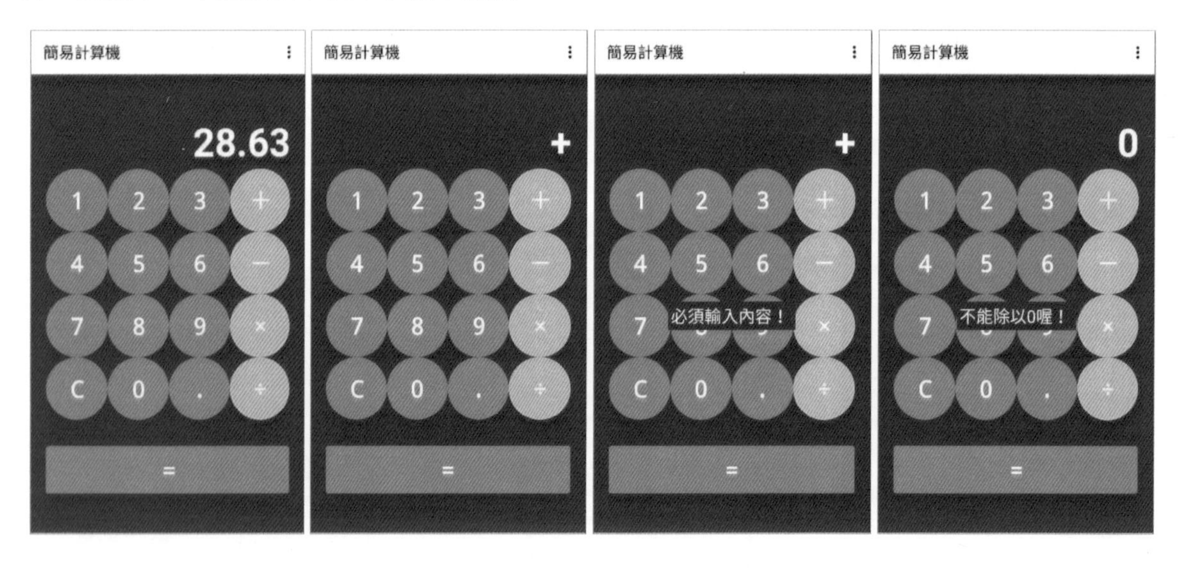

5.2 App 畫面編排

使用 App Inventor 2 製作「計算機」App，在規劃程式功能及流程後，再依架構設計版面，最後即可開始進行畫面編排。

5.2.1 App 畫面編排完成圖

5.2.2 新增專案及設定畫面

在「計算機」App 的範例畫面編排中，最重要的是要加入 **表格配置** 及十餘個 **按鈕**。

1. 登入開發頁面按 **新增專案** 鈕。
2. 在對話方塊的 **專案名稱** 欄位中輸入「ex_calculator」。
3. 按下 **確定** 鈕完成專案的新增並進入開發畫面。

❹ 首先進行外觀編排：在 **元件清單** 選按 **Screen1** 準備進行設定，這是預設的畫面元件。

❺ 請在 **元件屬性** 依下方表格資料進行欄位設定。

欄位	值
突顯顏色	透明
水平對齊	置中
垂直對齊	置中
App 名稱	簡易計算機
背景顏色	深灰
基本色	白色
PrimaryColorDark	紅色

欄位	值
螢幕方向	鎖定直式畫面
允許捲動	核選
狀態列顯示	取消核選
視窗大小	自動調整
Theme	Black Title Text
標題	簡易計算機

5.2.3 建立顯示數字區

接著要在面板中加入顯示輸入數字的標籤元件，請依下述步驟操作：

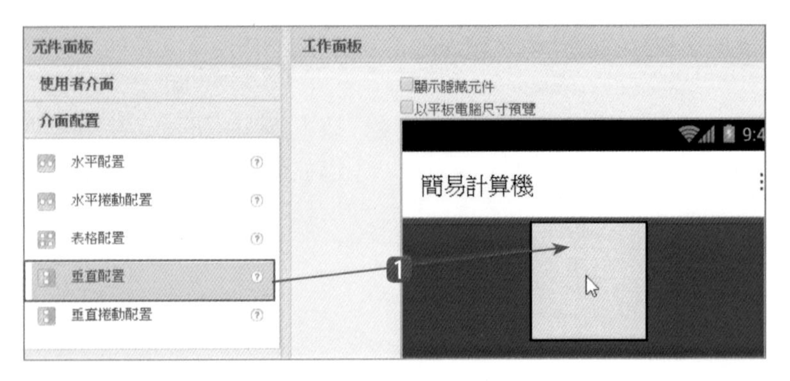

❶ 在 **元件面板** 拖曳 **介面配置 / 垂直配置** 到工作面板中。

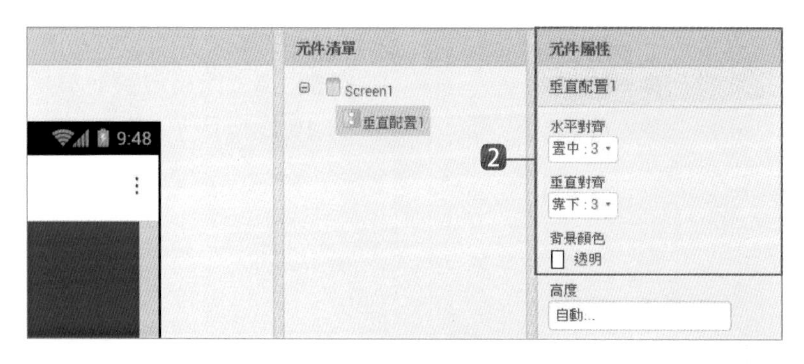

❷ 在 **元件屬性** 設定 **水平對齊：置中**、**垂直對齊：靠下**、**背景顏色：透明**。

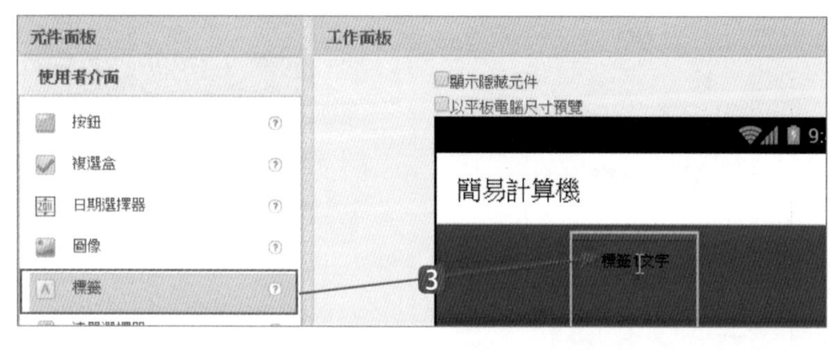

❸ 在 **元件面板** 拖曳 **使用者介面 / 標籤** 到剛才的垂直配置中。

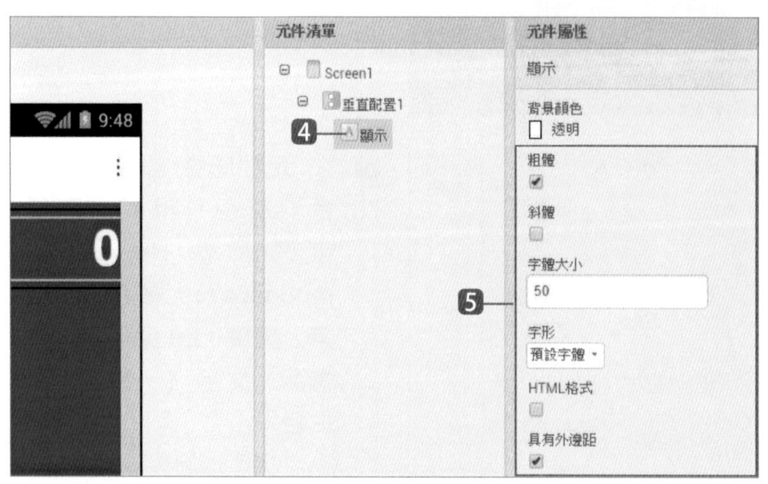

❹ 使用 **重新命名** 鈕將名稱更名為 **顯示**，用來顯示使用者輸入的內容。

❺ 在 **元件屬性** 設定 **粗體：核選**、**字體大小：50**、**寬度：320 像素**、**文字：0**、**文字對齊：靠右**、**文字顏色：白色**。

5.2.4 建立數字及運算子按鈕區

再來要在面板中以表格配置加入各個按鈕，請依下述步驟操作：

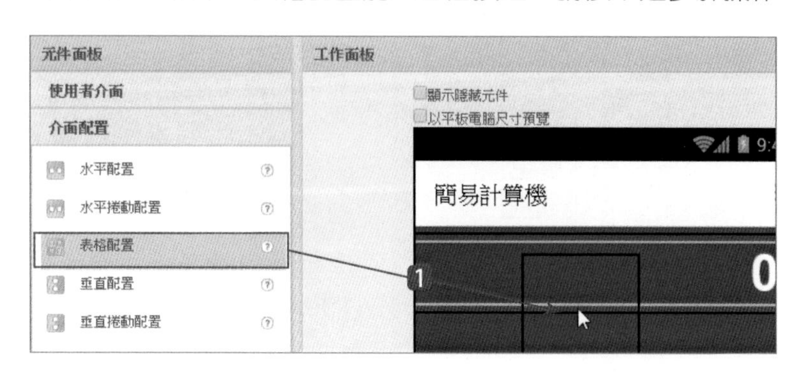

❶ 在 **元件面板** 拖曳 **介面配置 / 表格配置** 到 **顯示** 標籤下方且在 **垂直配置 1** 內。

2 在 **元件屬性** 設定 **列數：4**、**行數：4**，用來放置計算機的 16 個按鈕。

3 建立數字 1 按鈕：在 **元件面板** 拖曳 **使用者介面 / 按鈕** 到 **表格配置 1** 的第一列第一行 (左上角) 中。

4 在 **元件屬性** 設定 **背景顏色：灰色**、**粗體：啟用**、**字體大小：30**、**字形：monospace**、**高度：80 像素**、**寬度：80 像素**、**形狀：橢圓**、**文字：1**、**文字顏色：白色**。

5 建立數字 2 到 9 按鈕：重複 3 及 4 八次：分別拖曳 **使用者介面 / 按鈕** 到 **表格配置 1** 的第一列第二行、第一列第三行、第二列第一行、第二列第二行、……，依此類推。**按鈕 2** 的文字為 **2**、**按鈕 3** 的文字為 **3**、……，依此類推。按鈕其他屬性設定與按鈕 1 相同。

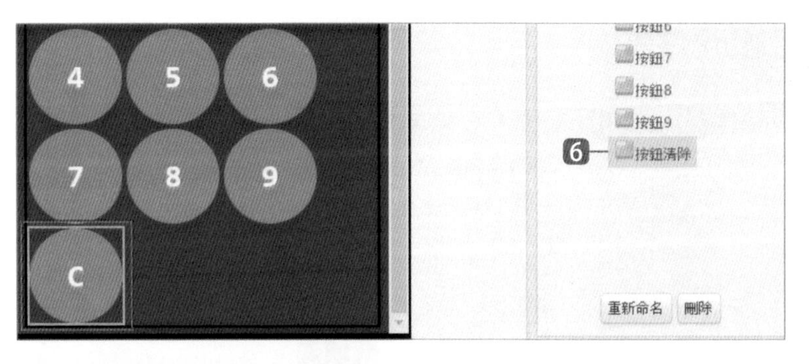

6 建立 **C** 按鈕：重複 3 及 4：拖曳 **按鈕** 到 **表格配置 1** 的第四列第一行，使用 **重新命名** 鈕將名稱更名為 **按鈕清除**。**文字** 屬性值為 **C**，其他屬性設定與按鈕 1 相同。

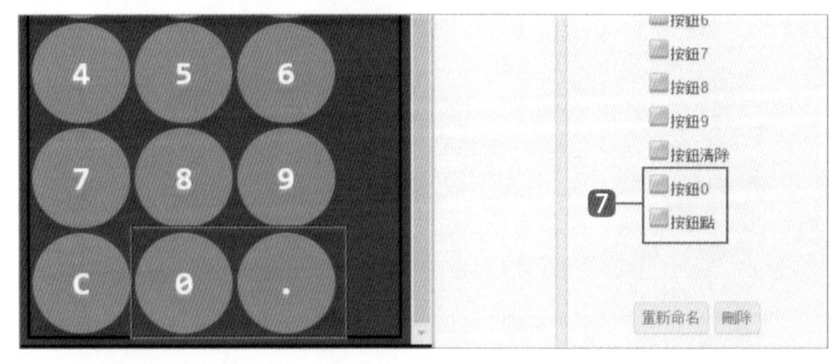

7 建立 **0** 及 **點** 按鈕：重複 6 兩次：分別拖曳 **按鈕** 到 **表格配置 1** 的第四列第二行及第四列第三行，分別將名稱更名為 **按鈕 0** 及 **按鈕點**，**文字** 屬性值分別為 **0** 及 **.**，其他屬性設定與按鈕 1 相同。

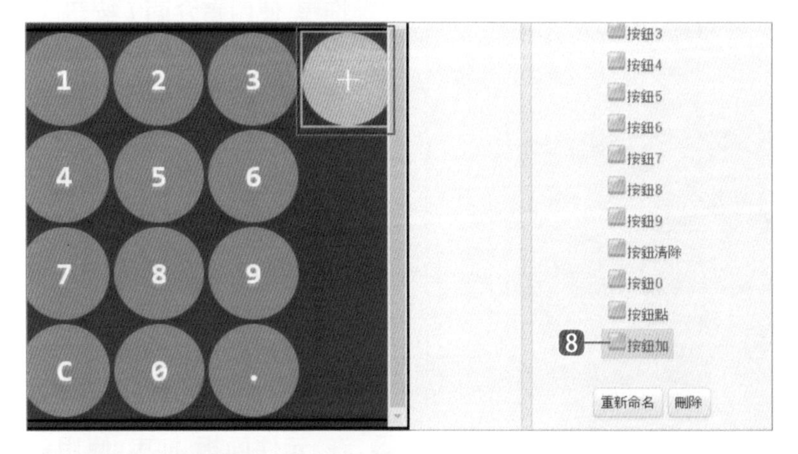

8 建立 **+** 按鈕：重複 3 及 4：拖曳 **按鈕** 到 **表格配置 1** 的第一列第四行，使用 **重新命名** 鈕將名稱更名為 **按鈕加**。開啟書附光碟本章 <op.txt>，複製「＋」做為 **文字** 屬性值，**背景顏色** 屬性值為 **橙色**，其他屬性設定與按鈕 1 相同。

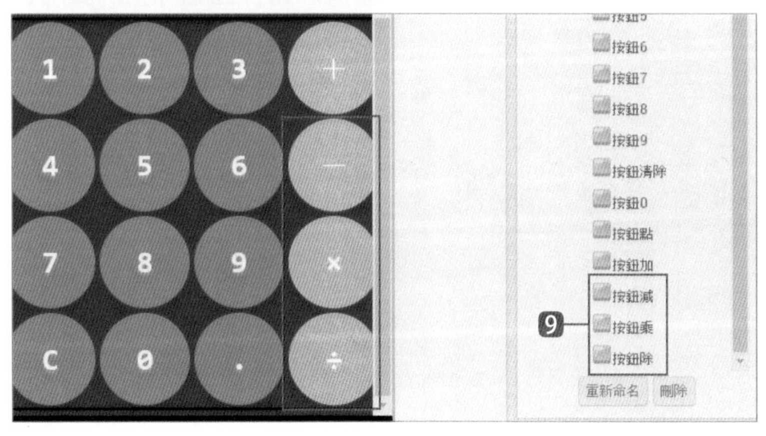

9 建立 **—**、**×** 及 **÷** 按鈕：重複 8 三次：分別拖曳 **按鈕** 到 **表格配置 1** 的第二列第四行到第四列第四行，分別將名稱更名為 **按鈕減**、**按鈕乘** 及 **按鈕除**，**文字** 屬性值分別為 **—**、**×** 及 **÷**（文字由 <op.txt>，複製），其他屬性設定與 **按鈕加** 相同。

5.2.5 建立等於按鈕及非可視元件區

接著要在面板中加入等於按鈕及對話框非可視元件，請依下述步驟操作：

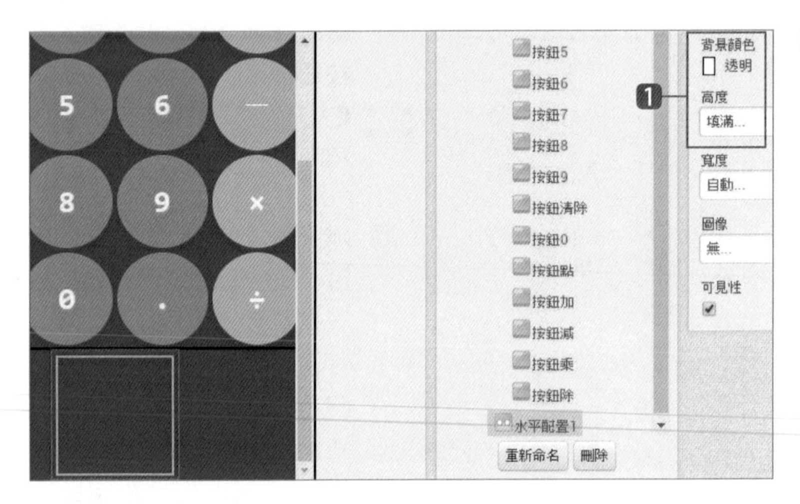

❶ 在 **元件面板** 拖曳 **介面配置 / 水平配置** 到 **表格配置 1** 下方。在 **元件屬性** 設定 **背景顏色：透明**、**高度：填滿**。

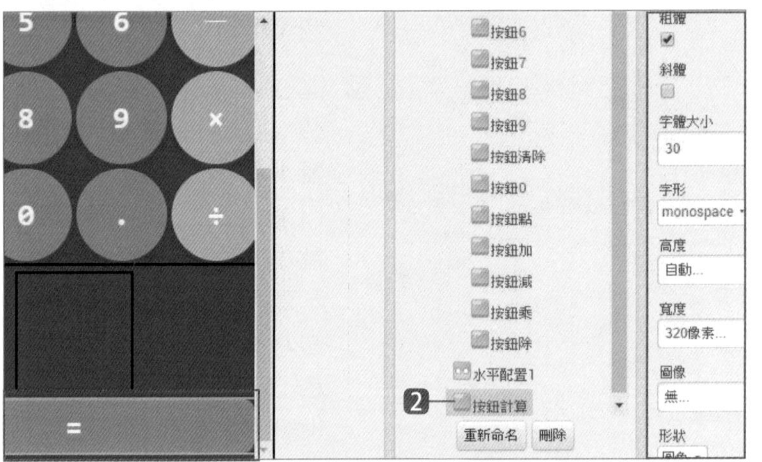

❷ 建立 **=** 按鈕：在 **元件面板** 拖曳 **使用者介面 / 按鈕** 到 **水平配置 1** 下方。使用 **重新命名** 鈕將名稱更名為 **按鈕計算**。在 **元件屬性** 設定 **背景顏色：灰色**、**粗體：啟用**、**字體大小：30**、**字形：monospace**、**寬度：320 像素**、**形狀：圓角**、**文字：=**、**文字顏色：白色**。

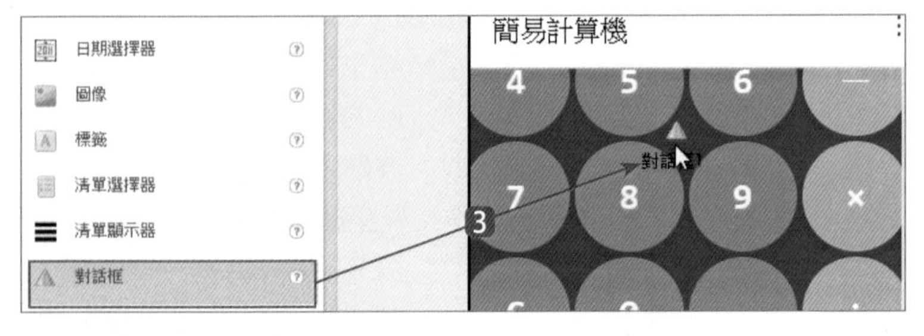

❸ 在 **元件面板** 拖曳 **使用者介面 / 對話框** 到工作面板中，對話框元件會顯示於下方非可視元件區。

❹ 在 **元件清單** 點選 **Screen1**，在 **元件屬性** 設定 **允許捲動：取消核選**，此設定讓程式執行時螢幕無法捲動。

5.3 App 程式設計

完成了「計算機」App 的畫面編排後，接下來就要加入程式設計的拼塊。

5.3.1 建立變數

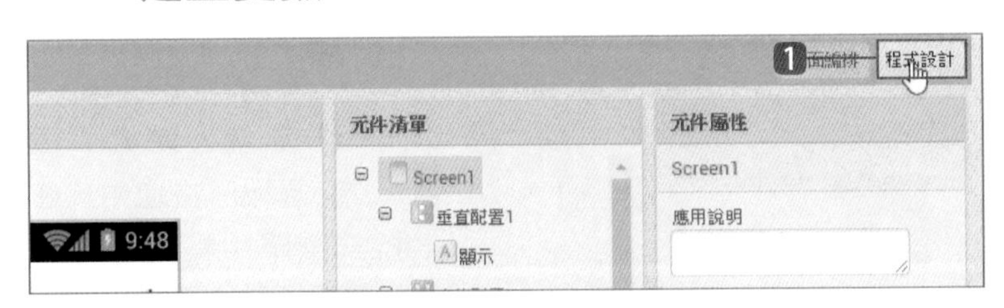

❶ 按功能表右方的 **程式設計** 進入程式設計模式。

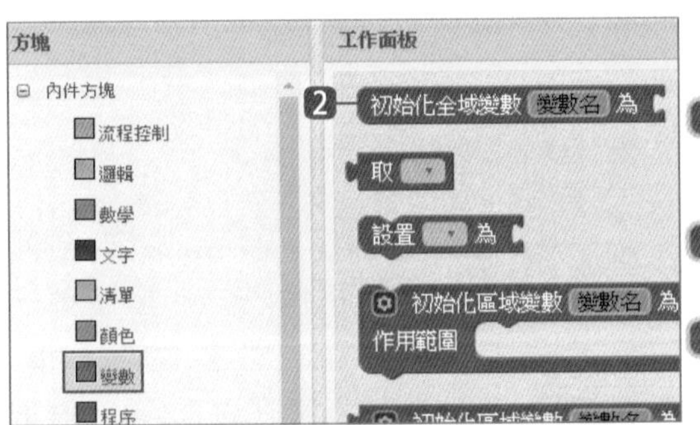

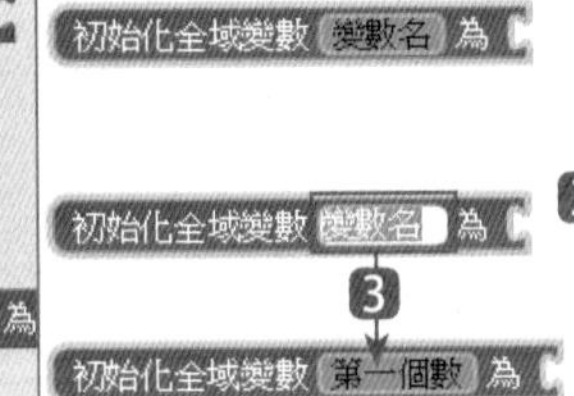

❷ 取 **內件方塊 / 變數 / 初始化全域變數變數名為** 到 **工作面板** 中。

❸ 在 **變數名** 按一下滑鼠左鍵，將文字修改為 **第一個數** 做為變數名稱。

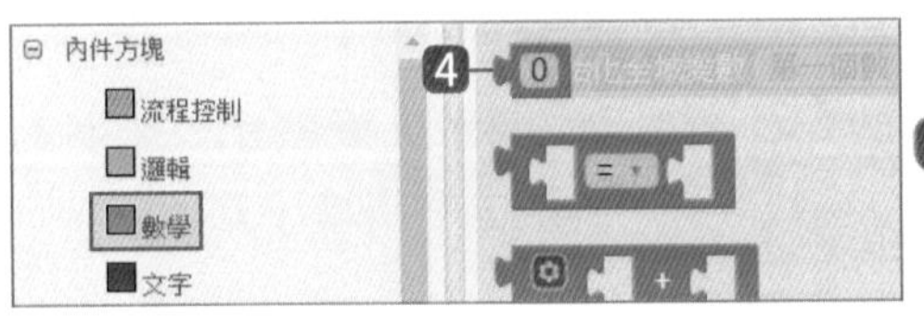

❹ 取 **內件方塊 / 數學 / 0** 到剛才變數拼塊右方。

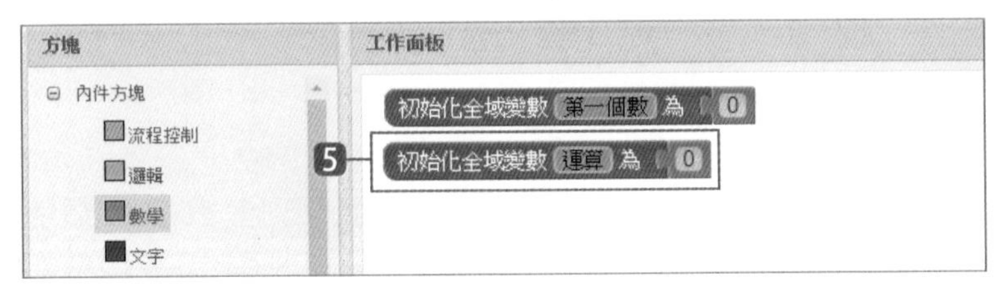

❺ 重複 ❷ 到 ❹：建立初始值為 0 的變數 **運算**。

5.3.2 建立按運算子程序

建立使用者按 **加**、**減**、**乘**、**除** 鈕就呼叫的 **按運算子** 程序：顯示運算子及設定運算類別。

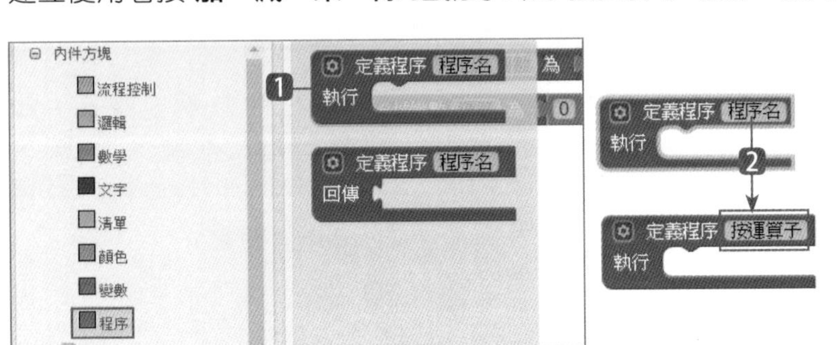

❶ 取 **內件方塊 / 程序 / 定義程序程序名執行** 到 **工作面板** 中。

❷ 在 **程序名** 按一下滑鼠左鍵，將文字修改為 **按運算子**。

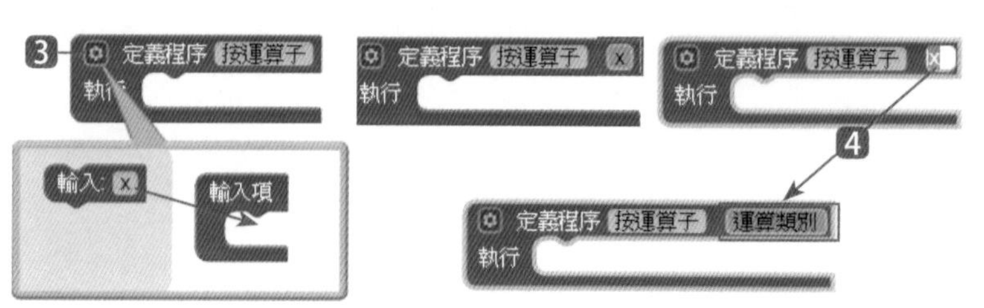

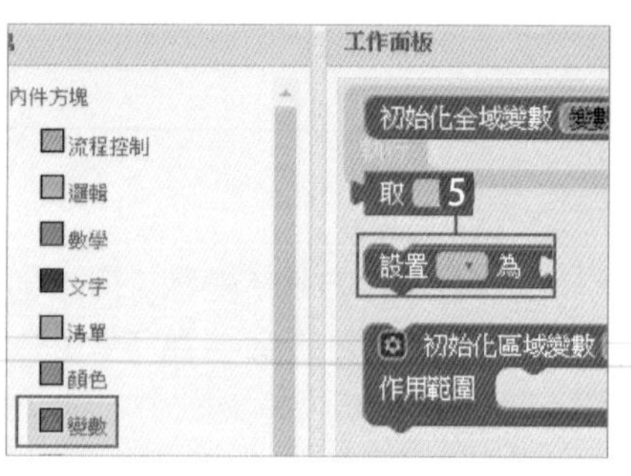

❸ 在程序拼塊按一下 ⚙，拖曳左方 **輸入 x** 到右方輸入項下方增加一個參數。

❹ 在 **x** 按一下滑鼠左鍵，將文字修改為 **運算類別** 做為參數名稱。

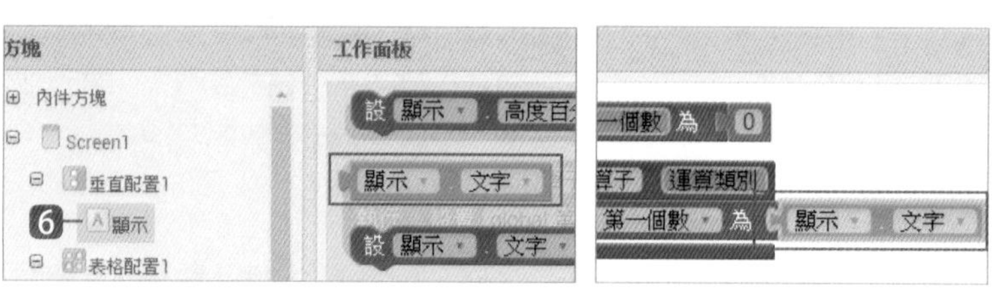

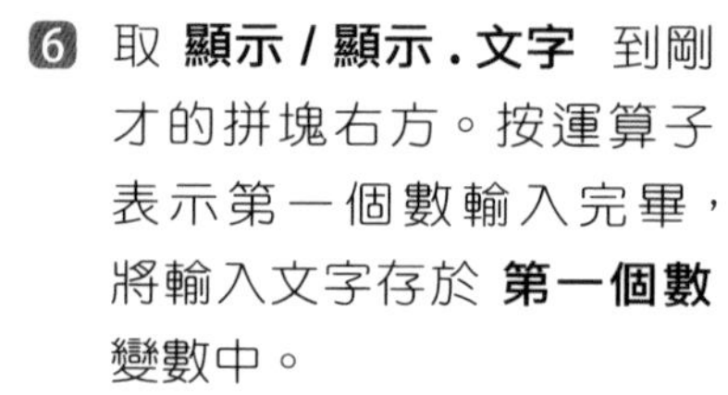

❺ 取 **內件方塊 / 變數 / 設置 ... 為** 到程序拼塊中，在下拉式選單中點選 **global 第一個數**。

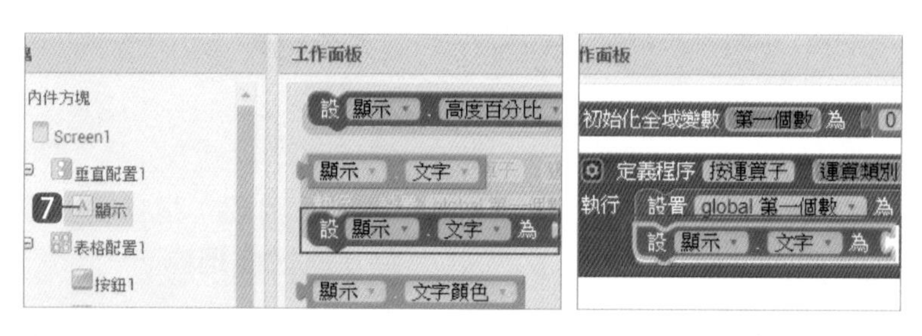

❻ 取 **顯示 / 顯示 . 文字** 到剛才的拼塊右方。按運算子表示第一個數輸入完畢，將輸入文字存於 **第一個數** 變數中。

❼ 取 **顯示 / 設顯示 . 文字為** 到剛才的拼塊下方。

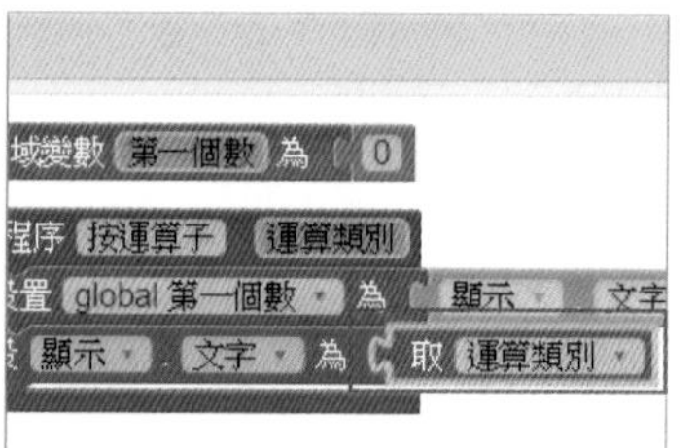

❽ 將滑鼠移到參數 **運算類別** 停留一下，拖曳 **取運算類別** 到剛才拼塊的右方。顯示輸入的運算子。

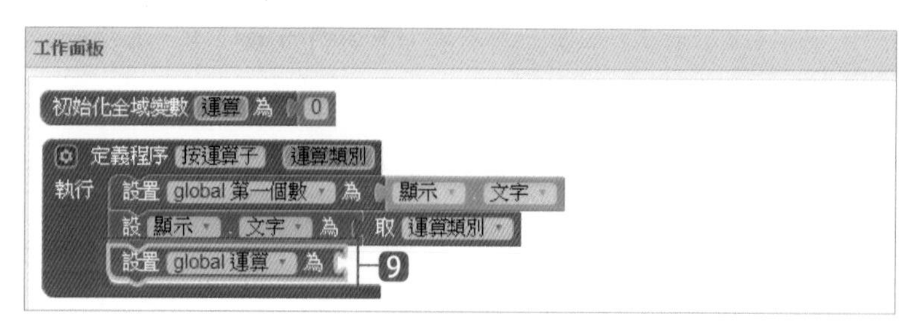

❾ 取 **內件方塊 / 變數 / 設置 ... 為** 到剛才拼塊下方，在下拉式選單中點選 **global 運算**。

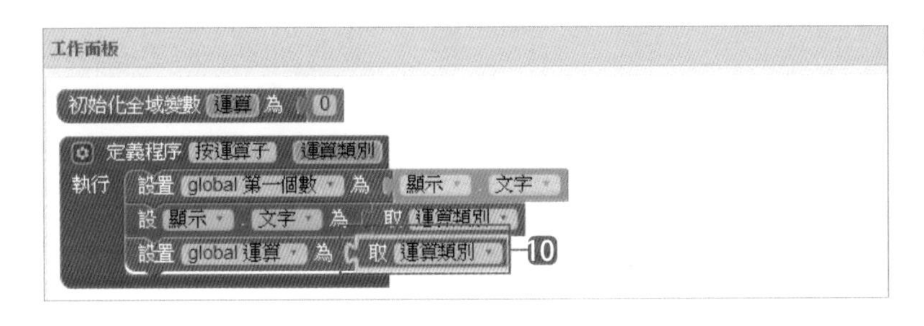

⑩ 將滑鼠移到參數 **運算類別** 停留一下，拖曳 **取運算類別** 到剛才拼塊的右方。

5.3.3 建立按數字程序

使用者按數字鈕就呼叫 **按數字** 程序：若原來文字包含「0、+、-、*、/」且不包含「0.」就直接顯示數字，若包含「0.」及其他狀況則將數字附加在原來文字後面。

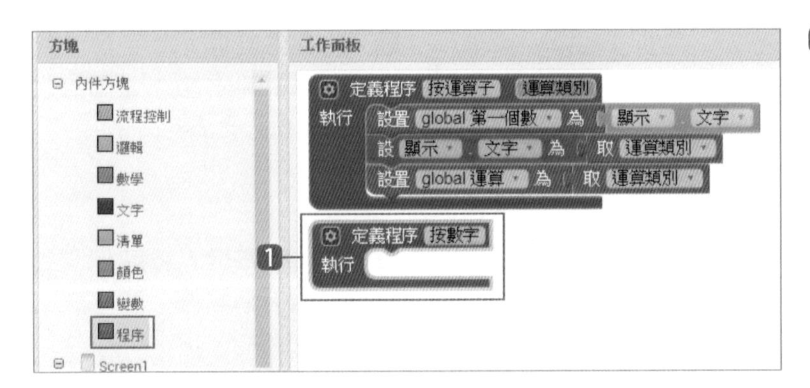

① 取 **內件方塊 / 程序 / 定義程序程序名執行** 到 **工作面板** 中。在 **程序名** 按一下滑鼠左鍵，將文字修改為 **按數字** 做為程序名稱。

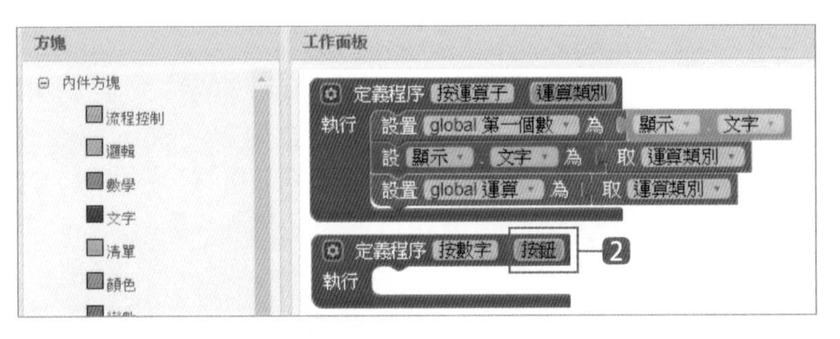

② 在程序拼塊按一下 ⚙，拖曳左方 **輸入 x** 到右方輸入項下方。在 **x** 按一下滑鼠左鍵，將文字修改為 **按鈕** 做為參數名稱。

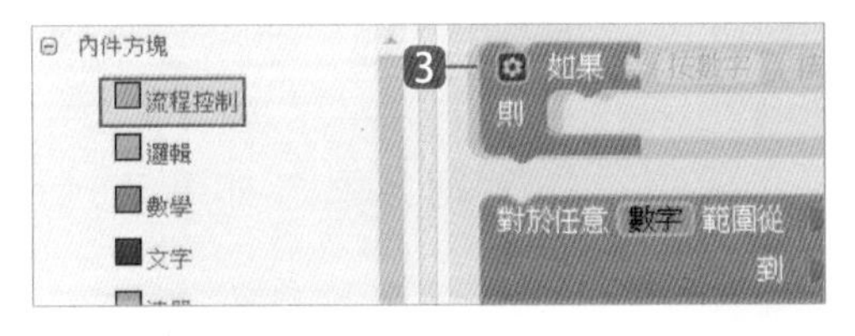

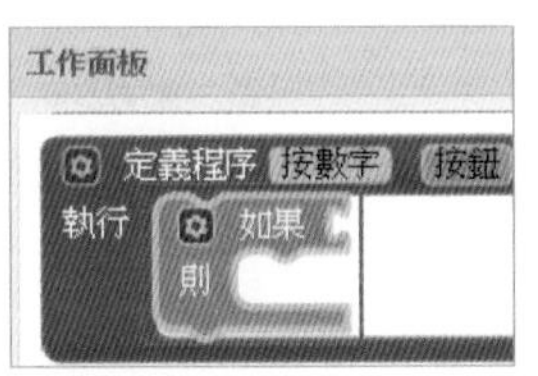

③ 取 **內件方塊 / 流程控制 / 如果則** 到程序拼塊中。

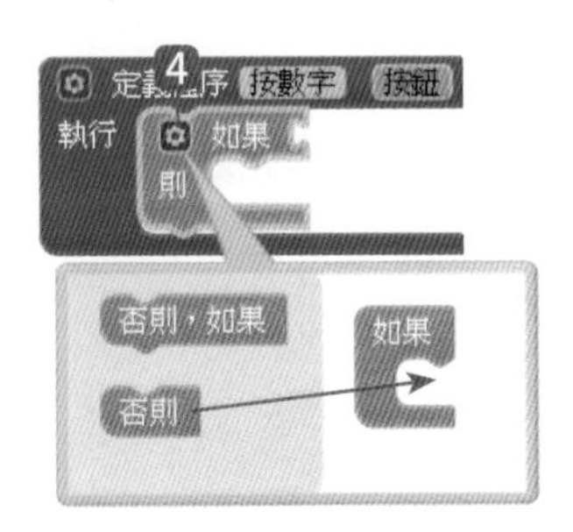

④ 在 **如果則** 拼塊按一下 ⚙，拖曳左方 **否則** 到右方 **如果** 下方，即可增加 **否則** 拼塊。

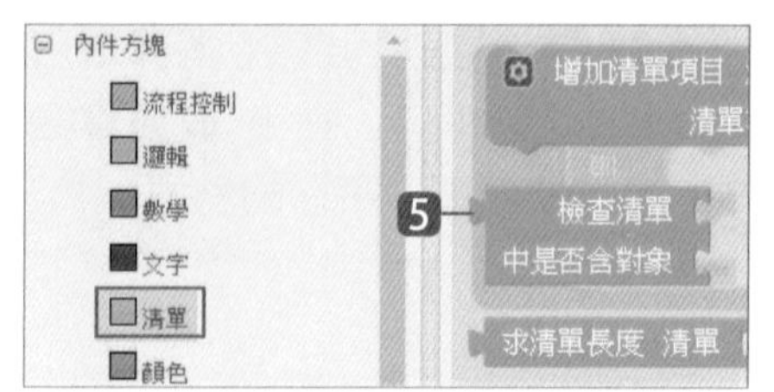

❺ 取 **內件方塊 / 清單 / 檢查清單中是否含對象** 到 **如果** 右方。

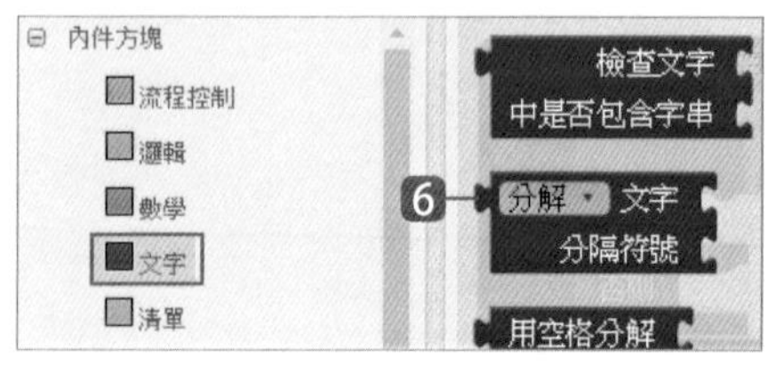

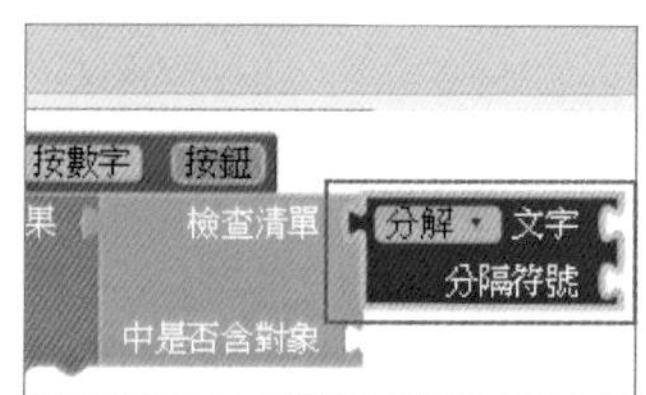

❻ 取 **內件方塊 / 文字 / 分解文字分隔符號** 到 **檢查清單** 右方。

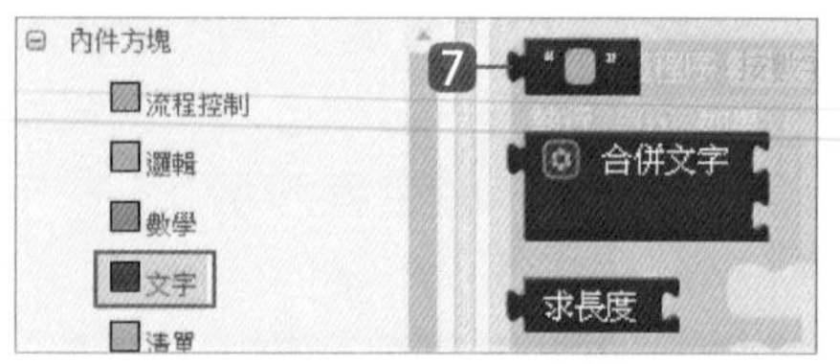

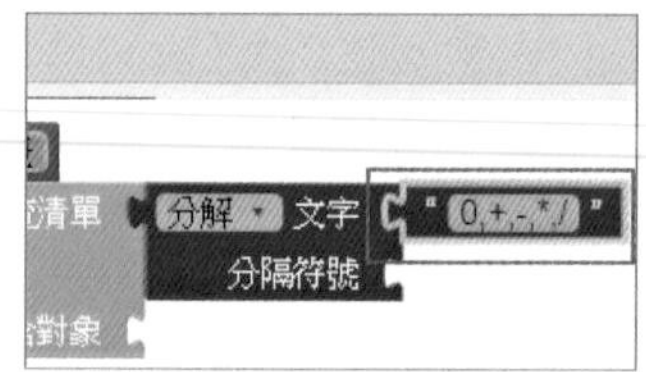

❼ 取 **內件方塊 / 文字 / " "** 到 **分解文字** 右方，並修改文字為 **0,+,-,*,/**。

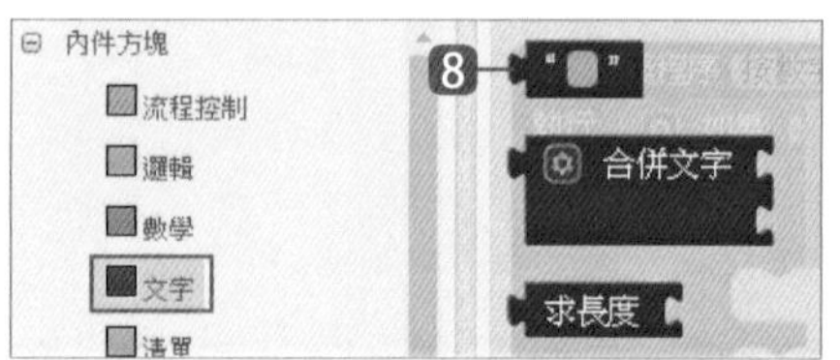

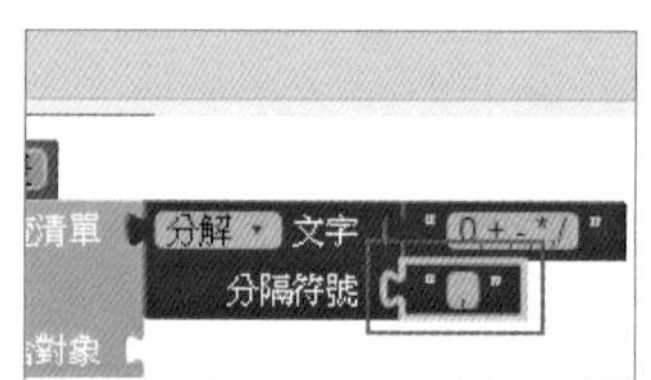

❽ 取 **內件方塊 / 文字 / " "** 到 **分解符號** 右方，並修改文字為逗點「**,**」。

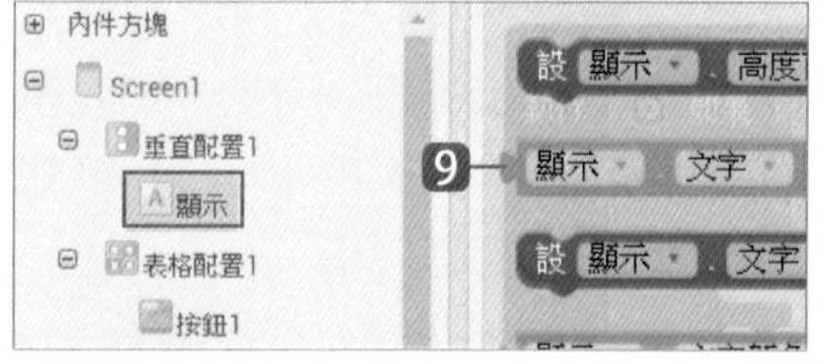

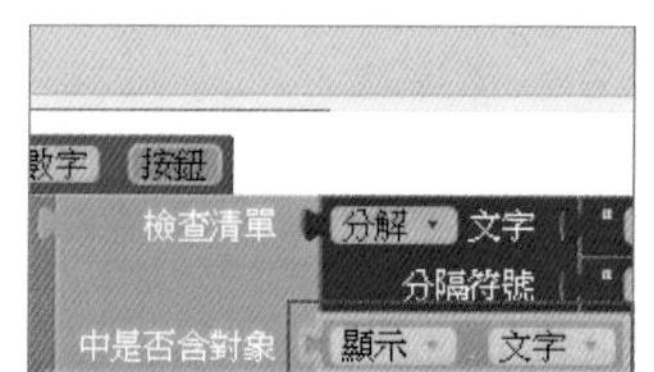

❾ 取 **顯示 / 顯示 . 文字** 到 **中是否含對象** 右方。此條件為包含「0、+、-、*、/」其中任一字元。

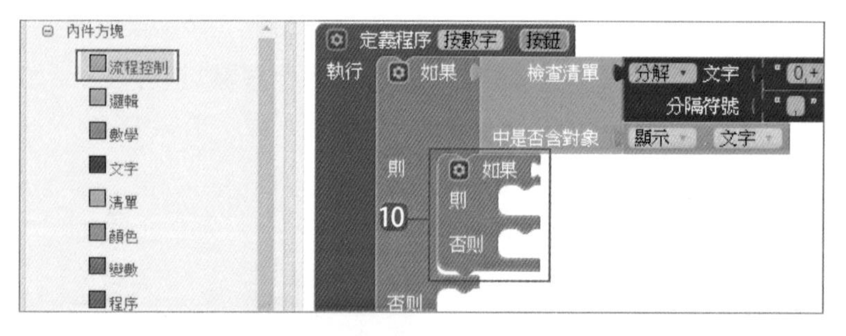

❿ 取 **內件方塊 / 流程控制 / 如果則** 到 **則** 右方。在 **如果則** 拼塊按一下 ⚙，拖曳左方 **否則** 到右方 **如果** 下方。

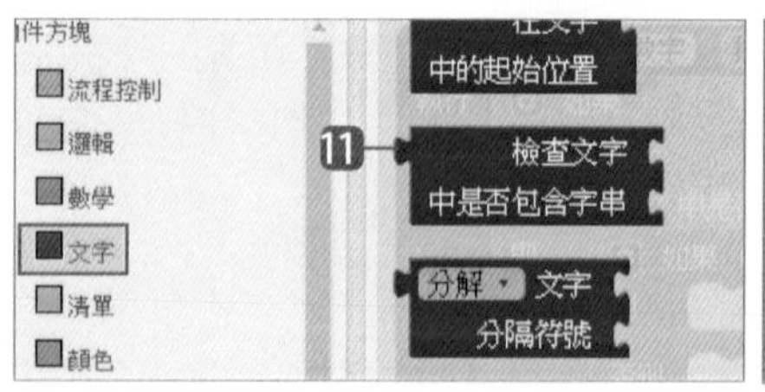

⓫ 取 **內件方塊 / 文字 / 檢查文字中是否包含字串** 到內層 **如果** 右方。

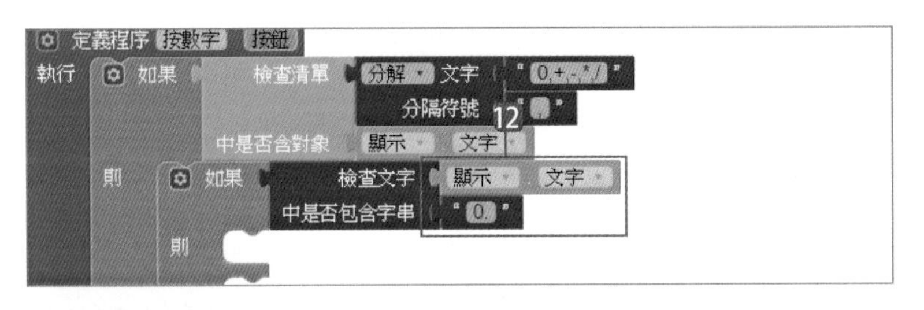

⑫ 取 **顯示 / 顯示 . 文字** 到 **檢查文字** 右方。取 **內件方塊 / 文字 / " "** 到 **中是否包含文字** 右方，並修改文字為 **0.**，表示輸入的文字包含「0.」。

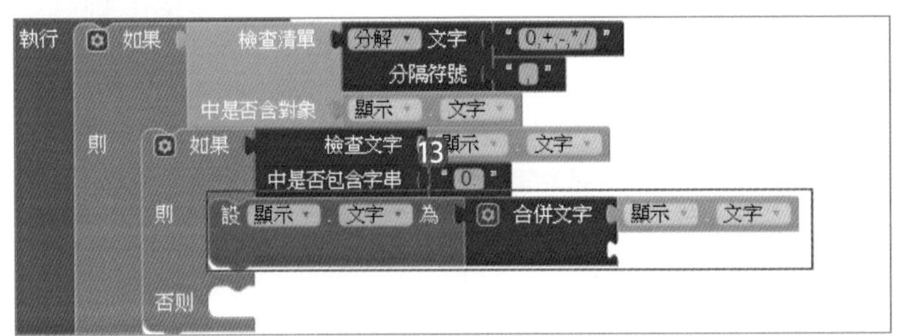

⑬ 取 **顯示 / 設顯示 . 文字為** 到內層 **則** 右方。取 **內件方塊 / 文字 / 合併文字** 到剛才拼塊右方。取 **顯示 / 顯示 . 文字** 到 **合併文字** 的第一個凹口。

⑭ 取 **任意元件 / 任意按鈕 / 按鈕 . 文字元件** 到 **合併文字** 的第二個凹口。

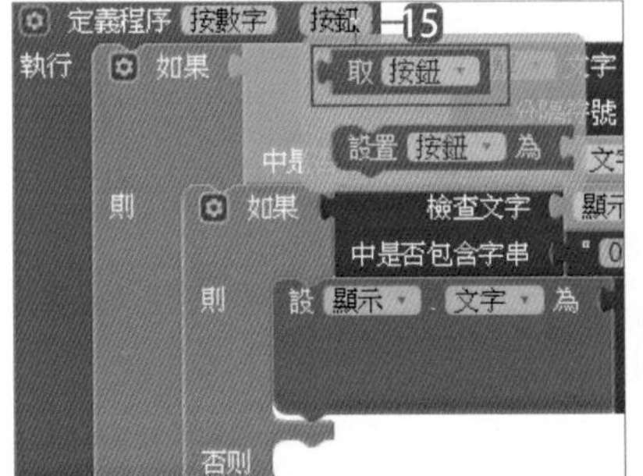

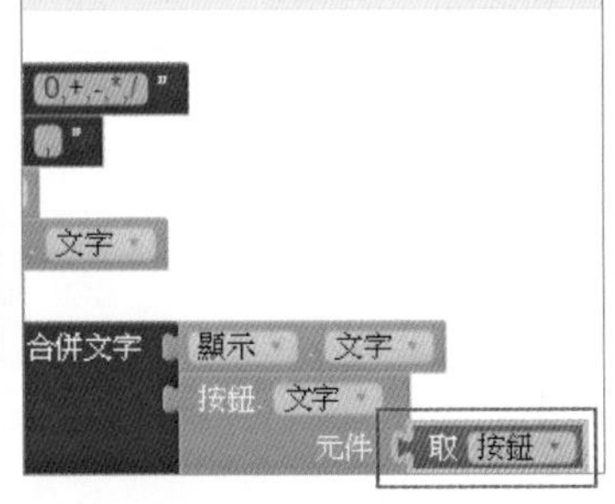

⑮ 將滑鼠移到參數 **按鈕** 停留一下，拖曳 **取按鈕** 到 **元件** 的右方，表示將按鈕文字加在原來文字之後。

⑯ 取 **顯示 / 設顯示 . 文字為** 到內層 **否則** 右方。取 **任意元件 / 任意按鈕 / 按鈕 . 文字元件** 到剛才拼塊的右方。將滑鼠移到參數 **按鈕** 停留一下，拖曳 **取按鈕** 到 **元件** 的右方，表示僅顯示運算子。

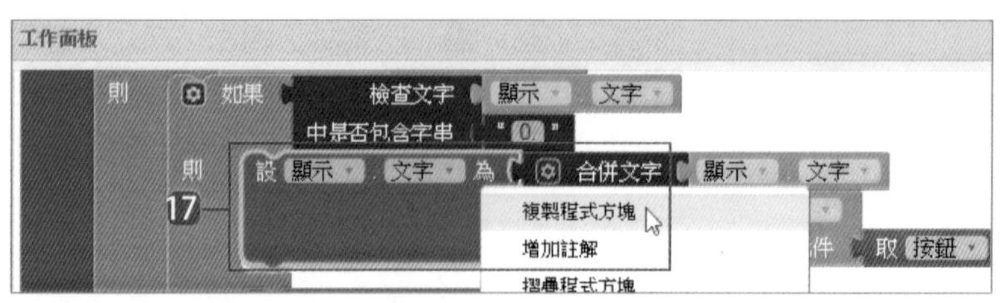

⓱ 在內層 **則** 右方的拼塊上按滑鼠右鍵，點選 **複製程式方塊**。

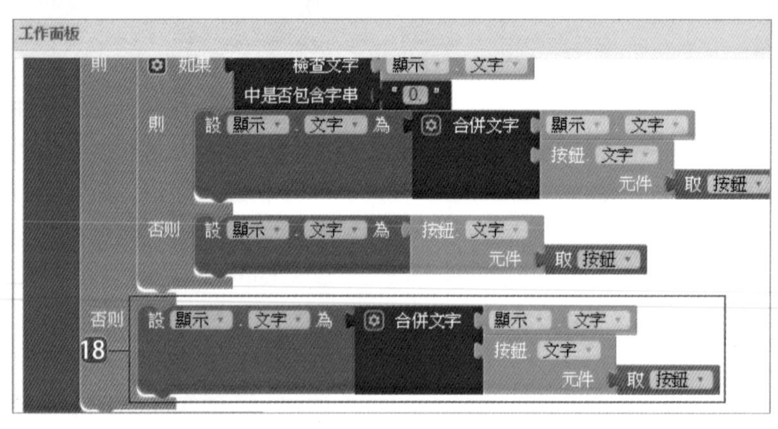

⓲ 將複製的拼塊拖曳到外層 **否則** 的右方，表示原有文字不包含「0、+、-、*、/」其中任一字元時，就將按鈕文字加在原來文字之後。

5.3.4 建立數字及運算子按鈕事件

使用者按數字鈕會呼叫 **按數字** 程序，按 **+**、**-**、*****、**/** 鈕會呼叫 **按運算子** 程序，按 **C** 鈕會清除顯示文字，按 **.** 鈕若原來文字包含「.」則忽略此次輸入，否則附加於原來文字後面。

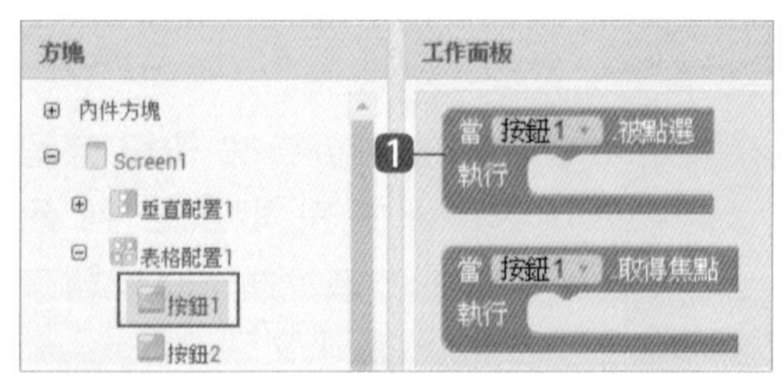

❶ 取 **按鈕 1 / 當按鈕 1. 被點選** 到工作面板。

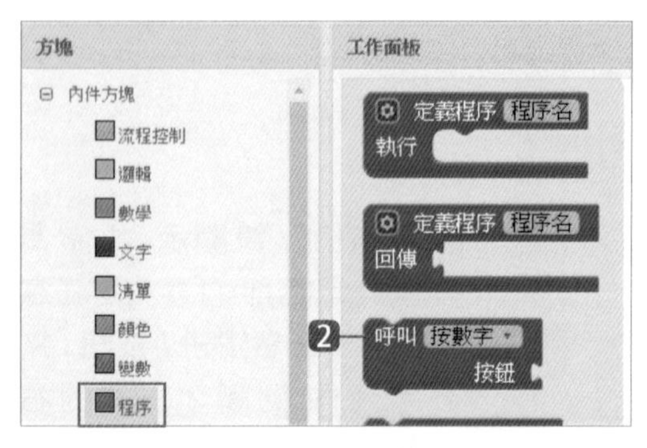

❷ 取 **內件方塊 / 程序 / 呼叫按數字** 到剛才拼塊中。

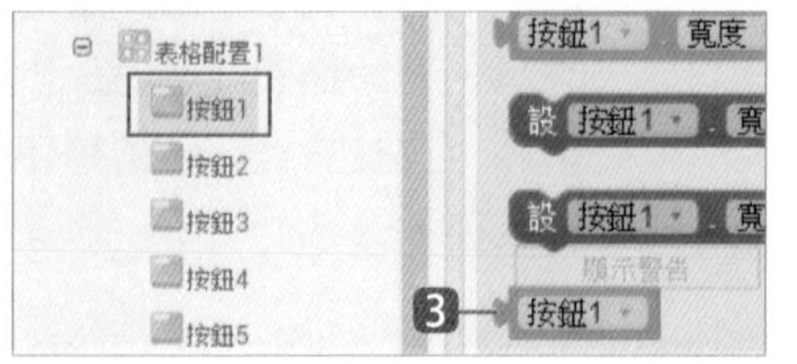

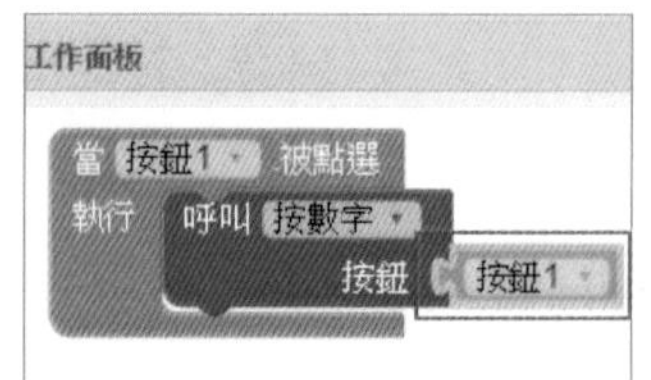

❸ 取 **按鈕 1 / 按鈕 1** 到參數 **按鈕** 右方。

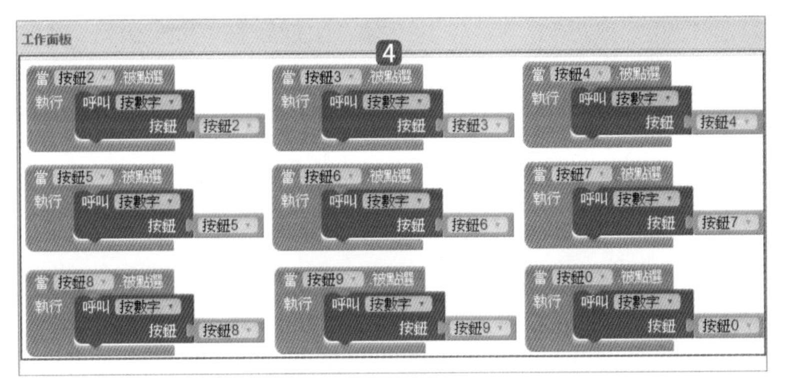

❹ 重複 ❶ 到 ❸ 九次：建立 **按鈕 2** 到 **按鈕 9** 及 **按鈕 0** 的被點選事件，**按鈕 2** 的 **按鈕** 參數為 **按鈕 2**、**按鈕 3** 的 **按鈕** 參數為 **按鈕 3**、依此類推。

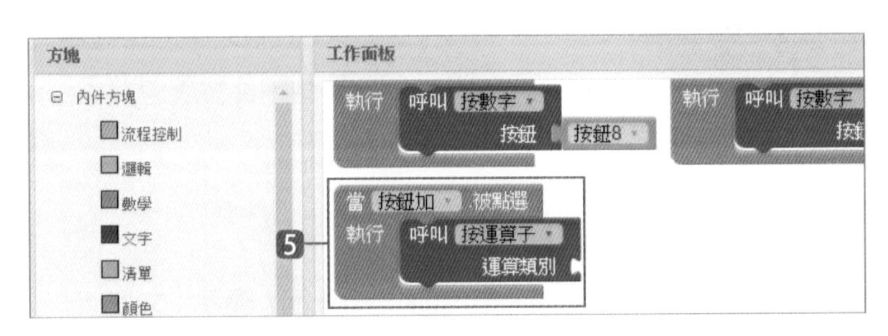

❺ 取 **按鈕加 / 當按鈕加 . 被點選** 到工作面板。取 **內件方塊 / 程序 / 呼叫按運算子** 到剛才拼塊中。

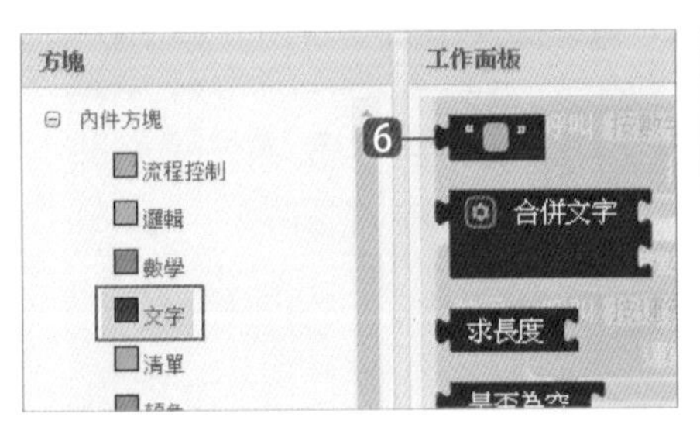

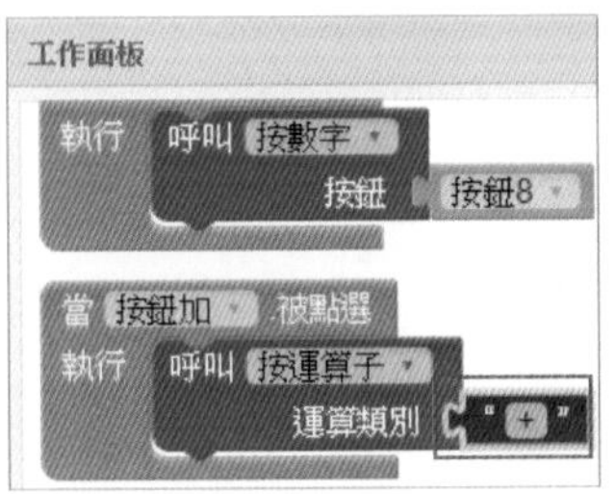

❻ 取 **內件方塊 / 文字 / " "** 到 **運算類別** 右方，修改文字為 **+**。

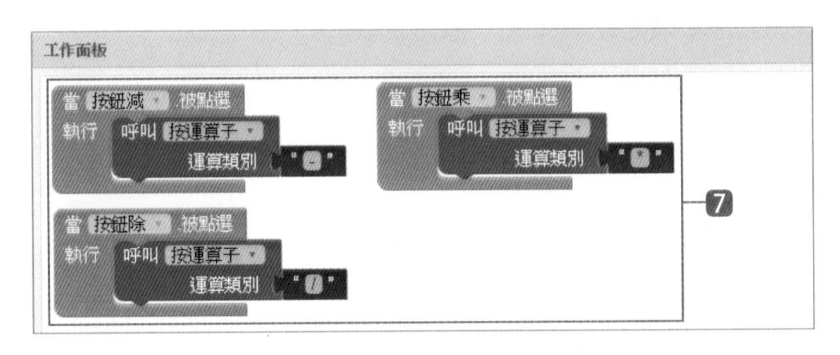

❼ 重複 ❺ 到 ❻ 三次：建立 **按鈕減**、**按鈕乘** 及 **按鈕除** 的被點選事件，**按鈕減**、**按鈕乘**、**按鈕除** 的 **運算類別** 參數分別為 **-**、*****、**/**。

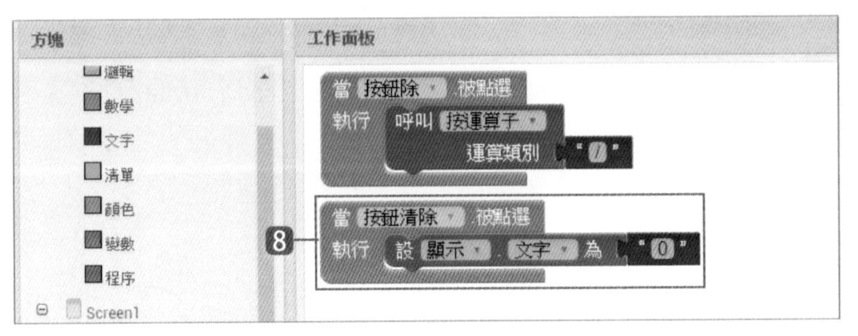

❽ 取 **按鈕清除 / 當按鈕清除 . 被點選** 到工作面板。取 **顯示 / 設顯示 . 文字為** 到剛才拼塊中。取 **內件方塊 / 文字 / " "** 到剛才拼塊右方，修改文字為 **0**，表示按 **C** 鈕就將輸入文字設為 0。

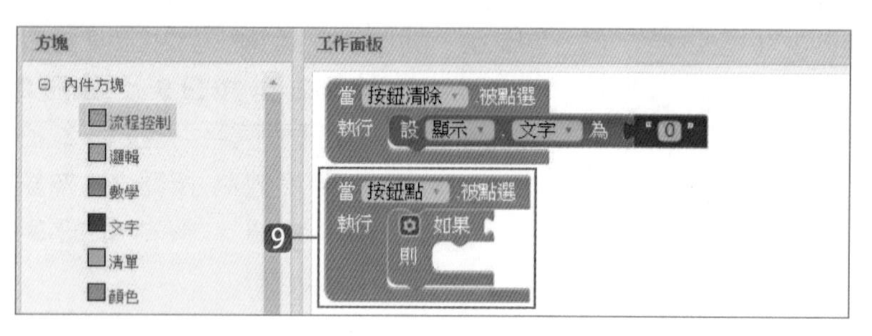

❾ 取 **按鈕點 / 當按鈕點 . 被點選** 到工作面板。取 **內件方塊 / 流程控制 / 如果則** 到剛才拼塊中。

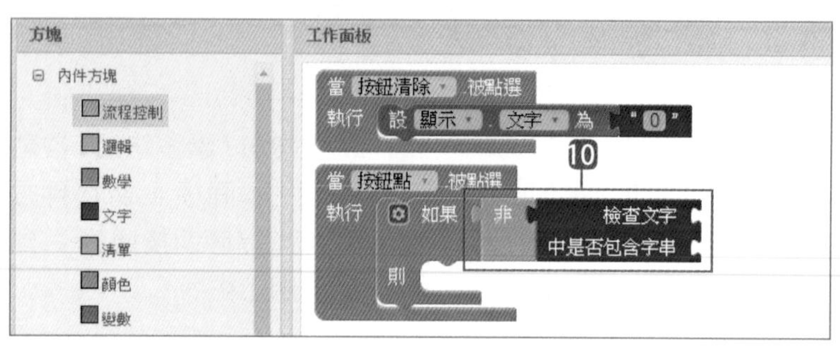

❿ 取 **內件方塊 / 邏輯 / 非** 到 **如果** 右方。取 **內件方塊 / 文字 / 檢查文字中是否包含字串** 到剛才拼塊右方。

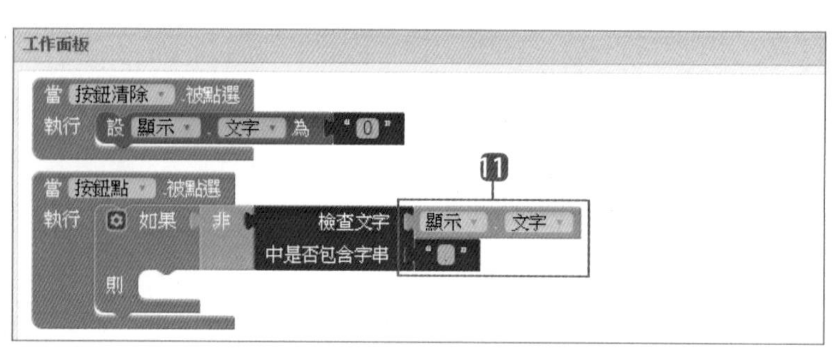

⓫ 取 **顯示 / 顯示 . 文字** 到 **檢查文字** 右方。取 **內件方塊 / 文字 / " "** 到 **中是否包含字串** 右方，修改文字為 **.** (點)。

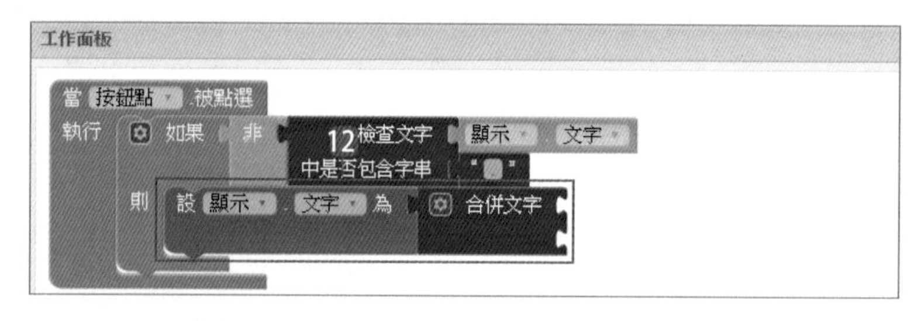

⓬ 取 **顯示 / 設顯示 . 文字為** 到 **則** 右方。取 **內件方塊 / 文字 / 合併文字** 到剛才拼塊右方。

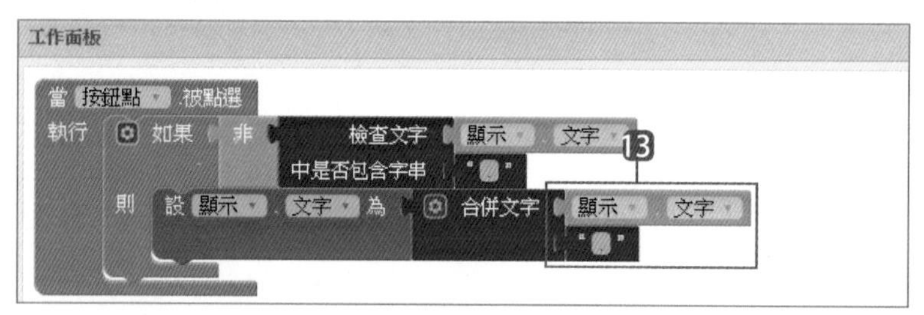

⓭ 取 **顯示 / 顯示 . 文字** 到 **合併文字** 右方。取 **內件方塊 / 文字 / " "** 到 **合併字串** 第二個凹口，修改文字為 **.** (點)。表示若原來文字不是「.」，就將「.」加在原來文字後面。

5.3.5 建立等號按鈕事件

使用者按 **=** 鈕就進行運算：若包含「+、-、*、/」表示未輸入數字，因此顯示提示訊息；同時檢查除法時若除數為 0，就告知使用者「不可以除以 0」訊息。

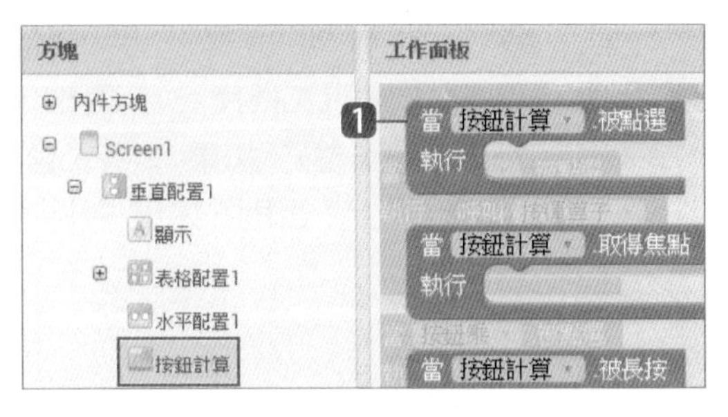

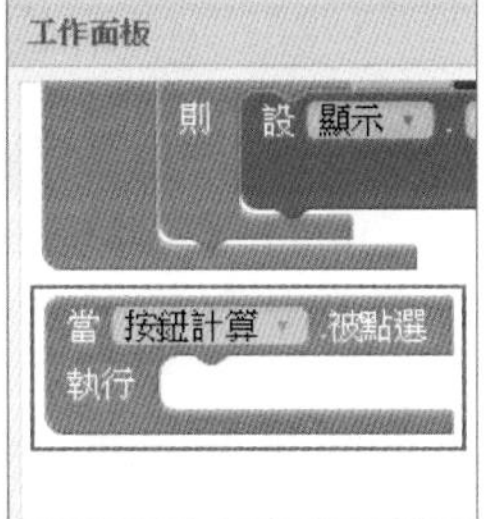

1 取 **按鈕計算 / 當按鈕計算 . 被點選** 到工作面板。

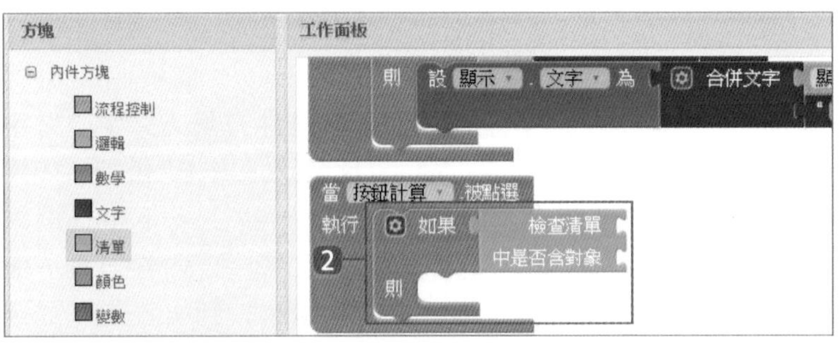

2 取 **內件方塊 / 流程控制 / 如果則** 到剛才拼塊中。取 **內件方塊 / 清單 / 檢查清單中是否含對象** 到 **如果** 右方。

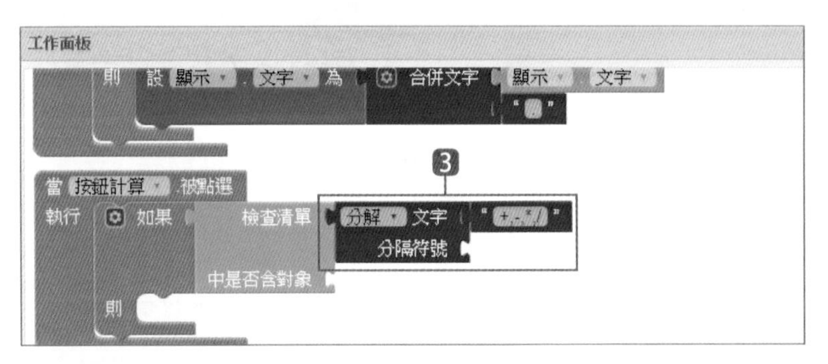

3 取 **內件方塊 / 文字 / 分解文字分隔符號** 到 **檢查清單** 右方。取 **內件方塊 / 文字 / " "** 到 **分解文字** 右方，並修改文字為 **+,-,*,/**。

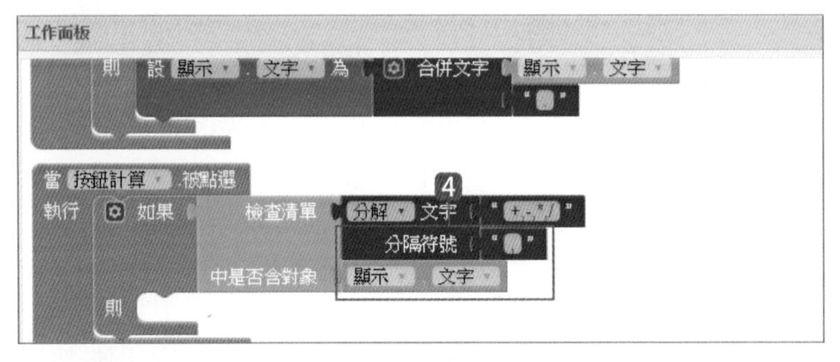

4 取 **內件方塊 / 文字 / " "** 到 **分解符號** 右方，並修改文字為逗點「**,**」。取 **顯示 / 顯示 . 文字** 到 **中是否含對象** 右方。此條件表示輸入文字包含「**+**、**-**、*****、**/**」運算子。

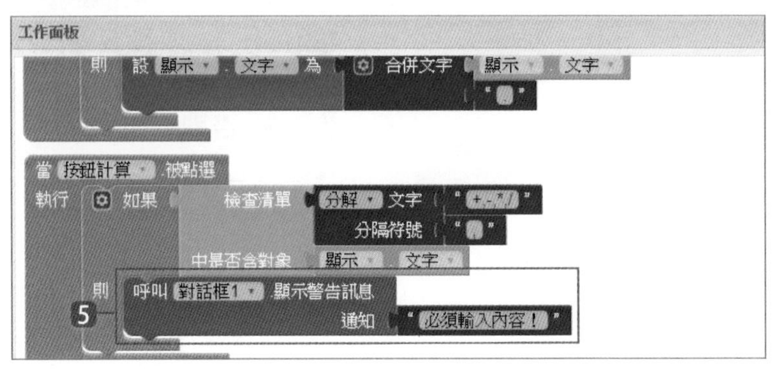

5 輸入文字包含運算子表示未輸入第 2 個數，顯示提示訊息：取 **對話框 1 / 呼叫對話框 1. 顯示警告訊息** 到 **則** 右方。取 **內件方塊 / 文字 / " "** 到 **通知** 右方，並修改文字為 **必須輸入內容！**。

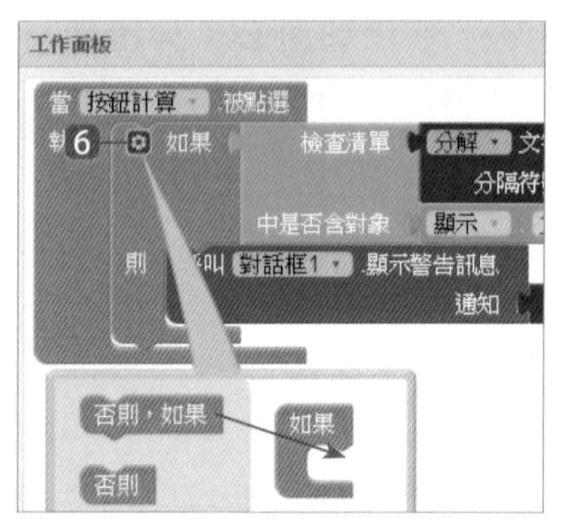

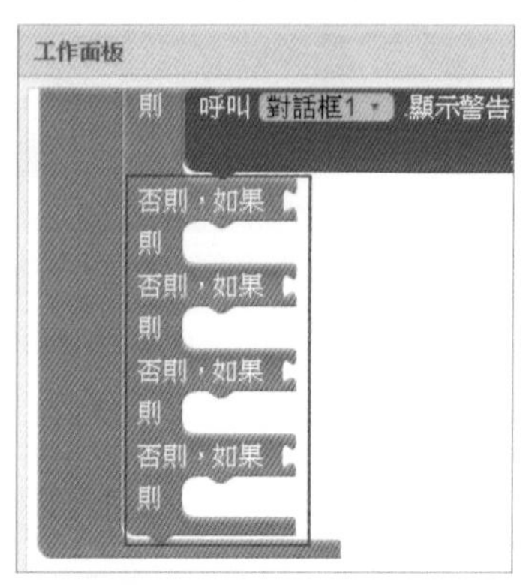

❻ 在 **如果則** 拼塊按一下 ⚙，重覆四次拖曳左方 **否則，如果** 到右方 **如果** 下方，會產生四個 **否則，如果** 拼塊。

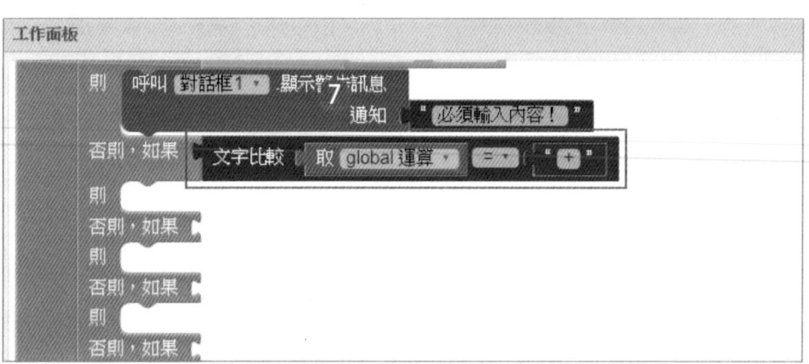

❼ 取 **內件方塊 / 文字 / 文字比較** 到第一個 **否則，如果** 右方，並在 **<** 下拉式選單點選 **=**。取 **內件方塊 / 變數 / 取 ...** 到 **=** 左方，並選取 **global 運算**。取 **內件方塊 / 文字 / " "** 到 **=** 右方，並修改文字為 **+**。

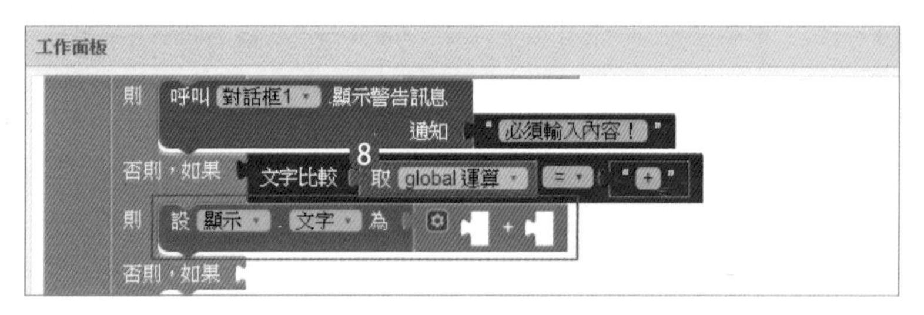

❽ 取 **顯示 / 設顯示 . 文字為** 到第一個 **否則，如果** 的 **則** 右方。取 **內件方塊 / 數學 / +** 到剛才拼塊的右方。

❾ 取 **內件方塊 / 變數 / 取 ... 為** 到 **+** 的左方，並選取 **global 第一個數**。取 **顯示 / 顯示 . 文字** 到 **+** 的右方，表示進行加法運算。

❿ 將滑鼠移到 **文字比較** 按滑鼠右鍵，點選 **複製程式方塊**，將複製的拼塊拖曳到第二個 **否則，如果** 右方，修改 **=** 右方的拼塊文字為 **-**（減號）。

⓫ 重複 ❽ 到 ❾：只是步驟 ❽ 中是拖曳 **內件方塊 / 數學 / -** 到 **設顯示 . 文字為** 拼塊的右方。

⓬ 重複 ❿ 到 ⓫：只是步驟 ❿ 中是修改 **=** 右方的拼塊文字為 ***** (乘號)，步驟 ⓫ 中是拖曳 **內件方塊 / 數學 / x** 到 **設顯示 . 文字為** 拼塊的右方。

⓭ 重複 ❼：只是修改 **=** 右方的拼塊文字為 **.../...** (除號)。

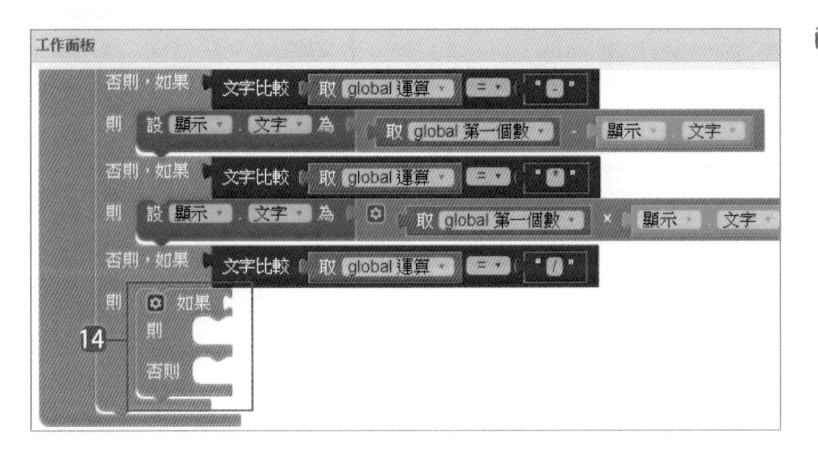

⓮ 取 **內件方塊 / 流程控制 / 如果則** 到最後一個 **則** 右方。在剛才的 **如果則** 拼塊按一下 ⚙，拖曳左方 **否則** 到右方 **如果** 下方，會產生 **否則** 拼塊。

⑮ 取 **內件方塊 / 數學 / =** 到 **如果** 右方，在下拉式選單點選 **≠**。取 **顯示 / 顯示 . 文字** 到 **≠** 的左方。取 **內件方塊 / 數學 / 0** 到 **≠** 的右方。

⑯ 取 **顯示 / 設顯示 . 文字為** 到 **則** 的右方。取 **內件方塊 / 數學 / /** (除號) 到剛才拼塊的右方。

⑰ 取 **內件方塊 / 變數 / 取...** 到 **/** 的左方，並選取 **global 第一個數**。取 **顯示 / 顯示 . 文字** 到 **/** 的右方。這表示若除數不為 0 就進行除法運算。

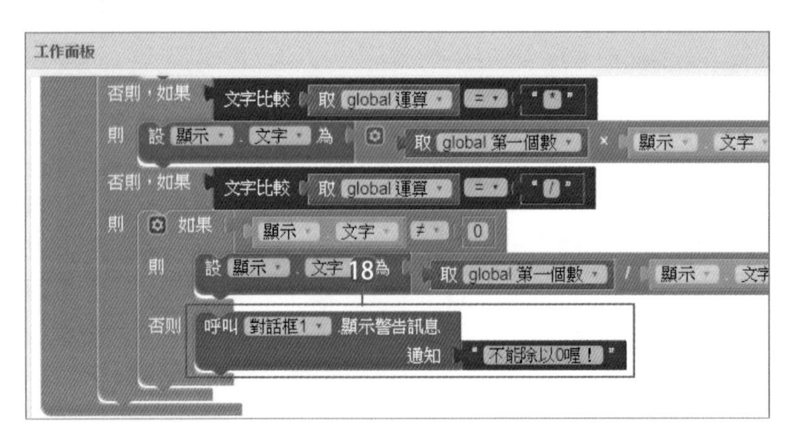

⑱ 取 **對話框 1 / 呼叫對話框 1. 顯示警告訊息** 到 **否則** 右方。取 **內件方塊 / 文字 / " "** 到 **通知** 右方，並修改文字為 **不能除以 0 喔！**。這表示若除數為 0 就顯示提示訊息。

如此即完成 App 的專題製作。

[06] 拉霸遊戲機

- 學習以行動電話尺寸預覽設計版面
- 學習設計階段元件的隱藏與顯示
- 學習以程式控制按鈕的隱藏與顯示
- 學習以計時器控制另一個計時器
- 學習隨機選取圖片

6.1 認識 App 專題：拉霸遊戲機

6.1.1 專題介紹

拉霸遊戲機又稱為吃角子老虎機，玩法是將硬幣投入，接著會隨機出現不同圖案，停止時如出現符合特定相同圖案者，即可贏得指定數額硬幣。

本專題為簡化程式，水果的圖案只有五種，系統會以隨機方式選取圖形三次，如果選取的圖形有相同的圖案就表示使用者獲勝，可以得到指定的金額；若三個圖形都不相同，使用者會損失下注金額。

6.1.2 專題作品預覽

開始遊戲時遊戲者會有 20 元做為玩家基金，使用者按「拉霸遊戲機」App 的 **拉霸** 鈕，三個方格中的圖案會不斷變動 1.5 秒，停止時三個方格會各自隨機顯示圖案。如果三個圖案都不相同，使用者將損失 3 元；若有兩個圖案相同，使用者可贏得 2 元；若三個圖案都相同，使用者可贏得 5 元。

當使用者的玩家基金小於或等於 0 時，**拉霸** 鈕會變為 **重來** 鈕讓使用者重新進行遊戲，使用者按 **重來** 鈕後玩家基金會更新為 20 元。

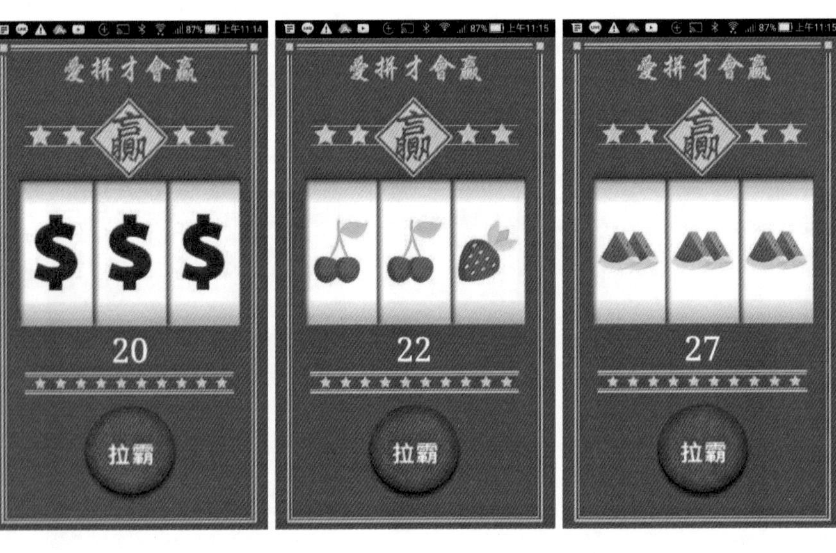

6.2 App 畫面編排

使用 App Inventor 2 製作「拉霸遊戲機」App，在規劃程式功能及流程後，再依架構設計版面並收集素材，最後即可開始進行畫面編排。

6.2.1 App 畫面編排完成圖

6.2.2 新增專案及素材上傳

在「拉霸遊戲機」App 的範例畫面編排中，除了畫面上版頭的圖片之外，最重要的是要加入 **標籤**、**畫布** 及 **圖像精靈**。

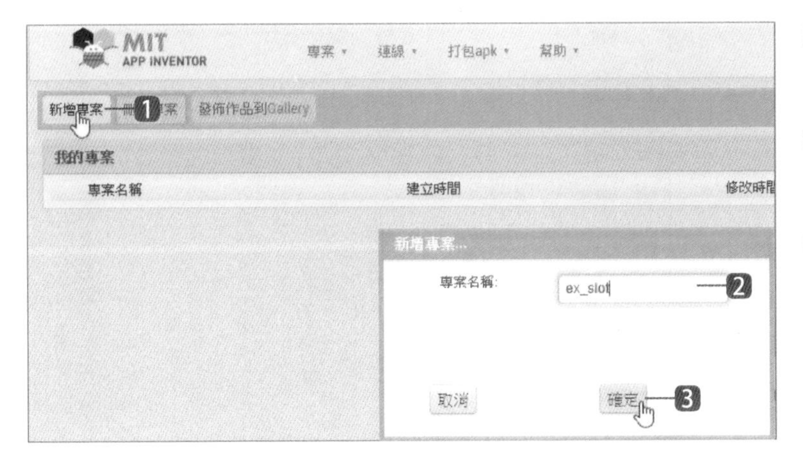

1. 登入開發頁面按 **新增專案** 鈕。
2. 在對話方塊的 **專案名稱** 欄位中輸入「ex_slot」。
3. 按下 **確定** 鈕完成專案的新增並進入開發畫面。

❹ 按 **素材** 的 **上傳文件** 鈕。

❺ 在對話方塊按 **選擇檔案** 鈕。

❻ 在對話視窗中選取本章原始檔資料夾，選取圖片 <again_btn.png> 檔後按 **開啟** 鈕，然後在對話方塊中按 **確定** 鈕。

❼ 完成後即可在 **素材** 中看到上傳的圖片檔名。請利用相同的方式將其他圖片上傳到 **素材** 中，共計 19 個素材檔。

6.2.3 設定畫面

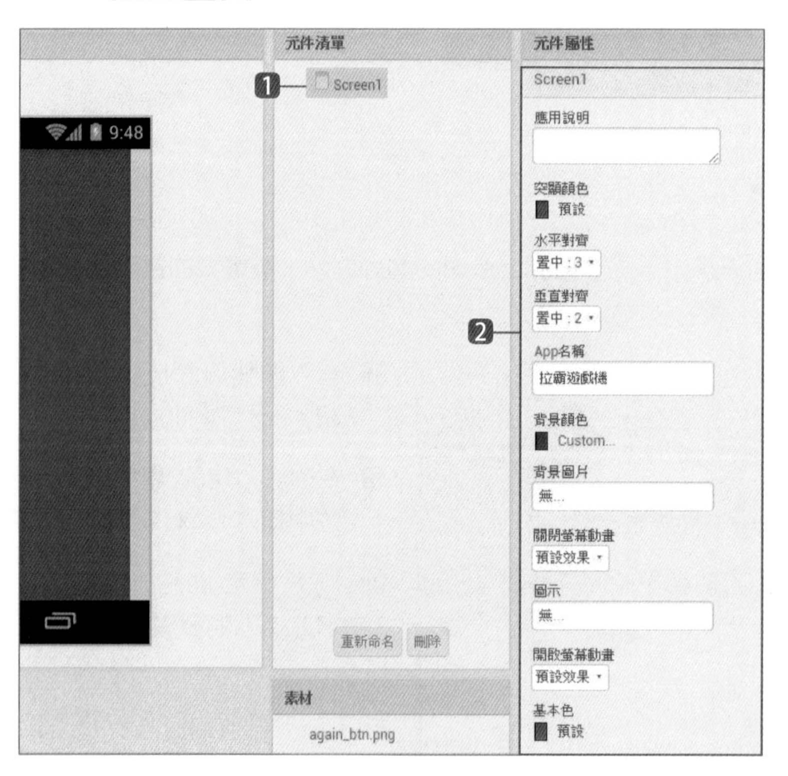

❶ 首先進行外觀編排：在 **元件清單** 選按 **Screen1** 準備進行設定，這是預設的畫面元件。

❷ 在 **元件屬性** 依下頁表格資料進行欄位設定。(**背景顏色** 屬性點選 **Custom** 後輸入自訂顏色「#e43b3fff」)

欄位	值
水平對齊	置中
垂直對齊	置中
App 名稱	拉霸遊戲機
背景顏色	Custom (#e43b3fff)
螢幕方向	鎖定直式畫面

欄位	值
允許捲動	取消核選
視窗大小	自動調整
Theme	Device Default
標題	拉霸遊戲機
標題顯示	取消核選

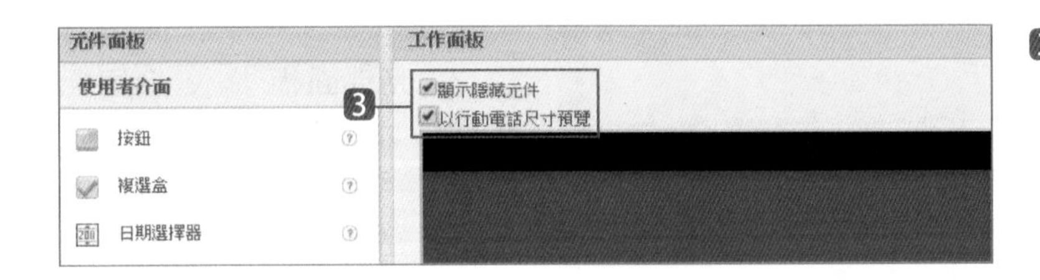

3 在 **工作面板** 核選 **顯示隱藏元件** 及 **以行動電話尺寸預覽** 項目。

6.2.4 建立頂部橫幅區

接著在面板中加入頂部橫幅圖形，請依下述步驟操作：

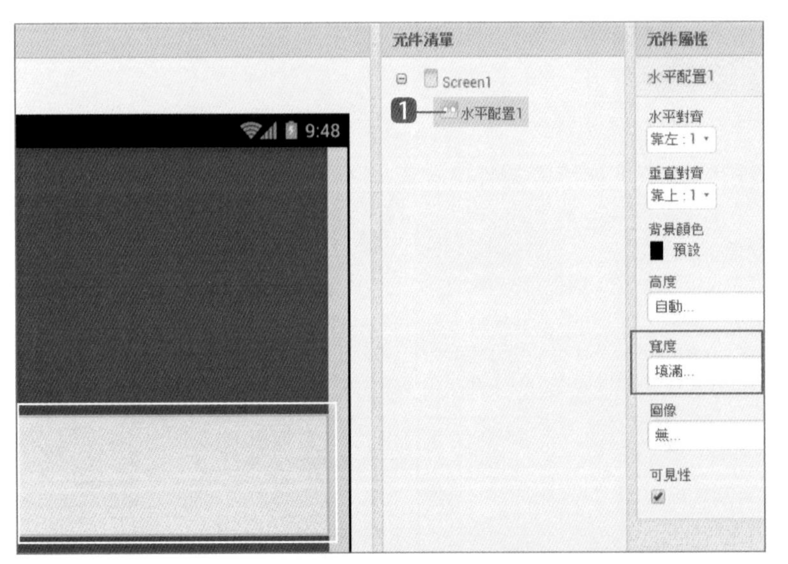

1 在 **元件面板** 拖曳 **介面配置 / 水平配置** 到工作面板。在 **元件屬性** 設定 **寬度：填滿**。這裡要放置上面的邊框。

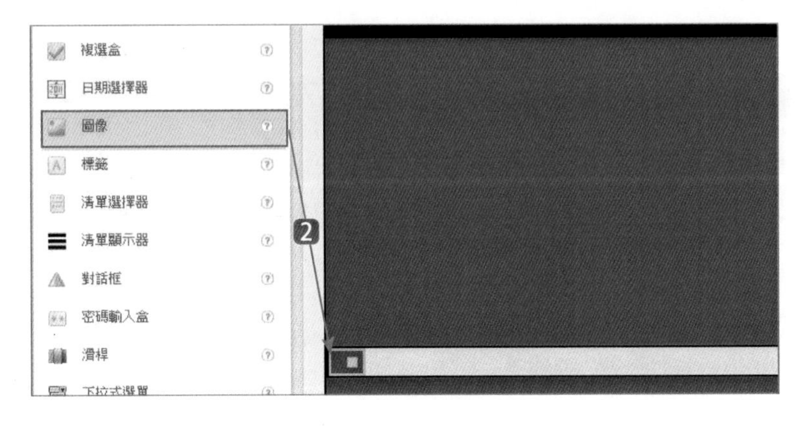

2 在 **元件面板** 拖曳 **使用者介面 / 圖像** 到剛才的水平配置中，在 **元件屬性** 設定 **圖片：slot_r2_c1.png**。

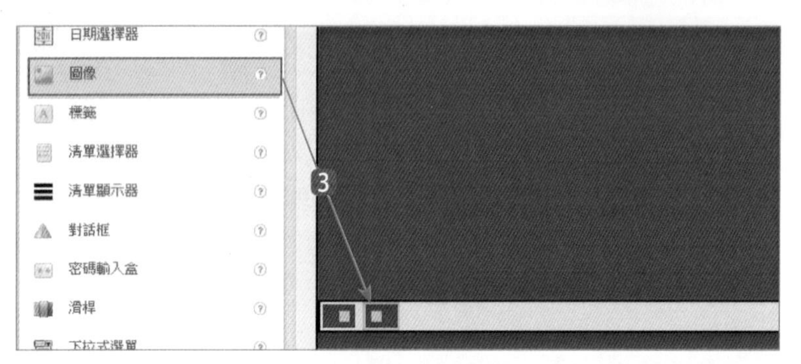

❸ 在 **元件面板** 拖曳 **使用者介面 / 圖像** 到 **圖像 1** 右方，在 **元件屬性** 設定 **圖片：slot_r2_c5.png**。

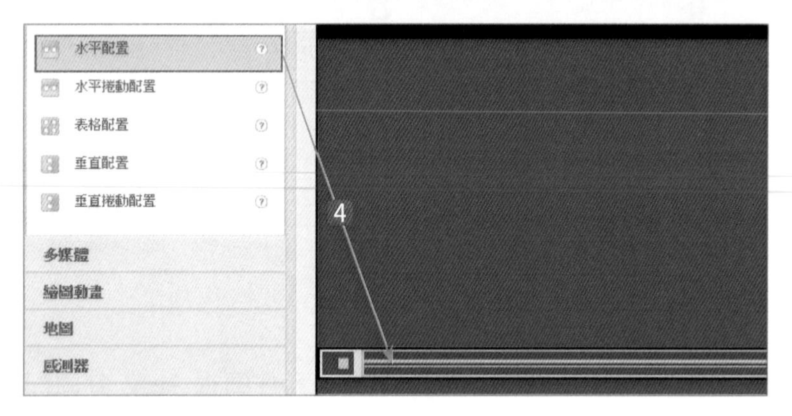

❹ 在 **元件面板** 拖曳 **介面配置 / 水平配置** 到 **圖像 1** 與 **圖像 2** 的中間，在 **元件屬性** 設定 **背景顏色：透明**、**高度:20 像素**、**寬度:填滿**、**圖像：slot_r2_c3.png**。

6.2.5 建立主頁面及按鈕區

再來在面板中加入拉霸主頁面及按鈕，請依下述步驟操作：

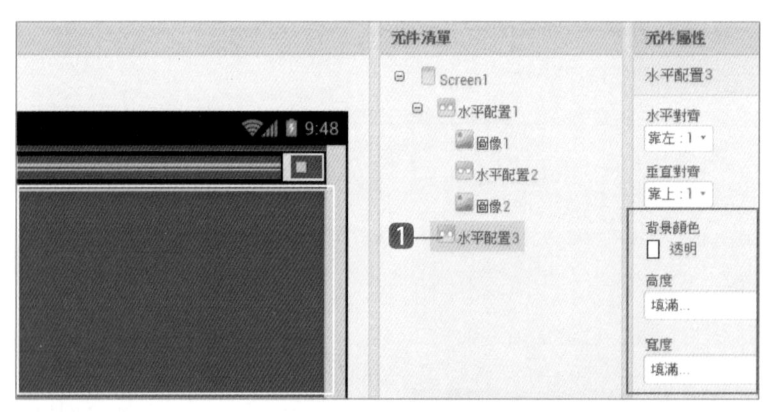

❶ 在 **元件面板** 拖曳 **介面配置 / 水平配置** 到 **水平配置 1** 的下方。在 **元件屬性** 設定 **背景顏色：透明**、**高度：填滿**、**寬度：填滿**。

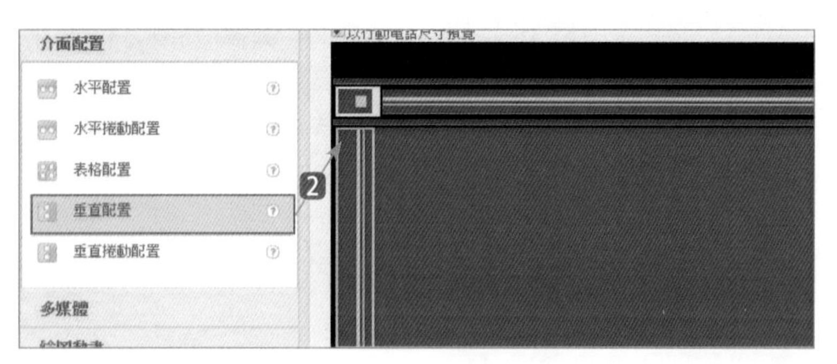

❷ 在 **元件面板** 拖曳 **介面配置 / 垂直配置** 到 **水平配置 3** 中，在 **元件屬性** 設定 **背景顏色：透明**、**高度：填滿**、**寬度:28 像素**、**圖像：slot_r4_c1.png**。此為左邊的邊框。

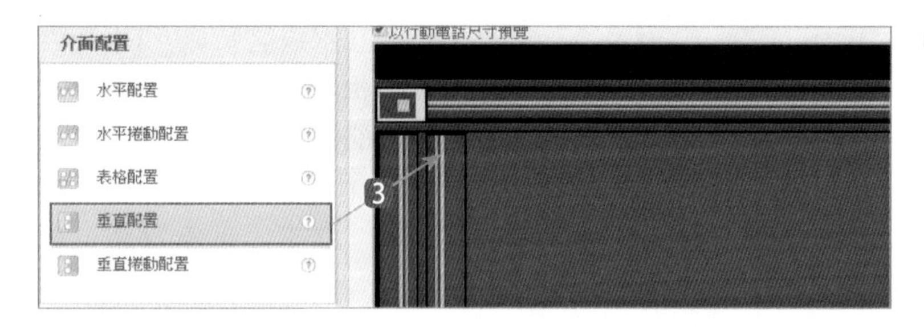

❸ 在 **元件面板** 拖曳 **介面配置 / 垂直配置** 到 **垂直配置 1** 右方，在 **元件屬性** 設定 **背景顏色：透明**、**高度：填滿**、**寬度：28 像素**、**圖像：slot_r4_c5.png**。此為右邊的邊框。

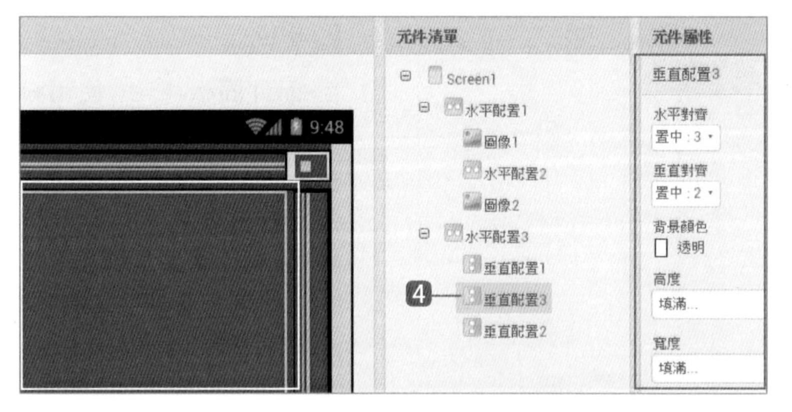

❹ 在 **元件面板** 拖曳 **介面配置 / 垂直配置** 到 **垂直配置 1** 與 **垂直配置 2** 的中間。在 **元件屬性** 設定 **水平對齊：置中**、**垂直對齊：置中**、**背景顏色：透明**、**高度：填滿**、**寬度：填滿**。此為主頁面區。

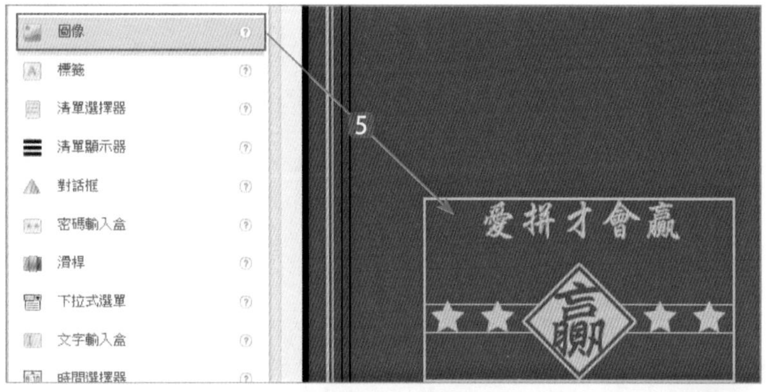

❺ 在 **元件面板** 拖曳 **使用者介面 / 圖像** 到 **垂直配置 3** 中，在 **元件屬性** 設定 **圖片：slot_title.png**。

❻ 在 **元件面板** 拖曳 **介面配置 / 水平配置** 到 **圖像 3** 的下方。在 **元件屬性** 設定 **高度：2 像素** 做為間隔。

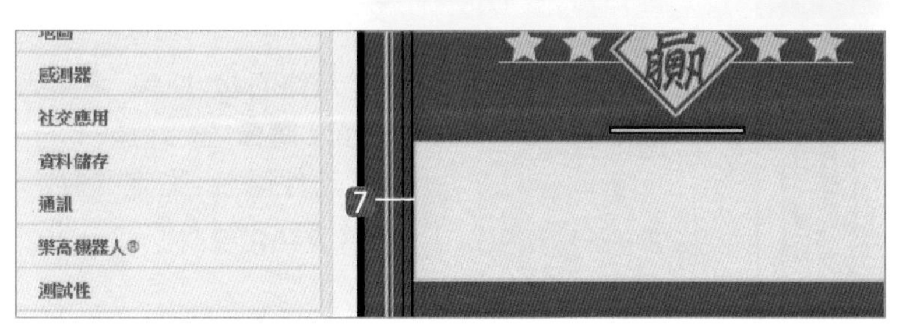

❼ 在 **元件面板** 拖曳 **介面配置 / 水平配置** 到 **水平配置 4** 下方。在 **元件屬性** 設定 **水平對齊：置中**、**背景顏色：預設**、**寬度：填滿**。

8 建立水果盤區域：在 **元件面板** 拖曳 **介面配置 / 水平配置** 到 **水平配置 5** 中。在 **元件屬性** 設定 **水平對齊：置中**、**垂直對齊：置中**、**高度：183 像素**、**寬度：95 像素**、**圖像：slot_bg.png**。

9 在 **元件面板** 拖曳 **使用者介面 / 圖像** 到 **水平配置 6** 中，使用 **重新命名** 鈕將名稱更名為 **水果 1**。在 **元件屬性** 設定 **高度：填滿**、**寬度：填滿**、**圖片：dollars.png**。

10 重複 8 到 9 兩次：步驟 9 中的 **重新命名**，第一次將名稱更名為 **水果 2**，第二次將名稱更名為 **水果 3**。

11 建立顯示餘額的標籤：在 **元件面板** 拖曳 **使用者介面 / 標籤** 到 **水平配置 5** 下方。使用 **重新命名** 鈕將名稱更名為 **餘額**。在 **元件屬性** 設定 **字體大小：42**、**字形：serif**、**寬度：填滿**、**文字：清空留白**、**文字對齊：置中**、**文字顏色：白色**。

12 在 **元件面板** 拖曳 **使用者介面 / 圖像** 到 **餘額** 下方。在 **元件屬性** 設定 **圖片：slot_bar.png**。

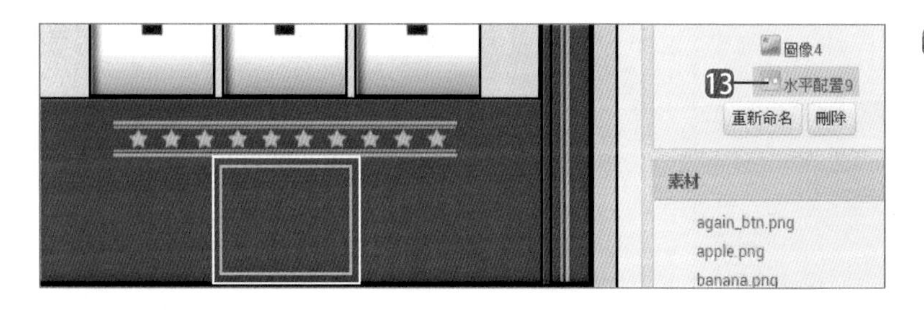

13 建立按鈕區：在 **元件面板** 拖曳 **介面配置 / 水平配置** 到 **圖像 4** 下方。在 **元件屬性** 設定 **水平對齊：置中**、**垂直對齊：置中**、**背景顏色：透明**、**高度：填滿**。

14 在 **元件面板** 拖曳 **使用者介面 / 按鈕** 到 **水平配置 9** 中。使用 **重新命名** 鈕將名稱更名為 **拉霸鈕**。在 **元件屬性** 設定 **高度：120 像素**、**寬度：122 像素**、**圖像：slot_btn.png**、**文字**：清空留白。

15 在 **元件面板** 拖曳 **使用者介面 / 按鈕** 到 **拉霸鈕** 右方。使用 **重新命名** 鈕將名稱更名為 **重來鈕**。在 **元件屬性** 設定 **高度：120 像素**、**寬度：122 像素**、**圖像：again_btn.png**、**文字**：清空留白、**可見性：取消核選**。此按鈕在程式開始執行時不會顯示。

6.2.6 建立底部橫幅及非可視元件區

最後在面板中加入底部橫幅圖形，再建立兩個計時器元件，請依下述步驟操作：

1 在 **元件面板** 拖曳 **介面配置 / 水平配置** 到 **垂直配置 2** 下方。在 **元件屬性** 設定 **背景顏色：透明**、**寬度：填滿**。這裡要放置下面的邊框。

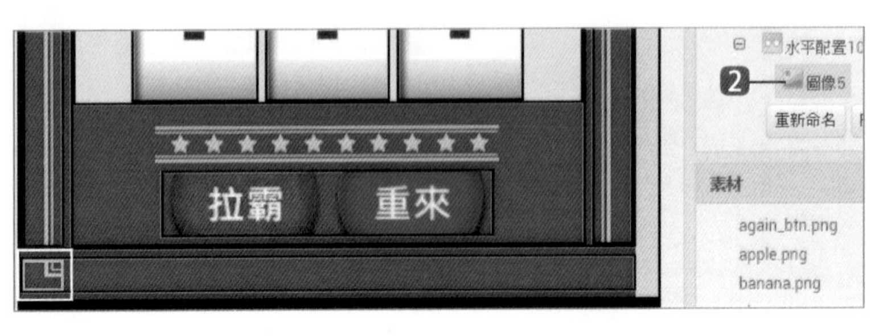

❷ 在 **元件面板** 拖曳 **使用者介面 / 圖像** 到剛才的水平配置中，在 **元件屬性** 設定 **圖片：slot_r6_c1.png**。

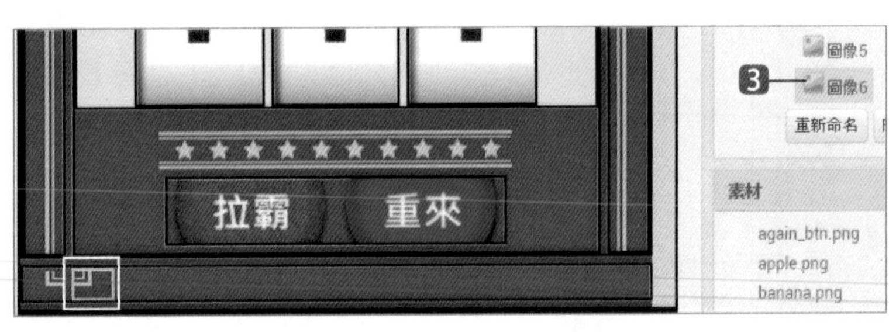

❸ 在 **元件面板** 拖曳 **使用者介面 / 圖像** 到 **圖像 5** 下方，在 **元件屬性** 設定 **圖片：slot_r6_c5.png**。

❹ 在 **元件面板** 拖曳 **介面配置 / 水平配置** 到 **圖像 5** 與 **圖像 6** 的中間，在 **元件屬性** 設定 **背景顏色：透明**、**高度：20 像素**、**寬度：填滿**、**圖像：slot_r6_c3.png**。

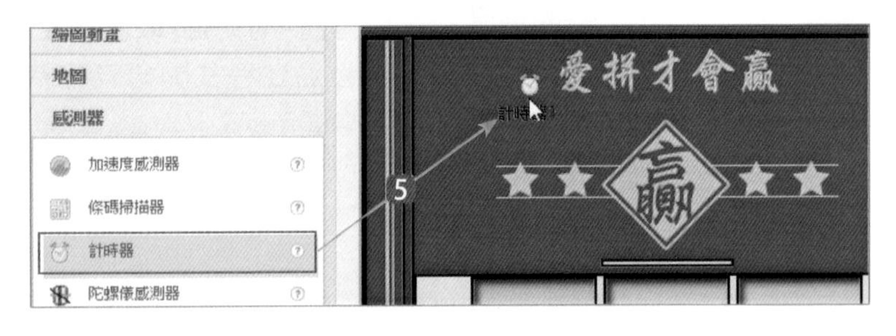

❺ 在 **元件面板** 拖曳 **感測器 / 計時器** 到 **工作面板** 中，使用 **重新命名** 鈕將名稱更名為 **捲動計時器**。在 **元件屬性** 設定 **計時間隔：50**。

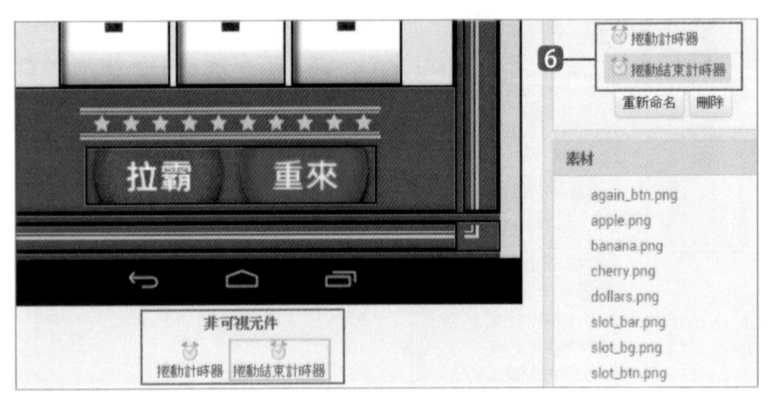

❻ 在 **元件面板** 拖曳 **感測器 / 計時器** 到 **工作面板** 中，使用 **重新命名** 鈕將名稱更名為 **捲動結束計時器**。在 **元件屬性** 設定 **計時間隔：1500**。

6.3 App 程式設計

完成了「拉霸遊戲機」App 的畫面編排後，接下來就要加入程式設計的拼塊。

6.3.1 建立變數

首先建立程式所需的變數：**n1**、**n2**、**n3** 存 3 個水果圖片的索引值，**水果** 清單存所有水果名稱。

❶ 按功能表右方的 **程式設計** 進入程式設計模式。

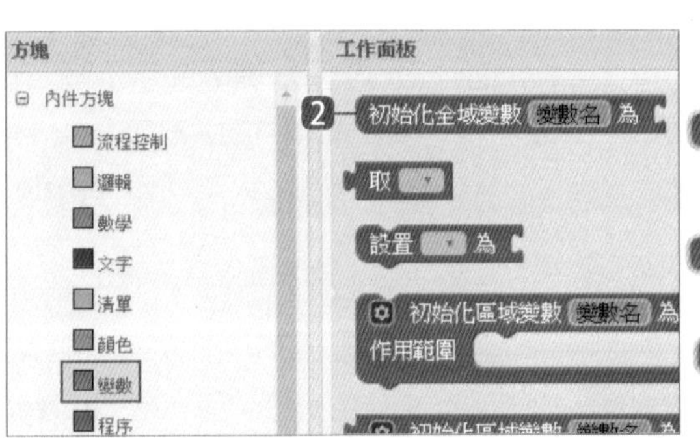

❷ 取 **內件方塊 / 變數 / 初始化全域變數變數名為** 到 **工作面板** 中。

❸ 在 **變數名** 按一下滑鼠左鍵，將文字修改為 **n1** 做為變數名稱。

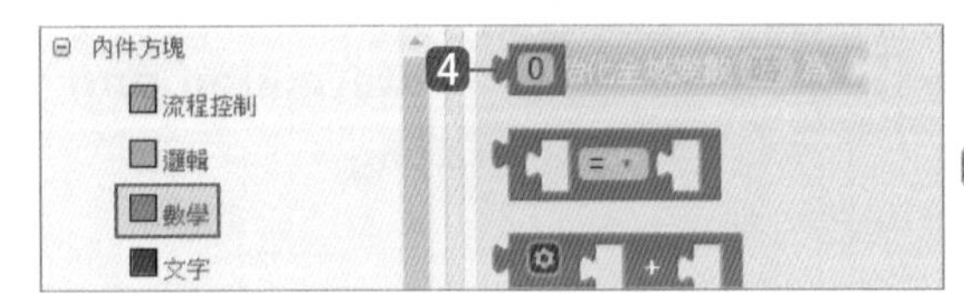

❹ 取 **內件方塊 / 數學 / 0** 到剛才變數拼塊右方。

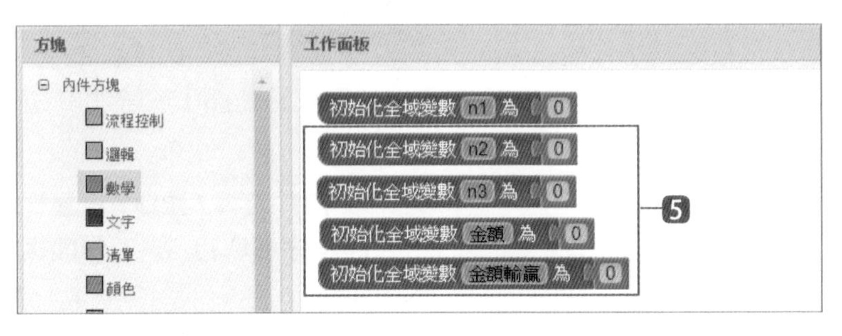

❺ 重複 ❷ 到 ❹ 四次：分別建立 **n2**、**n3**、**金額** 及 **金額輸贏** 4 個變數，初始值皆為 **0**。

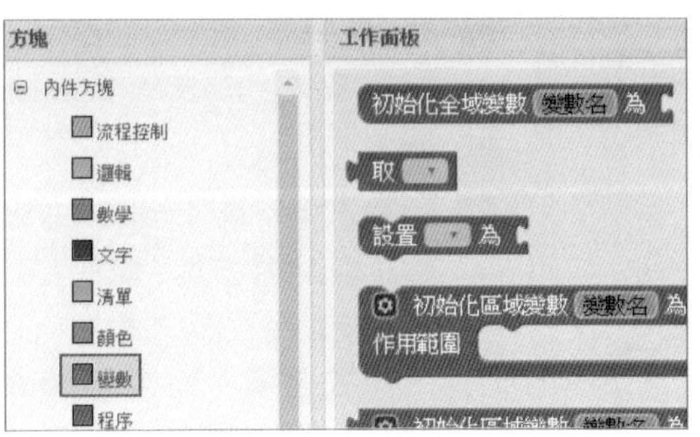

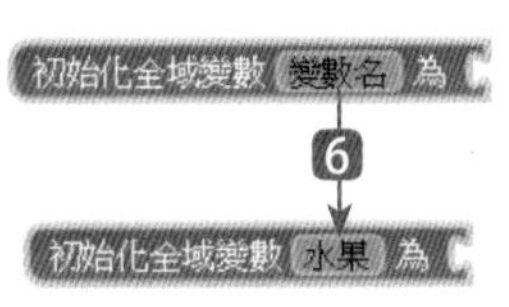

❻ 取 **內件方塊 / 變數 / 初始化全域變數變數名為** 到 **工作面板** 中。在 **變數名** 按一下滑鼠左鍵，將文字修改為 **水果** 做為變數名稱。

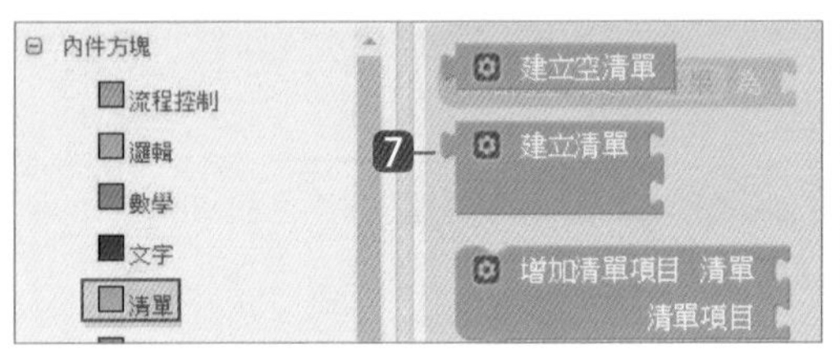

❼ 取 **內件方塊 / 清單 / 建立清單** 到剛才拼塊右方。

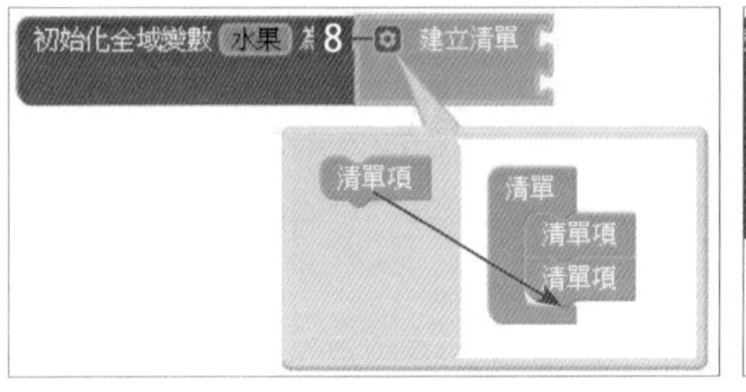

❽ 在 **建立清單** 拼塊按一下 ⚙，拖曳左方 **清單項** 到右邊 **清單** 下方，即可增加一個 **清單項** 。再重覆拖曳左方 **清單項** 到右邊兩次，總共有 5 個清單項。

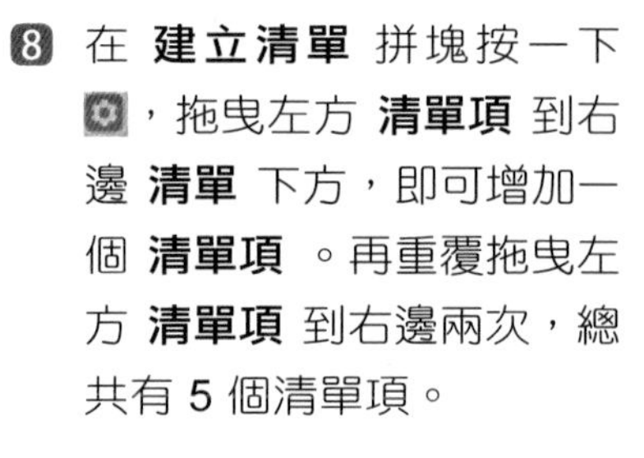
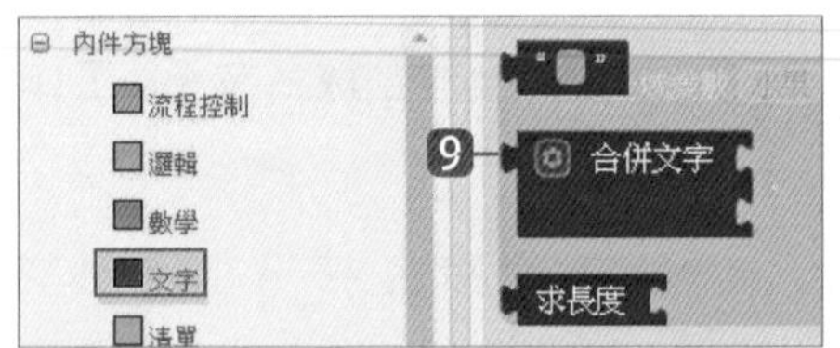

❾ 取 **內件方塊 / 文字 / " "** 到 **建立清單** 拼塊右方第一個凹口，修改文字為 **apple.png**。

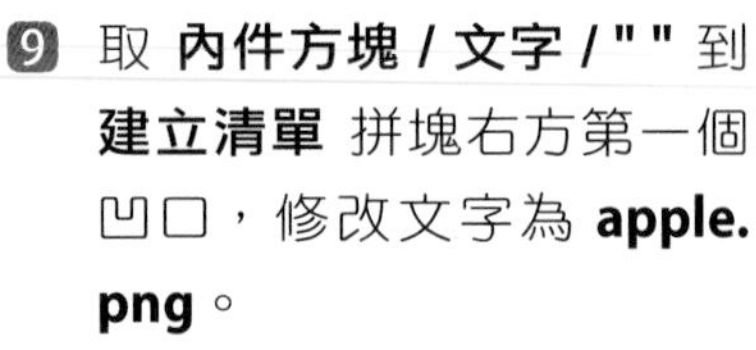

❿ 重複 ❾ 四次：拼塊文字分別為 **cherry.png**、**strawberry.png**、**watermelon.png**、**banana.png**。

6.3.2 建立「檢查結果」程序

檢查結果 程序會判斷輸贏金額：首先以亂數隨機取出 3 張圖片，若 3 張圖片都相同就贏 5 元，若只有 2 張圖片相同就贏 2 元，若 3 張圖片都不相同就輸 3 元。如果剩餘金額小於等於 0 就重置遊戲。

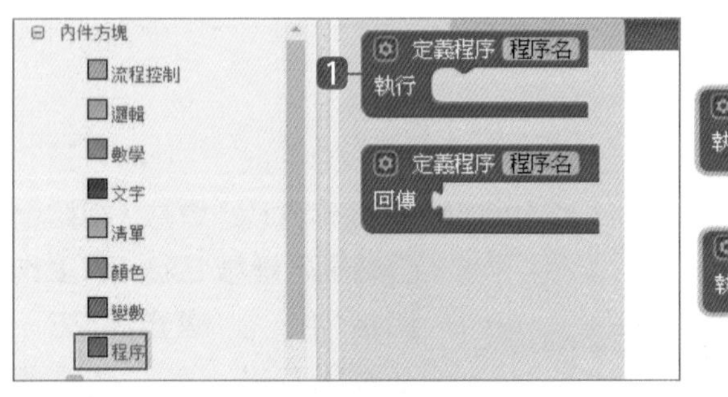
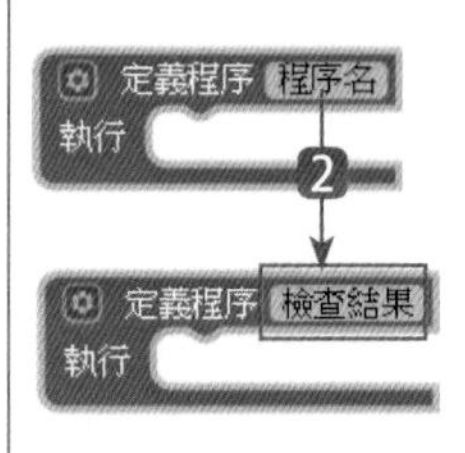

❶ 取 **內件方塊 / 程序 / 定義程序程序名執行** 到 **工作面板** 中。

❷ 在 **程序名** 按一下滑鼠左鍵，將文字修改為 **檢查結果**。

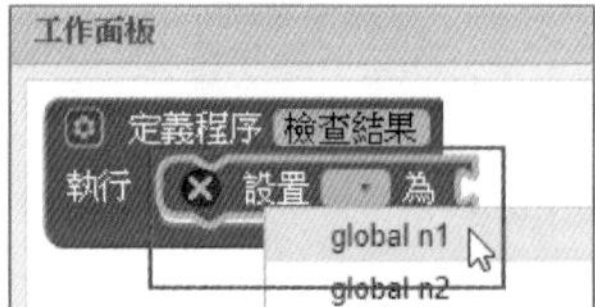

❸ 設變數 **n1** 為 1 到 5 的亂數：取 **內件方塊 / 變數 / 設置 ... 為** 到程序拼塊中，在下拉式選單中點選 **global n1**。

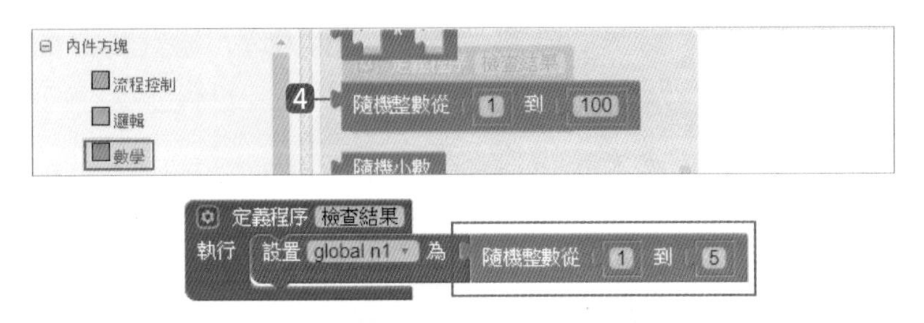

❹ 取 **內件方塊 / 數學 / 隨機整數從 1 到 100** 到剛才拼塊右方，並修改第二個數字為 **5**。

❺ 設變數 **n2** 及 **n3** 為 1 到 5 的亂數：重複 ❸ 到 ❹ 兩次：分別設置變數 **n2** 及 **n3** 為 **隨機整數從 1 到 5**。

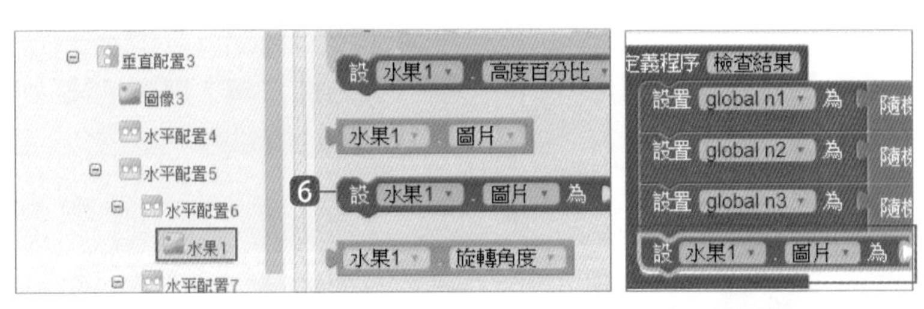

❻ 以 **n1** 顯示水果 1 圖片：取 **水果 1 / 設水果 1. 圖片為** 到剛才拼塊下方。

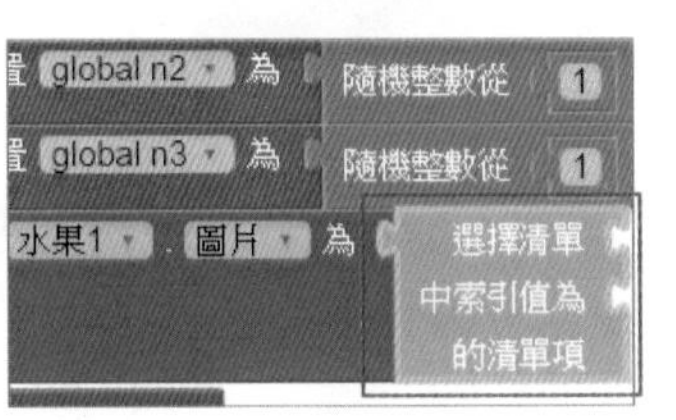

❼ 取 **內件方塊 / 清單 / 選擇清單中索引值為的清單項** 到剛才拼塊右方。

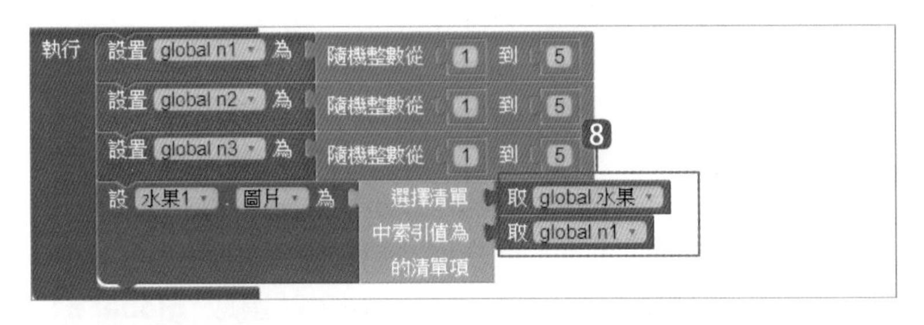

❽ 取 **內件方塊 / 變數 / 取 ... 為** 到 **選擇清單** 右方，並選取 **global 水果**。取 **內件方塊 / 變數 / 取 ...** 到 **中索引值為** 右方，並選取 **global n1**。

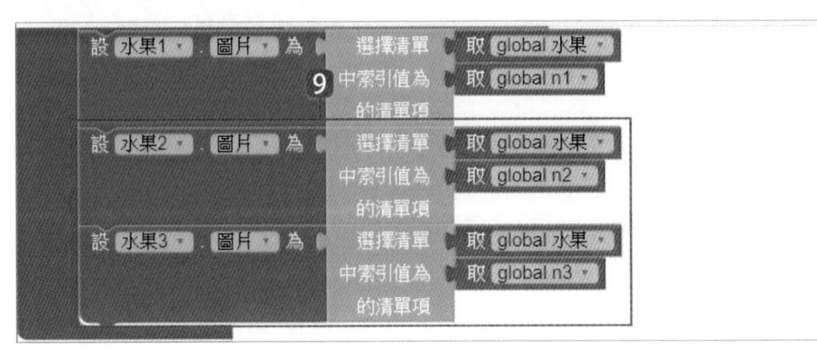

❾ 顯示水果 2 及水果 3 圖片：重複 ❻ 到 ❽ 兩次：分別設置 **水果 2. 圖片** 及 **水果 3. 圖片**，其 **中索引值為** 的值分別為 **取 global n2** 及 **取 global n3**。

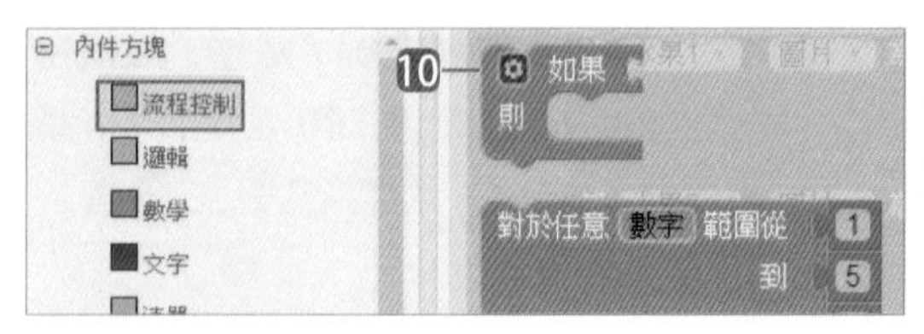

⑩ 取 **內件方塊 / 流程控制 / 如果則** 到剛才拼塊下方。

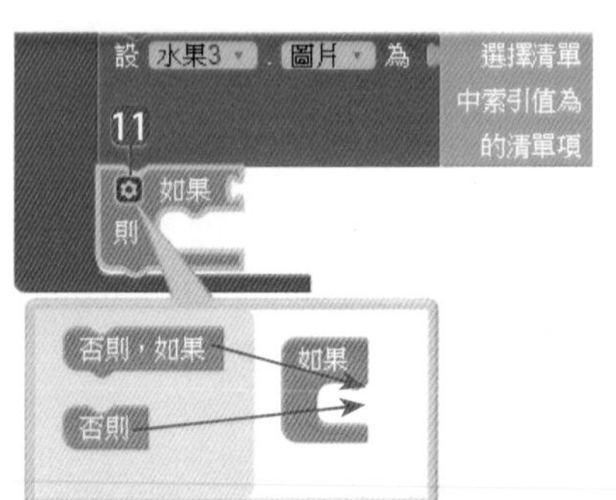

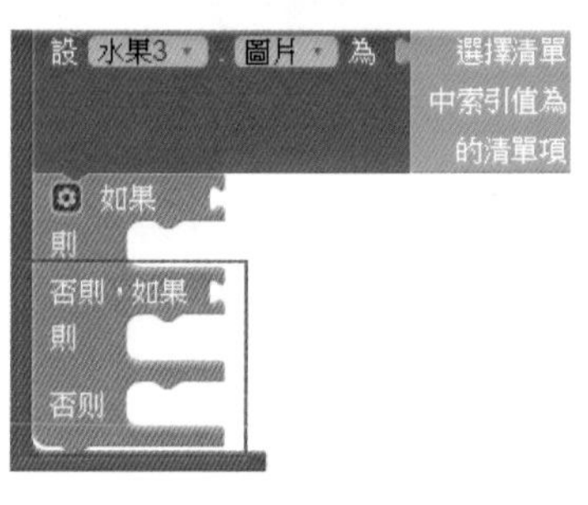

⑪ 在 **如果則** 拼塊按一下 ，拖曳左方 **否則，如果** 到 **如果** 下方，即可增加 **否則，如果** 拼塊。再拖曳左方 **否則** 到 **否則，如果** 下方，即可增加 **否則** 拼塊。

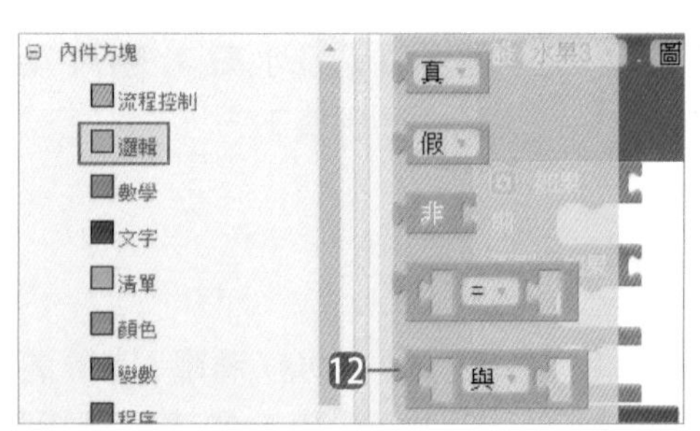

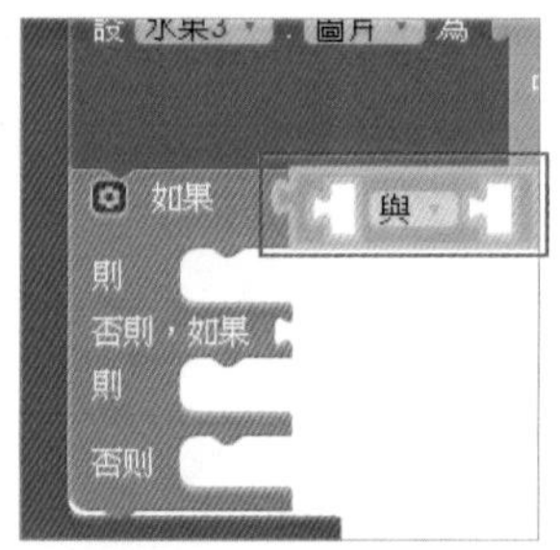

⑫ 取 **內件方塊 / 邏輯 / 與** 到 **如果** 拼塊右方。

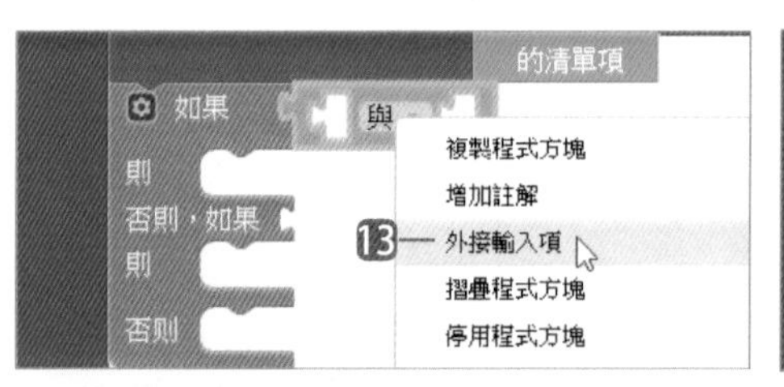

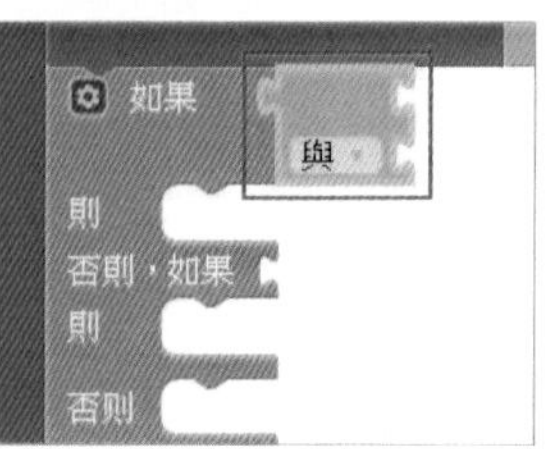

⑬ 在 **與** 拼塊上按滑鼠右鍵，點選 **外接輸入項**，可將 **與** 拼塊後面兩個凹口並排顯示，方便閱讀。

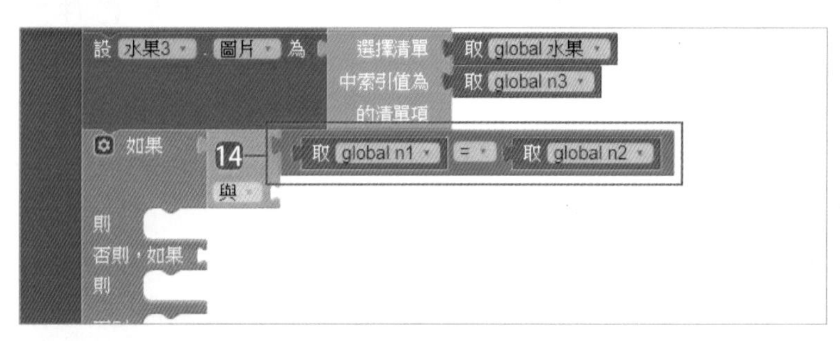

⑭ 取 **內件方塊 / 數學 / =** 到 **與** 拼塊第一個凹口。取 **內件方塊 / 變數 / 取 ...** 到 **=** 左方，並選取 **global n1**。取 **內件方塊 / 變數 / 取 ...** 到 **=** 右方，並選取 **global n2**。

⑮ 重複 ⑭：在 **與** 拼塊第二個凹口設置「**global n2 = global n3**」。此條件為「n1=n2=n3」，即三個水果圖片相同。

⑯ 取 **內件方塊 / 變數 / 設置 ... 為** 到第一個 **則** 右方，在下拉式選單中點選 **global 金額輸贏**。取 **內件方塊 / 數學 / 0** 到剛才拼塊右方，修改數字為 **5**。

⑰ 取 **內件方塊 / 邏輯 / 或** 到 **否則 , 如果** 右方。在 **或** 拼塊上按滑鼠右鍵，點選 **外接輸入項**。重複上述步驟，在 **或** 拼塊第二個凹口再建立一個 **外接輸入項** 的 **或** 拼塊。

⑱ 重複 ⑭ 三次：在 **或** 拼塊第一個凹口設置「**global n1 = global n2**」，第二個凹口設置「**global n1 = global n3**」，第三個凹口設置「**global n2 = global n3**」。此為兩個圖片相同。

⑲ 重複 ⑯ 兩次：在第二個 **則** 右方設置「**global 金額輸贏 = 2**」，**否則** 拼塊右方設置「**global 金額輸贏 = -3**」。

⑳ 取 **內件方塊 / 變數 / 設置 ... 為** 到 **如果則** 拼塊下方，並選取 **global 金額**。取 **內件方塊 / 數學 / +** 到剛才拼塊右方。

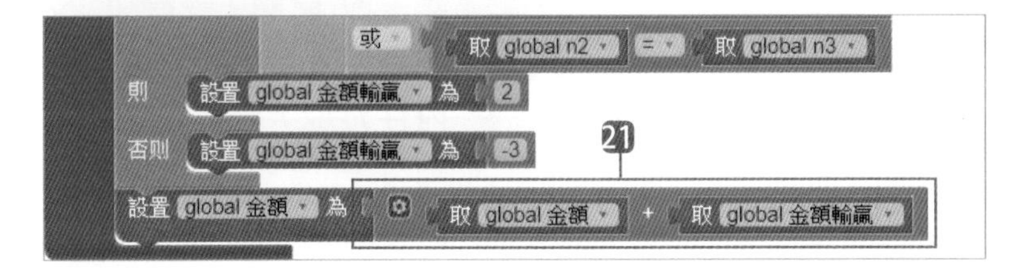

㉑ 重新計算金額：取 **內件方塊 / 變數 / 取 ...** 到 **+** 左方，並選取 **global 金額**。取 **內件方塊 / 變數 / 取 ...** 到 **+** 右方，並選取 **global 金額輸贏**。

㉒ 取 **內件方塊 / 流程控制 / 如果則** 到剛才拼塊下方。在 **如果則** 拼塊按一下 ⚙，拖曳左方 **否則** 到 **如果** 下方，即可增加 **否則** 拼塊。

㉓ 取 **內件方塊 / 數學 / =** 到 **如果** 右方，在 **=** 下拉選單點選 **≦**。取 **內件方塊 / 變數 / 取 ...** 到 **≦** 左方，並選取 **global 金額**。取 **內件方塊 / 數學 / 0** 到 **≦** 右方。此條件為沒有餘額了。

㉔ 顯示餘額為 0：取 **餘額 / 設餘額 . 文字為** 到 **則** 右方。取 **內件方塊 / 數學 / 0** 到剛才拼塊右方。

㉕ 隱藏拉霸鈕：取 **拉霸鈕 / 設拉霸鈕 . 可見性為** 到剛才拼塊下方。取 **內件方塊 / 邏輯 / 假** 到剛才拼塊右方。

㉖ 顯示重來鈕：取 **重來鈕 / 設重來鈕 . 可見性為** 到剛才拼塊下方。取 **內件方塊 / 邏輯 / 真** 到剛才拼塊右方。

㉗ 如果餘額大於 0 就顯示餘額：取 **餘額 / 設餘額 . 文字為** 到 **否則** 右方。取 **內件方塊 / 變數 / 取 ...** 到剛才拼塊右方，並選取 **global 金額**。

6.3.3 建立初始化事件

程式開始時設定變數、金額、圖片及計時器的初始值。

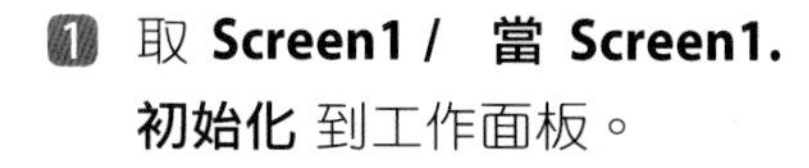

❶ 取 **Screen1 / 當 Screen1. 初始化** 到工作面板。

❷ 取 **內件方塊 / 變數 / 設置 ... 為** 到剛才拼塊中，並選取 **global 金額**。取 **內件方塊 / 數學 / 0** 到剛才拼塊右方，修改數字為 **20**。

❸ 取 **餘額 / 設餘額 . 文字為** 到剛才拼塊下方。取 **內件方塊 / 變數 / 取 ...** 到剛才拼塊右方，並選取 **global 金額**。

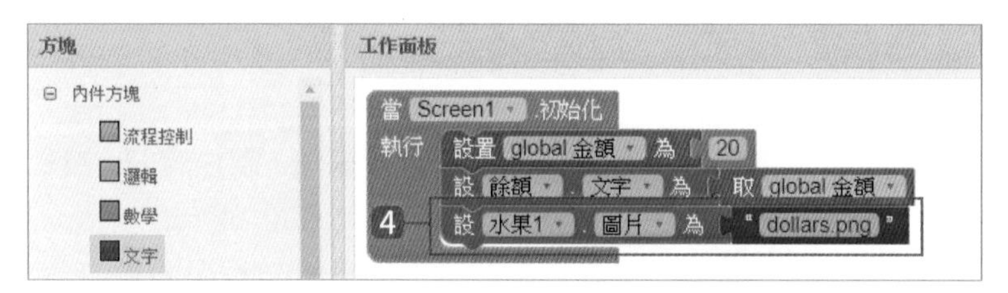

❹ 取 **水果 1 / 設水果 1. 圖片為** 到剛才拼塊下方。取 **內件方塊 / 文字 / " "** 到剛才拼塊右方，修改文字為 **dollars.png**。

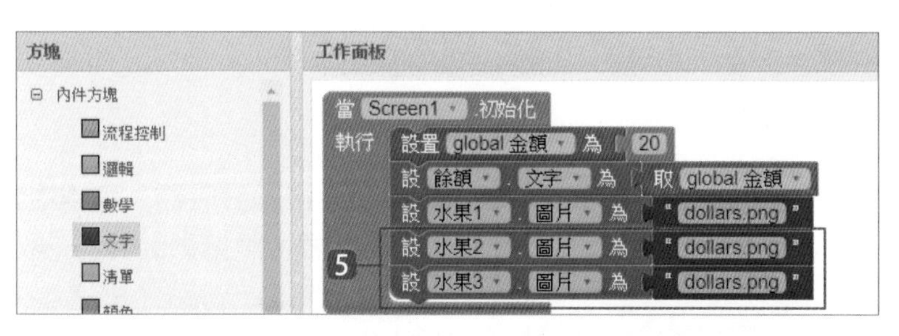

❺ 重複步驟 ❹ 兩次：設定 **水果 2. 圖片** 及 **水果 3. 圖片** 為 **dollars.png**。

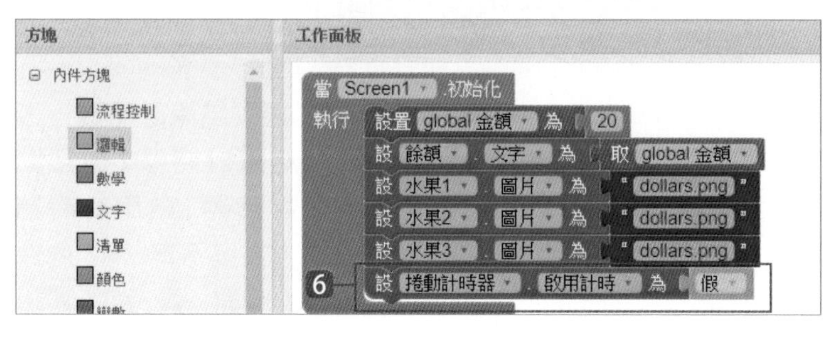

❻ 取 **捲動計時器 / 設捲動計時器 . 啟用計時為** 到剛才拼塊下方。取 **內件方塊 / 邏輯 / 假** 到剛才拼塊右方。

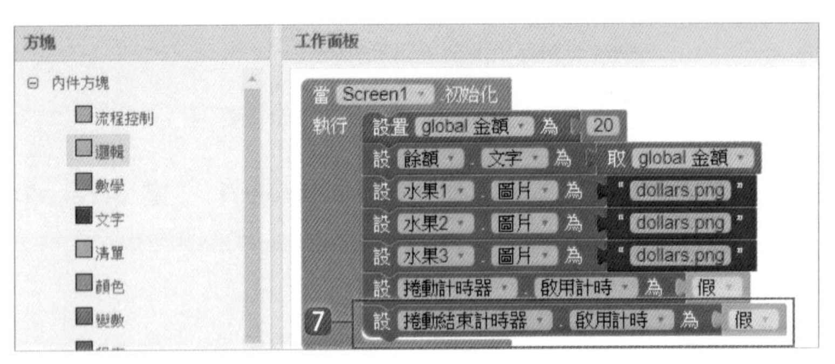

7 取 **捲動結束計時器 / 設捲動結束計時器 . 啟用計時為** 到剛才拼塊下方。取 **內件方塊 / 邏輯 / 假** 到剛才拼塊右方。

8 取 **內件方塊 / 數學 / 設定隨機數種子為** 到剛才拼塊下方。取 **捲動計時器 / 呼叫捲動計時器 . 取得系統時間** 到剛才拼塊右方。

6.3.4 建立按鈕被點選事件

使用者按 **拉霸鈕** 就啟動 **捲動計時器** 變換圖片，並設定 **拉霸鈕** 無作用，按 **重來鈕** 就重置按鈕、金額及圖片為初始狀態。

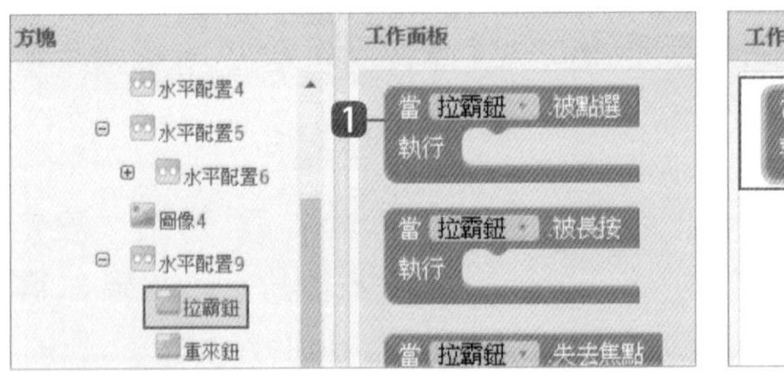

1 取 **拉霸鈕 / 當拉霸鈕 . 被點選** 到工作面板。

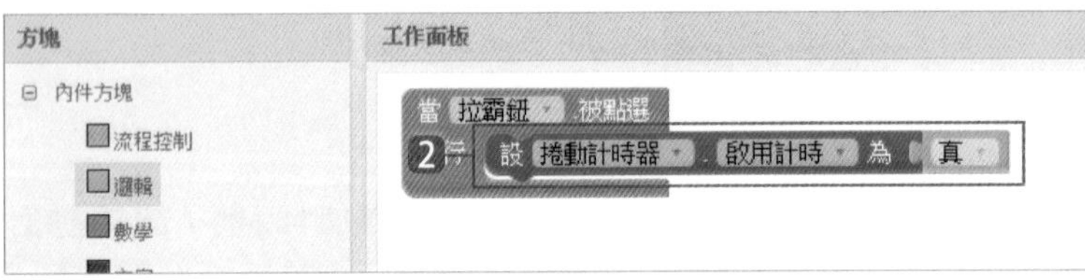

2 啟動 **捲動計時器**：取 **捲動計時器 / 設捲動計時器 . 啟用計時為** 到剛才拼塊中。取 **內件方塊 / 邏輯 / 真** 到剛才拼塊右方。

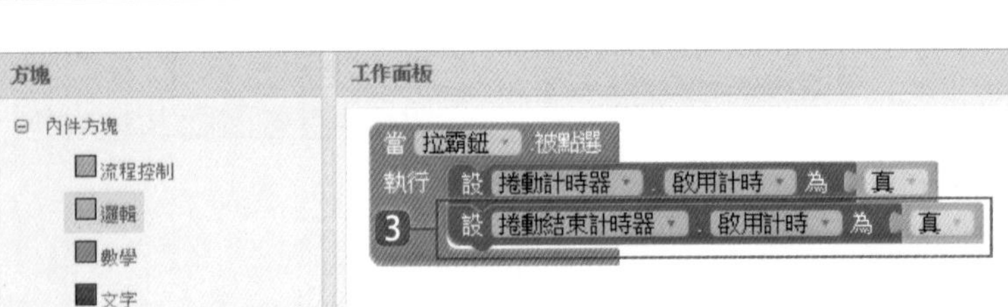

3 啟動 **捲動結束計時器**：取 **捲動結束計時器 / 設捲動結束計時器 . 啟用計時為** 到剛才拼塊下方。取 **內件方塊 / 邏輯 / 真** 到剛才拼塊右方。

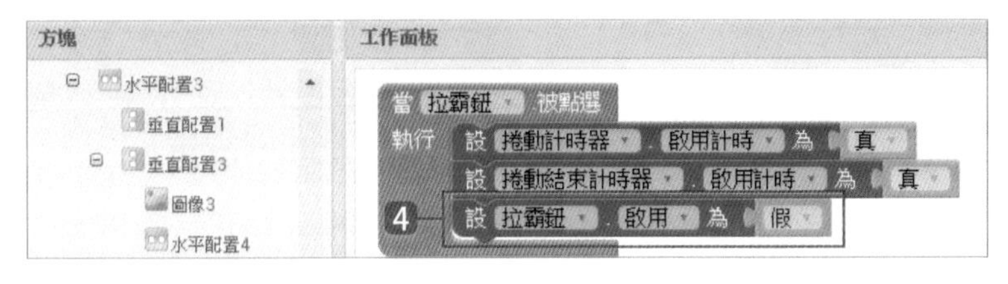

4 設 **拉霸** 鈕為無作用：取 **拉霸鈕 / 設拉霸鈕 . 啟用為** 到剛才拼塊下方。取 **內件方塊 / 邏輯 / 假** 到剛才拼塊右方。

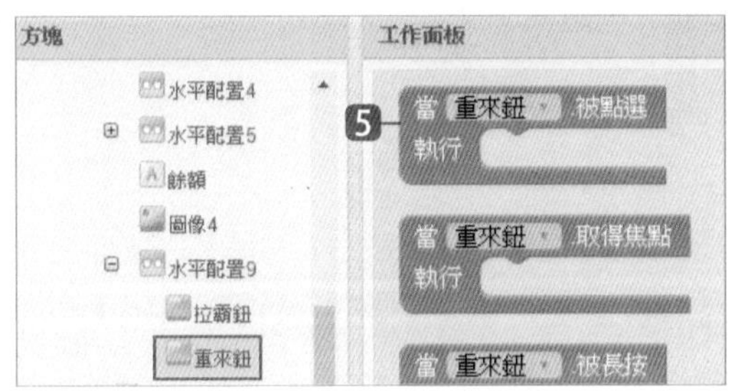

5 取 **重來鈕 / 當重來鈕 . 被點選** 到工作面板。

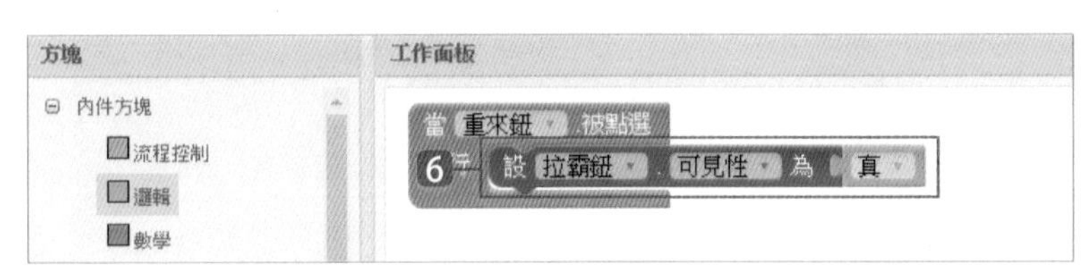

6 顯示 **拉霸** 鈕：取 **拉霸鈕 / 設拉霸鈕 . 可見性為** 到剛才拼塊中。取 **內件方塊 / 邏輯 / 真** 到剛才拼塊右方。

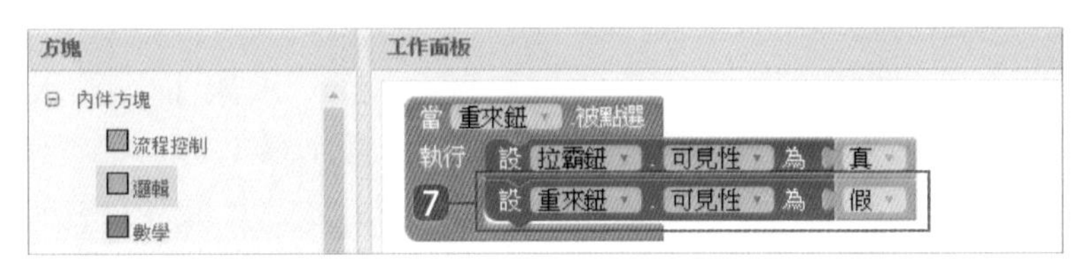

7 隱藏 **重來** 鈕：取 **重來鈕 / 設重來鈕 . 可見性為** 到剛才拼塊下方。取 **內件方塊 / 邏輯 / 假** 到剛才拼塊右方。

8 設金額為 20：取 **內件方塊 / 變數 / 設置 ... 為** 到剛才拼塊下方，並選取 **global 金額**。取 **內件方塊 / 數學 / 0** 到剛才拼塊右方，修改為 **20**。

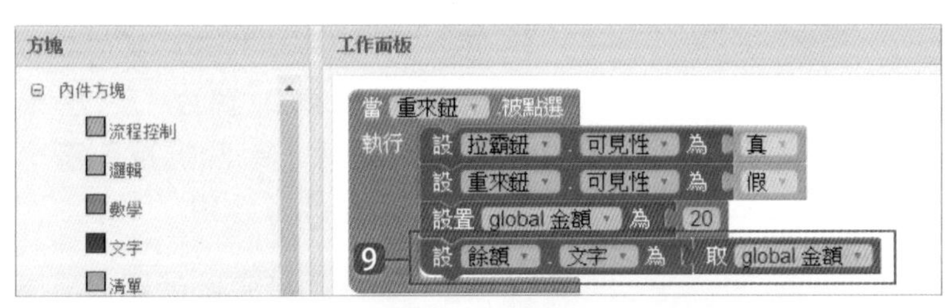

9 取 **餘額 / 設餘額 . 文字為** 到剛才拼塊下方。取 **內件方塊 / 變數 / 取 ...** 到剛才拼塊右方，並選取 **global 金額**。

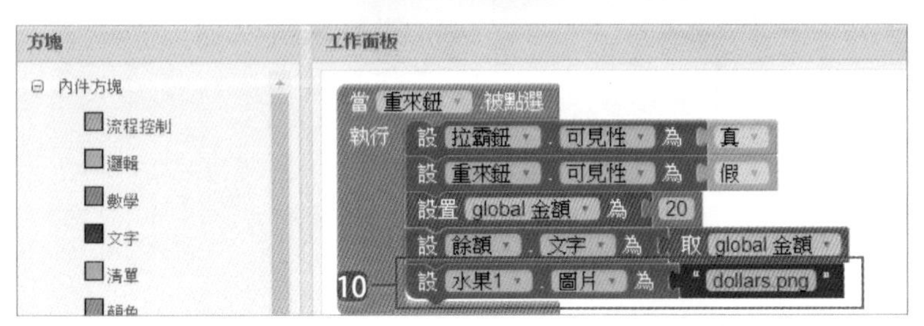

10 取 **水果 1 / 設水果 1. 圖片為** 到剛才拼塊下方。取 **內件方塊 / 文字 / " "** 到剛才拼塊右方，修改文字為 **dollars.png**。

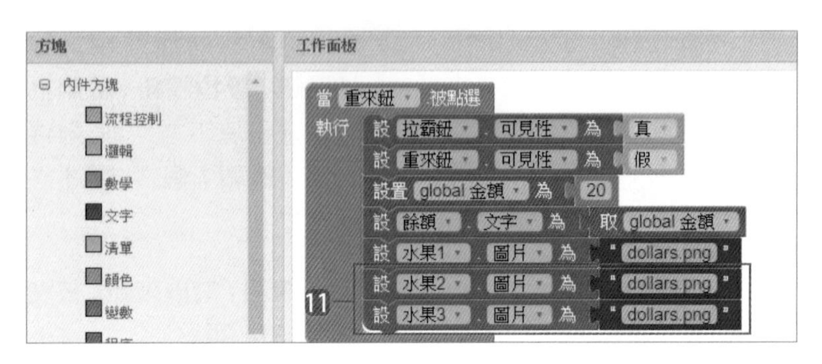

⓫ 重複步驟 ❿ 兩次：設定 **水果 2. 圖片** 及 **水果 3. 圖片** 為 **dollars.png**。

6.3.5 建立計時器事件

捲動計時器 每 0.05 秒變換水果圖片一次，**捲動結束計時器** 設定水果圖片捲動時間為 1.5 秒。

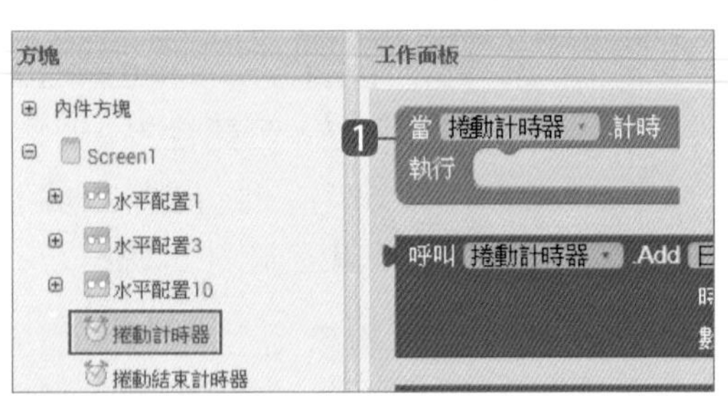

❶ 取 **捲動計時器 / 當捲動計時器 . 計時** 到工作面板。

❷ 隨機顯示 **水果 1**：取 **水果 1 / 設水果 1. 圖片為** 到剛才拼塊中。取 **內件方塊 / 清單 / 隨機選取清單項清單** 到剛才拼塊右方。取 **內件方塊 / 變數 / 取 ...** 到剛才拼塊右方，並選取 **global** 水果。

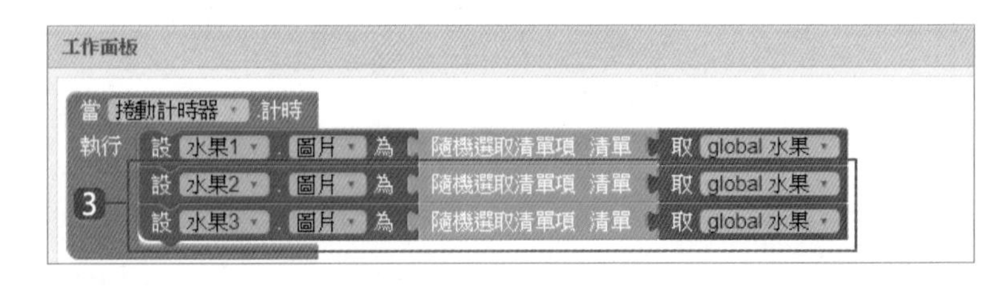

❸ 隨機顯示 **水果 2** 及 **水果 3**：重複步驟 ❷ 兩次：設定 **水果 2. 圖片** 及 **水果 3. 圖片** 為 **隨機選取清單項 -global** 水果。

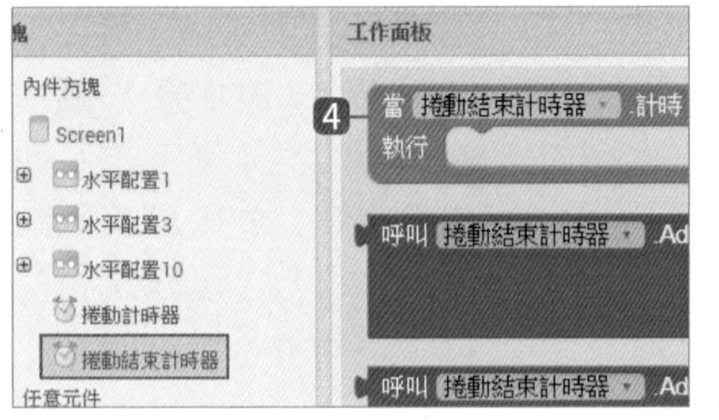

❹ 取 **捲動結束計時器 / 當捲動結束計時器 . 計時** 到工作面板。

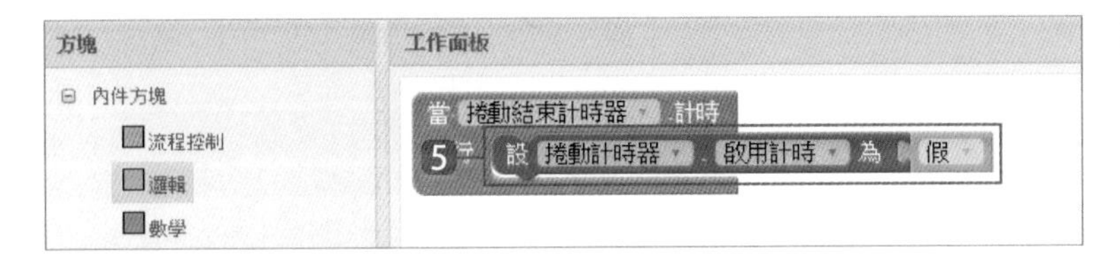

❺ 取 **捲動計時器 / 設捲動計時器 . 啟用計時為** 到剛才拼塊中。取 **內件方塊 / 邏輯 / 假** 到剛才拼塊右方。

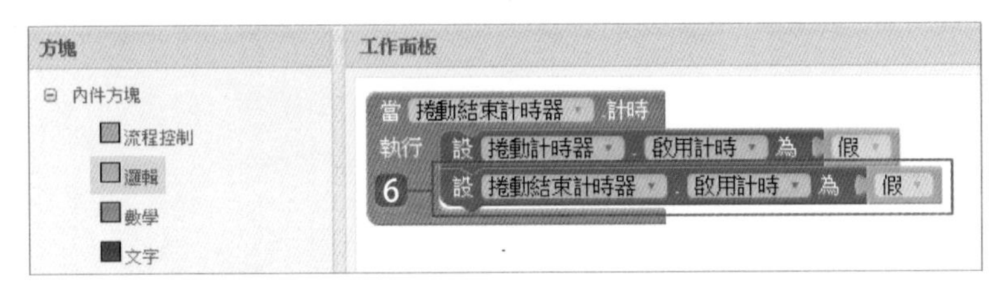

❻ 取 **捲動結束計時器 / 設捲動結束計時器 . 啟用計時為** 到剛才拼塊下方。取 **內件方塊 / 邏輯 / 假** 到剛才拼塊右方。

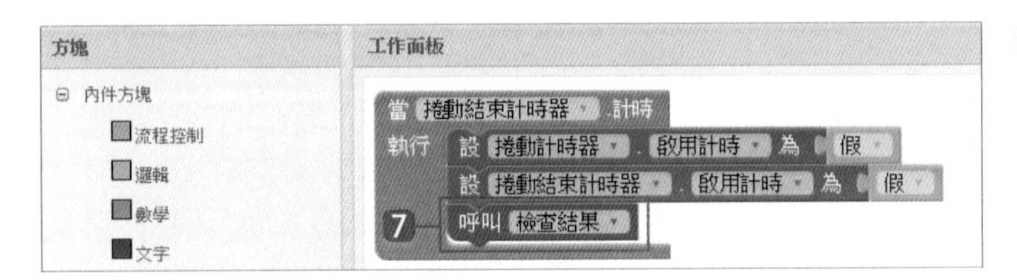

❼ 取 **內件方塊 / 程序 / 呼叫檢查結果** 到剛才拼塊下方。

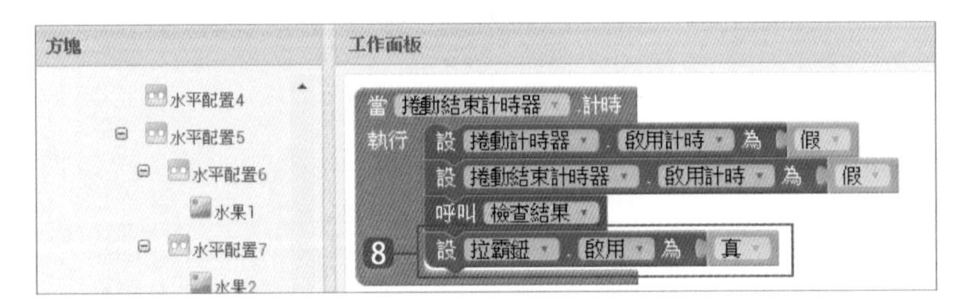

❽ 取 **拉霸鈕 / 設拉霸鈕 . 啟用為** 到剛才拼塊下方。取 **內件方塊 / 邏輯 / 真** 到剛才拼塊右方。

如此即完成 App 的專題製作。

MEMO

[07] 地鼠敲敲樂

- 學習設定版面圖片
- 學習使用表格配置
- 學習使用音樂播放器元件
- 學習使用音效元件
- 學習使用計時器元件
- 學習複製事件程式拼塊

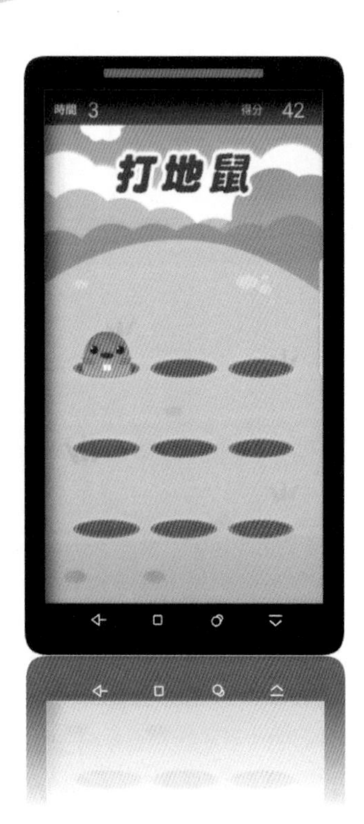

7.1 認識 App 專題：地鼠敲敲樂

7.1.1 專題介紹

打地鼠遊戲在電腦遊戲的領域中是相當經典的項目，雖然歷史悠久，但卻有讓人一玩再玩的魅力。在遊戲進行時，在畫面上的所有地鼠都是以亂數隨機的方式出現在不同的位置，玩家要用手指點按地鼠出現的地方，打到就得分，倒數計時完成後結束遊戲。在遊戲進行時會同時加入音效，讓整個效果更加精彩和豐富。

7.1.2 專題作品預覽

「地鼠敲敲樂」App 在按下 **Play** 按鈕開始播放背景音樂，並倒數計時 60 秒，得分從 0 開始。遊戲進行中地鼠會不斷出沒，如果您擊中地鼠得分會加 1 分，並發出擊中音效，倒數計時完成後遊戲也結束了。

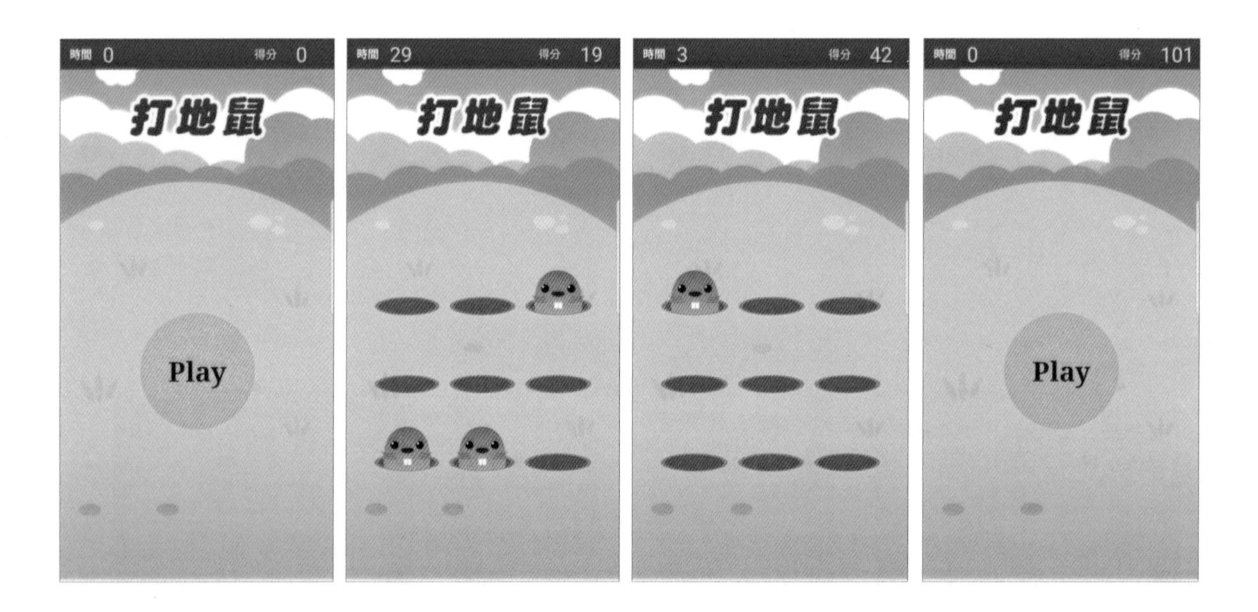

7.2 App 畫面編排

使用 App Inventor 2 製作「地鼠敲敲樂」App，在規劃程式功能及流程後，再依架構設計版面並收集素材，最後即可開始進行畫面編排。

7.2.1 App 畫面編排完成圖

7.2.2 新增專案及素材上傳

在「地鼠敲敲樂」App 的範例畫面編排中，除了畫面的背景圖片之外，最重要的是要加入按鈕用以顯示地洞或地鼠圖形。

❶ 登入開發頁面按 **新增專案** 鈕。

❷ 在對話方塊的 **專案名稱** 欄位中輸入「ex_mole」。

❸ 按下 **確定** 鈕完成專案的新增並進入開發畫面。

4 按 **素材** 的 **上傳文件** 鈕。

5 在對話方塊按 **選擇檔案** 鈕。

6 在對話視窗中選取本章原始檔資料夾，選取圖片 <bg.mp3> 檔後按 **開啟** 鈕，然後在對話方塊中按 **確定** 鈕。

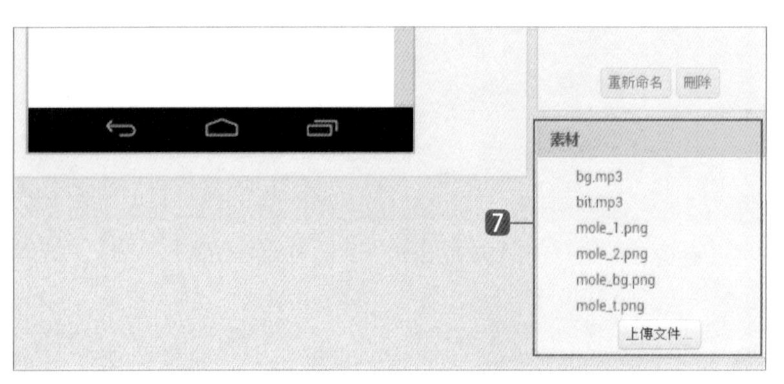

7 完成後即可在 **素材** 中看到上傳的聲音檔名。請利用相同的方式將其他圖片和聲音檔上傳到 **素材** 中。

7.2.3 設定畫面

首先進行外觀編排：在 **Screen1** 元件屬性依下列表格進行設定。

欄位	值	欄位	值
水平對齊	置中：3	允許捲動	取消核選
垂直對齊	靠上：3	狀態欄顯示	取消核選
App 名稱	打地鼠	視窗大小	自動調整
背景顏色	透明	Theme	Device Default
背景圖片	mole_bg.png	標題	打地鼠
螢幕方向	鎖定直式畫面	標題顯示	取消核選

❶ 首先進行外觀編排：在 **元件清單** 選按 **Screen1** 準備進行設定，這是預設的畫面元件。

❷ 請在 **元件屬性** 依表格資料進行欄位設定。

7.2.4 加入時間和得分標籤

接著在面板中加入水平配置，並在水平配置中加入顯示時間和得分的標籤，請依下述步驟操作：

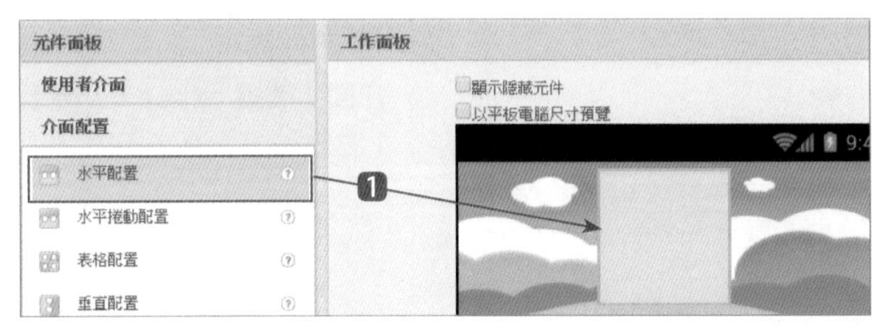

❶ 在 **元件面板** 拖曳 **介面配置 / 水平配置** 到工作面板中。

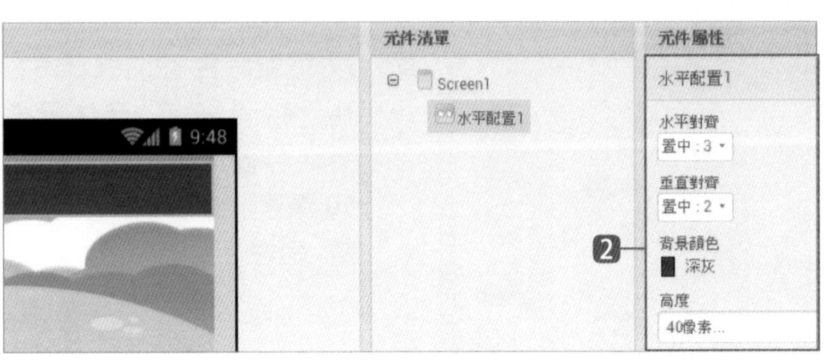

❷ 在 **元件屬性** 設定 **水平對齊：置中**、**垂直對齊：置中**，**背景顏色：深灰**，**高度：40 像素**、**寬度：填滿**。

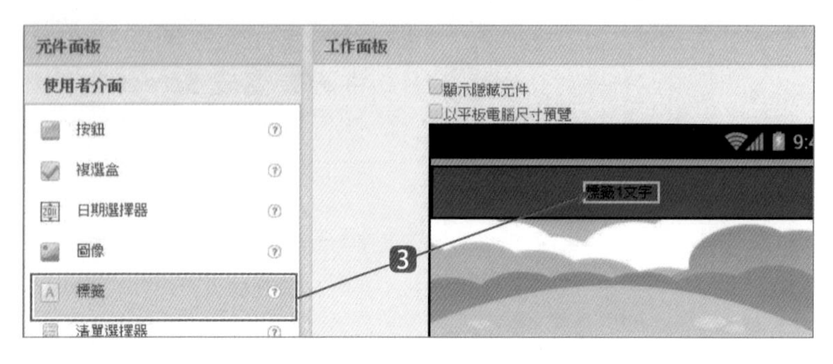

3 在 **元件面板** 拖曳 **使用者介面 / 標籤** 到剛才的配置區域中。

4 在 **元件屬性** 設定 **背景顏色：透明**、**粗體：核選**、**寬度：50 像素**、**文字：時間**、**文字對齊：置中**、**文字顏色：白色**。

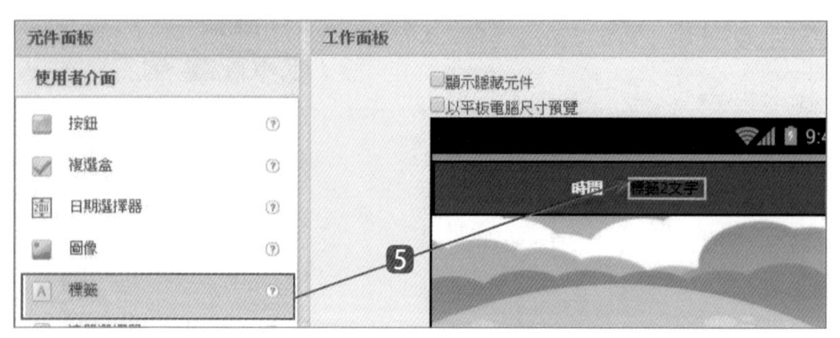

5 在 **元件面板** 拖曳 **使用者介面 / 標籤** 到剛才的 **標籤 1** 右方。

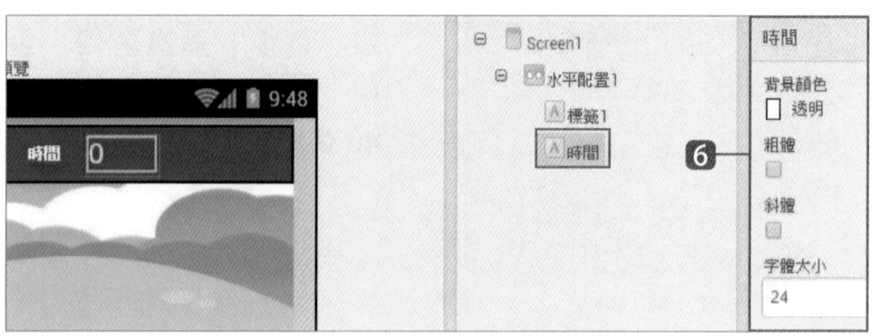

6 按 **重新命名** 鈕將標籤命名為「時間」，在 **元件屬性** 設定 **字體大小：24**、**寬度：50 像素**、**文字：0**、**文字對齊：靠左**、**文字顏色：黃色**。

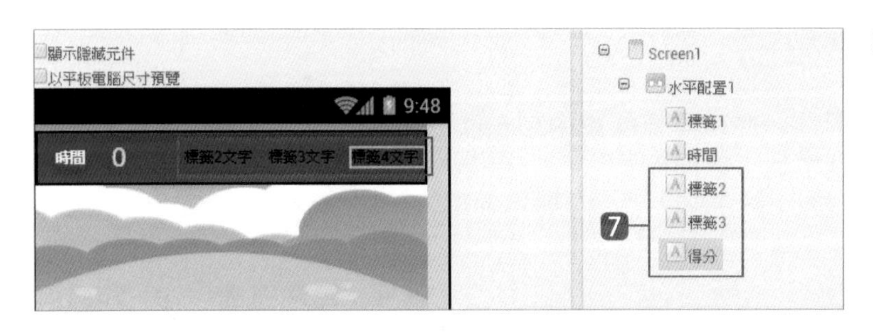

7 重複的操作，再拖曳 3 個標籤到剛才 **時間** 標籤的右方，預設的名稱為 **標籤 2**、**標籤 3**、**標籤 4**，並將 **標籤 4** 名稱更改為「分數」。

請依下列表格設定 **標籤 2**、**標籤 3** 和 **分數** 的屬性。

元件名稱	欄位	值
標籤 2	寬度	填滿
	文字	" "
標籤 3	文字	得分
	寬度	50 像素
	文字顏色	白色

元件名稱	欄位	值
分數	字體大小	24
	寬度	50 像素
	文字	0
	文字對齊	靠左
	文字顏色	黃色

8 完成後的介面如左圖。

7.2.5 加入版面圖片

接著在 **水平配置 1** 下方，加入版面圖片，請依下述步驟操作：

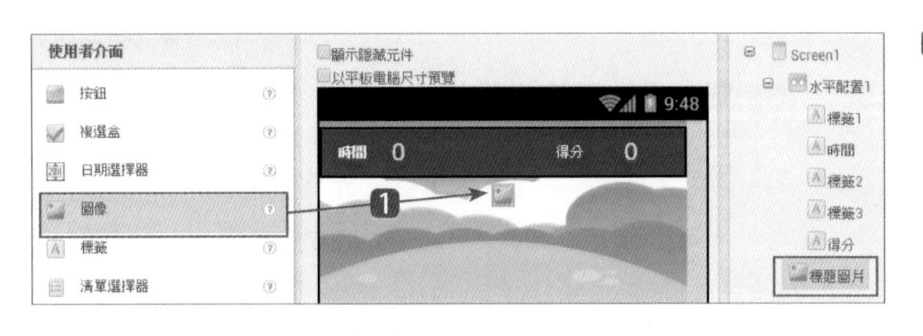

1 在 **元件面板** 拖曳 **使用者介面 / 圖像** 到**水平配置 1** 下方，預設加入的圖像名稱為 **圖像 1**，將 **圖像 1** 名稱更改為「標題圖片」。

2 在 **元件屬性** 設定 **高度：120 像素**、**圖片：mole_t.png**。

7.2.6 加入地洞和開始遊戲按鈕

接著要在版面圖片下方加入垂直配置，並在垂直配置中加入表格配置及開始遊戲按鈕，並在表格配置中佈置 9 個地洞按鈕，請依下述步驟操作：

加入垂直配置

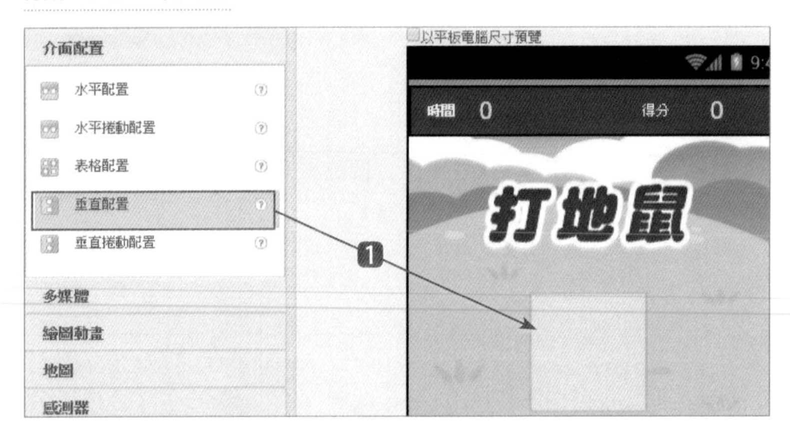

1 在 **元件面板** 拖曳 **介面配置 / 垂直配置** 到版面圖片下方。

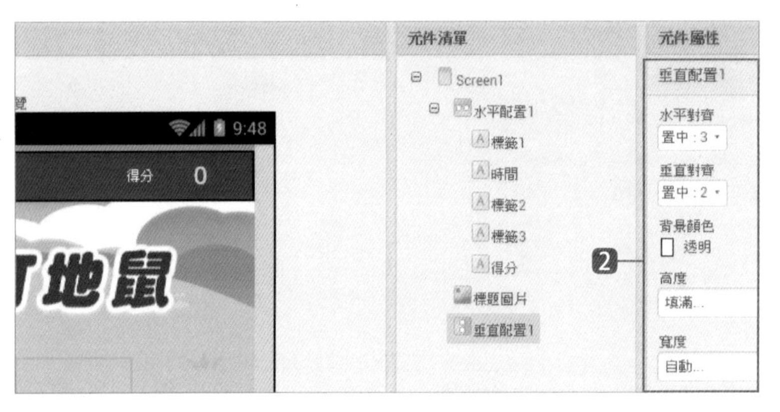

2 在 **元件屬性** 設定 **水平對齊：置中**、**垂直對齊：置中**，**背景顏色：透明**，**高度：填滿**。

加入表格配置及按鈕

接著在 **垂直配置 1** 中加入 **表格配置** 及 **開始鈕**，並在 **表格配置** 中依序加入 **按鈕 1~ 按鈕 9**。

1 在 **元件面板** 拖曳 **介面配置 / 表格配置** 到 **垂直配置 1** 中，預設加入的名稱為 **表格配置 1**，請設定 **表格配置 1** 的 **列數：3**、**行數：3**，**可見性：取消核選**。

將 **表格配置 1** 的 **可見性：取消核選** 後，**表格配置 1** 和其中的元件都會被隱藏，在設計階段可以設定核選 **顯示隱藏元件**、**以行動電話尺寸預覽**，顯示所有的元件。

❹ 請先核選 **顯示隱藏元件**、**以行動電話尺寸預覽**。

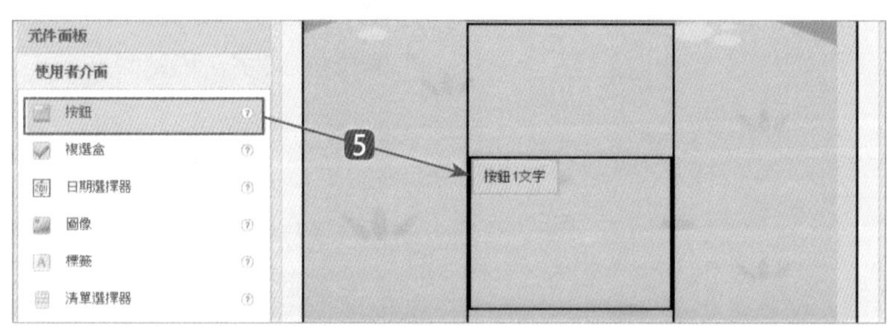

❺ 在 **元件面板** 拖曳 **使用者介面 / 按鈕** 到剛才的 **表格配置 1** 左上方的表格中。

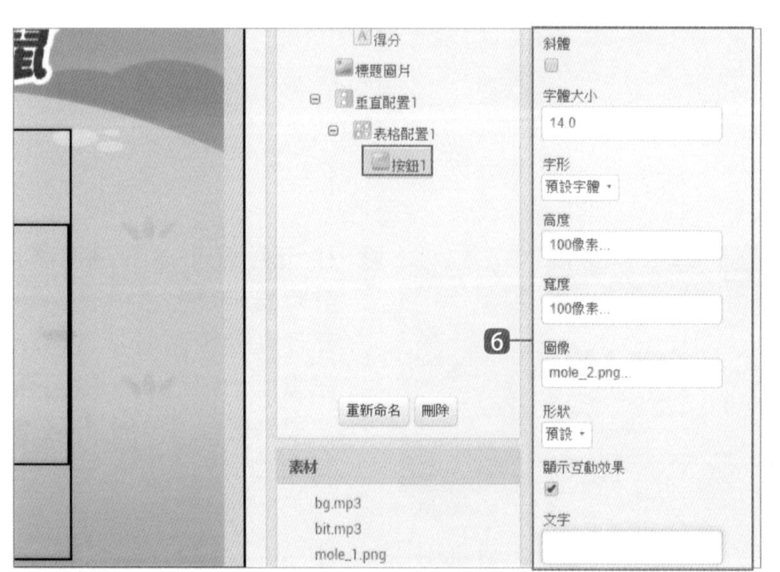

❻ 在 **元件屬性** 依左圖畫面進行設定。設定 **高度：100 像素**、**寬度：100 像素**，**圖像：mole_2.png**，**文字：空字串**。

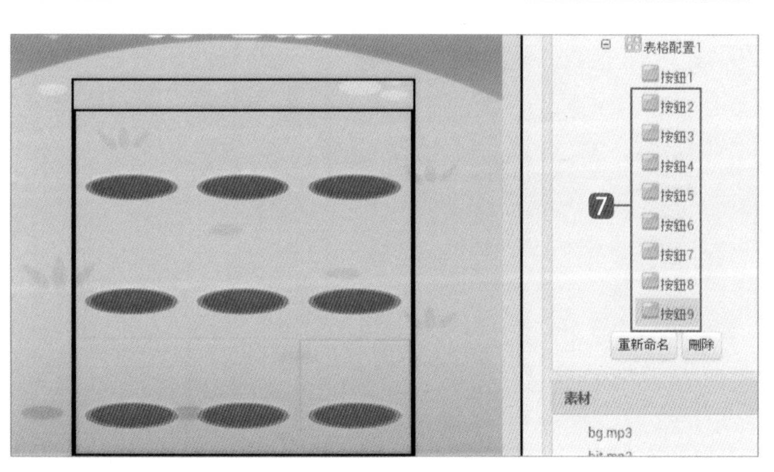

❼ 重複 ❺❻ 操作八次：由左上至右下依序加入 **按鈕 2~按鈕 9**，並設定所有按鈕的 **高度：100 像素**、**寬度：100 像素**，**圖像：mole_2.png**，**文字：空字串**。

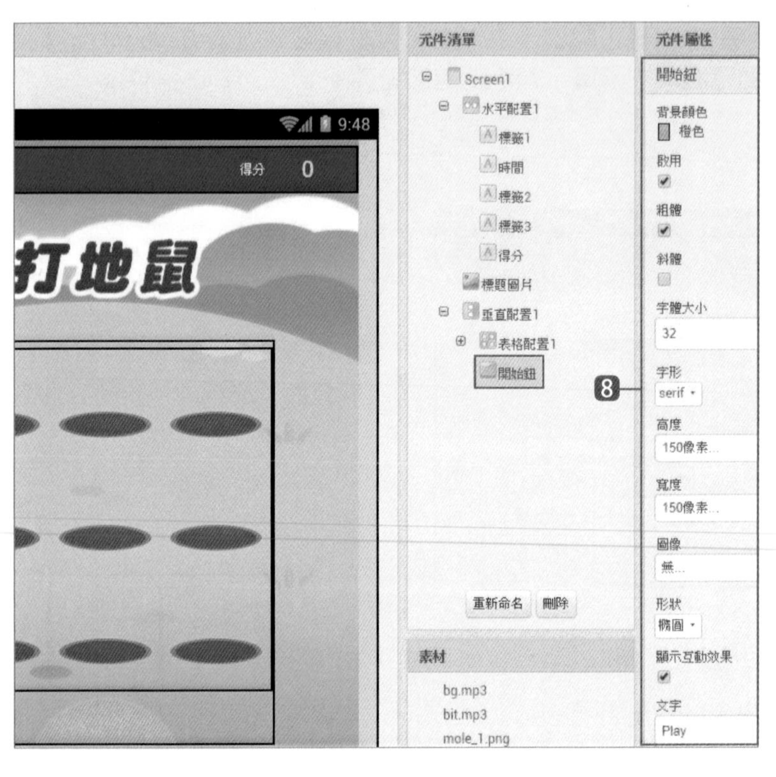

8 拖曳 **使用者介面 / 按鈕** 到 **垂直配置 1** 中 **表格配置 1** 的下方，更改名稱為「開始鈕」，並在 **元件屬性** 設定 **背景顏色：橙色，粗體：核選，字體大小：32，字形：serif，高度：150 像素、寬度：150 像素，形狀：橢圓，文字：Play**。

註：如果要顯示完整的 **開始鈕**，可設定 **顯示隱藏元件：取消核選** 將 **表格配置 1** 隱藏起來。

7.2.7 加入計時器元件

1 在 **元件面板** 拖曳 **感測器 / 計時器** 到畫面中，因為該元件在使用時並不會顯示在畫面上，放開後該元件會掉到畫面下方的 **非可視元件** 區。

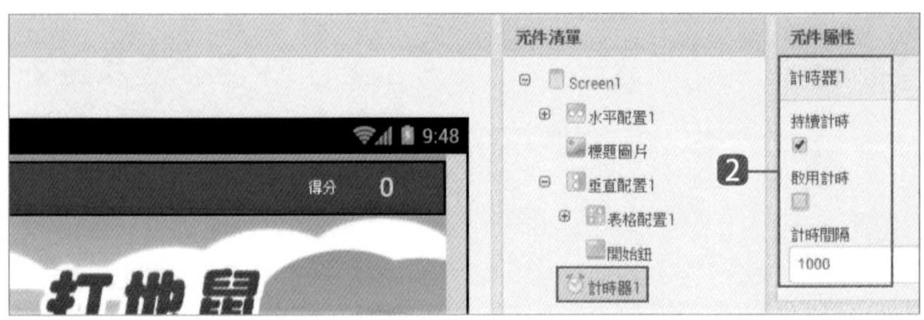

2 在 **元件屬性** 設定 **計時器 1** 的 **啟用計時：取消核選**。

7.2.8 加入音樂播放器和音效元件

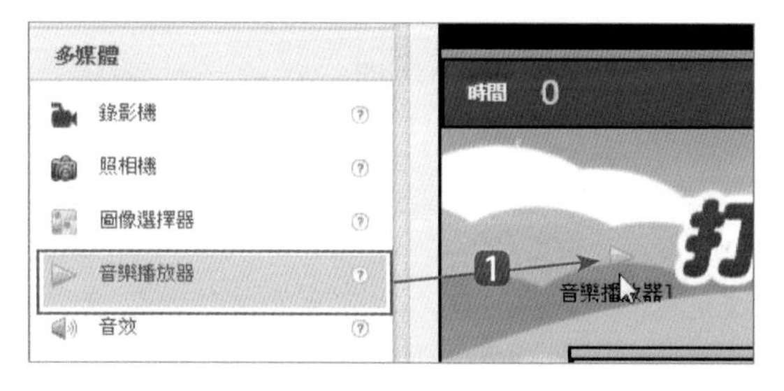

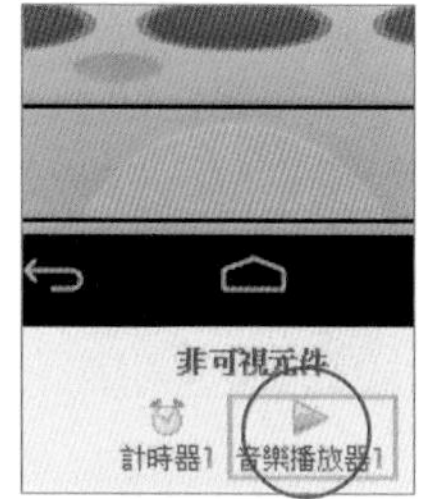

❶ 在 **元件面板** 拖曳 **多媒體 / 音樂播放器** 到畫面中，放開後該元件會掉到畫面下方的 **非可視元件** 區。

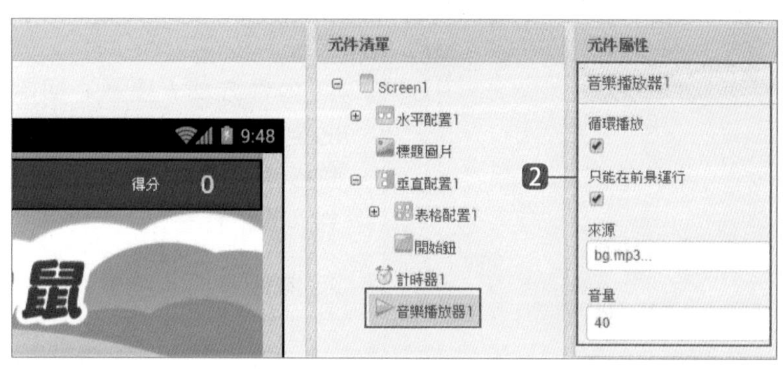

❷ 請在 **音樂播放器 1** 的 **元件屬性** 設定 **循環播放：核選**，**只能在前景運行：核選**，**來源：bg.mp3**，**音量：40**。

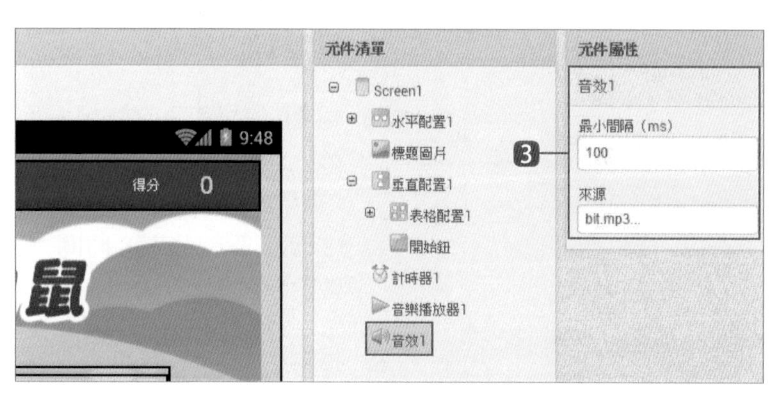

❸ 重複 ❶ ❷ 的操作，拖曳 **多媒體 / 音效** 到畫面中，預設名稱為 **音效 1**，並設定 **元件屬性** 的 **最小間隔：100**，**來源：bit.mp3**。

7.3 App 程式設計

完成了「地鼠敲敲樂」App 的畫面編排後，接下來就要加入程式設計的拼塊。

7.3.1 定義變數

首先要先定義變數 **按鈕清單** 建立按鈕元件清單，**時間**、**得分** 記錄遊戲剩餘時間和得分。

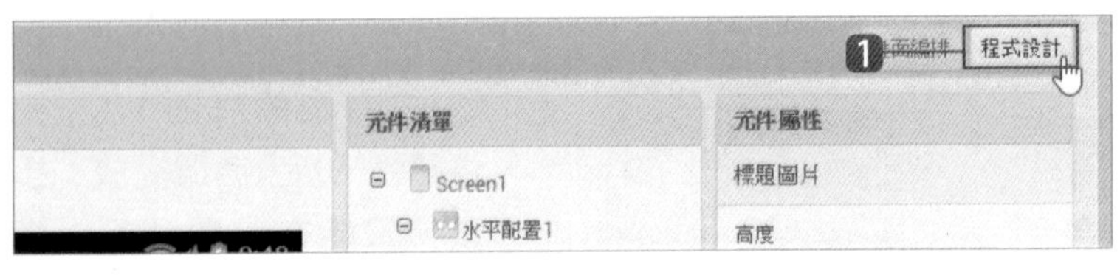

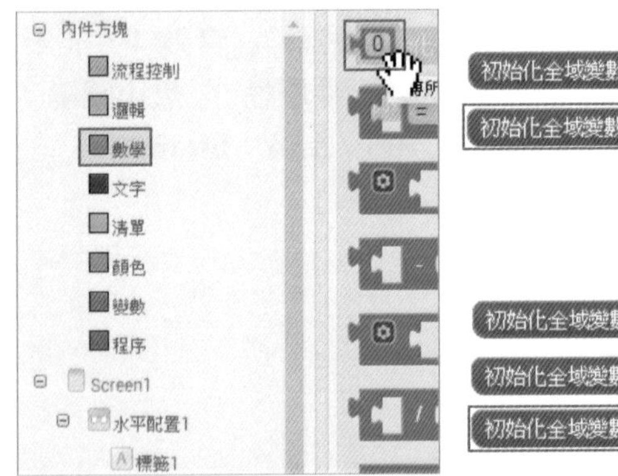

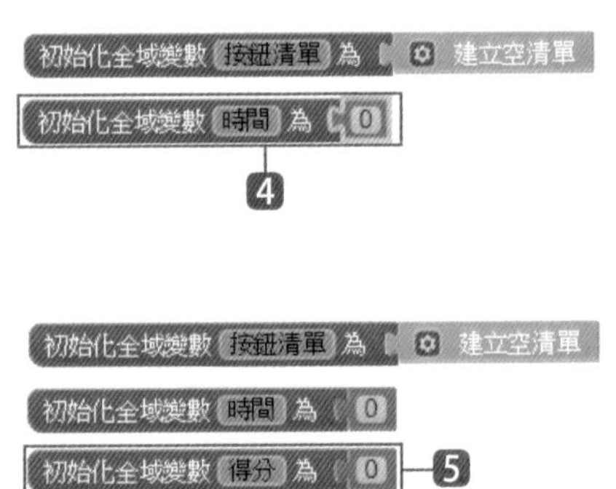

1. 按功能表右方的 **程式設計** 進入程式設計模式。
2. 取 **內件方塊 / 變數 / 初始化全域變數 ... 為** 到 **工作面板** 中，並輸入變數名稱為「按鈕清單」。
3. 取 **內件方塊 / 清單 / 建立空清單** 到 **工作面板** 中剛才的方塊後，成為 **按鈕清單** 變數的預設值。
4. 同 2 的操作，建立全域變數「時間」，再取 **內件方塊 / 數學 / 0** 到 **工作面板** 中剛才的方塊後，成為 **時間** 變數的預設值。
5. 相同的操作，再建立全域變數「得分」，並設定預設值為 **0**。

7.3.2 應用程式初始化設定

應用程式執行後，將所有的按鈕元件依序加入 **按鈕清單** 中。

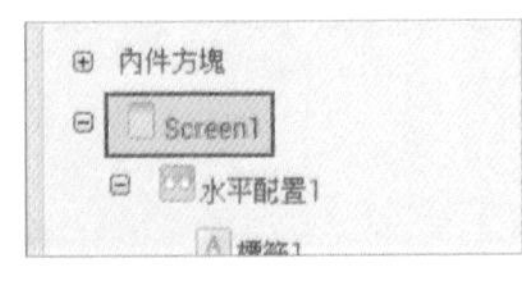

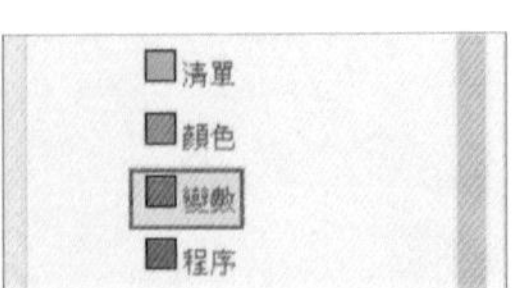

1. 取 **Scrren1 / 當 Screen1.初始化** 到 **工作面板** 中。
2. 取 **內件方塊 / 變數 / 設置 ... 為** 到 **當 Screen1.初始** 方塊中，並將變數設為「按鈕清單」。

❸ 取 **內件方塊 / 清單 / 建立清單** 到 **工作面板** 中剛才的方塊後方。

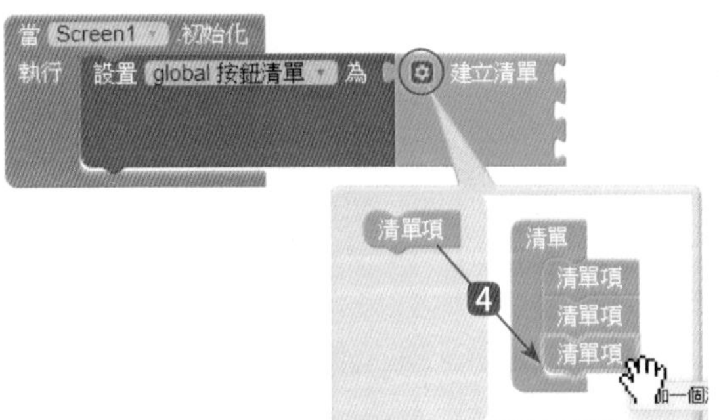

❹ 預設的 **建立清單** 只有兩個清單項，按 **建立清單** 方塊的 ⚙，取左方的 **清單項** 到右方的 **清單** 之中。**建立清單** 就會增加一個清單項。同樣的操作，再加入 6 個清單項，完成之後共有 9 個清單項。

❺ 取 **按鈕 1 / 按鈕 1** 到 **建立清單** 的第一個欄位中。

❻ 同樣的操作，依序再加入 **按鈕 2 ~ 按鈕 9** 到 **建立清單** 的第 2~9 欄位中。

7.3.3 按下開始鈕

當按下 **開始鈕**，設定遊戲時間為 60 秒，遊戲開始分數為 0，啟動遊戲計時器 **計時器 1**、隱藏 **開始鈕**，同時顯示 **按鈕 1~ 按鈕 9** (包含在 **表格配置 1** 中)，並播放背景音樂開始進行遊戲。

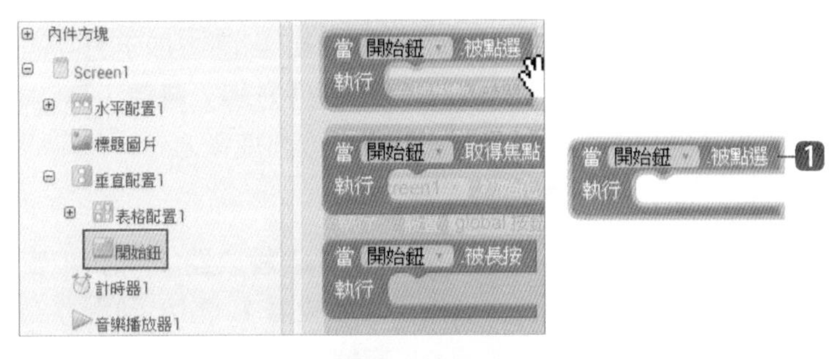

❶ 取 **開始鈕 / 當 開始鈕 . 被點選** 到 **工作面板** 中。

❷ 取 **內件方塊 / 變數 / 設置 ... 為** 到前方塊中，並將變數設為「時間」。

3 取 **內件方塊 / 數學 / 0** 到到前方塊後方並更改數字為 **60**。

4 重複 2 3 的操作，再加入 **設置 . 得分 為 0** 到剛才方塊下方。

5 取 **時間 / 設 時間 . 文字 為** 到剛才的方塊下方。取 **內件方塊 / 變數 / 取 ...** 到後方，將變數設為「時間」。

6 重複 5 的操作，再加入 **設 得分 . 文字 為**「得分」到剛才方塊下方。

7 取 **計時器 1 / 設 計時器 1. 啟用計時 為** 到剛才的方塊下方。取 **內件方塊 / 邏輯 / 真** 到剛才的方塊後方。

8 取 **開始鈕 / 設 開始鈕 . 可見性 為** 到剛才的方塊下方，再取 **內件方塊 / 邏輯 / 假** 到剛才的方塊後方。

9 重複 8 的操作，再取 **表格配置 1 / 設 表格配置 1. 可見性 為** 到前方塊下方，再取 **內件方塊 / 邏輯 / 真** 到剛才的方塊後方。

10 取 **音樂播放器 1 / 呼叫 音樂播放器 1. 開始** 到剛才的方塊下方。

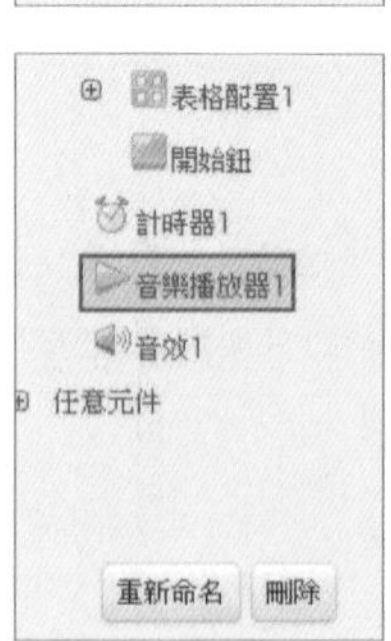

7.3.4 遊戲計時

遊戲時間為 60 秒，利用 **計時器 1** 計時，每秒減 1，當秒數為 0 時停止遊戲。

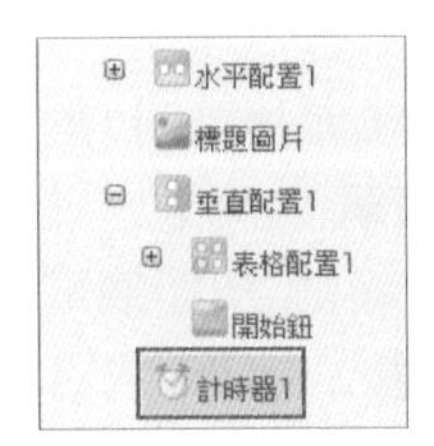

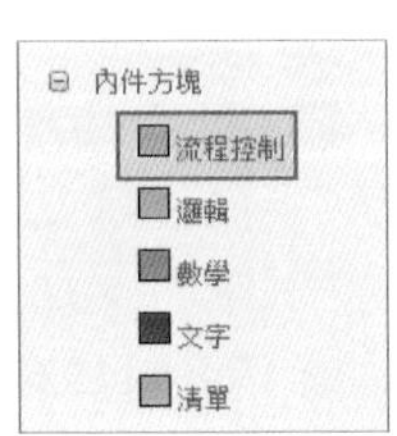

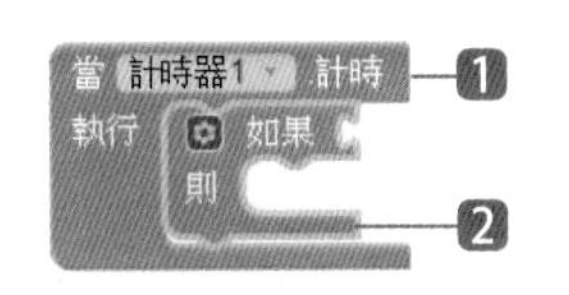

❶ 取 **計時器 1 / 當 計時器 1. 計時** 到 **工作面板** 中。

❷ 取 **內件方塊 / 流程控制 / 如果 ... 則** 到剛才的方塊中。

加入條件不符合的處理，也就是時間到 0 時停止遊戲進行。

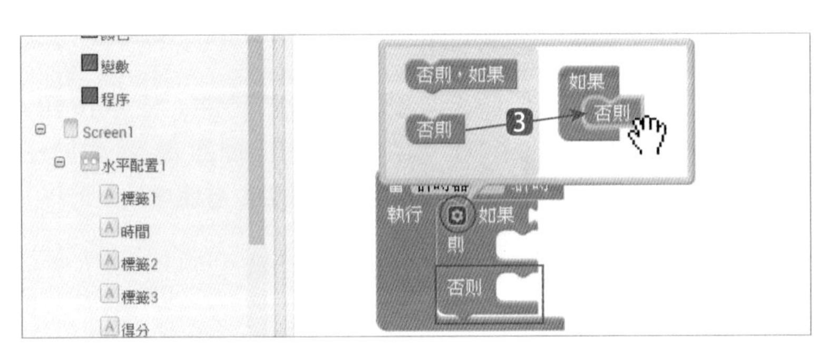

❸ 按 **如果 ... 則** 方塊的 ⚙，取左方的 **否則** 到右方的 **如果** 中。原來的 **如果 ... 則** 方塊就多了 **否則** 的區域。

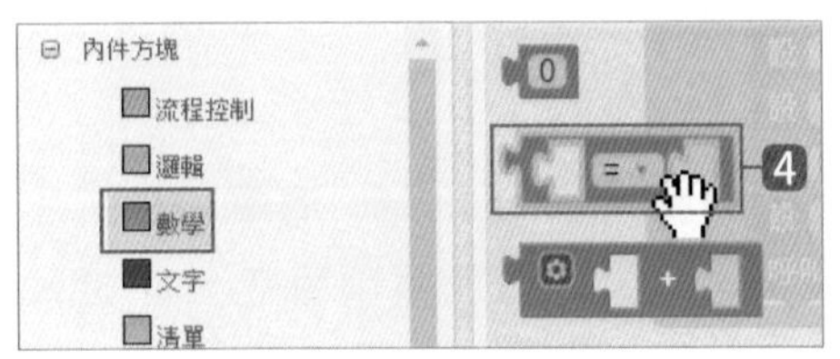

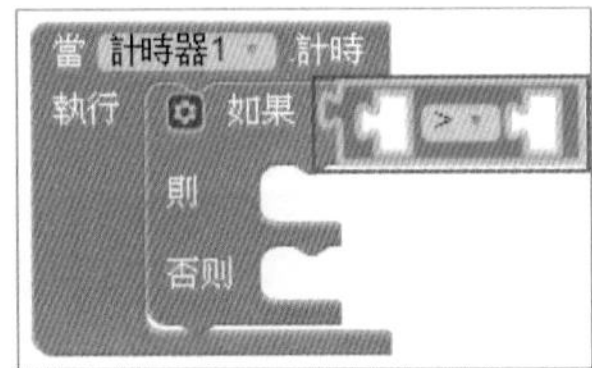

❹ 取 **內件方塊 / 數學 / ...=...** 到 **如果 ... 則** 後成為判斷條件，將判斷方式切換為「>」。

❺ 取 **內件方塊 / 變數 / ... 取 ...** 到 **...>...** 前方，並設定變數為名稱為「時間」，再取 **內件方塊 / 數學 / 0** 到 **...>...** 後方。

❻ 取 **內件方塊 / 變數 / 設置 ... 為** 和 **數學 / ...-...** 到剛才方塊下方，並設定變數名稱為「時間」。

❼ 加入變數 **時間** 和數字 **1** 到 **...-...** 的前後方。

❽ 再加入 **設 時間 . 文字 為**「時間」到剛才方塊下方。

7.3.5 顯示所有地洞圖示

遊戲進行過程中會以隨機方式顯示地鼠，增加遊戲的難度和趣味性，製作方式是先將 **按鈕 1~按鈕 9** 都以地洞圖示顯示，再隨機顯示 1~3 隻地鼠圖示。

```
當 計時器1 . 計時
執行 如果 取 global 時間 > 0
  則 設置 global 時間 為 取 global 時間 - 1
     設 時間 . 文字 為 取 global 時間
     對於任意 清單項目 清單 取 global 按鈕清單 —❶
     執行
  否則
```

❶ 取 **內件方塊 / 流程控制 / 對於任意 ... 清單** 到剛才方塊下方。加入變數 **按鈕清單** 到 **對於任意 ... 清單** 的後方。

```
當 計時器1 . 計時
執行 如果 取 global 時間 > 0
  則 設置 global 時間 為 取 global 時間 - 1
     設 時間 . 文字 為 取 global 時間
     對於任意 清單項目 清單 取 global 按鈕清單
     執行 設按鈕. 圖像 —❷
               元件
               為
  否則
```

❷ 取 **任意元件 / 任意按鈕 / 設 按鈕 . 圖像 為** 到 **對於任意 ... 清單** 方塊中。

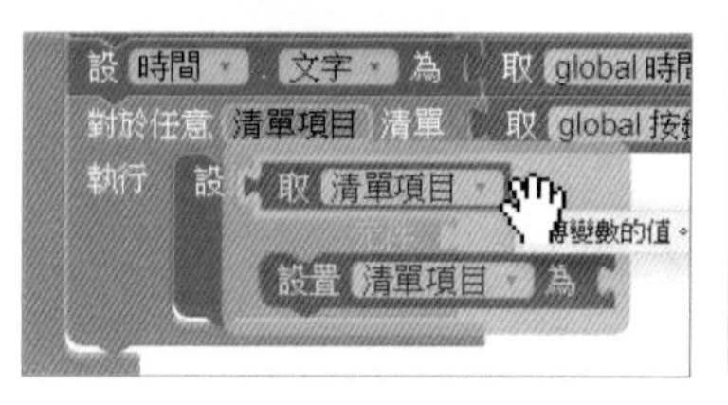


```
設 時間 . 文字 為 取 global 時間
對於任意 清單項目 清單 取 global 按鈕清
執行 設按鈕. 圖像
          元件 取 清單項目
          為
             ❸
```

❸ 將滑鼠移到 **清單項目**，出現 **取清單項目** 方塊後拖曳 **取清單項目** 方塊到前方塊後方的第一個欄位中。

```
當 計時器1 . 計時
執行 如果 取 global 時間 > 0
  則 設置 global 時間 為 取 global 時間 - 1
     設 時間 . 文字 為 取 global 時間
     對於任意 清單項目 清單 取 global 按鈕清單
     執行 設按鈕. 圖像
               元件 取 清單項目
               為 " mole_2.png " —❹
  否則
```

❹ 取 **內件方塊 / 文字 / " "** 到前方塊後方的第二個欄位中。在剛新加入的方塊中輸入檔名「mole_2.png」。

7.3.6 隨機顯示地鼠

接著再以隨機方式顯示地鼠的圖示。

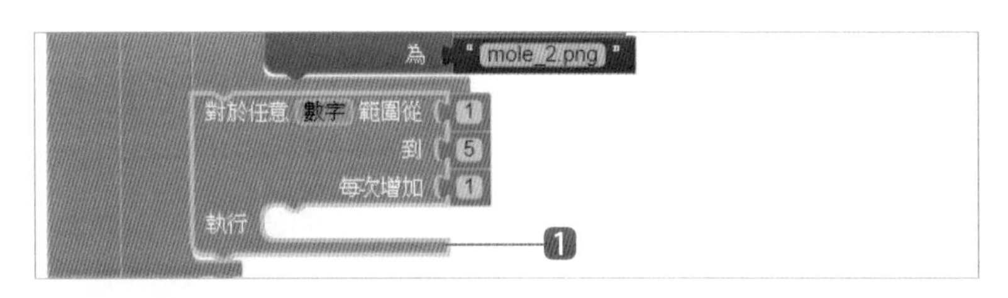

❶ 取 **內件方塊 / 流程控制 / 對於任意 ... 範圍從** 到剛才方塊下方。

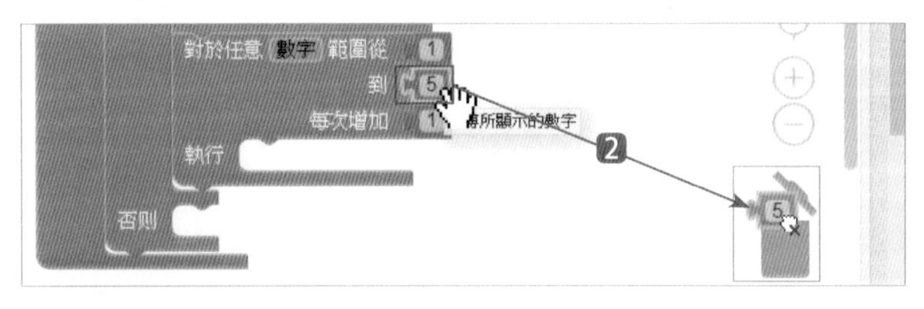

❷ 拖曳數字 **5** 到垃圾桶中，當垃圾桶蓋子打開時放開，數字 **5** 將會被刪除。

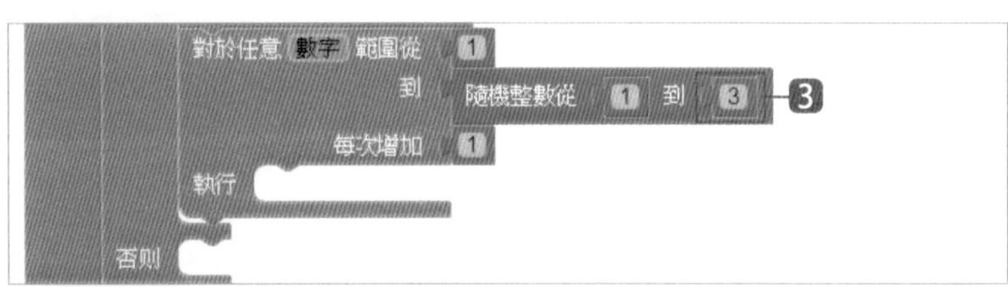

❸ 取 **內件方塊 / 數學 / 隨機整數從 ... 到 ...** 到剛才方塊的第 2 個欄位中，並將第 2 個數字更改為 **3**。

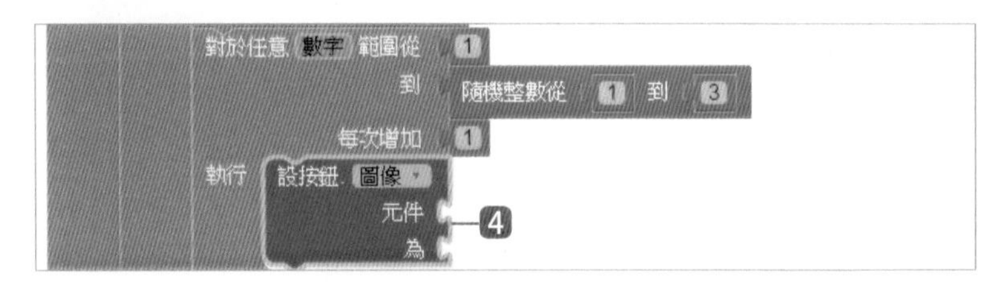

❹ 取 **任意元件 / 任意按鈕 / 設按鈕 . 圖像 為** 到剛才方塊中。

❺ 取 **內件方塊 / 清單 / 選擇清單 ... 中索引值為 ... 的清單項** 到 **設 按鈕 . 圖像 為** 方塊的 **元件** 欄位中。

❻ 加入變數 **按鈕清單** 和 **隨機整數從 ... 到 ...** 到剛才方塊的第 1、2 欄位中，並將 **隨機整數從 ... 到 ...** 的數字更改為 **1** 到 **9**。

❼ 取 **內件方塊 / 文字 / " "** 到 到 **設按鈕 . 圖像 為** 方塊的 **為** 欄位中並輸入文字「mole_1.png」。。

7.3.7 遊戲結束處理

當秒數為 0 時停止遊戲，**計時器 1** 停止計時、顯示 **開始鈕**，同時將 **按鈕 1~ 按鈕 9** 隱藏，並停止播放背景音樂。

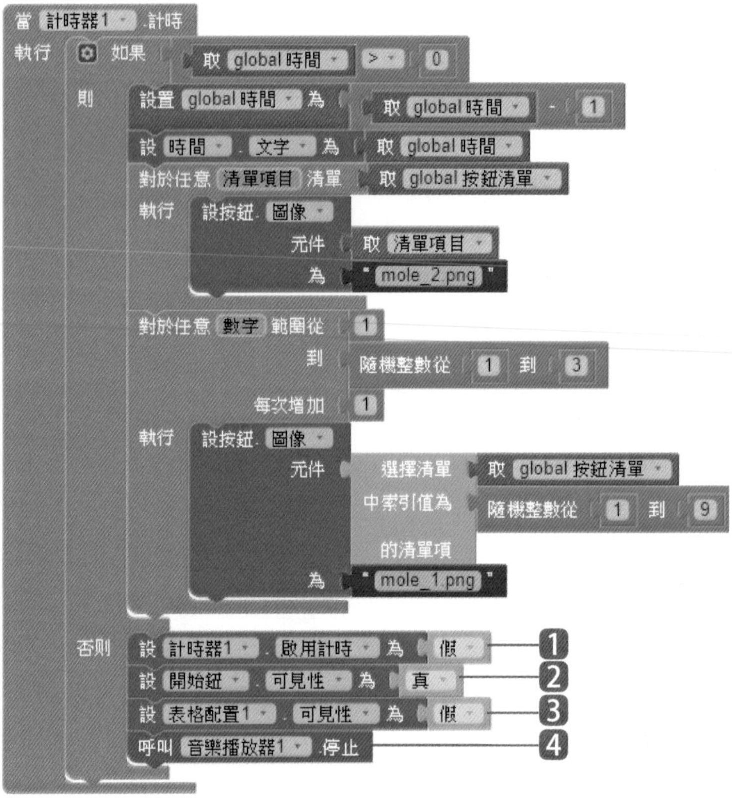

❶ 加入 **設 計時器 1. 啟用計時為：假**。

❷ 加入 **設 開始鈕 . 可見性為：真**。

❸ 加入 **設 表格配置 1. 可見性為：假**。

❹ 加入 **呼叫音樂播放器 1. 停止** 方塊到 **否則** 方塊中。

7.3.8 打中地鼠的處理

當打中地鼠時，得分加 1 分，並播放擊中音效，同時將按鈕的圖像設為 **地洞**。

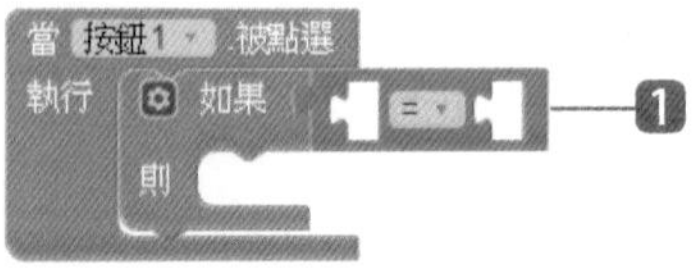

❶ 取 **按鈕 1 / 當 按鈕 1. 被點選** 到 **工作面板** 中，再取 **如果 ... 則** 到剛才的方塊中，然後取 **數學 / ...=...** 到 **如果 ... 則** 後成為判斷條件。

❷ 取 **按鈕 1 / 按鈕 1. 圖像** 和 **文字 / " "** 到 **...=...** 前後方，同時輸入文字「mole_1.png」。

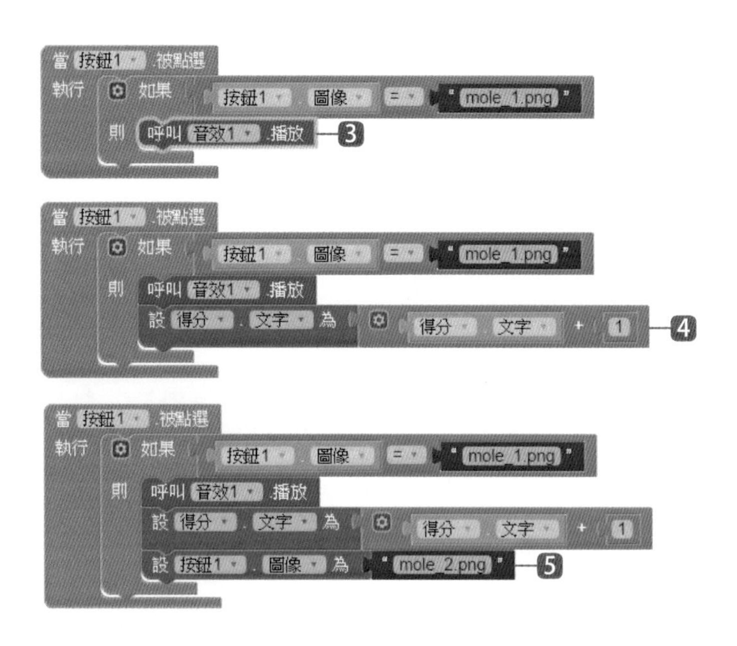

❸ 取 **音效 1 / 呼叫 音效 1. 播放** 到 **如果 ... 則** 方塊中。

❹ 取 **得分 / 設得分 . 文字 為** 和 **數學 / ...+...** 到前方塊下方，再取 **得分 . 文字** 和 **1** 到 **...+...** 前後方。

❺ 取 **按鈕 1 / 設按鈕 1 . 圖像 為** 到前方塊下方，再取 **文字 / " "** 到前方塊後方，並更改文字為「mole_2.png」。

7.3.9 複製按鈕被點選程式方塊

使用者按 **按鈕 2** 到 **按鈕 9** 執行的程式方塊與 **按鈕 1** 雷同，只是按鈕的圖像不同，可使用複製程式方塊的方式製作。

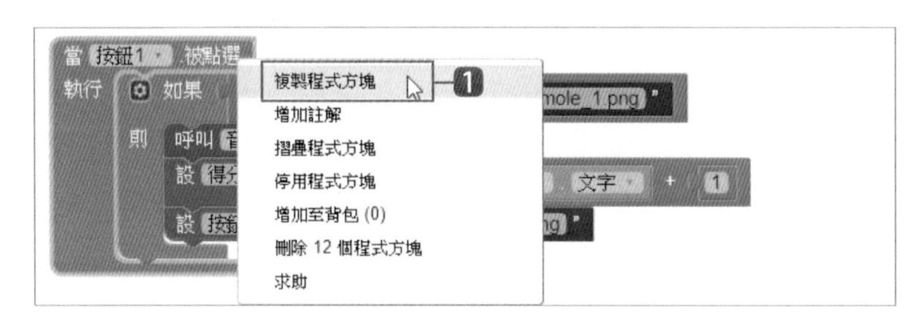

❶ 於 **當按鈕 1. 被點選** 事件按滑鼠右鍵，在快顯功能表點選 **複製程式方塊**。

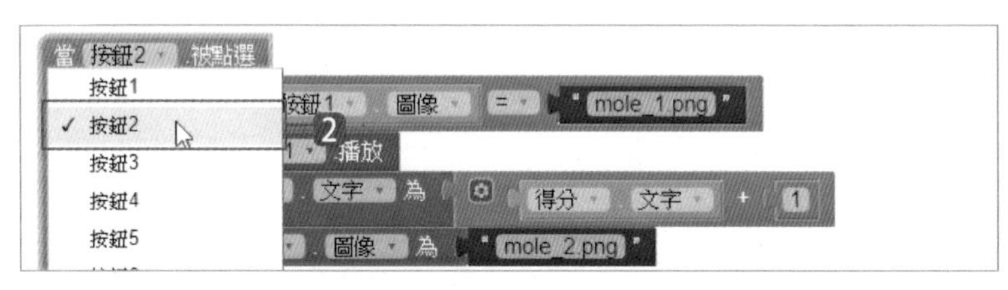

❷ 此時會複製出一組相同的拼塊，於 **按鈕 1** 下拉式選單點選 **按鈕 2**。

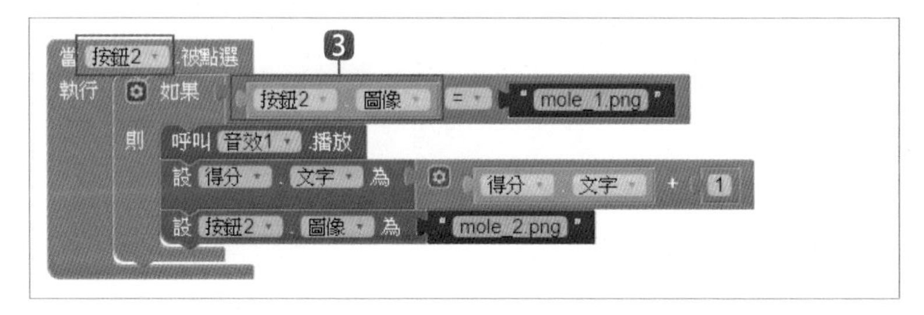

❸ 接著二處按鈕圖像都改為 **按鈕 2. 圖像**。

重複步驟 ❶ ❷ 七次，再複製 **按鈕 3~ 按鈕 9**，並修改按鈕事件名稱為「按鈕 n」，圖像為 **按鈕 n. 圖像**。

```
當 按鈕3 .被點選
執行 如果 按鈕3 . 圖像 = "mole_1.png"
     則 呼叫 音效1 .播放
        設 得分 . 文字 為 得分 . 文字 + 1
        設 按鈕3 . 圖像 為 "mole_2.png"

當 按鈕4 .被點選
執行 如果 按鈕4 . 圖像 = "mole_1.png"
     則 呼叫 音效1 .播放
        設 得分 . 文字 為 得分 . 文字 + 1
        設 按鈕4 . 圖像 為 "mole_2.png"

當 按鈕5 .被點選
執行 如果 按鈕5 . 圖像 = "mole_1.png"
     則 呼叫 音效1 .播放
        設 得分 . 文字 為 得分 . 文字 + 1
        設 按鈕5 . 圖像 為 "mole_2.png"

當 按鈕6 .被點選
執行 如果 按鈕6 . 圖像 = "mole_1.png"
     則 呼叫 音效1 .播放
        設 得分 . 文字 為 得分 . 文字 + 1
        設 按鈕6 . 圖像 為 "mole_2.png"

當 按鈕7 .被點選
執行 如果 按鈕7 . 圖像 = "mole_1.png"
     則 呼叫 音效1 .播放
        設 得分 . 文字 為 得分 . 文字 + 1
        設 按鈕7 . 圖像 為 "mole_2.png"

當 按鈕8 .被點選
執行 如果 按鈕8 . 圖像 = "mole_1.png"
     則 呼叫 音效1 .播放
        設 得分 . 文字 為 得分 . 文字 + 1
        設 按鈕8 . 圖像 為 "mole_2.png"

當 按鈕9 .被點選
執行 如果 按鈕9 . 圖像 = "mole_1.png"
     則 呼叫 音效1 .播放
        設 得分 . 文字 為 得分 . 文字 + 1
        設 按鈕9 . 圖像 為 "mole_2.png"
```

如此即完成整個專題的製作。

[08] 猴子奪寶記

- 學習水平配置高度填滿時元件操作
- 學習畫布、圖像精靈元件
- 學習計時器和音效元件操作
- 學習加速度感測器元件

8.1 認識 App 專題：猴子奪寶記

8.1.1 專題介紹

在智慧型手機中大部分都有 **加速度感測器**，可以偵測 Android 行動裝置傾斜狀況，也可以偵測 X、Y、Z 三個軸分量的狀態，單位是 m/s^2。當搖動行動裝置會觸發 **加速度感測器** 的 **被晃動** 事件。

本專題結合 **加速度感測器**，利用 **加速度感測器** 控制 **主角** 上、下、左、右 的移動，以避開 **防守員** 的防守，到達下方的 **寶藏**。

8.1.2 專題作品預覽

在「猴子奪寶記」App 中，按下 **START** 鈕，開始計時 60 秒，遊戲者必須利用 **加速度感測器** 控制 **主角** 上、下、左、右 的移動，通過 **防守員** 的防守，取得下方的 **寶藏**。當 **主角** 碰到 **寶藏** 得分加 10 分並播放成功的音效，同時顯示 **寶藏** 中的金塊，如果 **主角** 移動過程中碰撞到 **防守員**，則遊戲失敗並播放失敗的音效。

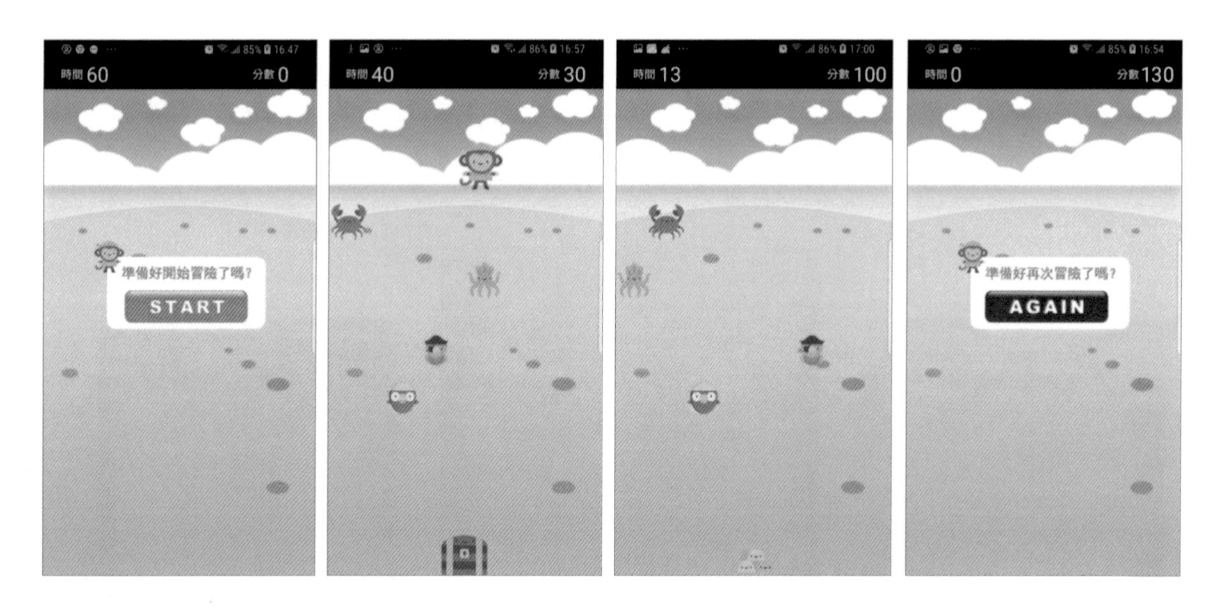

學習小叮嚀

本專題會使用到加速度感測器，建議使用實機測試才能正確操作其中的功能。

8.2 App 畫面編排

使用 App Inventor 2 製作「猴子奪寶記」App，在規劃程式功能及流程後，再依架構設計版面並收集素材，最後即可開始進行畫面編排。

8.2.1 App 畫面編排完成圖

8.2.2 新增專案及素材上傳

在「猴子奪寶記」App 的範例畫面編排中，除了顯示時間和得分的 **標籤** 之外，最重要的是要加入 **畫布**、**圖像精靈** 及 **音效**，並利用 **計時器** 計時，同時以 **加速度感測器** 控制猴子的移動。

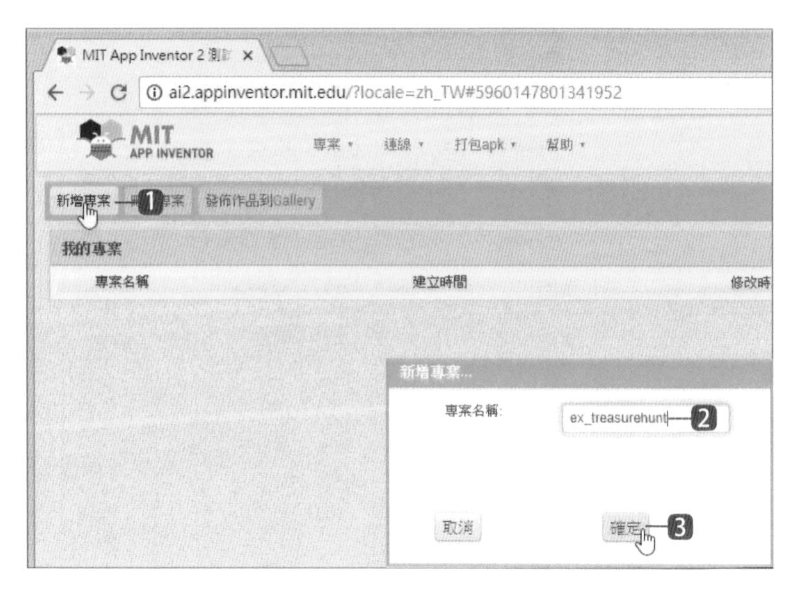

1. 登入開發頁面按 **新增專案** 鈕。
2. 在對話方塊的 **專案名稱** 欄位中輸入「ex_treasurehunt」。
3. 按下 **確定** 鈕完成專案的新增並進入開發畫面。

❹ 按 **素材** 的 **上傳文件** 鈕。

❺ 在對話方塊按 **選擇檔案** 鈕。

❻ 在對話視窗中選取本章原始檔資料夾，選取圖片 <a-chest.png> 檔後按 **開啟** 鈕，然後在對話方塊中按 **確定** 鈕。

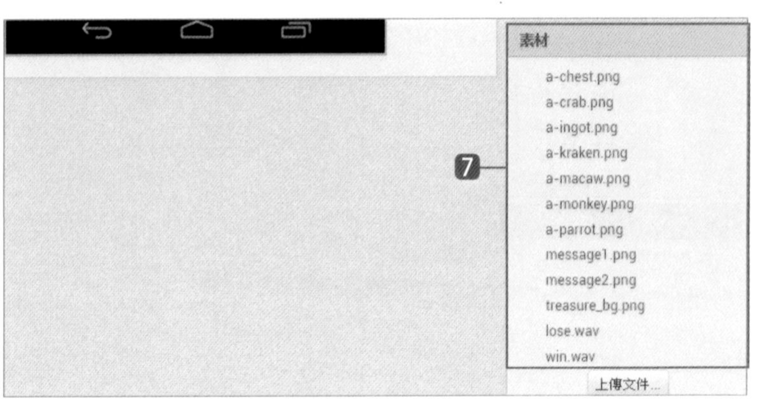

❼ 完成後即可在 **素材** 中看到上傳的圖片檔名 <a-chest.png>。請利用相同的方式將其他圖片和音效上傳到 **素材** 中。

8.2.3 設定畫面

首先進行外觀編排：在 **Screen1** 元件屬性依下列表格進行設定。

欄位	值	欄位	值
水平對齊	置左：1	允許捲動	取消核選
垂直對齊	靠上：1	視窗大小	自動調整
App 名稱	猴子奪寶記	Theme	Device Default
背景顏色	預設	標題	猴子奪寶記
螢幕方向	鎖定直式畫面	標題顯示	取消核選

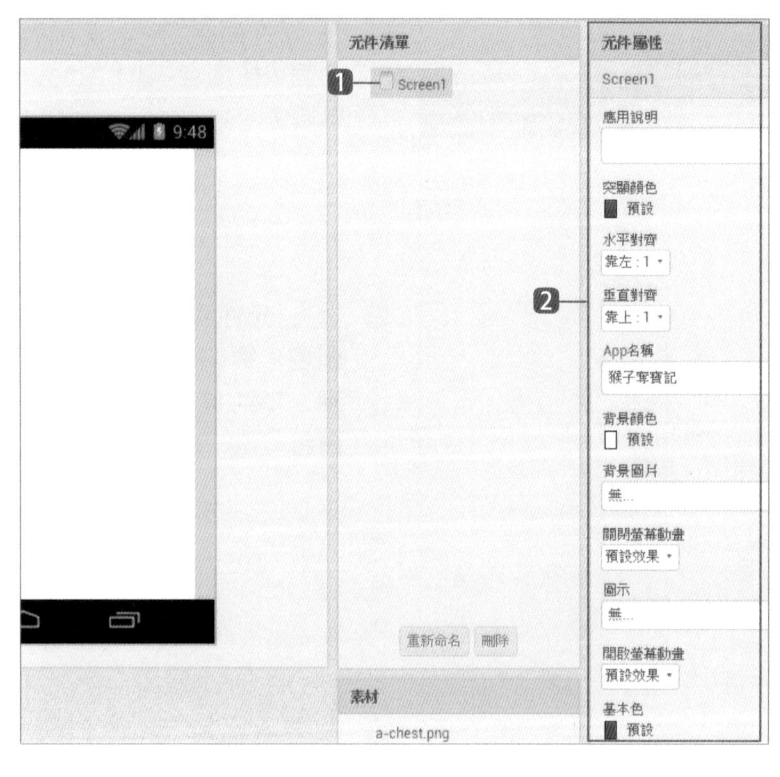

1. 首先進行外觀編排：在 **元件清單** 選按 **Screen1** 準備進行設定，這是預設的畫面元件。
2. 請在 **元件屬性** 依前面表格資料進行欄位設定。

8.2.4 加入時間和得分標籤

接著在面板中加入水平配置，並在水平配置中加入顯示時間和得分的標籤，請依下述步驟操作：

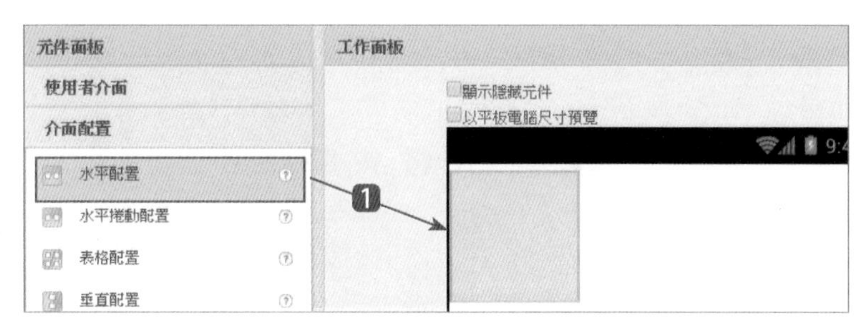

1. 在 **元件面板** 拖曳 **介面配置 / 水平配置** 到工作面板中。

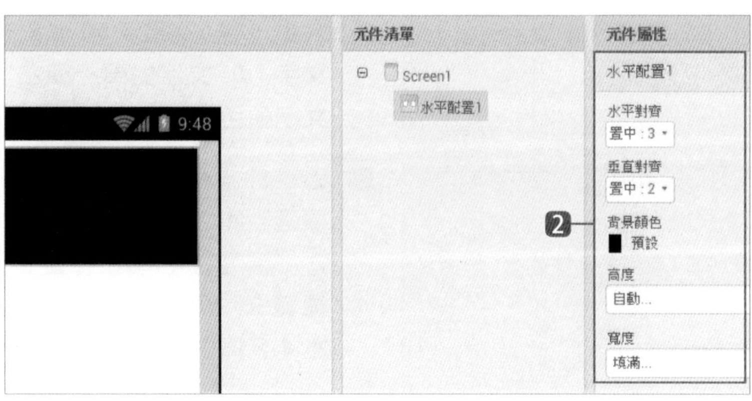

2. 在 **元件屬性** 設定 **水平對齊：置中**、**垂直對齊：置中**，**寬度：填滿**。

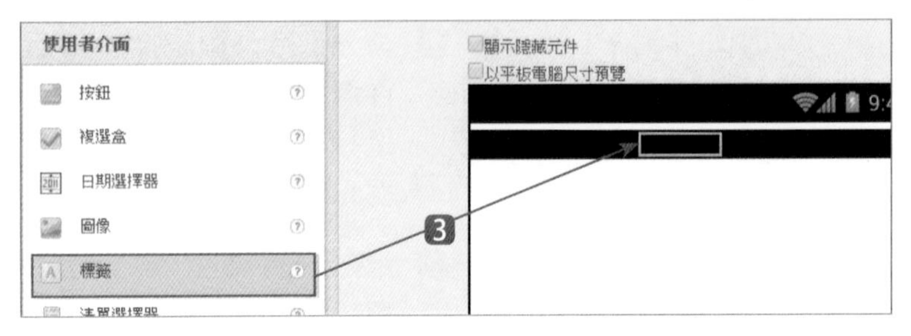

3 在 **元件面板** 拖曳 **使用者介面 / 標籤** 到剛才的配置區域中。

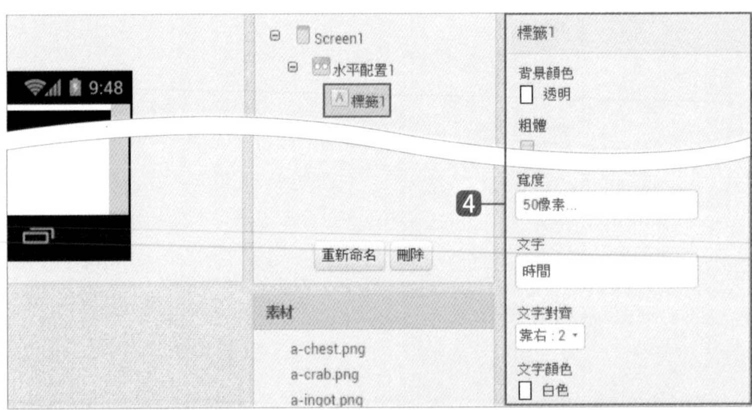

4 請在 **元件屬性** 設定 **背景顏色：透明**、**寬度：50 像素**、**文字：時間**、**文字顏色：白色**。

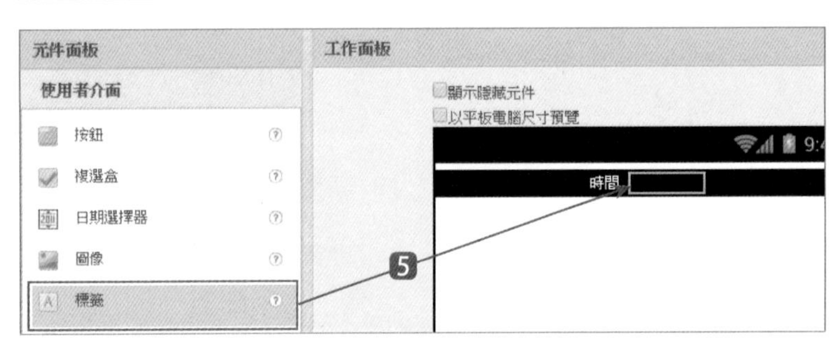

5 在 **元件面板** 拖曳 **使用者介面 / 標籤** 到剛才的 **標籤 1** 的右方。

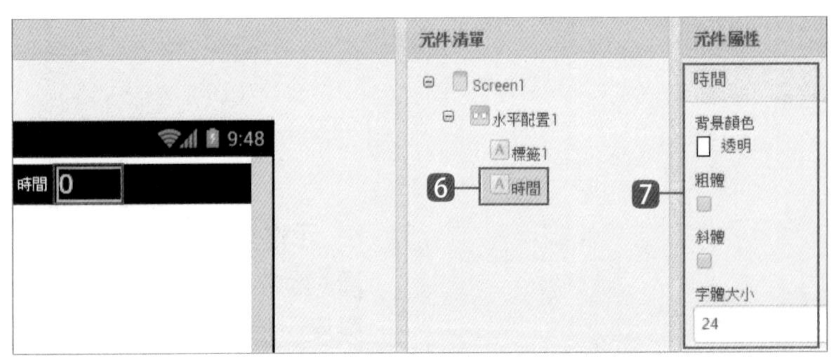

6 按 **重新命名** 鈕，在對話方塊的 **新名稱** 欄輸入「時間」後按 **確定** 鈕。

7 請在 **元件屬性** 設定 **字體大小：24**、**寬度：50 像素**、**文字：0**、**文字對齊：靠左**、**文字顏色：黃色**。

8 重複的操作，再拖曳 3 個標籤到剛才 **時間** 標籤的右方，預設的名稱為 **標籤 2**、**標籤 3**、**標籤 4**，並將 **標籤 4** 名稱更改為「分數」。

請依下列表格設定 **標籤 2**、**標籤 3** 和 **分數** 的屬性。

元件名稱	欄位	值
標籤 2	寬度	填滿
	文字	" "
標籤 3	文字	分數
	文字顏色	白色

元件名稱	欄位	值
分數	字體大小	24
	寬度	50 像素
	文字	0
	文字顏色	黃色

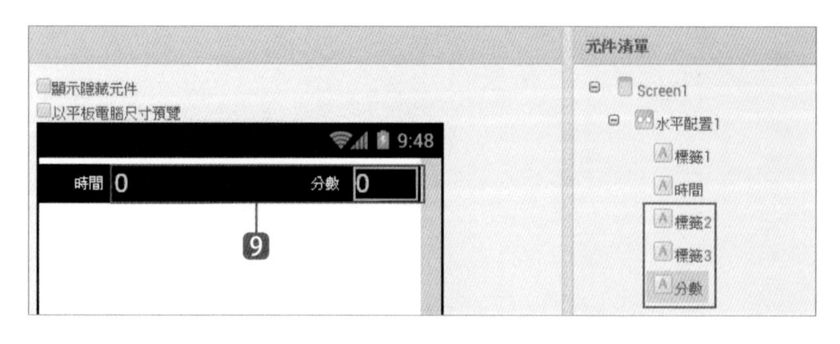

❾ 完成後的介面如左圖。

8.2.5 加入畫布和圖像精靈

接著要在 **水平配置 1** 下方加入 **畫布**，並在畫布中加入包括 **主角**、**防守員**、**寶藏** 和 **啟動按鈕** 等 **圖像精靈**，請依下述步驟操作：

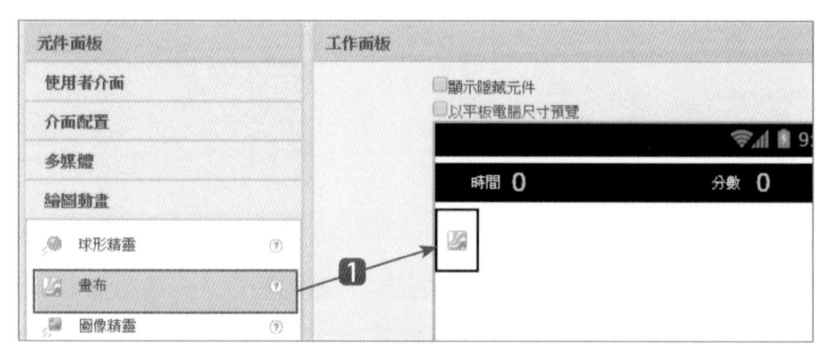

❶ 在 **元件面板** 拖曳 **繪圖動畫 / 畫布** 到 **水平配置 1** 的下方。

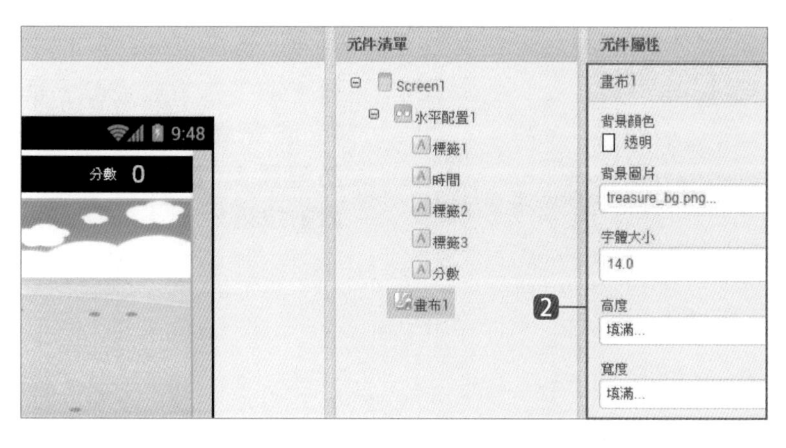

❷ 在 **元件屬性** 設定 **背景顏色：透明**、**背景圖片：treasure_bg.png**、**高度：填滿**、**寬度：填滿**。

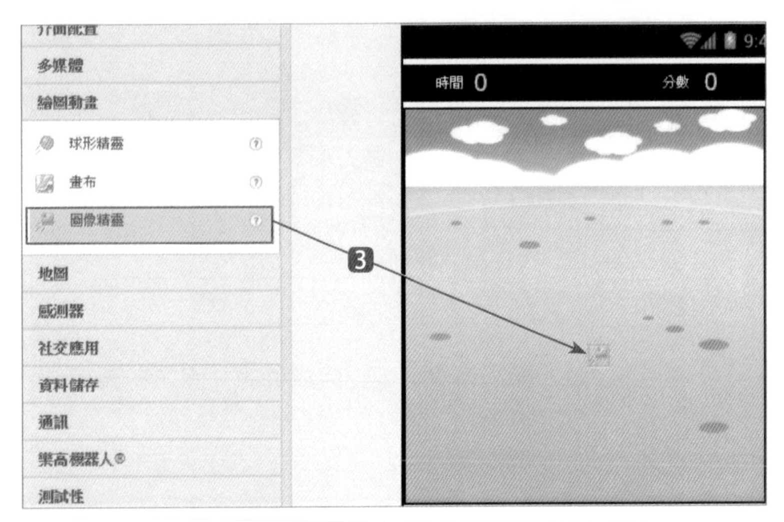

❸ 在 **元件面板** 拖曳 **繪圖動畫 / 圖像精靈** 到 **畫布1** 中，並重新命名為「防守員 1」。

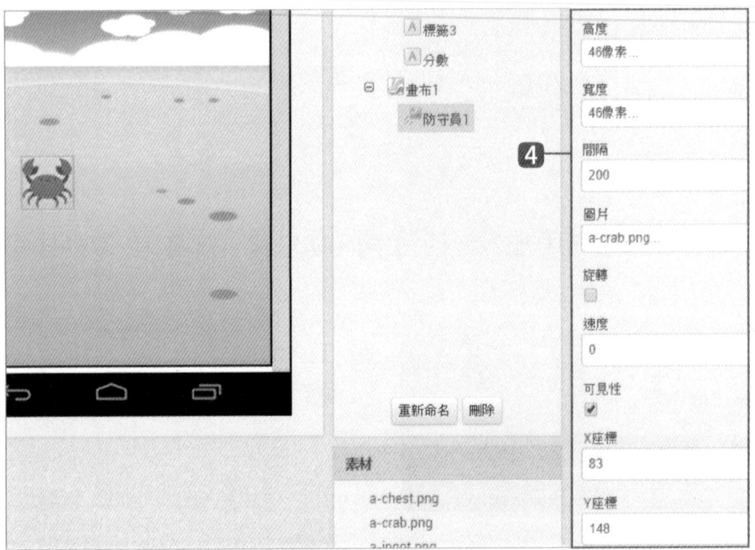

❹ 在 **元件屬性** 設定 **高度：46 像素**、**寬度：46 像素**，**間隔：200**、**圖片：a-crab.png**，**旋轉：取消核選**、**速度:0**、**X 座標: 83**、**Y 座標: 148**。

重複的操作，再拖曳 6 個圖像精靈到 **防守員 1** 的下方，預設的名稱為 **圖像精靈 1~ 圖像精靈 6**，請依序將名稱更改為「防守員 2」、「防守員 3」、「防守員 4」、「寶藏」、「主角」和「啟動按鈕」。

❺ 拖曳 6 個圖像精靈到 **防守員 1** 的下方，並更改名稱為 **防守員 2**、**防守員 3**、**防守員 4**、**寶藏**、**主角** 和 **啟動按鈕**。

請依下列表格設定 **防守員 2** 的屬性。

欄位	值
高度	46 像素
寬度	46 像素
間隔	100
圖片	a-kraken.png

欄位	值
旋轉	取消核選
速度	0
X 座標	233
Y 座標	222

請依下列表格設定 **防守員 3** 的屬性。

欄位	值
高度	46 像素
寬度	46 像素
間隔	200
圖片	a-parrot.png

欄位	值
旋轉	取消核選
速度	0
X 座標	388
Y 座標	312

請依下列表格設定 **防守員 4** 的屬性。

欄位	值
高度	46 像素
寬度	46 像素
間隔	100
圖片	a-macaw.png

欄位	值
旋轉	取消核選
速度	0
X 座標	58
Y 座標	375

請依下列表格設定 **寶藏** 的屬性。

欄位	值
間隔	100
圖片	a-chest.png
旋轉	取消核選

欄位	值
X 座標	210
Y 座標	445

請依下列表格設定 **主角** 的屬性。

欄位	值
間隔	100
圖片	a-monkey.png
旋轉	取消核選

欄位	值
速度	0
X 座標	208
Y 座標	61

請依下列表格設定 **啟動按鈕** 的屬性。

欄位	值
間隔	100
圖片	message1.png
旋轉	核選

欄位	值
X 座標	123
Y 座標	194

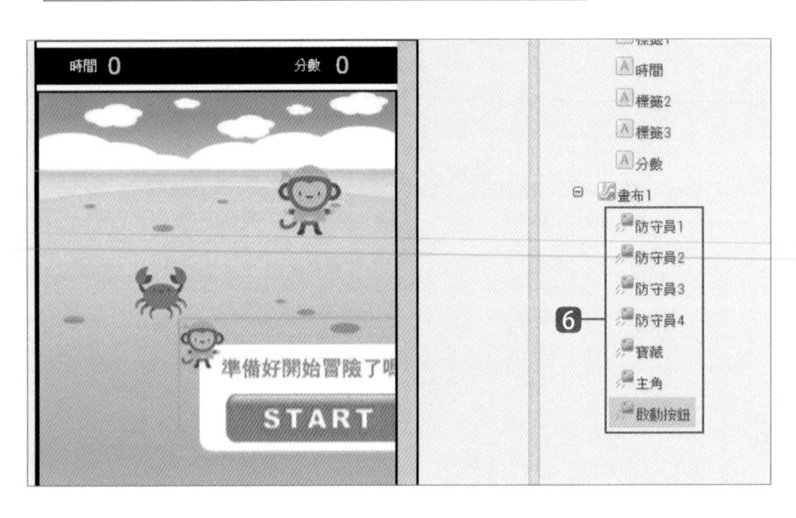

6 圖像精靈完成後的介面如左圖，其中 **防守員 3**、**防守員 4**、**寶藏** 位置在邊界外、**防守員 2** 被 **啟動按鈕** 擋住，因此畫面中並未看到。

可以核選 **以行動電話尺寸預覽**，顯示螢幕外的元件，畫面中 **防守員 2** 因為被 **啟動按鈕** 擋住，因此畫面中並未看到 。

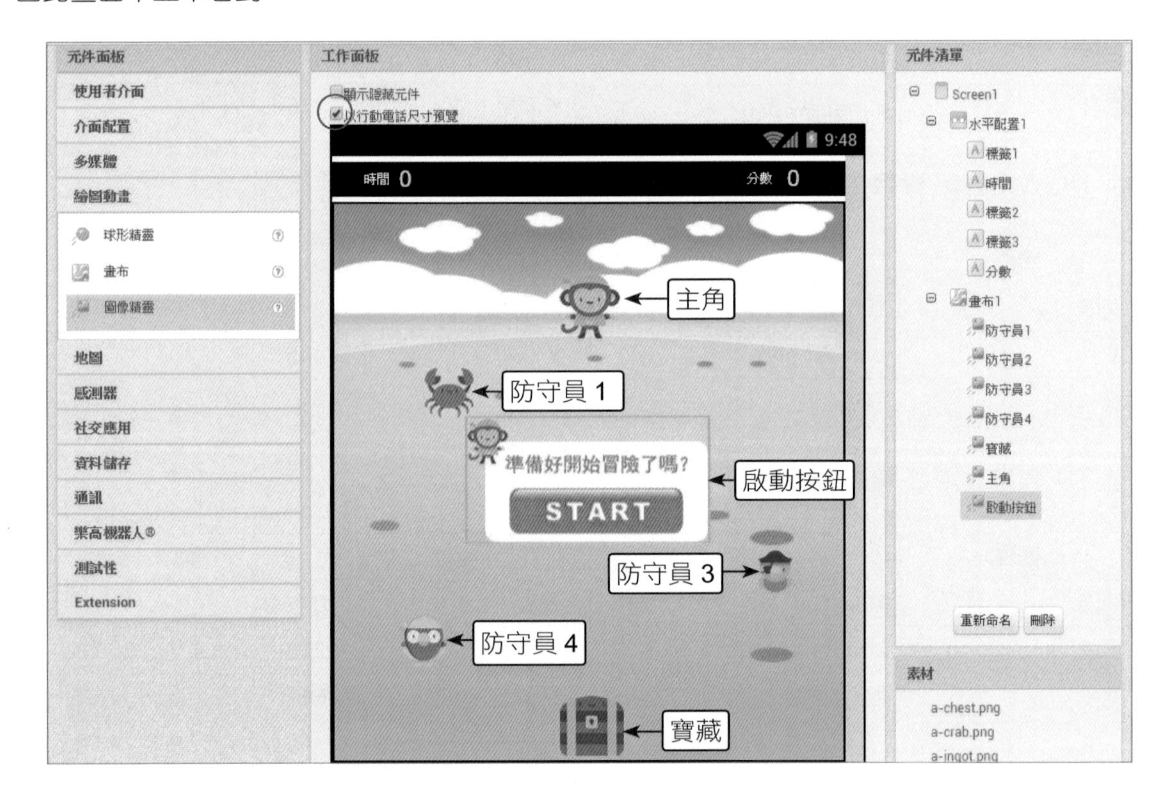

8.2.6 加入加速度感測器元件

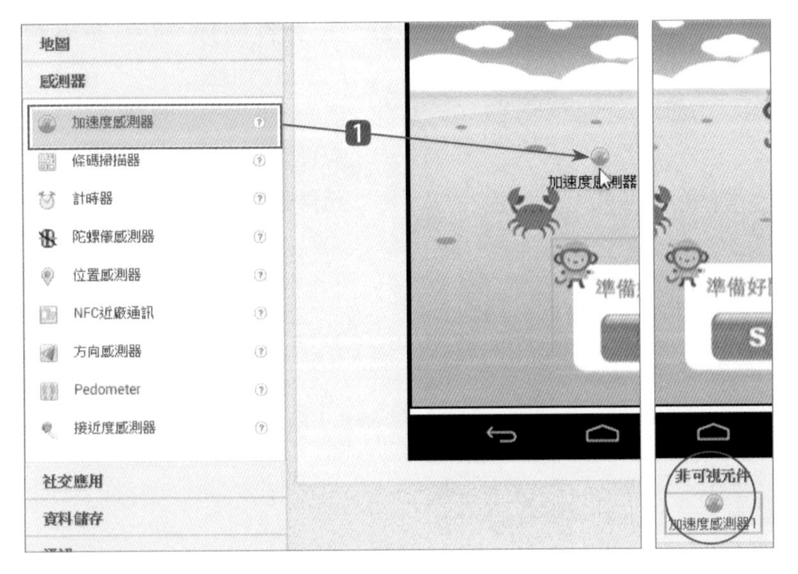

❶ 在 **元件面板** 拖曳 **感測器 / 加速度感測器** 到畫面中，因為該元件在使用時並不會顯示在畫面上，放開後該元件會掉到畫面下方的 **非可視元件** 區。

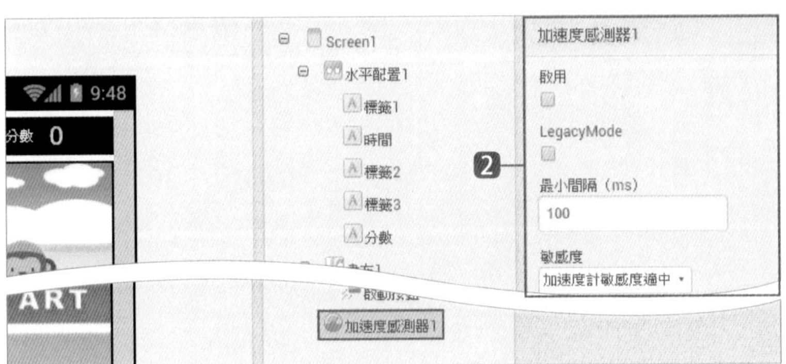

❷ 請在 **元件屬性** 依畫面進行欄位設定。

8.2.7 加入計時器元件

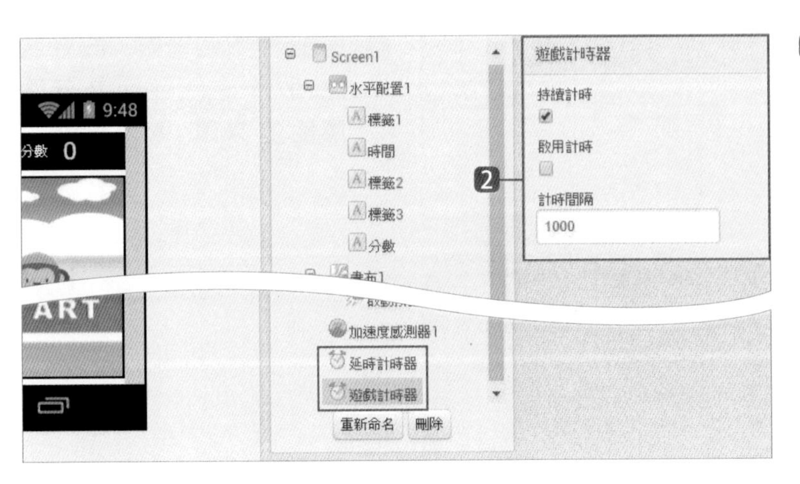

❶ 在 **感測器 / 計時器** 拖曳兩個 **計時器** 元件到畫面中，**計時器** 元件會掉到畫面下方的 **非可視元件** 區，將兩個 **計時器** 改名為「延時計時器」、「遊戲計時器」，並分別在 **元件屬性** 設定兩個計時器 **啟用計時：取消核選**。

8.2.8 加入音效元件

❶ 在 **元件面板** 拖曳 **多媒體 / 音效** 到畫面中，預設名稱為 **音效 1**，**音效 1** 元件會掉到畫面下方的 **非可視元件** 區，將 **音效 1** 改名為「成功音效」。

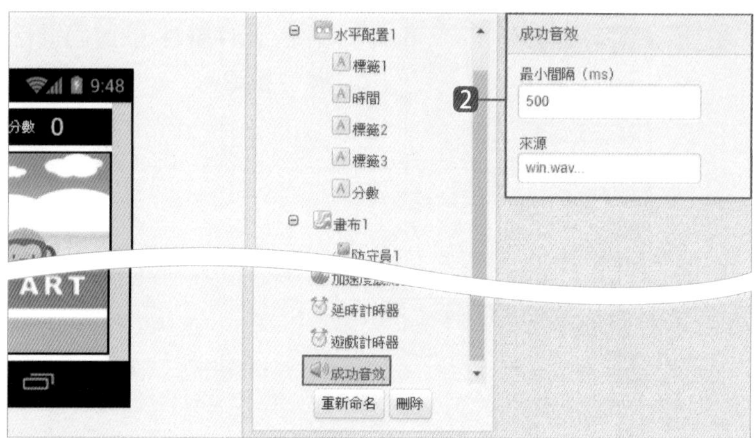

❷ 請在 **成功音效** 的 **元件屬性** 設定 **來源：win.wav**。

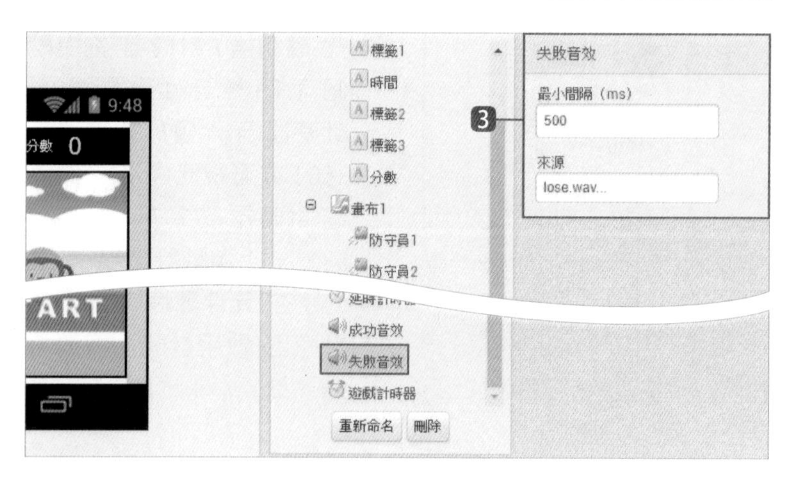

❸ 再加入 1 個音效，改名為「失敗音效」，並設定 **元件屬性** 的 **來源：lose.wav**。

8.3 App 程式設計

完成了「猴子奪寶記」App 的畫面編排後，接下來就要加入程式設計的拼塊。

8.3.1 應用程式初始化設定

應用程式執行後，隱藏畫布中的所有圖像精靈，只顯示 **啟動按鈕**，並設定時間為 60、分數為 0，同時停止 **加速度感測器 1**。

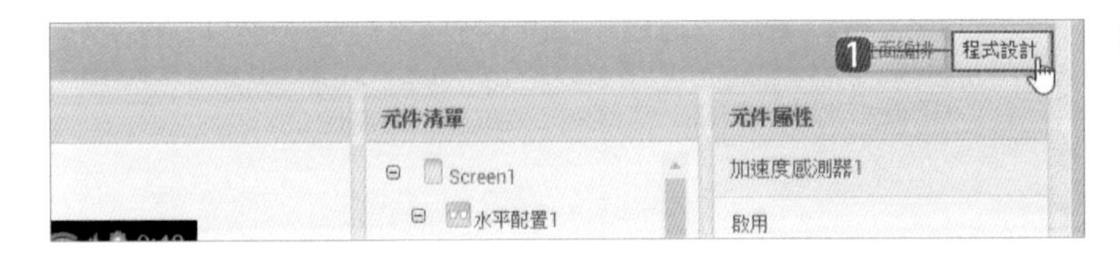

❶ 按功能表右方的 **程式設計** 進入程式設計模式。

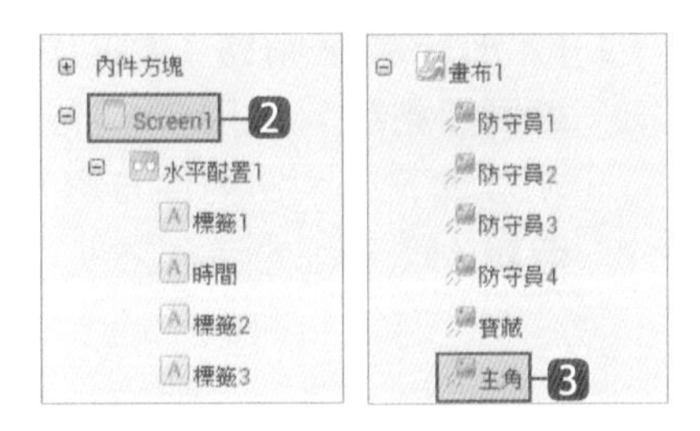

❷ 取 **Scrren1 / 當 Screen1. 初始化** 到 **工作面板** 中。

❸ 取 **主角 / 設 主角 . 可見性 為** 到剛才的方塊中。

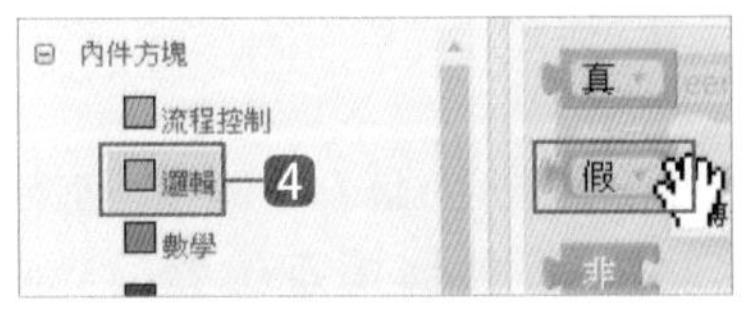

❹ 取 **內件方塊 / 邏輯 / 假** 到剛才的方塊後方。

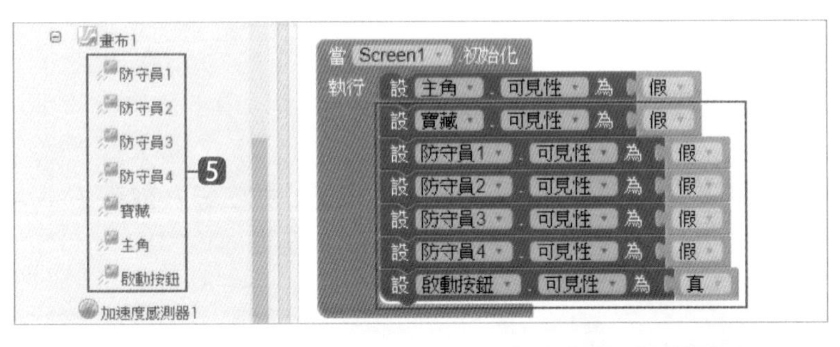

❺ 請參考左圖再加入畫布中其他圖像精靈的 **可見性** 設定。請注意：除了 **啟動按鈕** 的 **可見性** 為 **真** 外，其它的 **可見性** 均為 **假**。

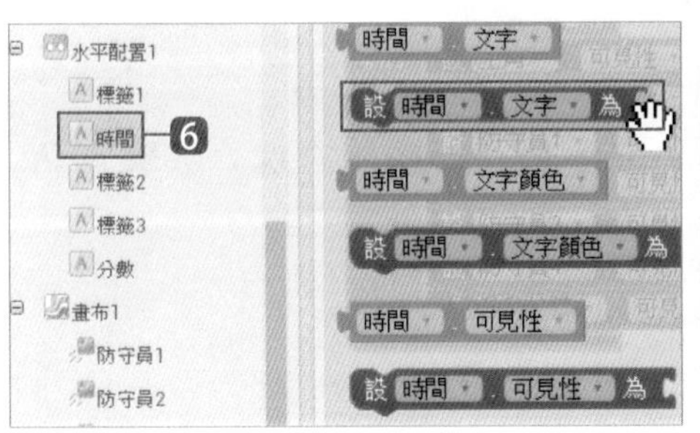

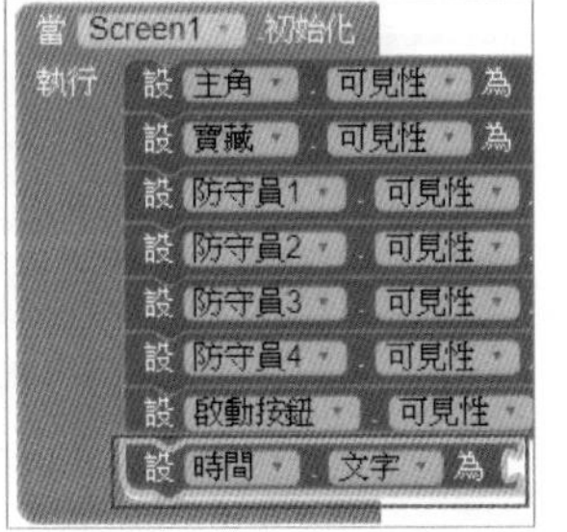

❻ 取 **時間 / 設 時間 . 文字 為** 到 **設 啟動按鈕 . 可見性 為 真** 方塊下方。

7 取 **內件方塊 / 數學 / 0** 到到前方塊後方並更改數字為 **60**。

8 參考 6 7 的操作，再加入 **設分數 . 文字 為 0** 到前方塊後方。

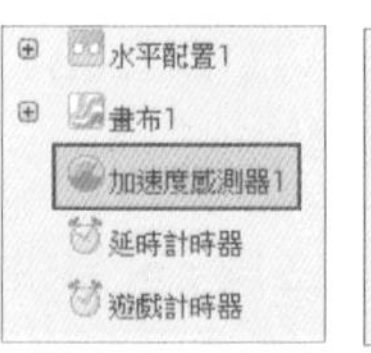

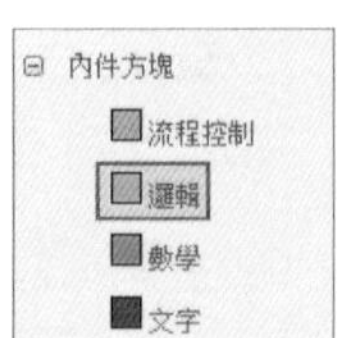

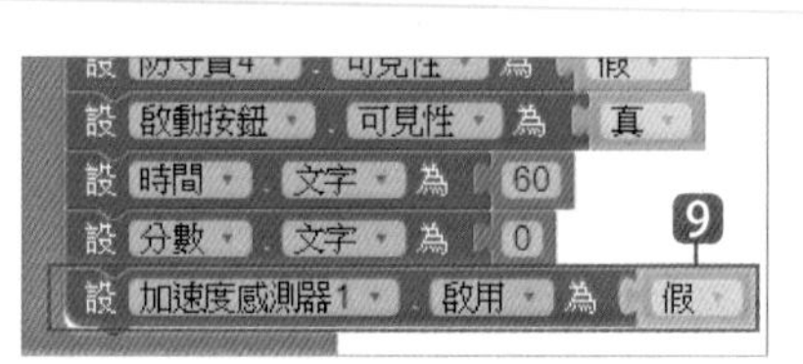

9 取 **加速度感測器 1 / 設加速度感測器 1. 啟用 為** 到剛才方塊下方。取 **內件方塊 / 邏輯 / 假** 到前方塊後方。

8.3.2 將啟動按鈕移動到指定位置

應用程式執行後，將 **啟動按鈕** 移動到螢幕中央位置。

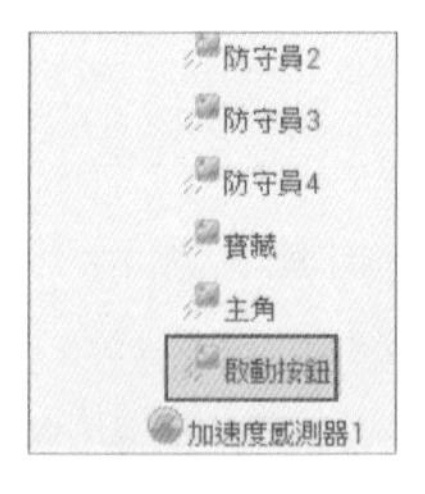

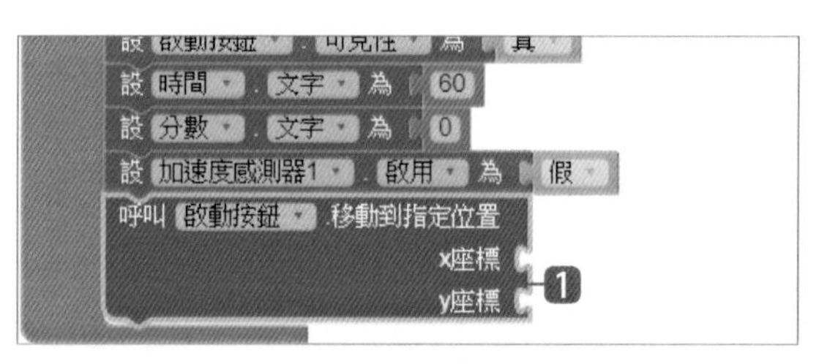

1 取 **啟動按鈕 / 呼叫 啟動按鈕 . 移動到指定位置** 到剛才方塊下方。

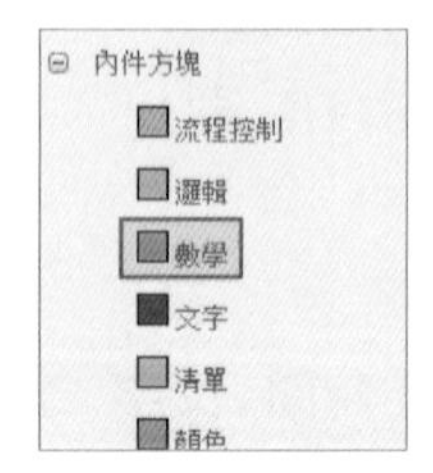

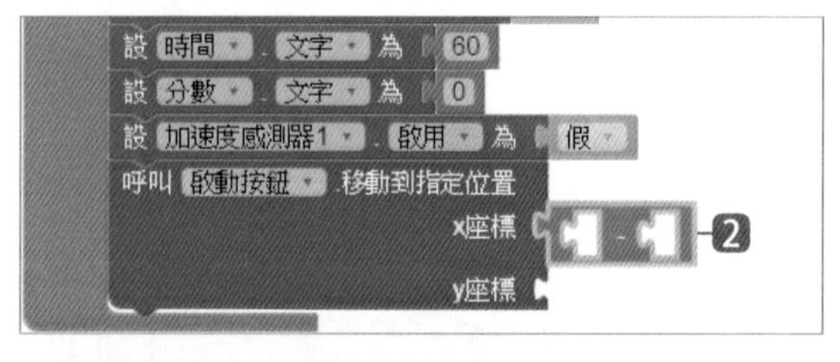

2 取 **內件方塊 / 數學 / ...-...** 到 **x 座標** 欄位中。

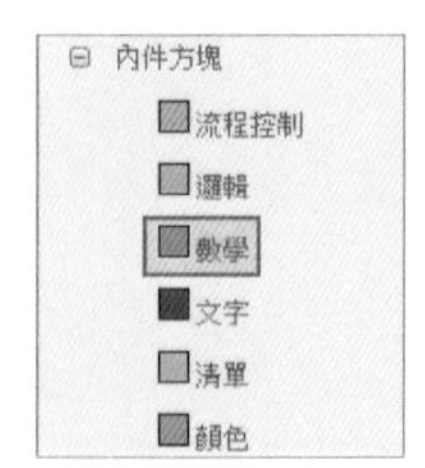

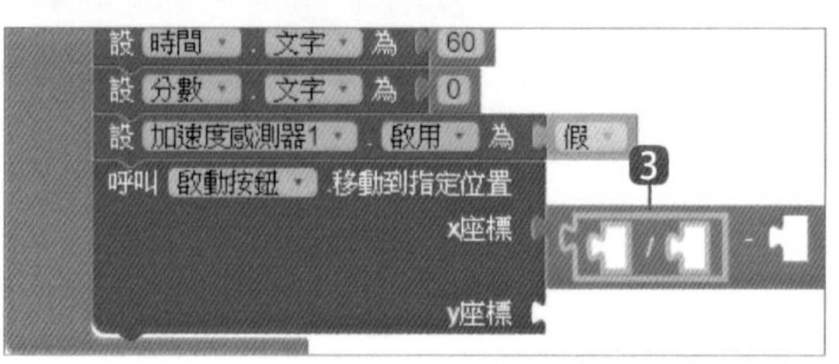

3 取 **內件方塊 / 數學 / .../...** 到 **...-...** 的前方。

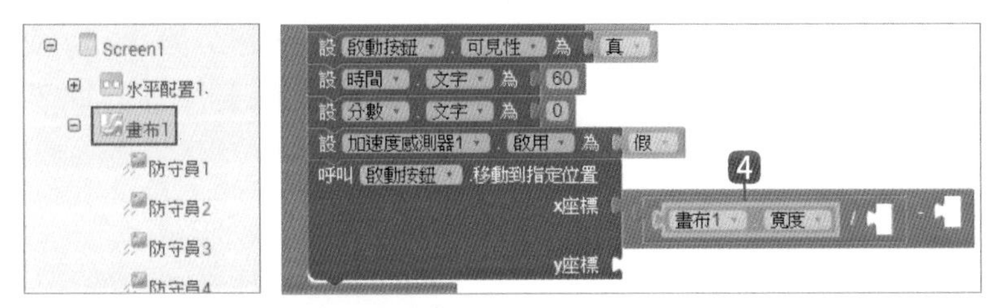

❹ 取 **畫布 1 / 畫布 1. 寬度** 到 **.../...** 的前方。

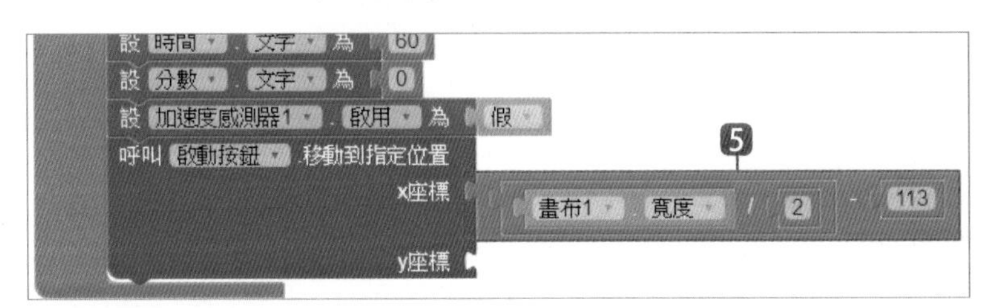

❺ 取 **內件方塊 / 數學 / 0** 到到 **.../...** 的後方並更改數字為 **2**，再取 **數學 / 0** 到 **...-...** 的後方並更改數字為 **113**。

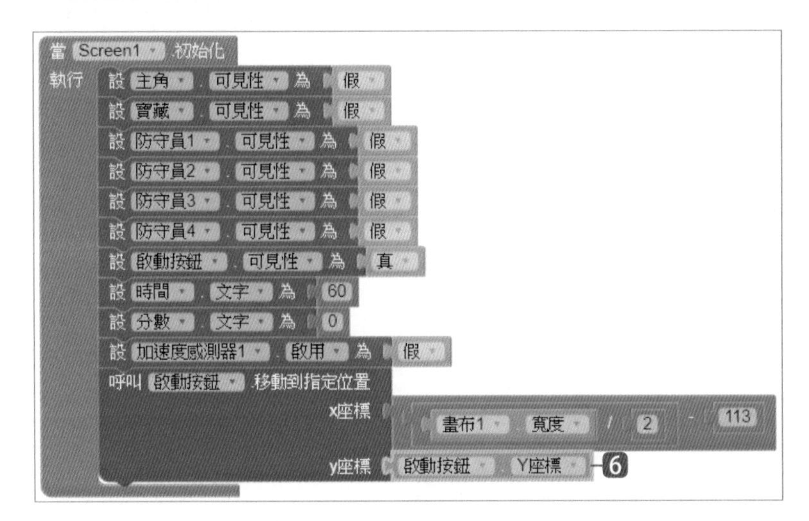

❻ 取 **啟動按鈕 / 啟動按鈕 .Y 座標** 到 **y 座標** 欄位中。

8.3.3 定義開始遊戲自訂程序

定義 **開始遊戲** 自訂程序，設定遊戲時間為 60 秒，遊戲開始分數為 0，顯示 **主角**、**寶藏**、**防守員 1~ 防守員 4**，隱藏 **啟動按鈕**，同時啟動 **加速度感測器 1** 和 **遊戲計時器**，設定 **啟動按鈕** 圖片為 <message1.png>，並以亂數設定 **防守員 1~ 防守員 4** 的移動速度。

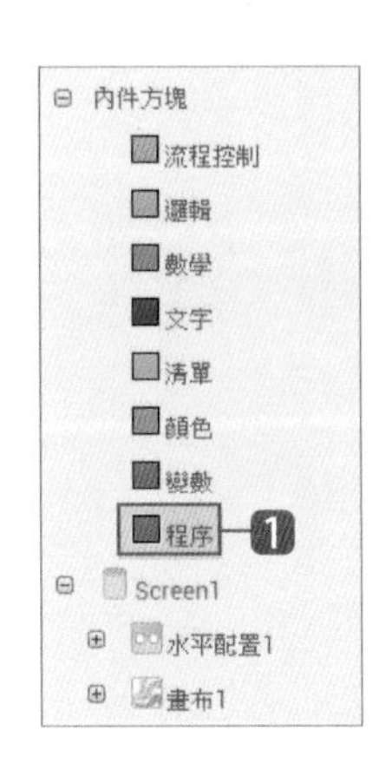

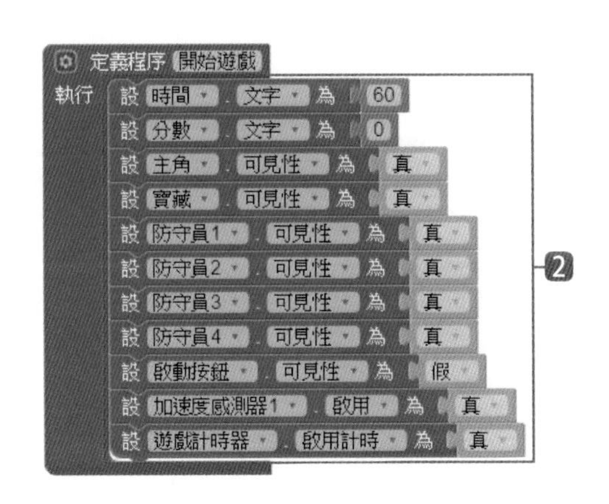

❶ 取 **內件方塊 / 程序 / 定義程序 ... 執行** 到 **工作面板** 中，並更改程序名稱為「開始遊戲」。

❷ 設定遊戲時間為 **60**，分數為 **0**，顯示 **主角**、**寶藏**、**防守員 1~ 防守員 4**，隱藏 **啟動按鈕**，同時啟動 **加速度感測器 1** 和 **遊戲計時器**。

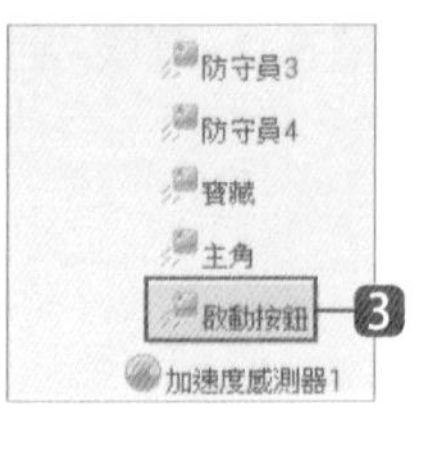

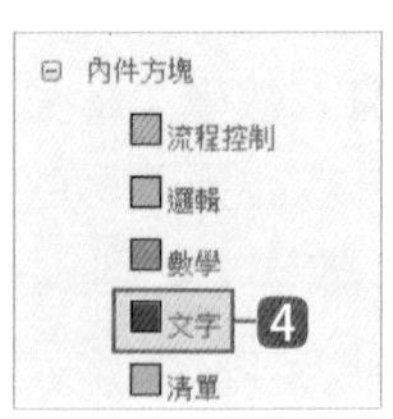

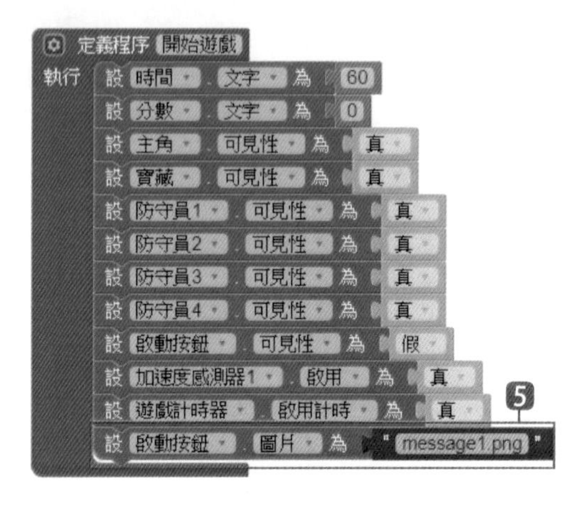

3 取 **啟動按鈕 / 設 啟動按鈕 . 圖片 為** 到剛才方塊下方。

4 取 **內件方塊 / 文字 / " "** 到剛才的方塊後方。

5 在剛新加入的方塊中輸入檔名「message1.png」。

以亂數設定 **防守員 1~ 防守員 4** 的移動速度。

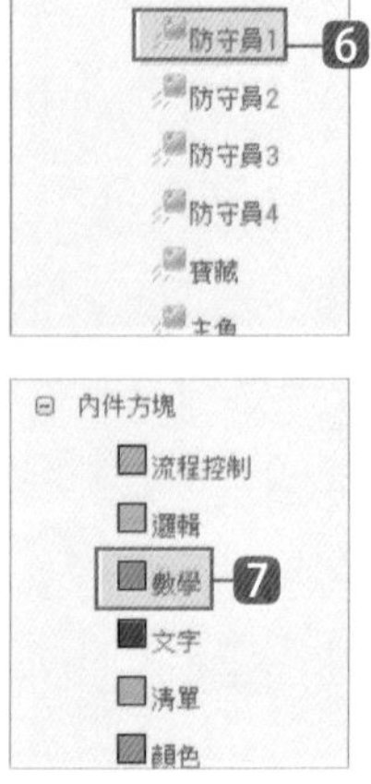

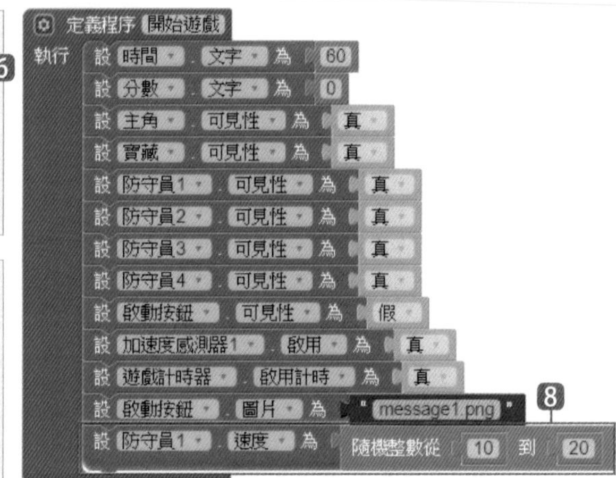

6 取 **防守員 1 / 設 防守員 1. 速度 為** 到剛才方塊下方。

7 取 **內件方塊 / 數學 / 隨機整數從 ... 到 ...** 到剛才的方塊後方。

8 將數字更改為 **10**、**20**。

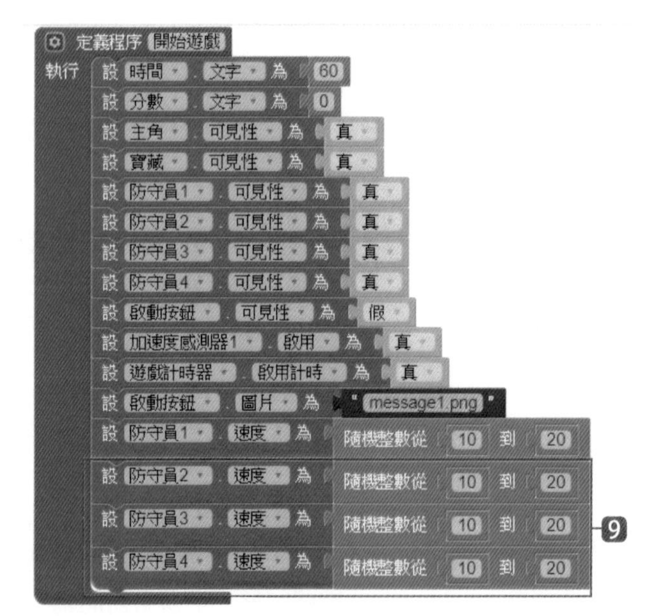

9 重複的操作，以亂數設定 **防守員 2~ 防守員 4** 的移動速度。

8.3.4 定義停止遊戲自訂程序

定義 **停止遊戲** 自訂程序，隱藏 **主角**、**寶藏**、**防守員 1~ 防守員 4**，只顯示 **啟動按鈕**，同時停止 **加速度感測器 1**、**延時計時器** 和 **遊戲計時器**，設定 **啟動按鈕** 的圖片為 <message2.png>，並設定 **防守員 1~ 防守員 4** 的移動速度為 0。

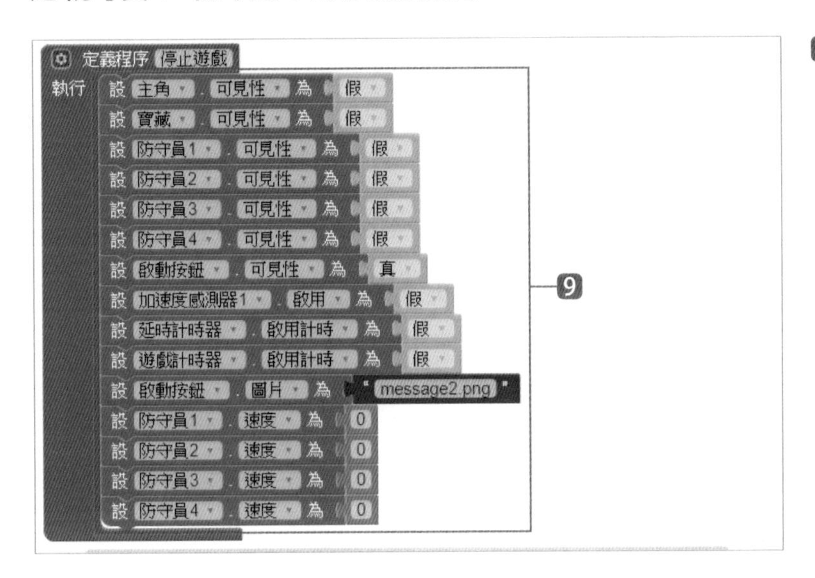

9 參考 8.3.3 的操作，定義 **停止遊戲** 自訂程序隱藏 **主角**、**寶藏**、**防守員 1~ 防守員 4**，顯示 **啟動按鈕**，停止 **加速度感測器 1**、**延時計時器** 和 **遊戲計時器**，設定 **啟動按鈕** 的圖片為 <message2.png>，並設定 **防守員 1~ 防守員 4** 停止移動。

8.3.5 按下啟動按鈕

當按下 **啟動按鈕** 按鈕放開後，將 **主角**、**寶藏** 移到畫布上、下的位置，並開始進行遊戲。

1 取 **啟動按鈕 / 當啟動按鈕 . 被鬆開** 到 **工作面板** 中。

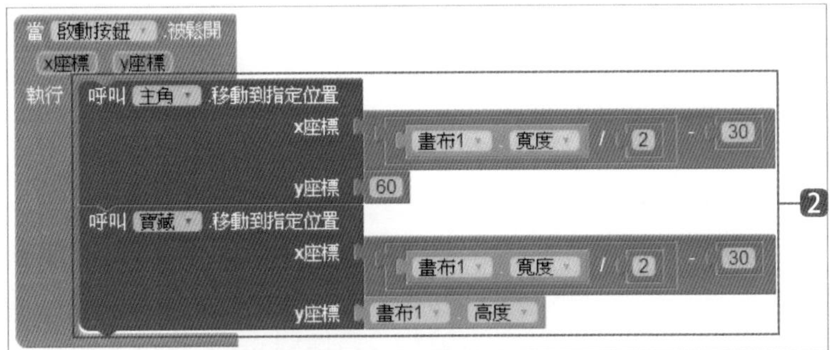

2 分別取 **主角 / 呼叫 主角 . 移動到指定位置** 和 **寶藏 / 呼叫 寶藏 . 移動到指定位置** 到剛才方塊中，並依左圖設定其位置。

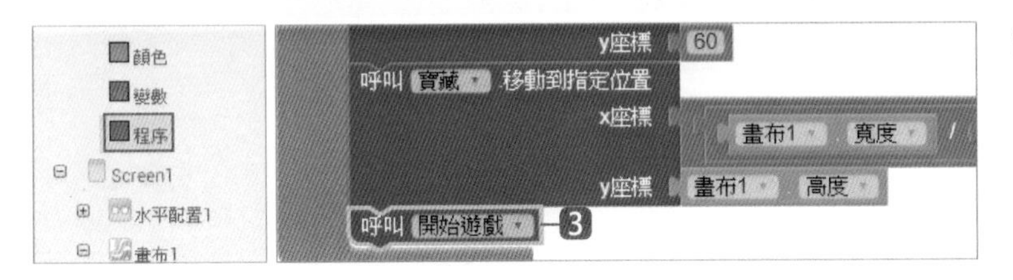

3 取 **程序 / 呼叫 開始遊戲** 到剛才方塊下方。

8.3.6 控制主角移動

以 **加速度感測器** 控制 **主角** 上、下、左、右移動

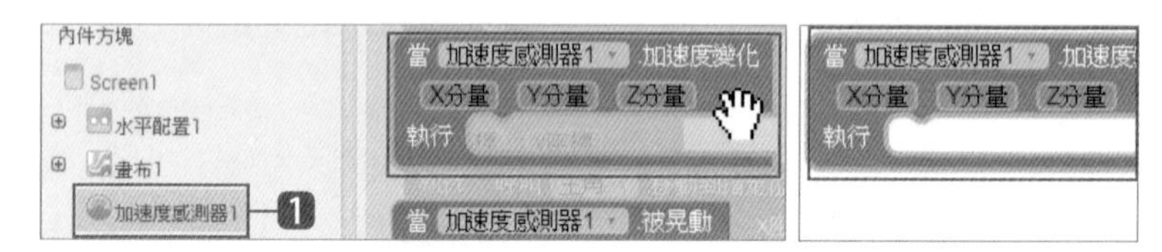

❶ 取 **加速度感測器 1 / 當加速度感測器 1. 加速度變化** 到 **工作面板** 中。

❷ 取 **主角 / 呼叫 主角 . 移動到指定位置** 到剛才方塊中，再取 **數學 / ...-...** 和 **數學 / ...+...** 到 **x 座標**、**y 座標** 欄位中。

❸ 取 **主角 / 主角 .X 座標** 到 **...-...** 前方。

❹ 將滑鼠移到 **X 分量**，出現 **取 X 分量** 方塊後拖曳 **取 X 分量** 方塊到 **...-...** 後方。

❺ 重複操作，取 **主角 .Y 座標** 到 **...+...** 的前方，**取 Y 分量** 方塊到 **...+...** 後方。

8.3.7 遊戲計時

遊戲時間為 60 秒，利用 **遊戲計時器** 計時，每秒減 1，當秒數為 0 時停止遊戲。

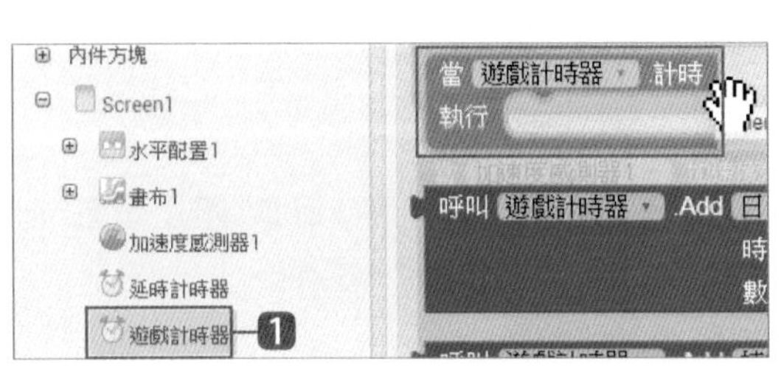

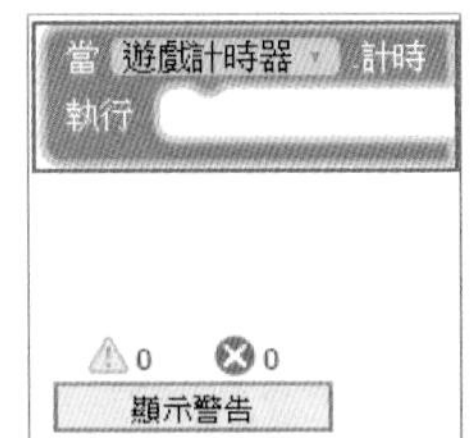

❶ 取 **遊戲計時器 / 當遊戲計時器 . 計時** 到 **工作面板** 中。

❷ 取 **內件方塊 / 流程控制 / 如果 ... 則** 到剛才的方塊中。

加入條件不符合的處理，也就是時間到 0 時停止遊戲進行。

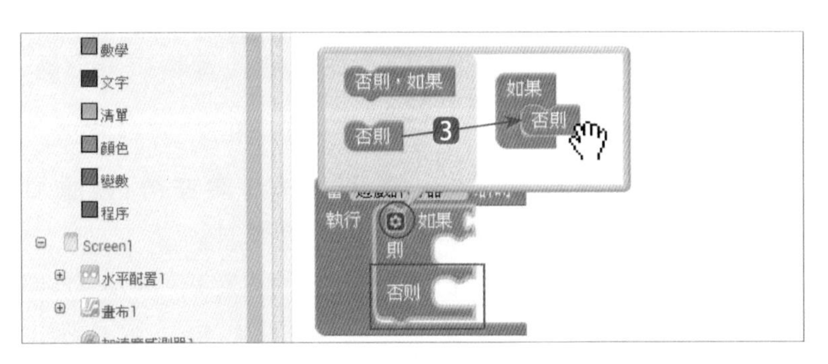

❸ 按 **如果 ... 則** 方塊的 ⚙，取左方的 **否則** 到右方的 **如果** 中。原來的 **如果 ... 則** 方塊就多了 **否則** 的區域。

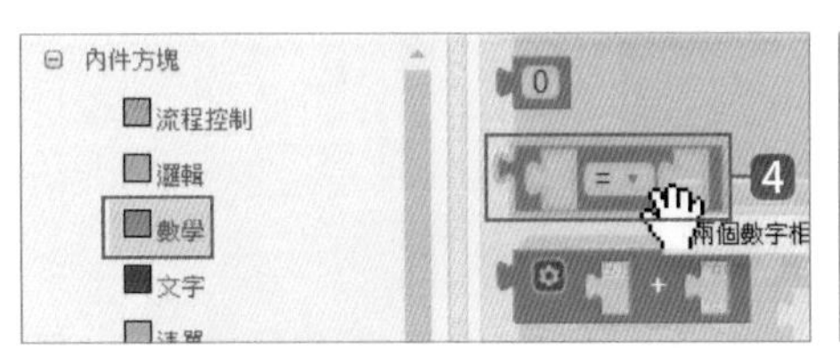

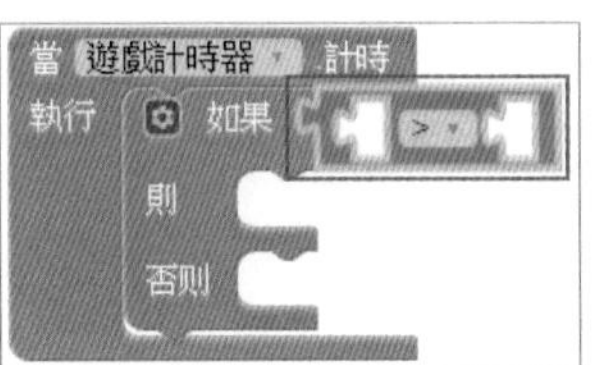

❹ 取 **內件方塊 / 數學 / ...=...** 到 **如果 ... 則** 後成為判斷條件，將判斷方式切換為「>」。

❺ 取 **時間 / 時間 . 文字** 和 **數學 / 0** 到 **...>...** 的前後方。

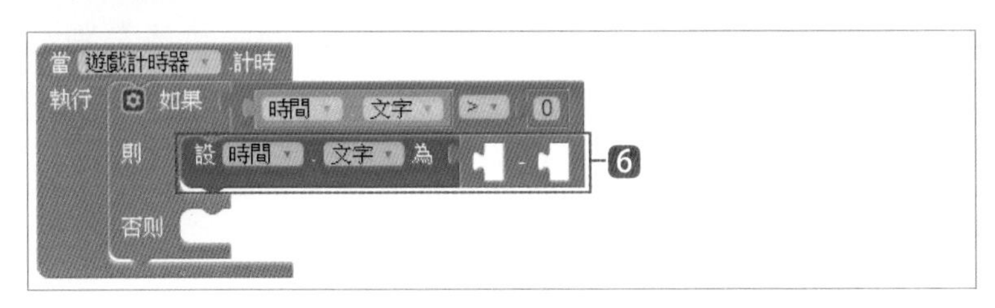

❻ 取 **時間 / 設時間 . 文字 為** 和 **數學 / ...-...** 到 **如果 ... 則** 方塊中 。

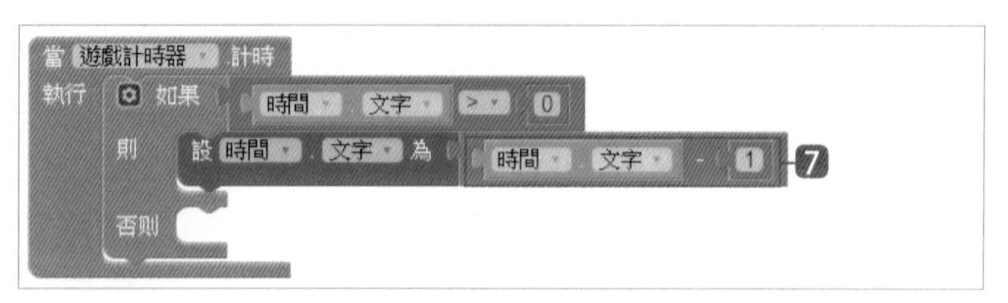

❼ 取 **時間 / 時間 . 文字** 和 **數學 / 1** 到 **...-...** 的前後方 。

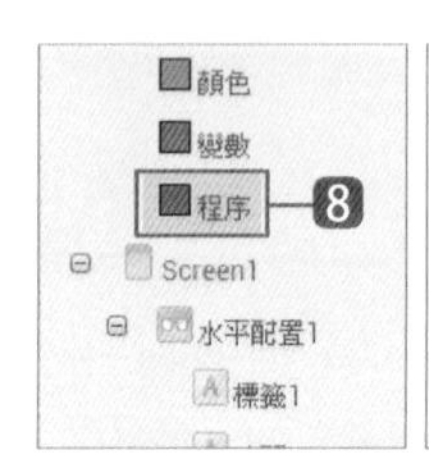

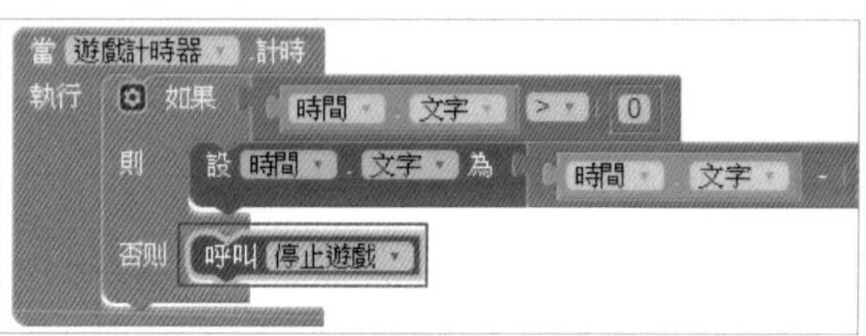

❽ 取 **程序 / 呼叫 停止遊戲** 到 **否則** 方塊中。

8.3.8 主角碰到寶藏和防守員的處理

當 **主角** 碰到 **寶藏** 時，得分加 10 分，播放成功的音效，並設定 **寶藏** 的圖片為金塊 (<a-ingot.png>)，如果 **主角** 碰到 **防守員 1~ 防守員 4**，播放失敗的音效。不論 **主角** 碰到 **寶藏** 或 **防守員**，都將 **主角** 隱藏起來，停止 **加速度感測器**，同時啟用 **延時計時器**。

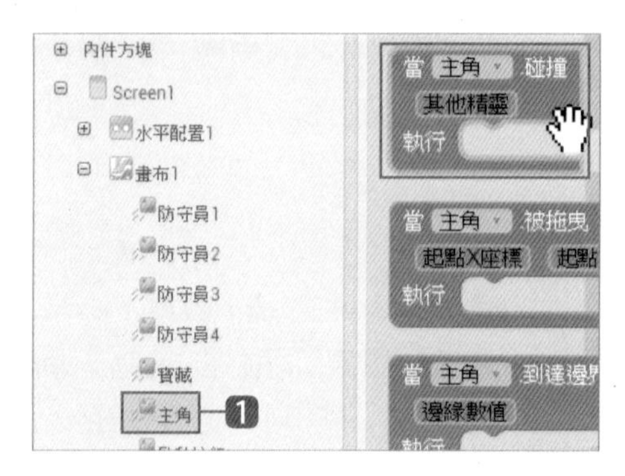

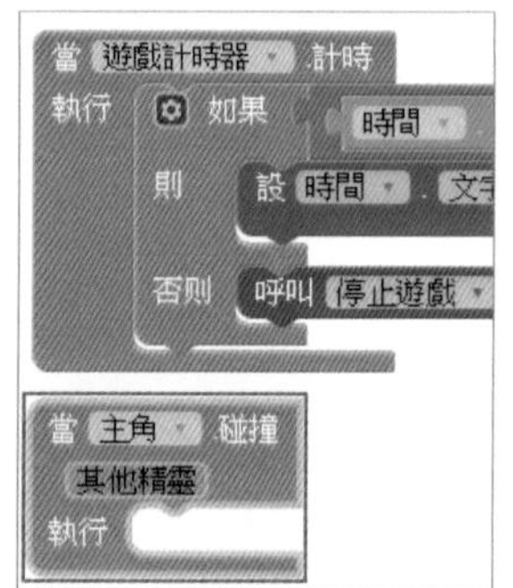

❶ 取 **主角 / 當 主角 . 碰撞** 到 **工作面板** 中。

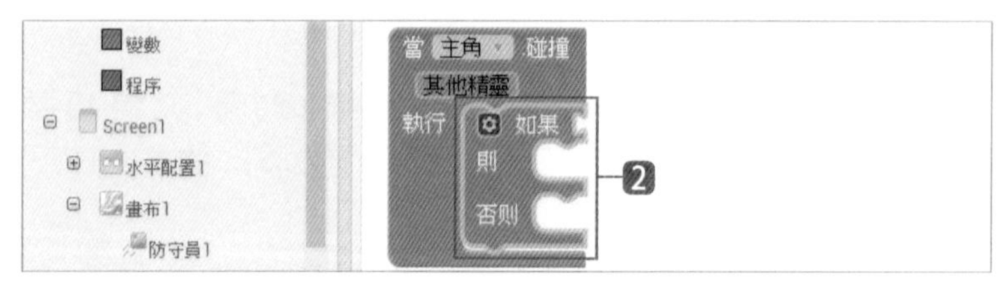

❷ 取 **內件方塊 / 流程控制 / 如果 ... 則** 到剛才的方塊中，再按 **如果 ... 則** 方塊的 ⚙，加入 **否則** 方塊

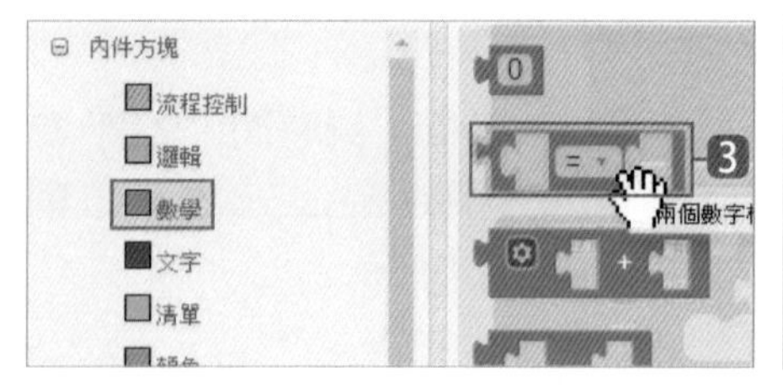

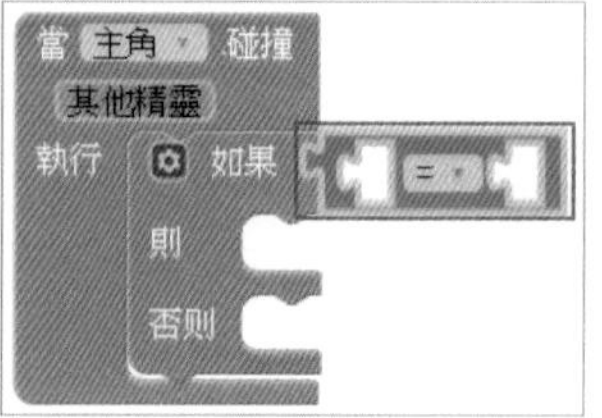

❸ 取 **內件方塊 / 數學 / ...=...** 到 **如果 ... 則** 後成為判斷條件。

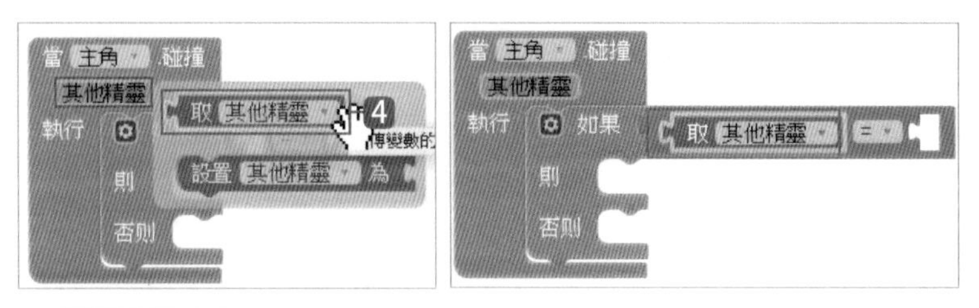

❹ 將滑鼠移到 **其他精靈** 出現 **取其他精靈** 方塊後拖曳 **取其他精靈** 方塊到 **...=...** 前方。

❺ 取 **寶藏 / 寶藏** 到 **...=...** 後方。

❻ 取 **成功音效 / 呼叫 成功音效 . 播放** 到 **如果 ... 則** 方塊中。

❼ 取 **分數 / 設分數 . 文字 為** 和 **數學 / ...+...** 到前方塊下方，再取 **分數 . 文字** 和 **10** 到 **...+...** 前後方。

❽ 取 **寶藏 / 設寶藏 . 圖片 為** 到前方塊下方，再取 **文字 / " "** 到前方塊後方，並更改文字為「a-ingot.png」。

❾ 取 **失敗音效 / 呼叫 失敗音效 . 播放** 到 **否則** 方塊中。

主角 不論碰到 **寶藏** 或 **防守員** 都將會隱藏起來，停止 **加速度感測器**，同時啟用 **延時計時器** 開始計時。

⑩ 如左圖，取 **設 主角.可見性為假**、**設 加速度感測器1.啟用 為假** 和 **設 延時計時器.啟用計時 為真** 到 **如果...否則** 方塊下方。

8.3.9 延時計時器

延時計時器 開始計時後，達到 **計時間隔** 時間 (1000ms)，就會觸發 **延時計時器** 的計時事件，此時會將 **主角** 移動到初始位置並顯示，**加速度感測器 1** 再啟用，停止 **延時計時器**，並將 **寶藏** 的圖片設定為「a-chest.png」(寶箱)。

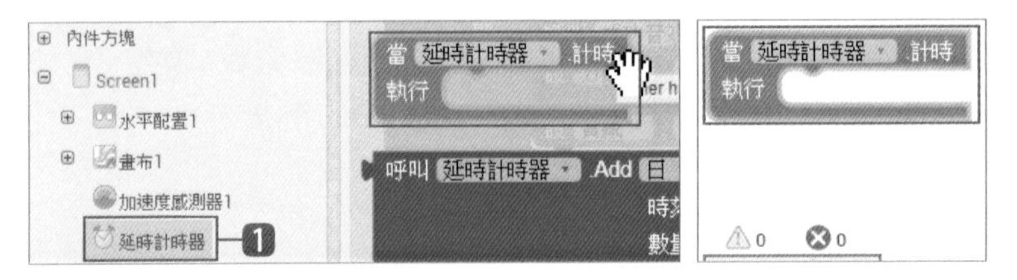

❶ 取 **延時計時器 / 當延時計時器.計時** 到 **工作面板** 中。

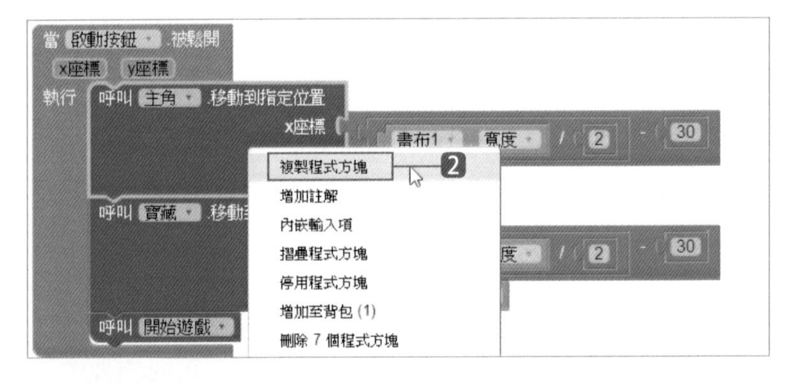

❷ 於 **當啟動按鈕.被鬆開** 事件的 **呼叫 主角.移動到指定位置** 方塊中按滑鼠右鍵，在快顯功能表點選 **複製程式方塊**。

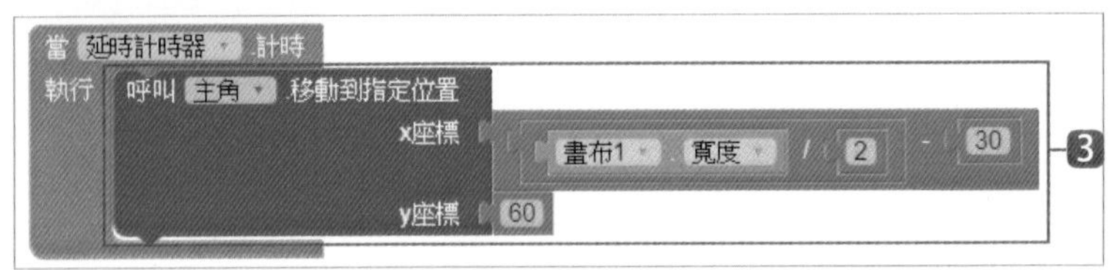

❸ 拖曳複製的程式方塊到剛加入的方塊中。

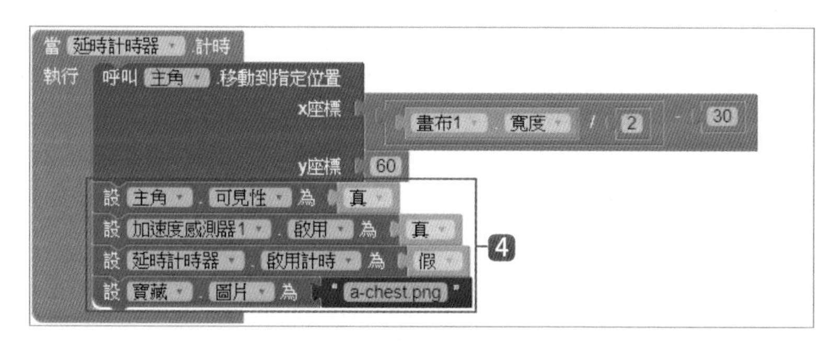

❹ 如左圖，取 **設 主角.可見性為真**、**設 加速度感測器1.啟用 為真**、**設 延時計時器.啟用計時 為假** 和 **設 寶藏.圖片 為**「a-chest.png」到前方塊下方。

8.3.10 防守員碰到邊界的處理

防守員會左、右不停地移動，當碰到左、右邊界時會反彈。

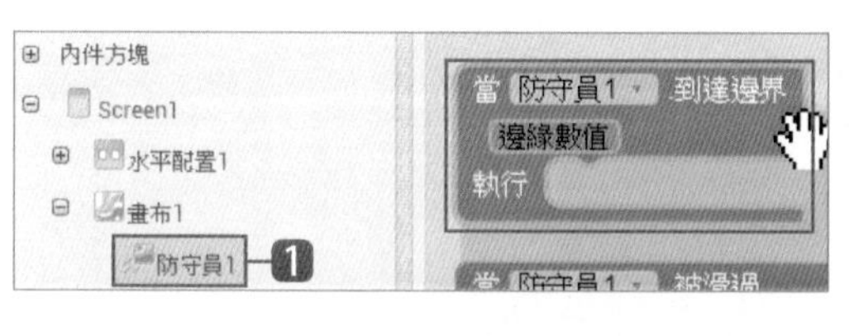

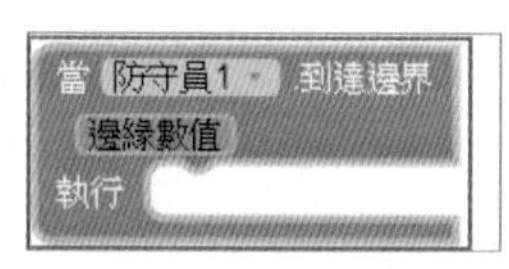

❶ 取 **防守員1 / 當 防守員1.到達邊界** 到 **工作面板** 中。

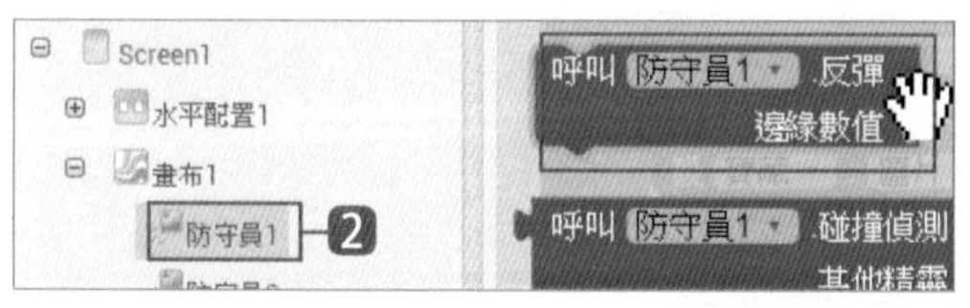

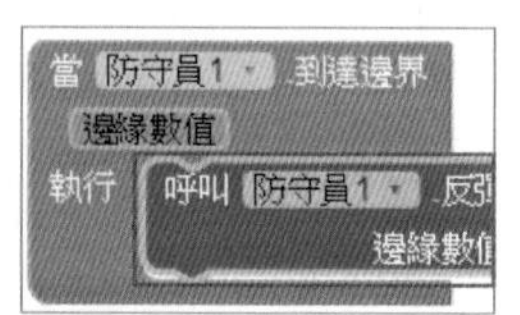

❷ 取 **防守員1 / 呼叫 防守員1.反彈** 到前方塊中。

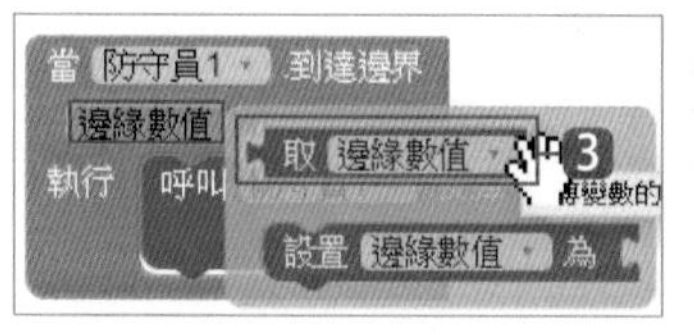

❸ 將滑鼠移到 **邊緣數值**，出現 **取邊緣數值** 方塊後拖曳 **取邊緣數值** 方塊到前方塊後方。

複製 **當 防守員1.到達邊界** 事件。

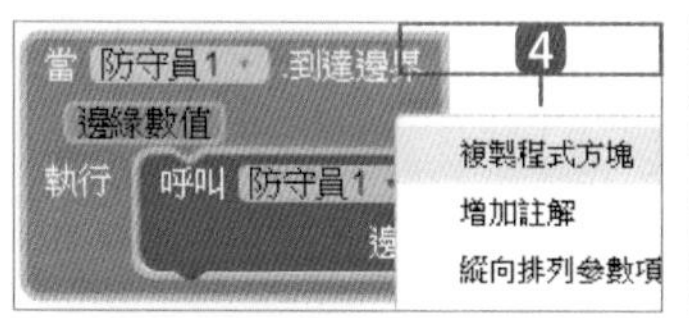

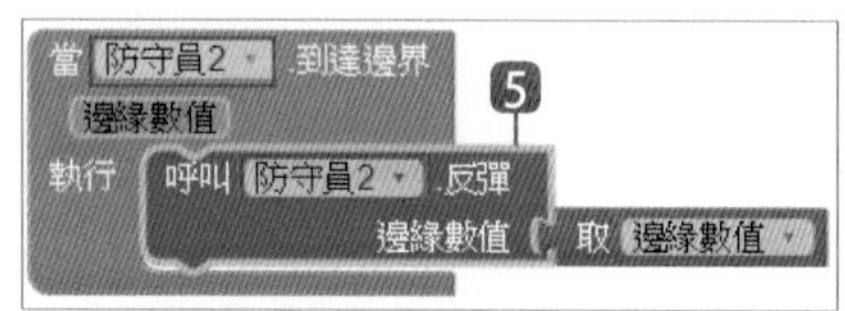

❹ 於 **當 防守員1.到達邊界** 方塊中按滑鼠右鍵，在快顯功能表點選 **複製程式方塊**。

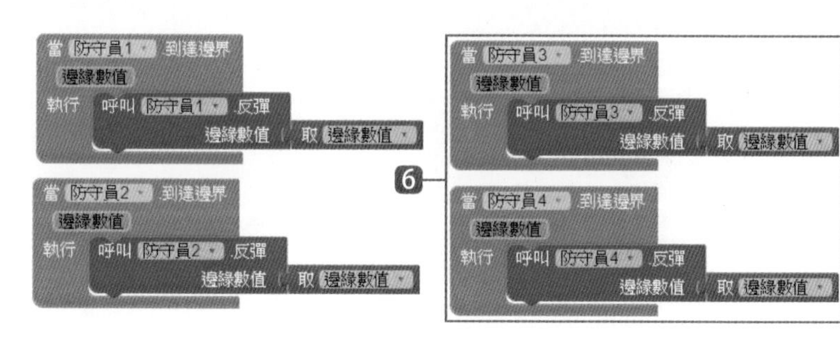

❺ 在複製出來的拼塊中更改事件名稱和防守員為「防守員2」。

❻ 重複的操作，再複製 **防守員3**、**防守員4** 事件，並將事件名稱和防守員修改為「防守員3」、「防守員4」。

如此即完成 App 的專題製作。

MEMO

[09] 電子羅盤

- 學習垂直配置高度填滿時元件操作
- 學習畫布、圖像精靈元件
- 學習水平配置寬度依比例時元件操作
- 學習方向感測器、位置感測器元件

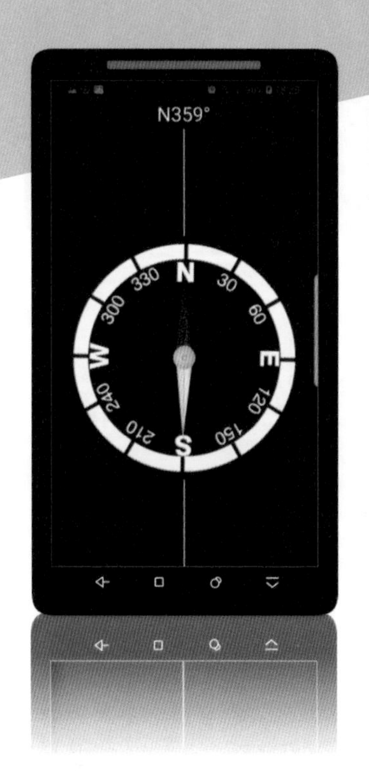

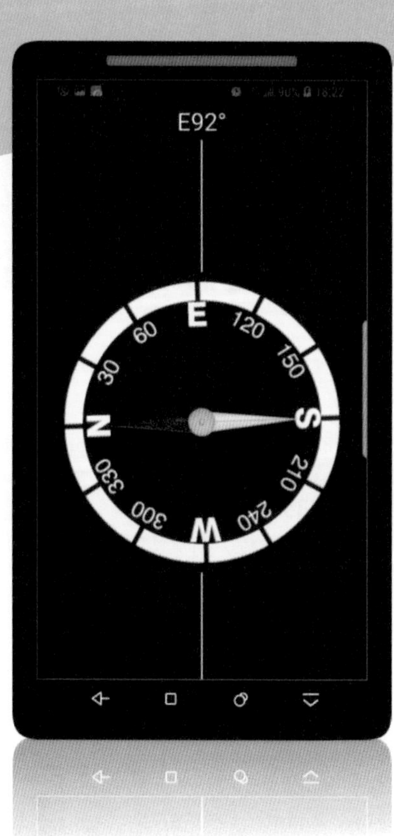

9.1 認識 App 專題：電子羅盤

9.1.1 專題介紹

在智慧型手機中，大部分都有 **方向感測器** 和 **位置感測器**，**方向感測器** 能偵測目前的方位，**位置感測器** 可取得包括經度、緯度、海拔高度、地址等資訊，甚至可將地址轉換為經緯度。

本專題結合 **方向感測器** 和 **位置感測器**，除了可以辨別方向，也會顯示目前的經緯度，是一個實用性蠻高的專題。

9.1.2 專題作品預覽

「電子羅盤」App 執行後會顯示目前的經緯度，將手機平放會依 Z 軸方向旋轉並顯示目前的方位角，左下圖一為手機朝向北方 (N)，此時 **方位角** 值接近 360^0；左下圖二將手機順時針旋轉近 90^0，手機的上方即為東方 (E)，因此左方為北方 (N)。

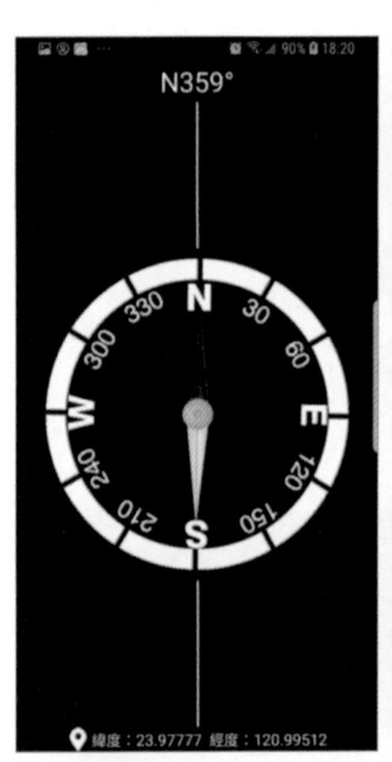

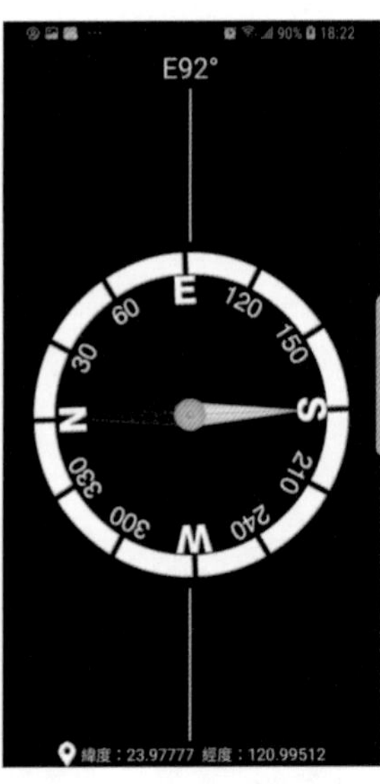

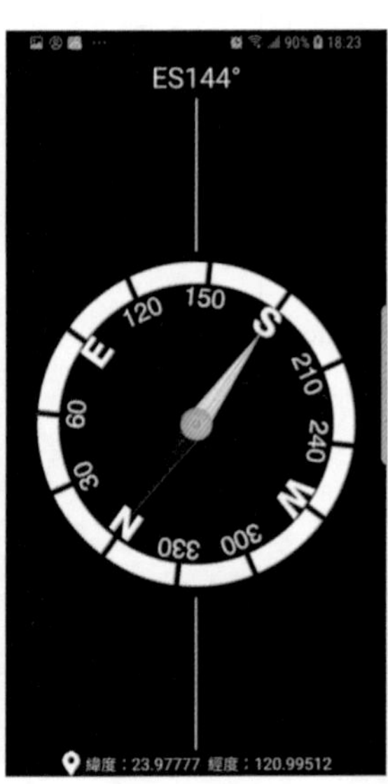

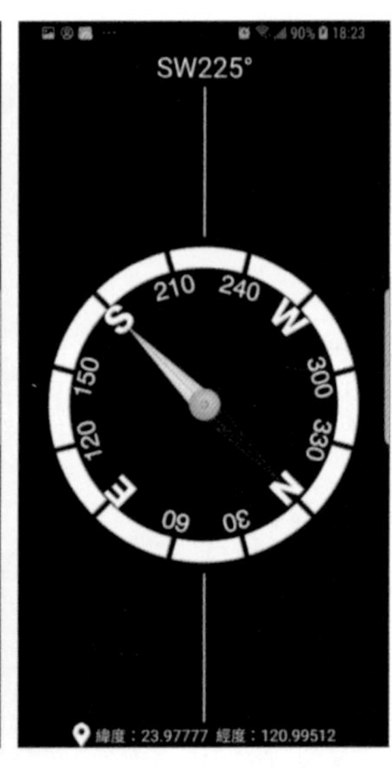

學習小叮嚀

本專題因為要結合方向感測器和位置感測器，在測試時建議要使用實機才能正確檢視專題的功能。因為每支手機的感測器靈敏度不一，在取得感測器的數據時可能都要一些時間，這是要特別注意的。

9.2 App 畫面編排

使用 App Inventor 2 製作「電子羅盤」App，在規劃程式功能及流程後，再依架構設計版面並收集素材，最後即可開始進行畫面編排。

9.2.1 App 畫面編排完成圖

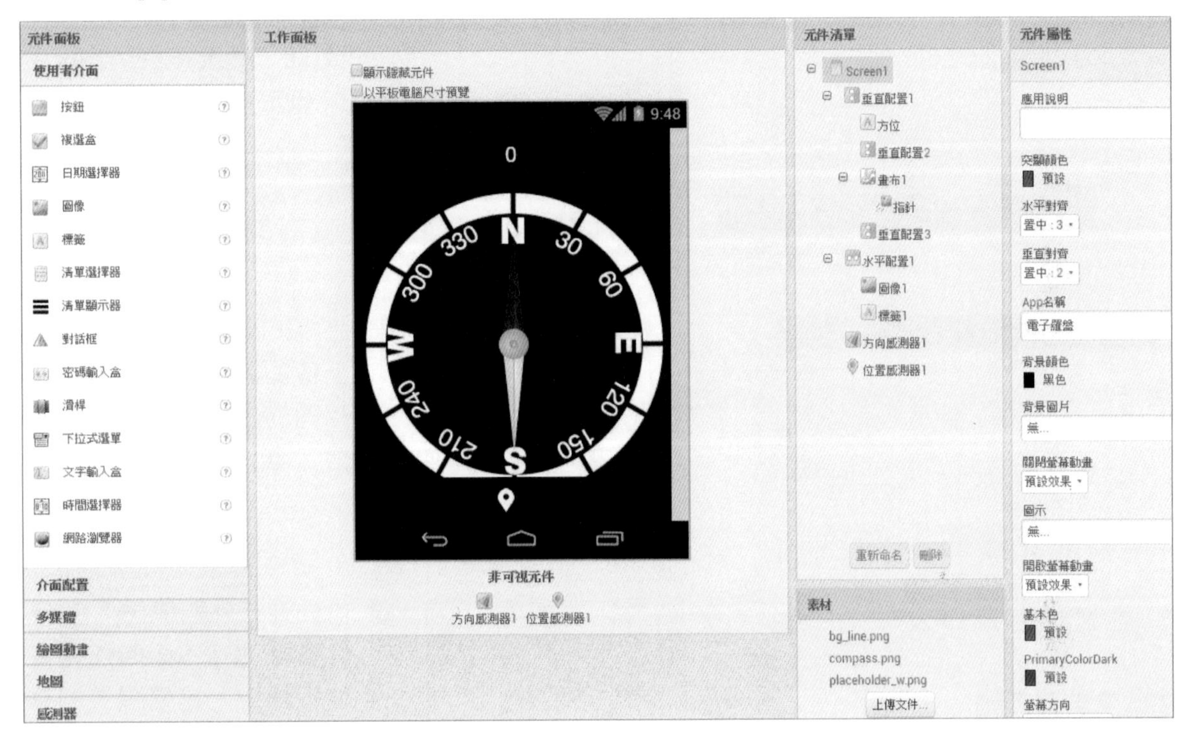

9.2.2 新增專案及素材上傳

在「電子羅盤」App 的範例畫面編排中，除了畫面上版頭的圖片之外，最重要的是要加入 **標籤**、**畫布**、**圖像精靈** 及 **圖像**。

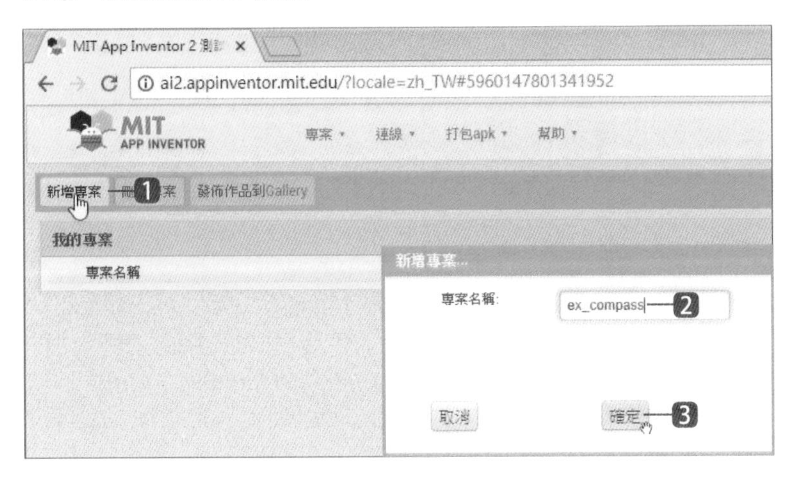

❶ 登入開發頁面按 **新增專案** 鈕。

❷ 在對話方塊的 **專案名稱** 欄位中輸入「ex_compass」。

❸ 按下 **確定** 鈕完成專案的新增並進入開發畫面。

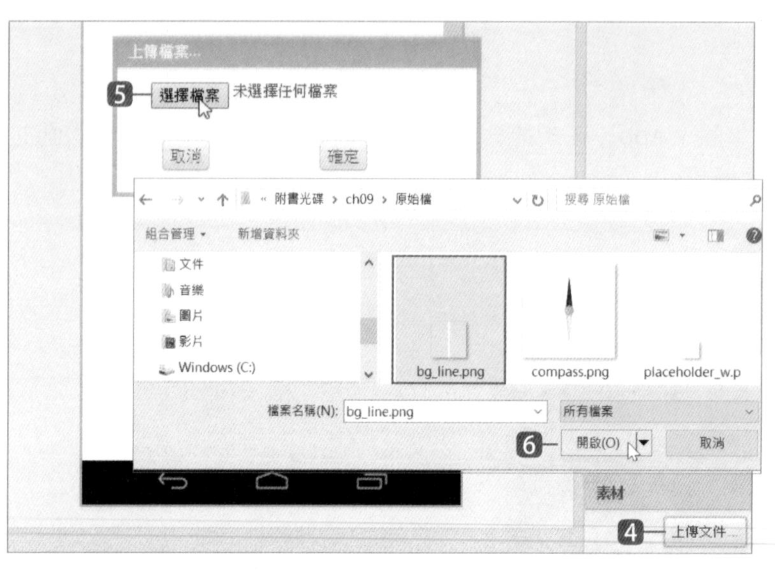

❹ 按 **素材** 的 **上傳文件** 鈕。

❺ 在對話方塊按 **選擇檔案** 鈕。

❻ 在對話視窗中選取本章原始檔資料夾，選取圖片 <bg_line.png> 檔後按 **開啟** 鈕，然後在對話方塊中按 **確定** 鈕。

❼ 完成後即可在 **素材** 中看到上傳的圖片檔名。請利用相同的方式將其他圖片上傳到 **素材** 中。

9.2.3 設定畫面

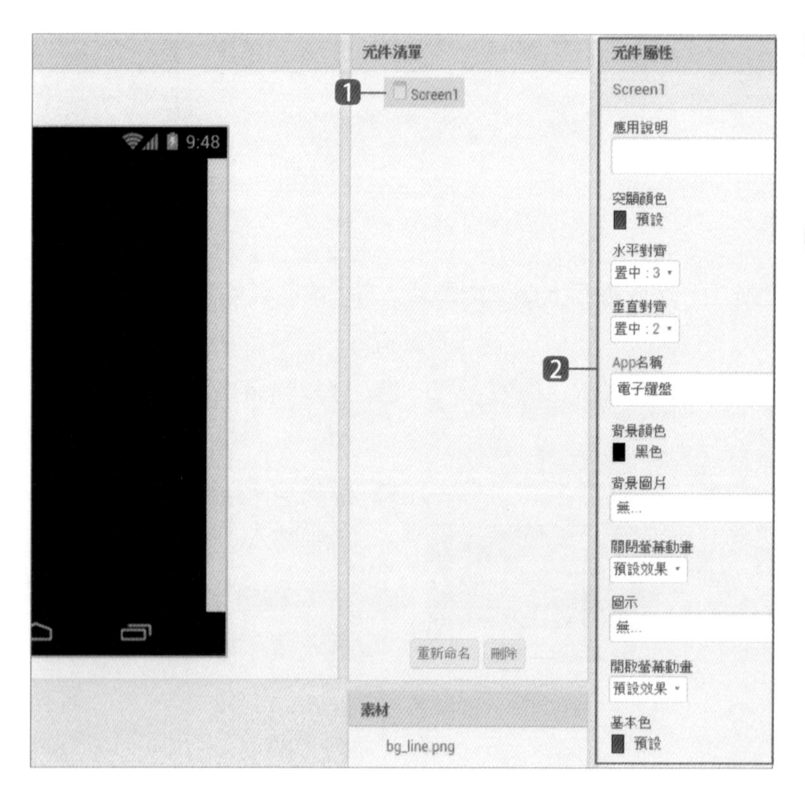

❶ 首先進行外觀編排：在 **元件清單** 選按 **Screen1** 準備進行設定，這是預設的畫面元件。

❷ 請在 **元件屬性** 依下頁表格資料進行欄位設定。

欄位	值
水平對齊	置中：3
垂直對齊	置中：2
App 名稱	電子羅盤
背景顏色	黑色
螢幕方向	鎖定直式畫面

欄位	值
允許捲動	取消核選
視窗大小	自動調整
Theme	Dark
標題	電子羅盤
標題顯示	取消核選

9.2.4 加入顯示標籤

接著要在面板中加入垂直配置，並在垂直配置中加入顯示方位的標籤及圖像，請依步驟操作：

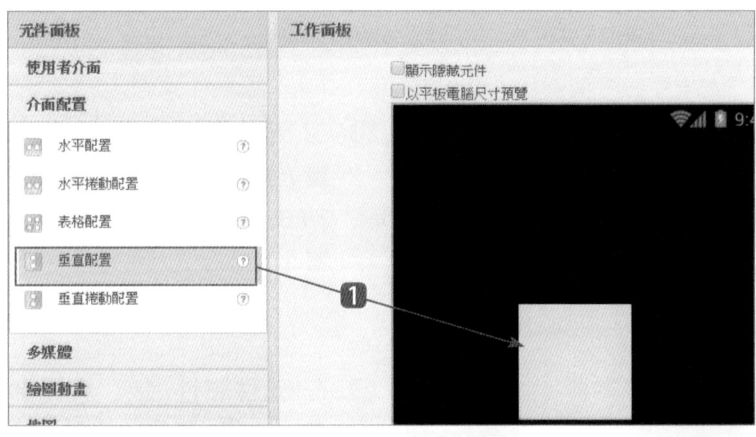

1. 在 **元件面板** 拖曳 **介面配置 / 垂直配置** 到工作面板中。

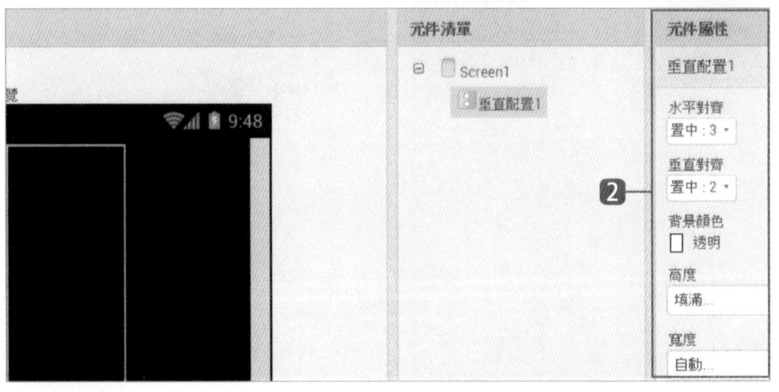

2. 在 **元件屬性** 設定 **水平對齊：置中**、**垂直對齊：置中**，**背景顏色:透明**，**高度:填滿**。

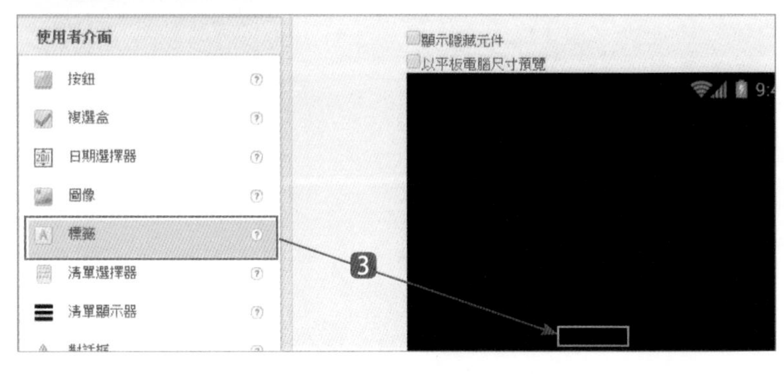

3. 在 **元件面板** 拖曳 **使用者介面 / 標籤** 到剛才的配置區域中。

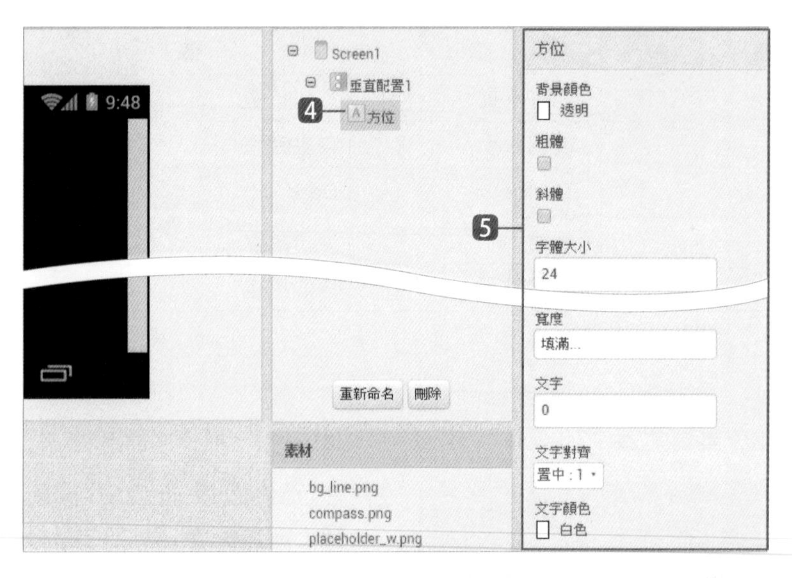

4 按 **重新命名** 鈕，在對話方塊的 **新名稱** 欄輸入「方位」後按 **確定** 鈕。

5 請在 **元件屬性** 設定 **背景顏色：透明**、**字體大小：24**、**寬度：填滿**、**文字：0**、**文字顏色：白色**。

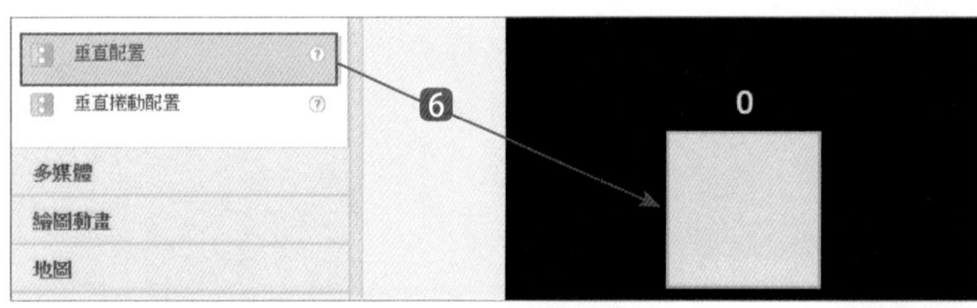

6 在 **元件面板** 拖曳 **介面配置 / 垂直配置** 到 **垂直配置1 / 方位** 的下方 (在**垂直配置 1** 中)。

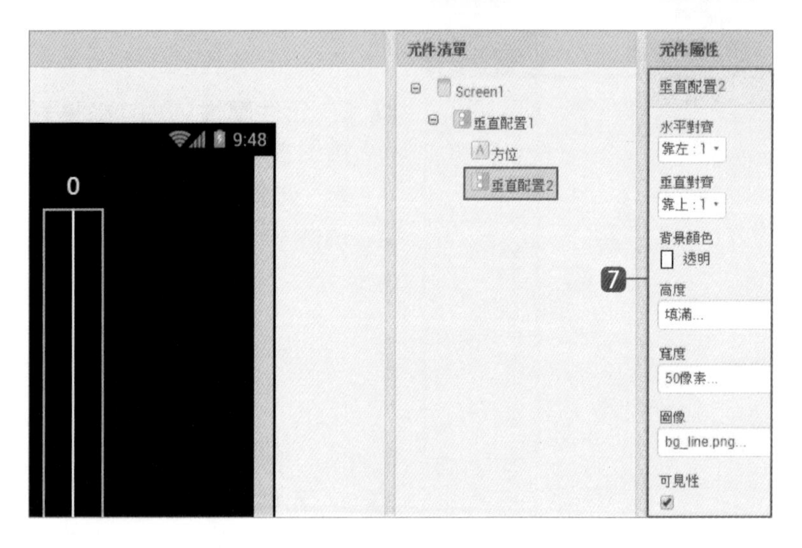

7 在 **元件屬性** 設定 **背景顏色：透明**，**高度：填滿**、**寬度：50 像素**、**圖像：bg_line.png**。

9.2.5 加入畫布

接著要在 **垂直配置 1** 中再加入 **畫布**，並在畫布中加入 **圖像精靈**，請依下述步驟操作：

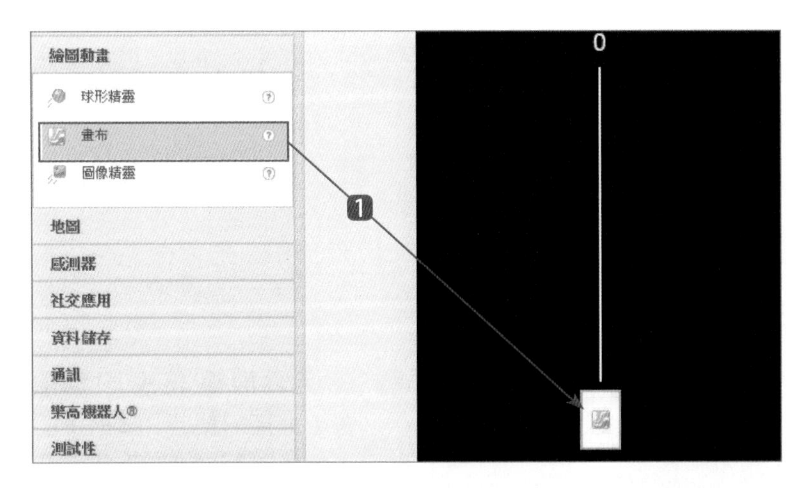

❶ 在 **元件面板** 拖曳 **繪圖動畫 / 畫布** 到 **垂直配置 2** 的下方 (在 **垂直配置 1** 中)。

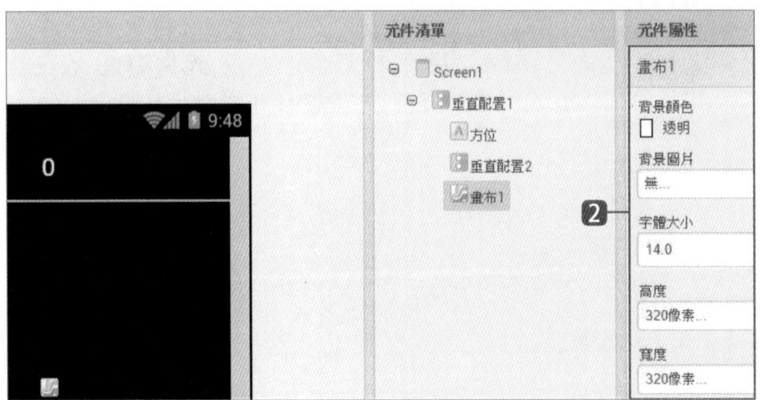

❷ 在 **元件屬性** 設定 **背景顏色 : 透明**，**高度 : 320 像素**、**寬度 : 320 像素**。

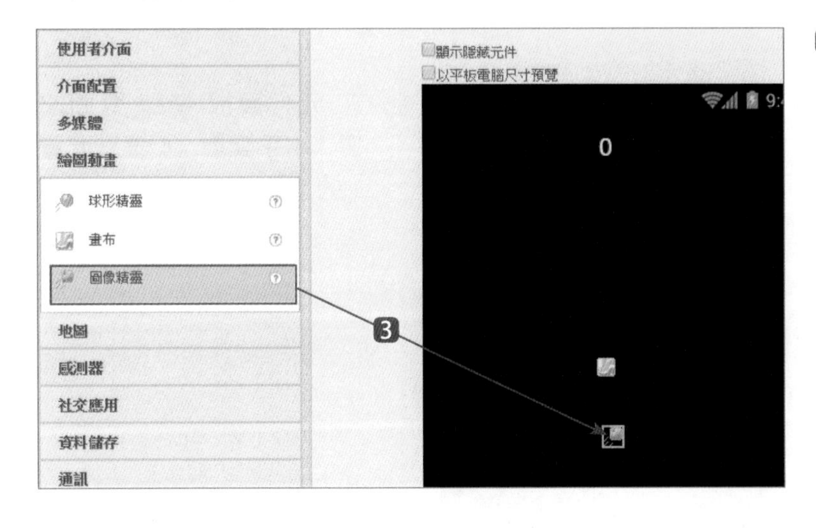

❸ 在 **元件面板** 拖曳 **繪圖動畫 / 圖像精靈** 到 **畫布 1** 中，並重新命名為「指針」。

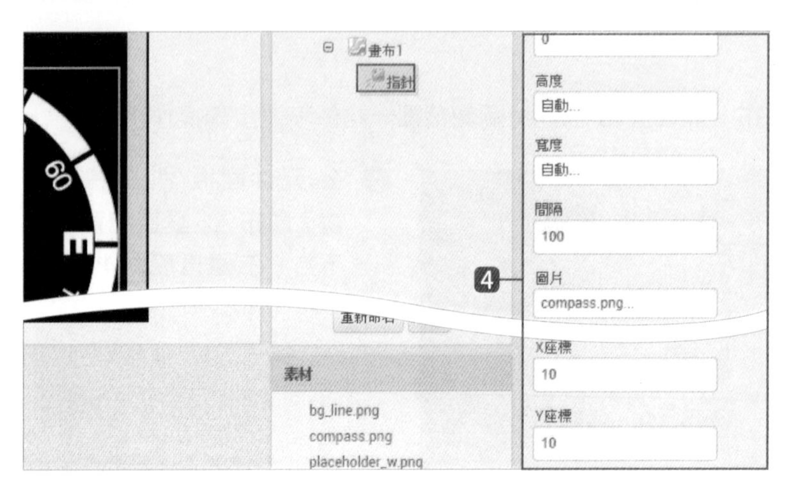

❹ 在 **元件屬性** 設定 **圖片：compass.png**，**X 座標：10**、**Y 座標：10**。

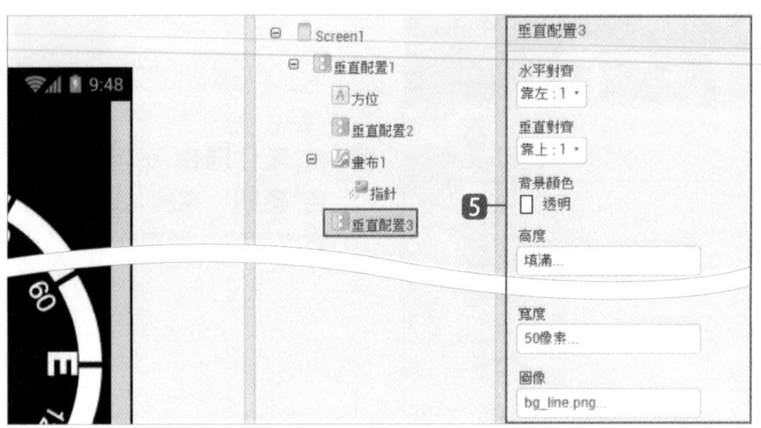

❺ 在 **元件面板** 拖曳 **介面配置 / 垂直配置** 到 **畫布 1** 的下方 (在 **垂直配置 1** 中)，預設會加入 **垂直配置 3** 元件，並在 **元件屬性** 依左圖資料進行欄位設定。

9.2.6 加入定位圖示和顯示經緯度標籤

接著要在 **垂直配置 1** 的下方再加入 **水平配置**，並 **水平配置** 中加入定位圖示和顯示經緯度標籤，請依下述步驟操作：

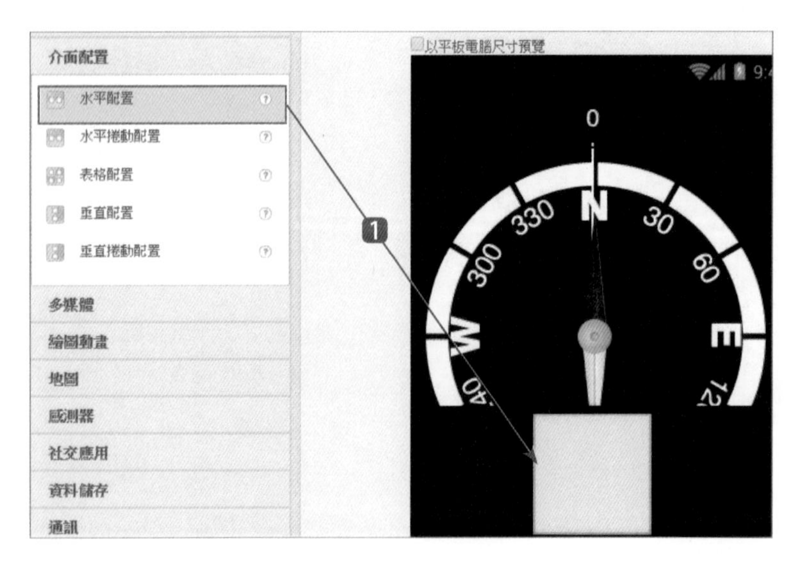

❶ 在 **元件面板** 拖曳 **介面配置 / 水平配置** 到 **垂直配置 1** 的下方。

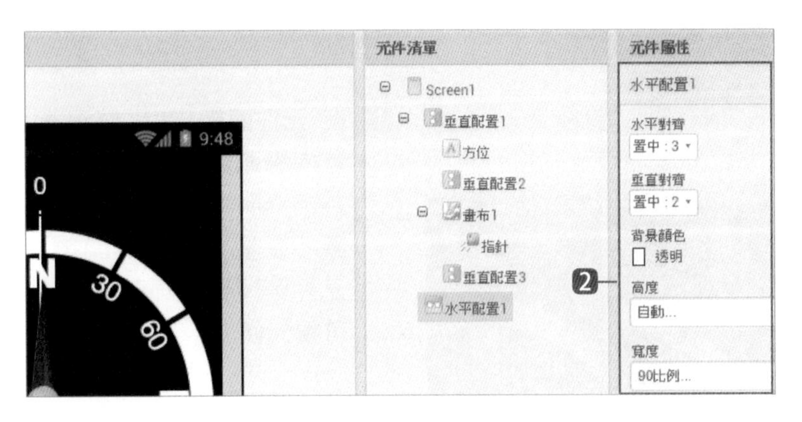

❷ 在 **元件屬性** 設定 **水平對齊：置中**、**垂直對齊：置中**，**背景顏色:透明**，**寬度:90 比例**。

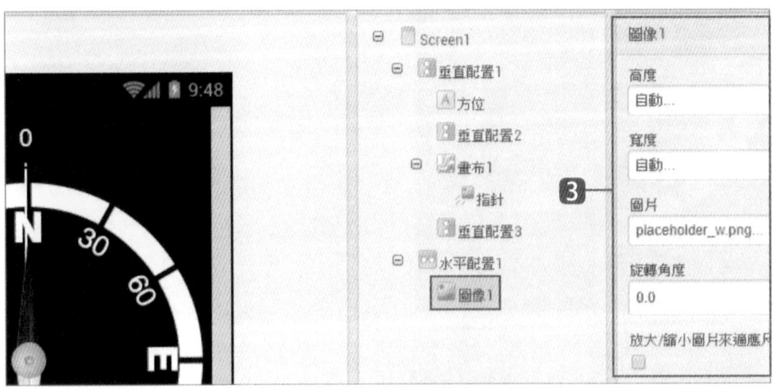

❸ 在 **元件面板** 拖曳 **使用者介面 / 圖像** 到 **水平配置 1** 中，預設會加入 **圖像 1** 元件，並在 **元件屬性** 設定 **圖片:placeholder_w.png**。

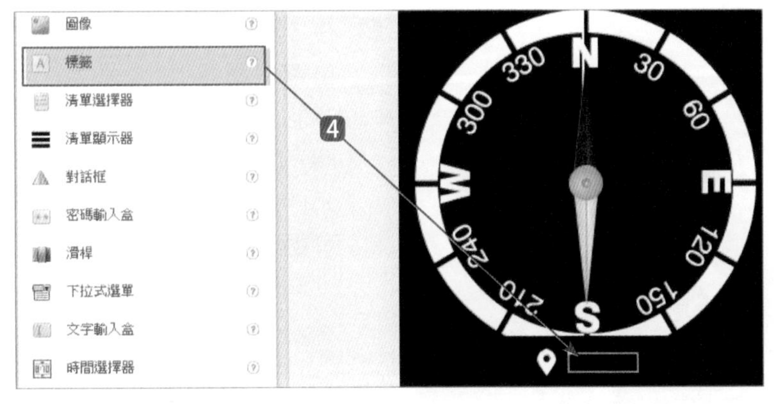

❹ 在 **元件面板** 拖曳 **使用者介面 / 標籤** 到 **圖像 1** 右方。

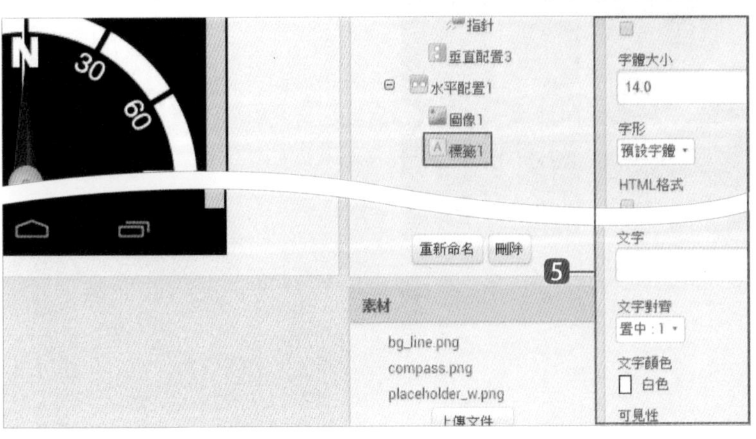

❺ 在 **元件屬性** 設定 **文字：空字串**、**文字對齊：置中**，**文字顏色：白色**。

9.2.7 加入方向感測器及位置感測器元件

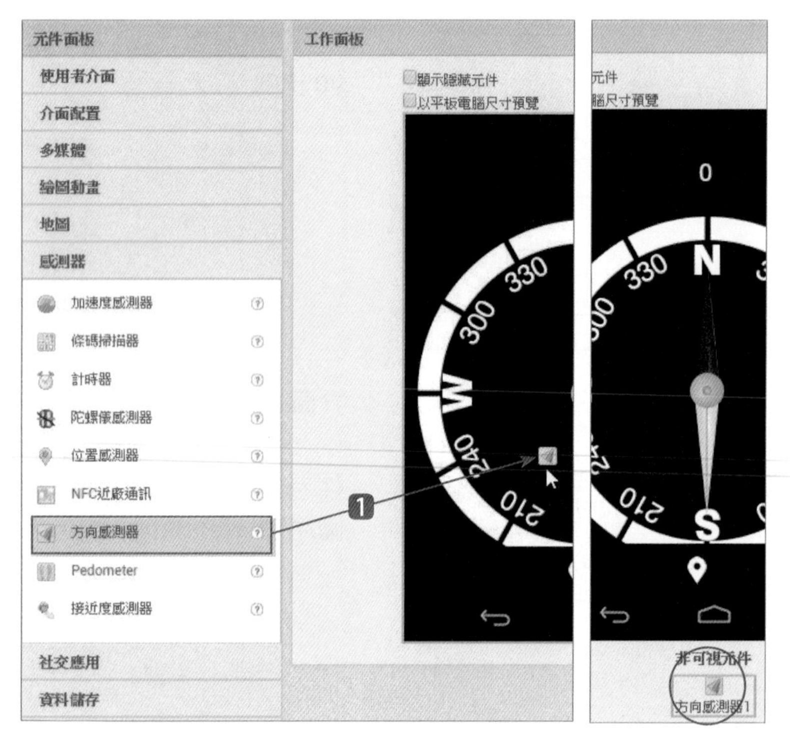

❶ 在 **元件面板** 拖曳 **感測器 / 方向感測器** 到畫面中，因為該元件在使用時並不會顯示在畫面上，放開後該元件會掉到畫面下方的 **非可視元件** 區。

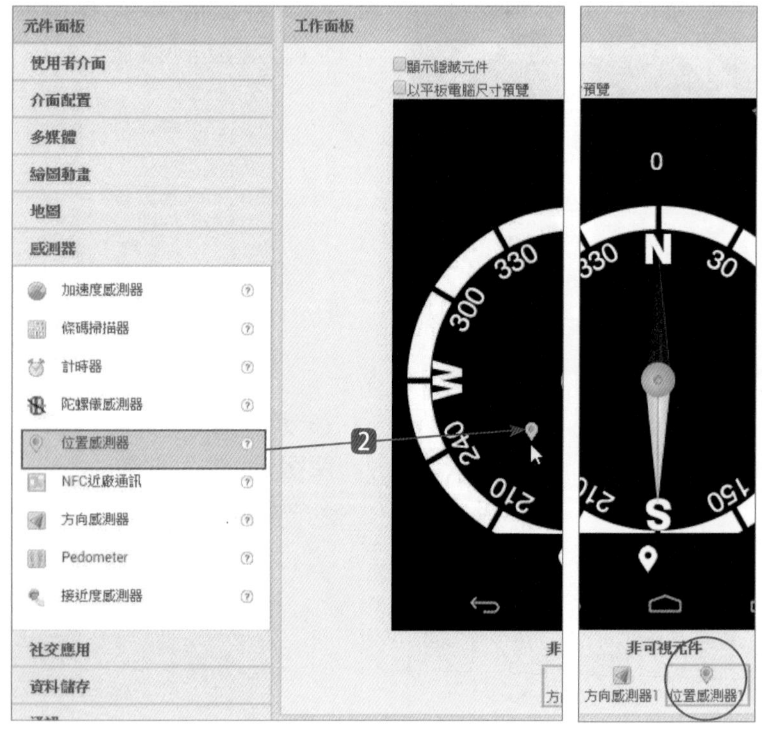

❷ 在 **元件面板** 拖曳 **感測器 / 位置感測器** 到畫面中，因為該元件在使用時並不會顯示在畫面上，放開後該元件會掉到畫面下方的 **非可視元件** 區。

9.3 App 程式設計

完成了「電子羅盤」App 的畫面編排後，接下來就要加入程式設計的拼塊。

9.3.1 定義變數

首先要先定義變數「角度」記錄計算的結果。

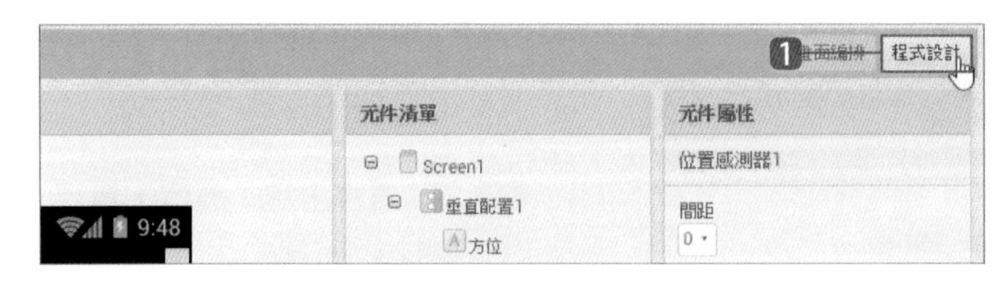

❶ 按功能表右方的 **程式設計** 進入程式設計模式。

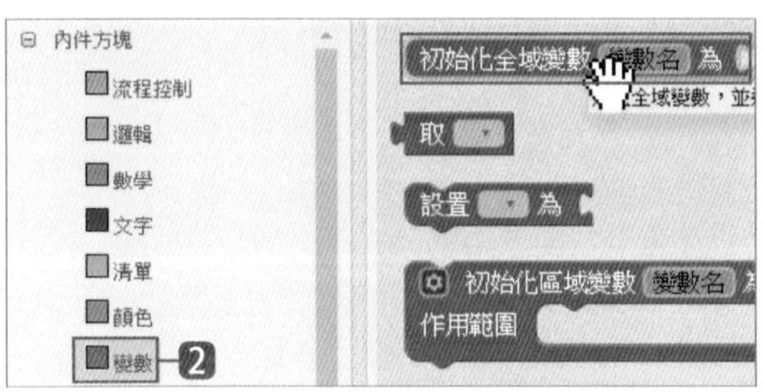

❷ 取 **內件方塊 / 變數 / 初始化全域變數 ... 為** 到 **工作面板** 中，並輸入變數名稱為「角度」

❸ 取 **內件方塊 / 數學 / 0** 到 **工作面板** 剛才的方塊後，成為 **角度** 變數的預設值。

9.3.2 設定以無線網路或行動基地台定位

應用程式執行後，設定 **供應商名稱** 屬性值為「network」，將 **位置感測器** 以無線網路或行動基地台定位。

❶ 取 **Scrren1 / 當 Screen1. 初始化** 到 **工作面板** 中。

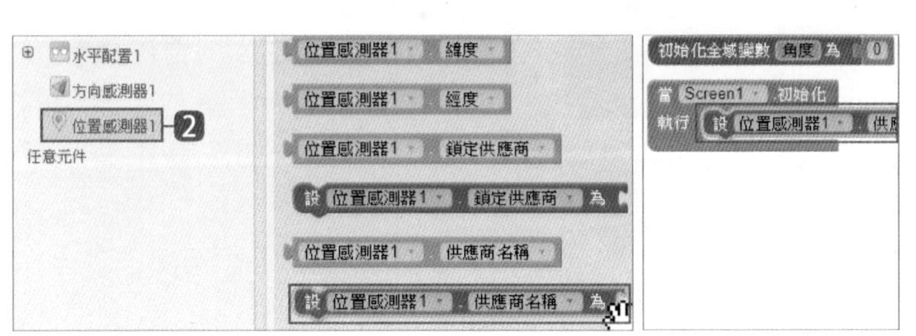

❷ 取 **位置感測器 1 / 設位置感測器 1. 供應商名稱 為** 到剛才的方塊中。

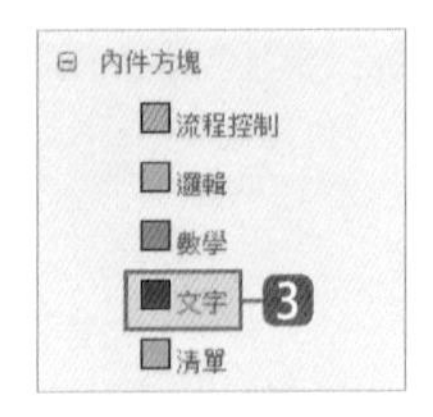

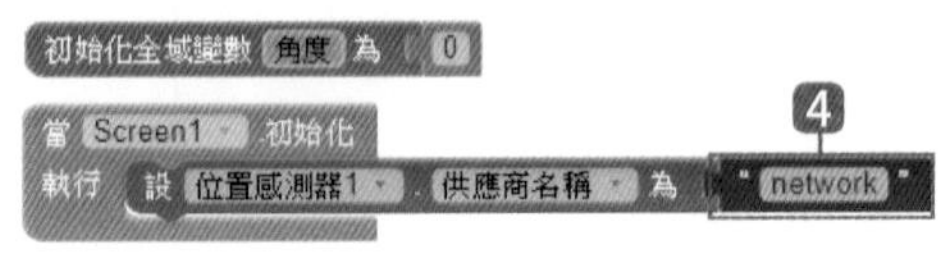

❸ 取 **內件方塊 / 文字 / " "** 到剛才的方塊後方。

❹ 在剛新加入的方塊中輸入文字「network」。

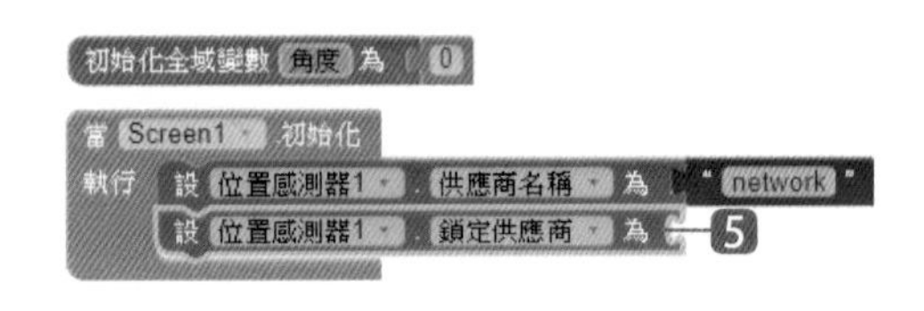

❺ 取 **位置感測器 1 / 設位置感測器 1. 鎖定供應商名稱為** 到剛才方塊下方。

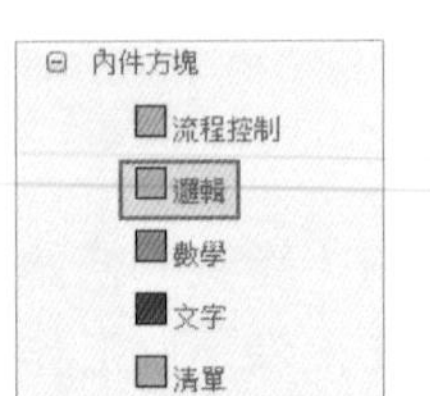

❻ 取 **內件方塊 / 邏輯 / 真** 到剛才的方塊中。

9.3.3 顯示目前位置的經緯度

應用程式執行後，以標籤顯示目前的經緯度。

❶ 取 **標籤 1 / 設標籤 1. 文字為** 到剛才的方塊中。

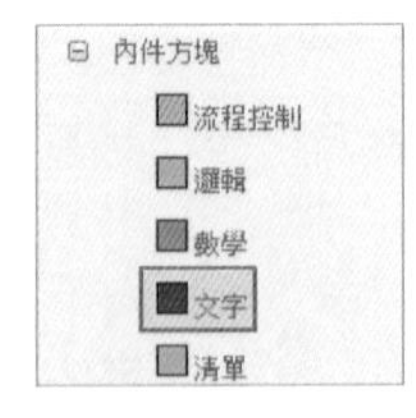

❷ 取 **內件方塊 / 文字 / 合併文字** 到之前方塊後方。

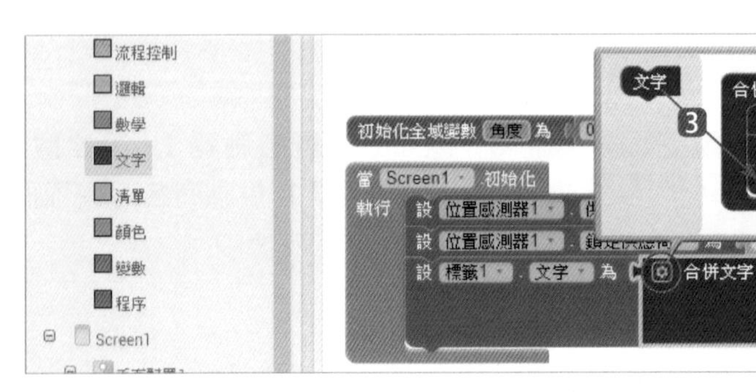

❸ 按 **合併文字** 方塊的 ⚙，取左方的 **文字** 到右方的 **合併文字** 之中。**合併文字** 就會增加一個欄位。同樣的操作，再加入第 4 個文字欄位。

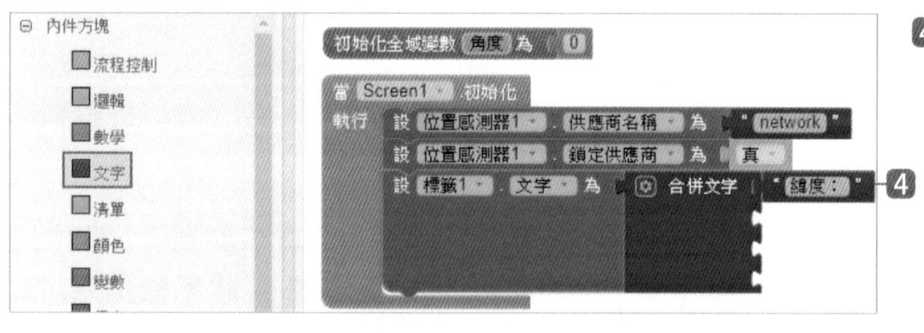

❹ 取 **內件方塊 / 文字 / " "** 到 **合併文字** 的第 1 個欄位中並輸入文字為「緯度：」。

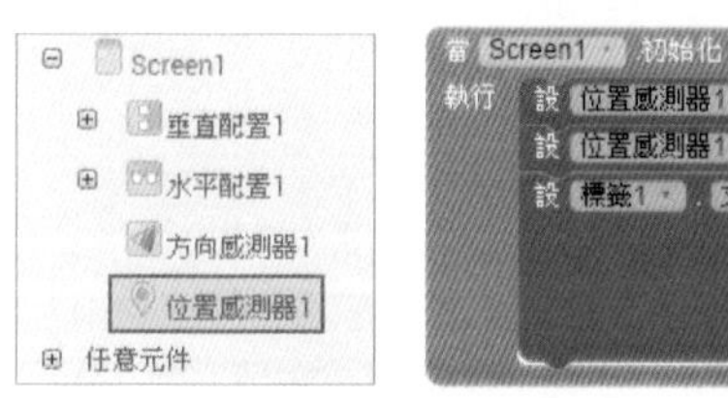

❺ 取 **位置感測器 1 / 位置感測器 1. 緯度** 到第 2 個欄位中。

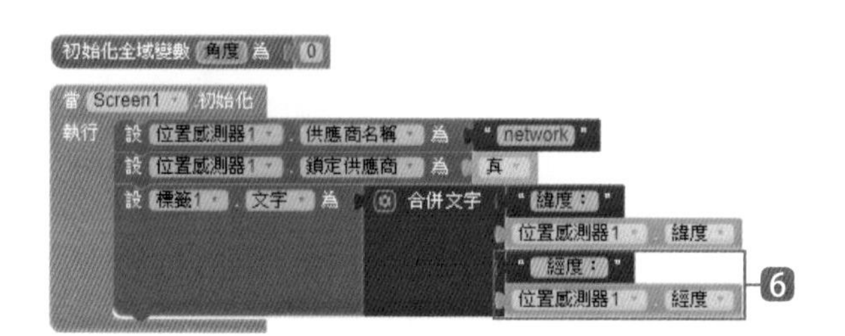

❻ 重複 ❹ ❺ 的操作，取 **內件方塊 / 文字 / " "** 到 **合併文字** 的第 3 個欄位中並輸入文字為「經度：」、取 **位置感測器 1 / 位置感測器 1. 經度** 到第 4 個欄位中。

9.3.4 取得目前位置的經緯度

當使用者的位置改變時，會觸發位置感測器的 **位置變化** 事件，在 **位置變化** 事件中以標籤顯示目前的經緯度。

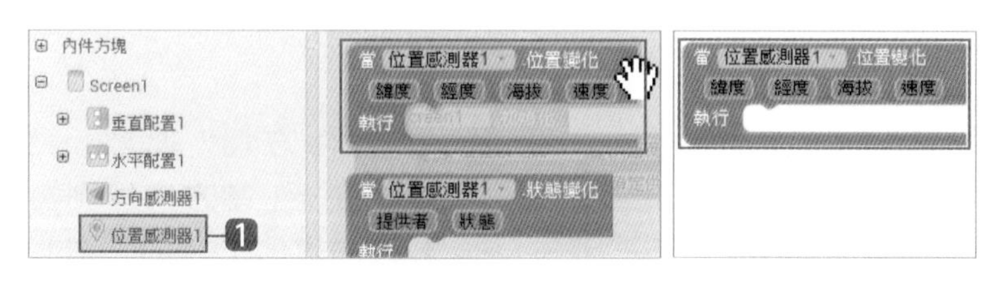

❶ 取 **位置感測器 1 / 當位置感測器 1. 位置變化** 到 **工作面板** 中。

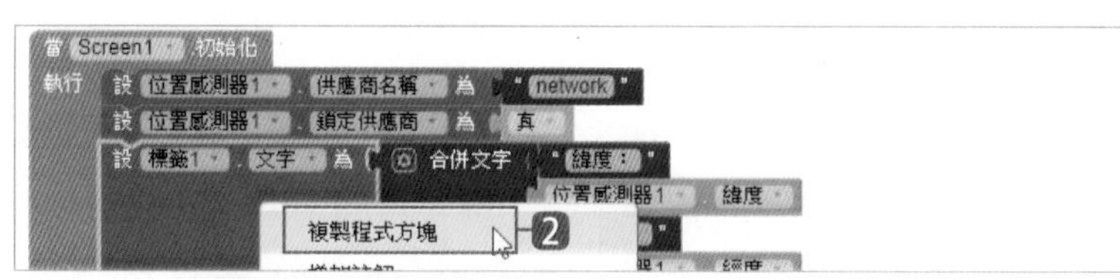

❷ 於 **標籤 1. 文字 為** 按滑鼠右鍵，在快顯功能表點選 **複製程式方塊**。

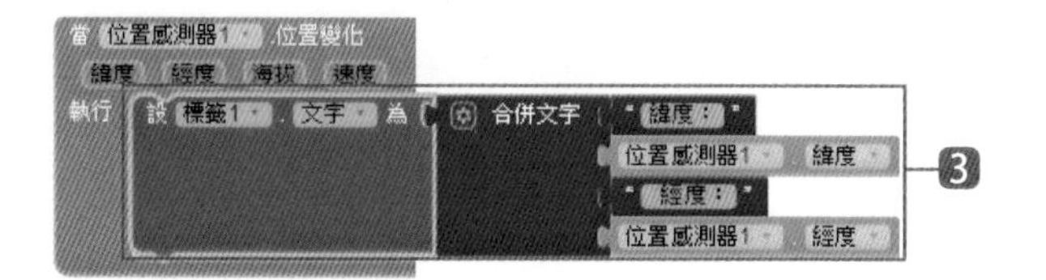

❸ 拖曳複製的程式方塊到 **當位置感測器 1. 位置變化** 方塊中。

9.3.5 定位狀態改變時顯示目前的經緯度

當定位狀態改變時，會觸發位置感測器的 **狀態變化** 事件，在 **狀態變化** 事件中也會以標籤顯示目前的經緯度。

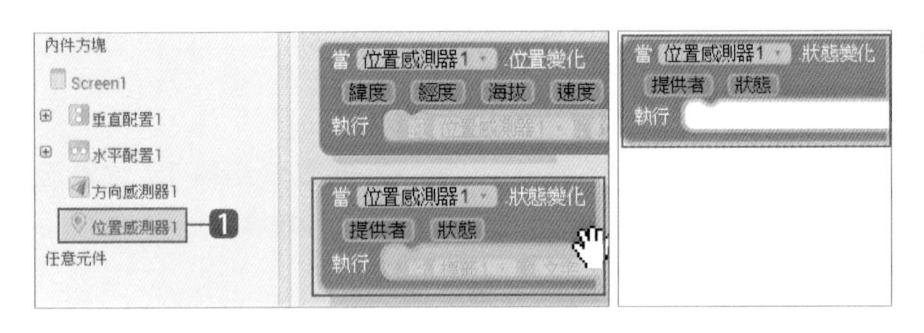

❶ 取 **位置感測器 1 / 當位置感測器 1. 狀態變化** 到 **工作面板** 中。

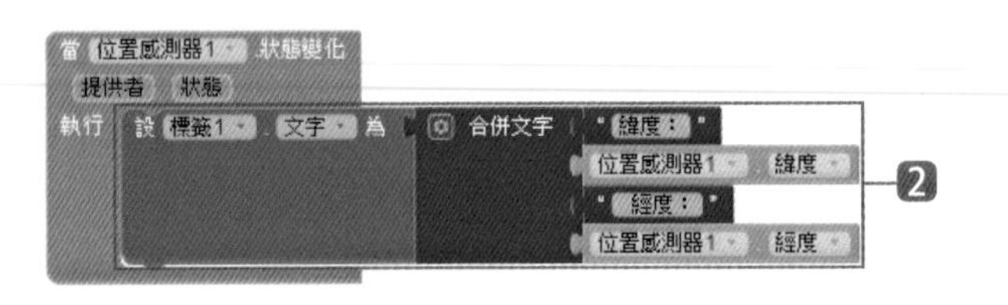

❷ 複製 **標籤 1. 文字 為** 的程式方塊到 **當位置感測器 1. 狀態變化** 方塊中。

9.3.6 取得方位角

當方向改變時，會觸發方向感測器的 **方向變化** 事件，在 **方向變化** 事件中取得目前的方位角，並儲存到 **角度** 變數。

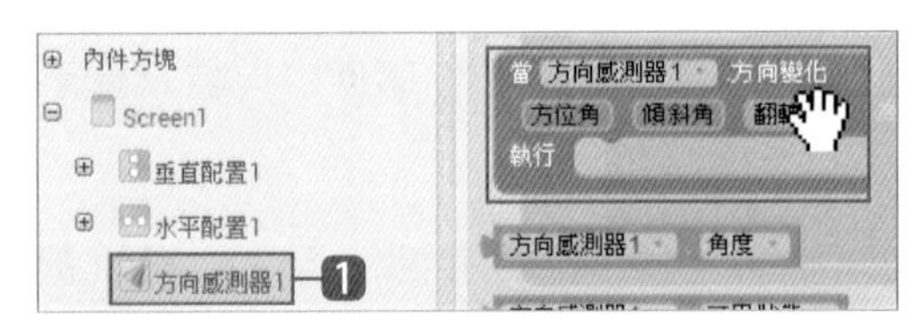
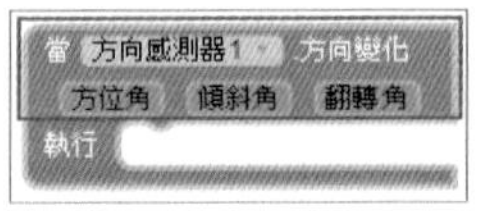
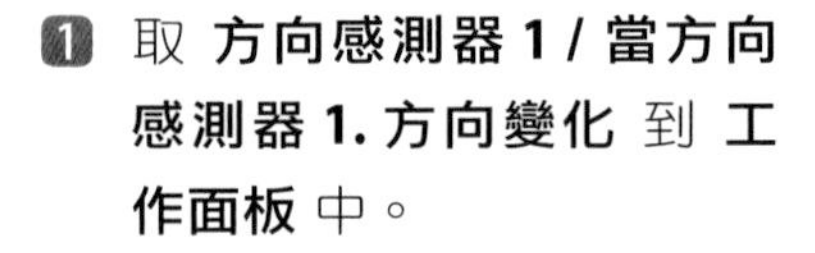

❶ 取 **方向感測器 1 / 當方向感測器 1. 方向變化** 到 **工作面板** 中。

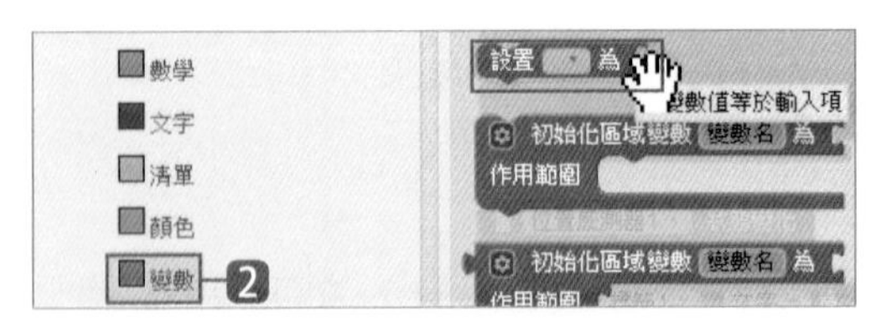

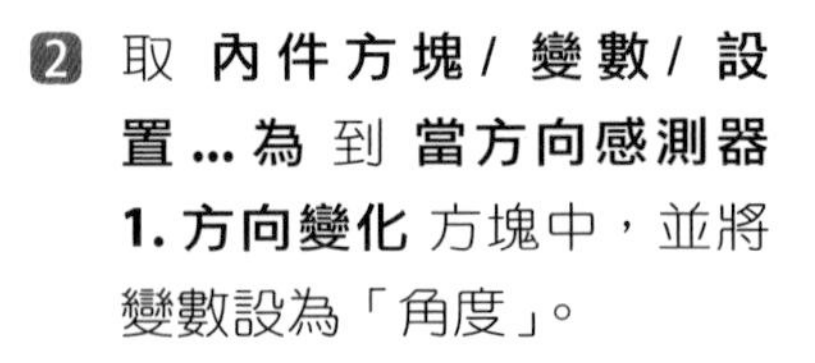

❷ 取 **內件方塊 / 變數 / 設置 ... 為** 到 **當方向感測器 1. 方向變化** 方塊中，並將變數設為「角度」。

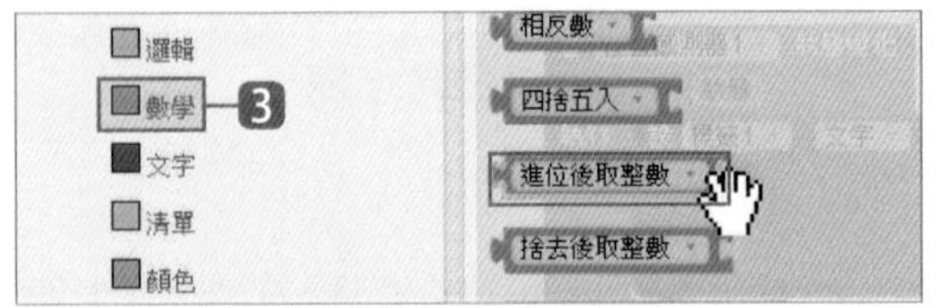

❸ 取 **內件方塊 / 數學 / 進位後取整數** 到前方塊後方。

❹ 將滑鼠移到 **方位角** 出現 **取方位角** 方塊。

❺ 拖曳 **取方位角** 方塊到剛加入的方塊後。

9.3.7 顯示方位名稱和方位角

當方向改變時，依不同名稱的方位顯示目前的方位名稱和方位角。

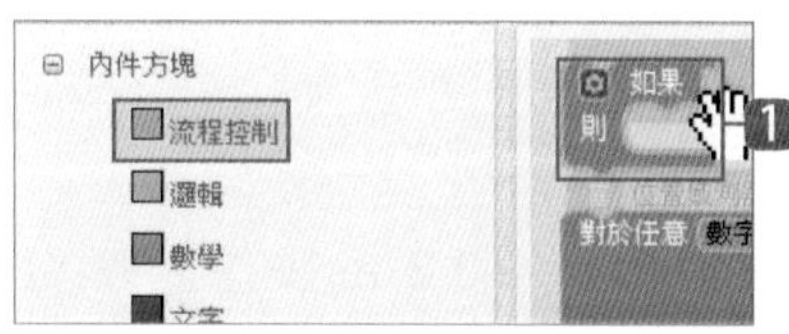

❶ 取 **內件方塊 / 流程控制 / 如果 ... 則** 到剛才的方塊下方。

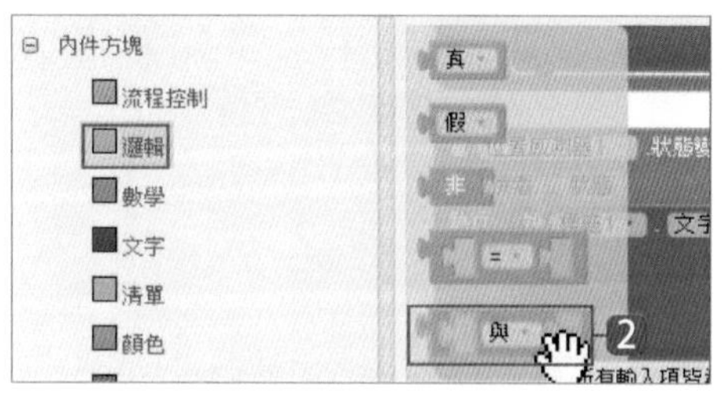

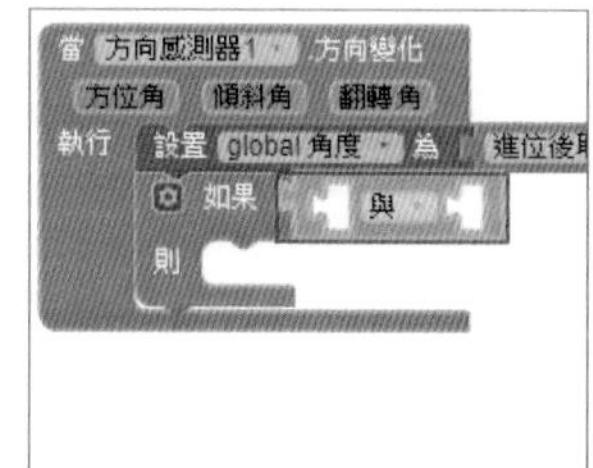

❷ 取 **內件方塊 / 邏輯 / ... 與 ...** 到 **如果 ... 則** 後成為判斷條件。

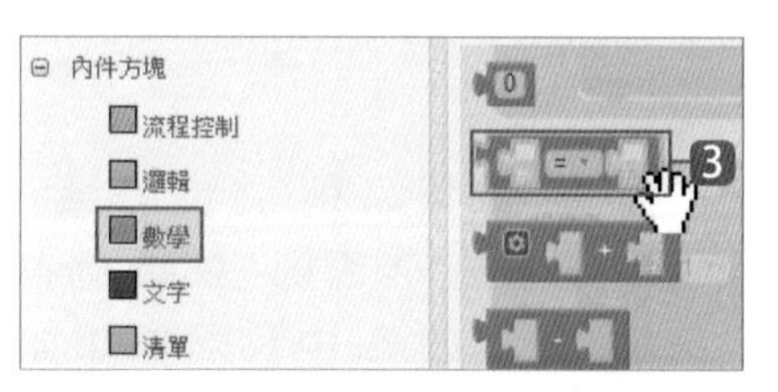

❸ 取 **內件方塊 / 數學 / ...=...** 到 **如果 ... 則** 後成為第一個判斷條件，將判斷方式切換為「≥」。

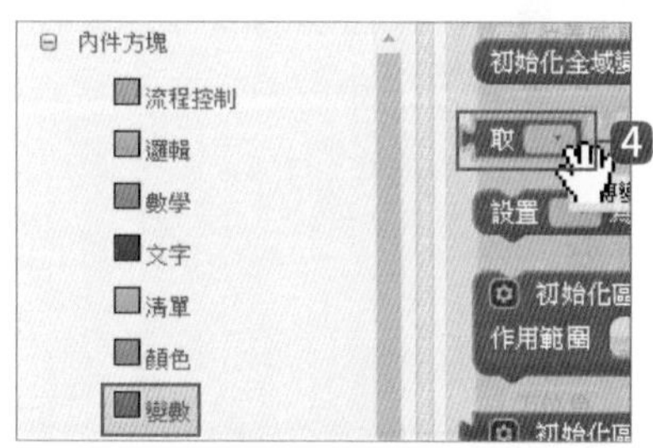

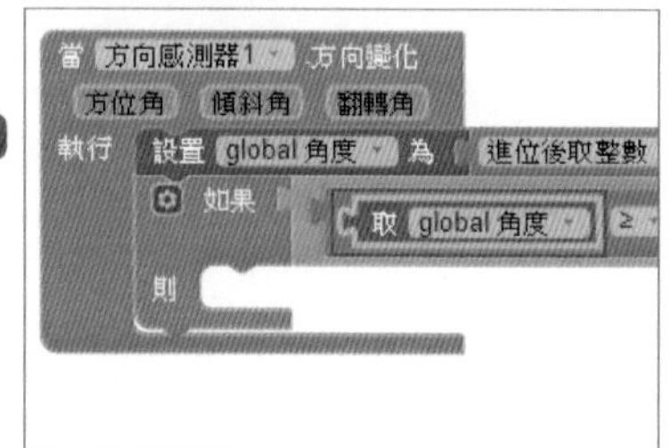

❹ 取 **內件方塊 / 變數 / 取** 到 **... ≥ ...** 的前方並將變數設定為「角度」。

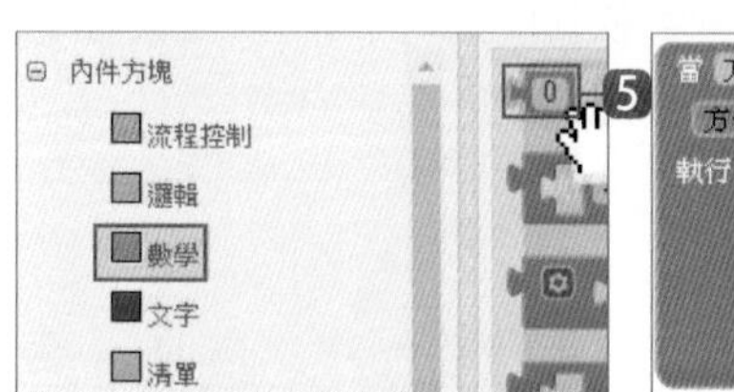

❺ 取 **內件方塊 / 數學 / 0** 到 **... ≥ ...** 的後方。

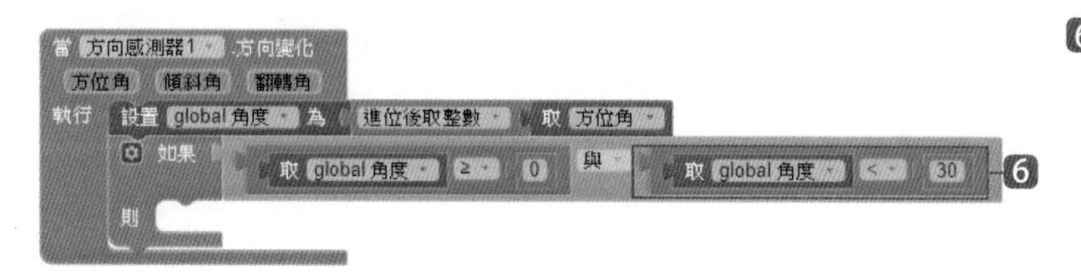

❻ 重複 ❸ ❹ ❺ 的操作，取 **...=...** 到 **如果 ... 則** 成為第二個判斷條件，將判斷方式切換為「<」，取 **角度** 和 **30** 置於 **...<...** 的前後方。

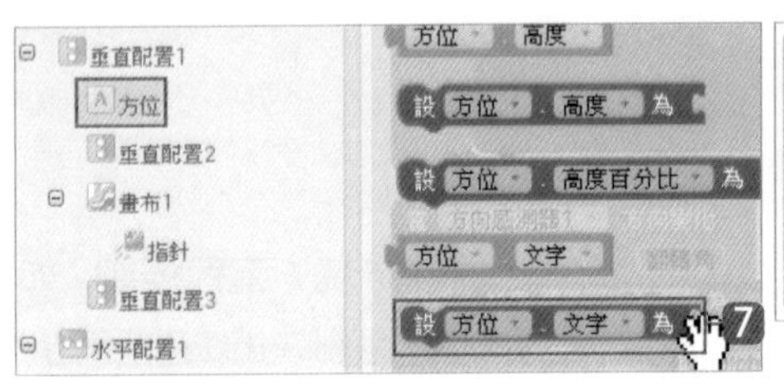

7 取 **方位 / 設方位 . 文字 為** 到 **如果 ... 則** 方塊中。

8 參考 9.3.3 的操作，取 **合併文字** 後加入文字 **N**、變數 **角度** 和文字 **°** 到 **設方位 . 文字 為** 方塊中。

9.3.8 顯示更多方位名稱和方位角

加入更多的條件判斷，顯示不同的方位名稱和方位角。

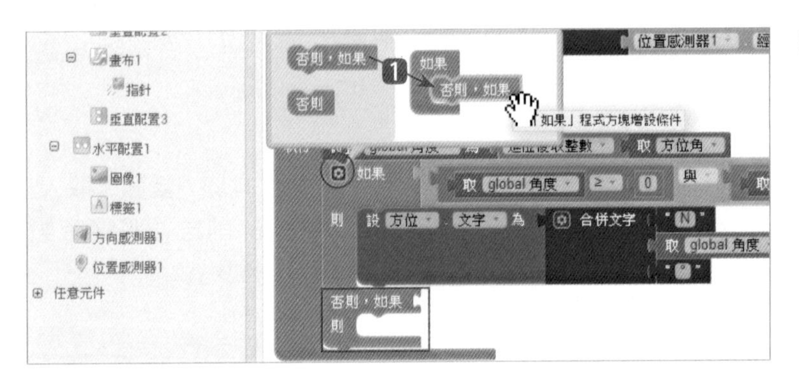

1 按 **如果 ... 則** 方塊的 ⚙，取左方的 **否則，如果** 到右方的 **如果** 中。原來的 **如果 ... 則** 方塊就多了 **否則，如果** 的區域。

2 於 **.. 與 ...** 按滑鼠右鍵，在快顯功能表點選 **複製程式方塊**。

3 拖曳複製的程式方塊到 **否則，如果** 方塊中的判斷條件，並分別更改數字 **0**、**30** 為 **30**、**60**。

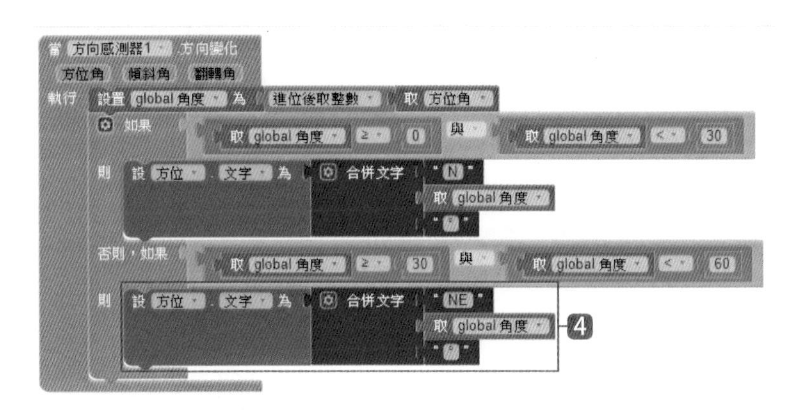

❹ 參考 ❷ ❸ 的操作，複製 **設方位 . 文字 為** 的程式方塊到 **否則，如果** 方塊中，並更改文字 **N** 為 **NE**。

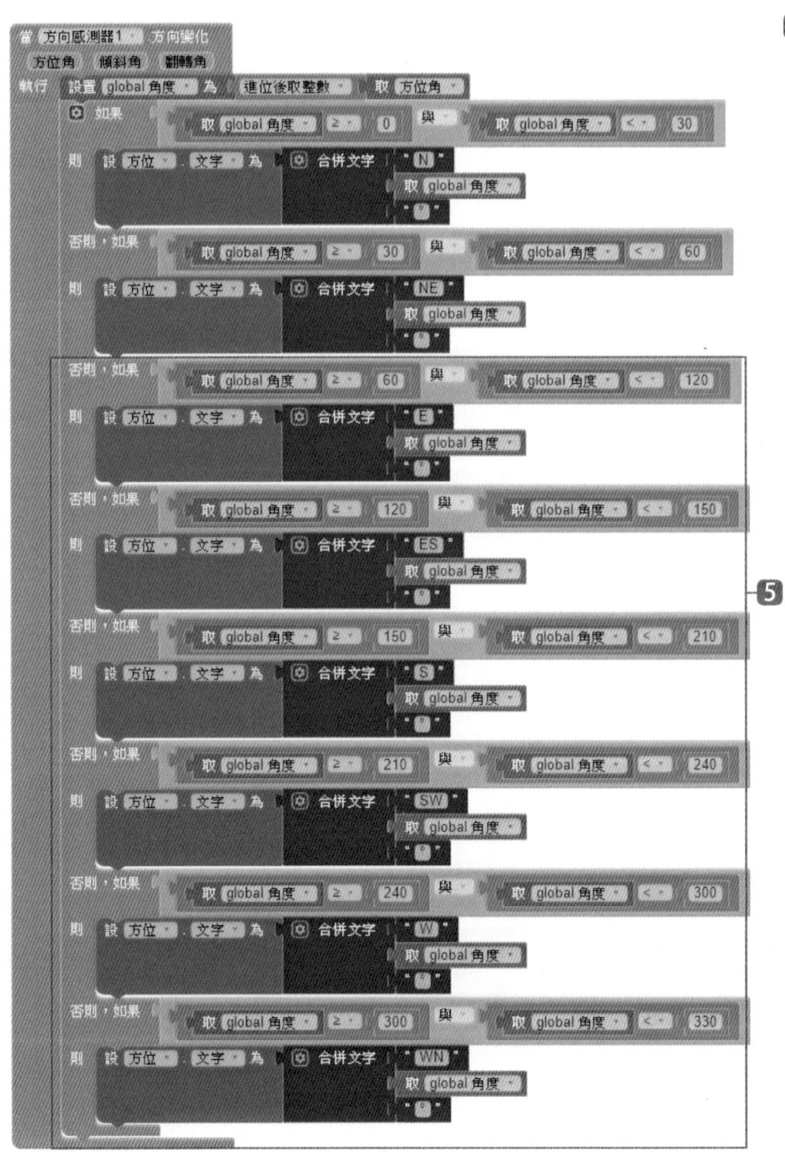

❺ 重複 ❶ ~ ❹ 的操作，再加入 6 組 **否則，如果** 方塊，並依左圖設定方位和角度。

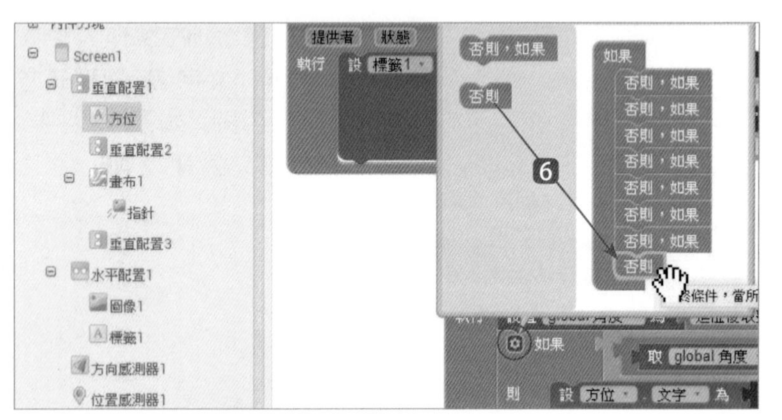

❻ 按 **如果 ... 則** 方塊的 ⚙，取左方的 **否則** 到右方的 **如果** 中的最下方。原來的 **如果 ... 則** 方塊就多了 **否則** 的區域。

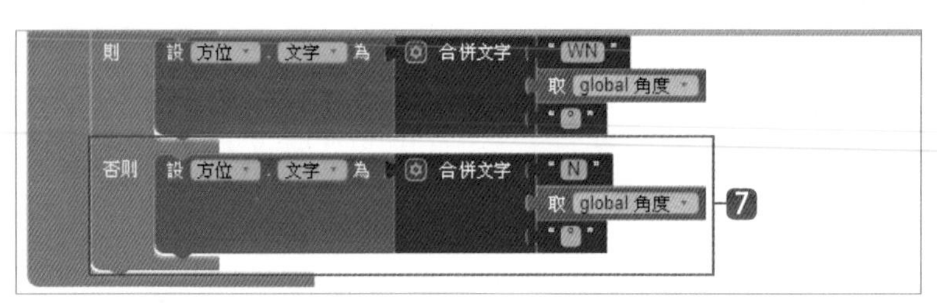

❼ 依左圖設定，複製程式方塊到 **否則** 方塊中。

9.3.9 設定指北針指向目前的方位角

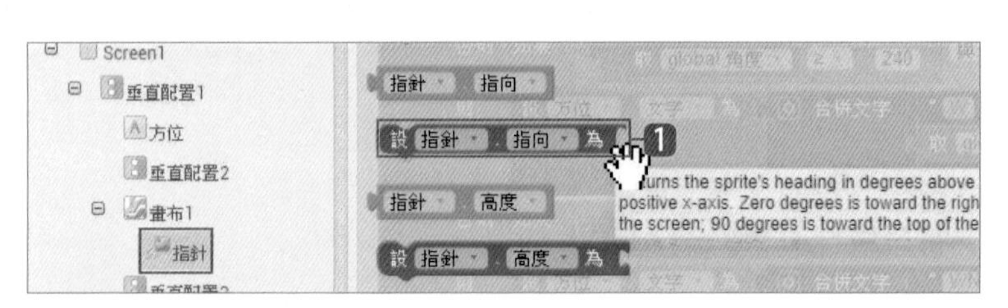

❶ 取 **指針 / 當指針 . 指向 為** 到 **如果 ... 否則，如果 ... 否則** 方塊的下方。

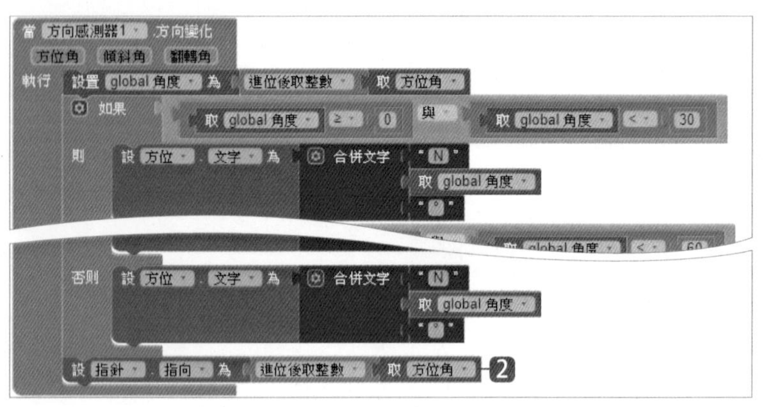

❷ 重複 9.3.6 ❸ ~ ❺ 的操作，加入 **進位後取整數** 和 **取方位角** 方塊。

如此即完成 App 的專題製作。

[10] 整點報時掛鐘

- 學習建立具有傳回值的程序
- 學習畫布元件
- 學習圖像精靈元件
- 學習音效元件播放聲音
- 學習計時器元件取得時間資訊
- 學習計時器元件定時執行程式

10.1 認識 App 專題：整點報時掛鐘

10.1.1 專題介紹

非常懷念小時候的掛鐘，不但鐘面美觀，整點時會發出鐘聲，鐘聲的數量就是小時數，不看時鐘也知道現在幾點了！

本專題融合數位時鐘及指針時鐘：數位時鐘以數字顯示現在時間，採 24 小時制呈現，數字下方則顯示日期；指針時鐘則以時針、分針及秒針顯示時間，非常美觀，秒針每秒變動一次。程式計算各種指針的角度：秒針每秒鐘走 6 度，分針每分鐘走 6 度，時針每小時走 30 度。

當分針與秒針皆為 0 時，表示已到整點時刻。程式以迴圈執行「小時」次，每次播放一聲鐘聲，就能以鐘聲數量判斷目前是幾點了！

10.1.2 專題作品預覽

「整點報時掛鐘」App 上方是數位時鐘，以數字顯示目前小時數及分鐘數，數位時鐘採 24 小時制顯示小時數，時間下方則顯示目前日期。日期下方則是時鐘圖形，以指針顯示目前時間，指針每秒變動一次。

整點時會播放音效，播放的鐘聲次數即為小時數，例如三點就會播放鐘聲三次。

10.2 專題開發重要技巧說明

10.2.1 計算秒針角度

圖像精靈 元件的 **指向** 屬性可設定元件的方向：向上為 0 度，逆時針旋轉計算角度，也就是向左為 90 度、向下為 180 度、向右為 270 度。

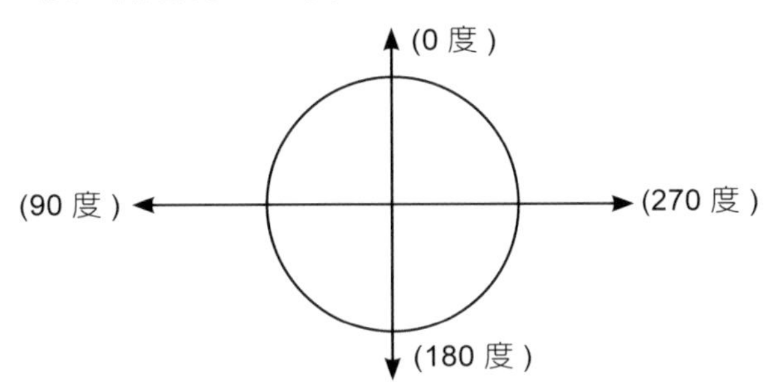

秒針 1 分鐘繞圓形一圈，即 1 分鐘走了 360 度，因此秒針 1 秒鐘走 6 度 (360/60=6)。秒針走的角度為「秒數 *6」，拼塊為：

取 global 秒 × 6

但時鐘是順時針移動，而 **圖像精靈** 的 **指向** 屬性是逆時針，所以要把秒針的順時針角度轉換為 **指向** 屬性的逆時針才能得到正確方向，公式為「逆時針角度 (**指向** 屬性) = 360 - 順時針角度」，拼塊為：

設 秒針 . 指向 為 360 - 取 global 秒 × 6

例如 15 秒時，秒針移動了 15*6=90 度，則 **指向** 屬性的值為 360-90=270 度，因此 15 秒時秒針會指向右方。

10.2.2 計算分針角度

計算秒針角度的方式較為單純，只需知道秒針 1 秒移動 6 度即可。計算分針角度時除了要考慮分針的移動角度外，還要留意秒針的移動也會造成分針少許移動。若忽略秒針對分針的影響，將會產生分針「跳動」的現象。

分針和秒針一樣，是 60 分鐘繞圓形一圈，即 1 分鐘走 6 度。

取 global 分 × 6

而秒針走一圈 (60 秒) 時分針僅移動 1 分鐘 (6 度)，即 1 秒鐘分針移動 6/60=0.1 度：

取 global 秒 × 0.1

分針移動的角度是兩者的總和：

```
取 global 分 × 6 + 取 global 秒 × 0.1
```

分針 **指向** 屬性的值為：

```
設 分針 . 指向 為 360 - 取 global 分 × 6 + 取 global 秒 × 0.1
```

10.2.3 計算時針角度

計算時針角度更為複雜，必須同時考慮時針、分針、秒針移動的影響。

時針是 12 小時繞圓形一圈，即 1 小時走 360/12=30 度。

```
取 global 時 × 30
```

分針走一圈 (60 分鐘) 時針會移動 1 小時 (30 度)，即 1 分鐘時針移動 30/60=0.5 度：

```
取 global 分 × 0.5
```

秒針走一圈 (60 秒) 時針會移動 1 分鐘 (0.5 度)，即 1 秒鐘時針移動 0.5/60=0.0083 度，此數值非常小，可忽略不計。

時針移動的角度以時針及分針的總和計算 (秒針忽略不計)：

```
取 global 時 × 30 + 取 global 分 × 0.5
```

時針 **指向** 屬性的值為：

10.3 App 畫面編排

使用 App Inventor 2 製作「整點報時掛鐘」App，在規劃程式功能及流程後，再依架構設計版面並收集素材，最後即可開始進行畫面編排。

10.3.1 App 畫面編排完成圖

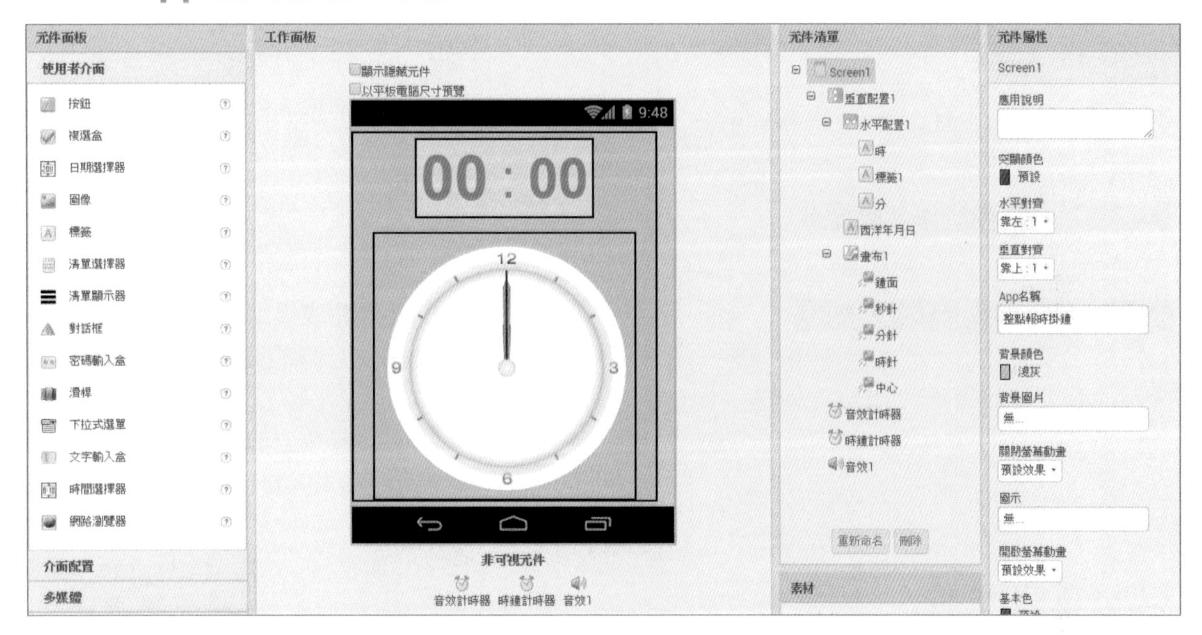

10.3.2 新增專案及素材上傳

在「整點報時掛鐘」App 的範例畫面編排中，除了畫面上版頭的圖片之外，最重要的是要加入 **標籤**、**畫布** 及 **圖像精靈**。

❶ 登入開發頁面按 **新增專案** 鈕。

❷ 在對話方塊的 **專案名稱** 欄位中輸入「ex_wallclock」。

❸ 按下 **確定** 鈕完成專案的新增並進入開發畫面。

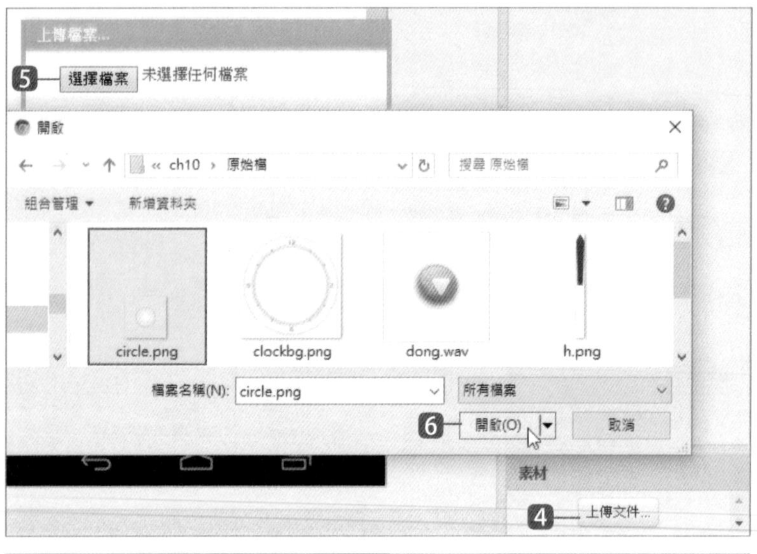

❹ 按 **素材** 的 **上傳文件** 鈕。

❺ 在對話方塊按 **選擇檔案** 鈕。

❻ 在對話視窗中選取本章原始檔資料夾，選取圖片 <circle.png> 檔後按 **開啟** 鈕，然後在對話方塊中按 **確定** 鈕。

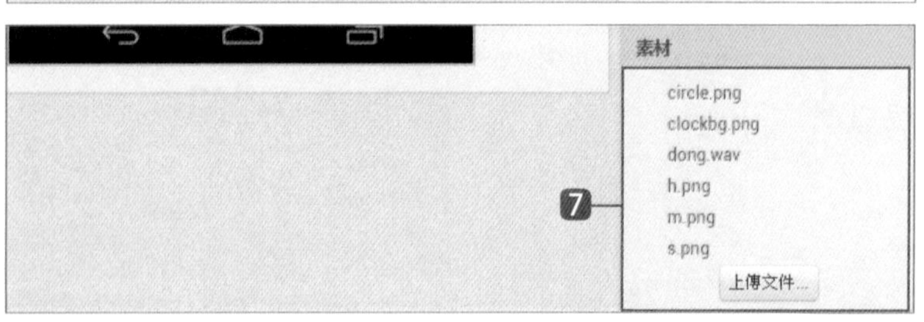

❼ 完成後即可在 **素材** 中看到上傳的圖片檔名。請利用相同的方式將其他圖片及音效上傳到 **素材** 中。

10.3.3 設定畫面

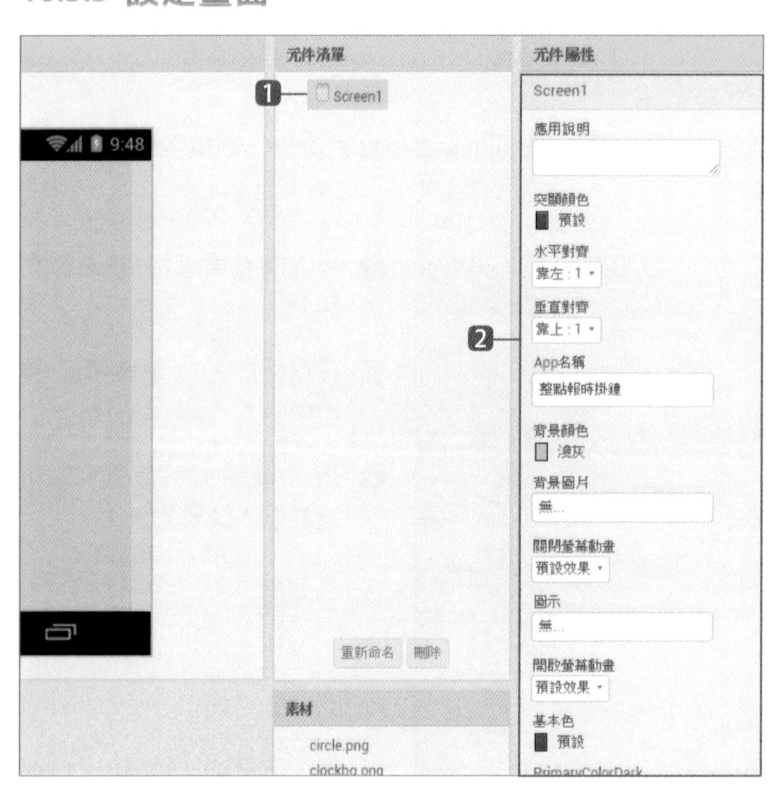

❶ 首先進行外觀編排：在 **元件清單** 選按 **Screen1** 準備進行設定，這是預設的畫面元件。

❷ 請在 **元件屬性** 依下頁表格資料進行欄位設定。

欄位	值
App 名稱	整點報時掛鐘
背景顏色	淺灰
螢幕方向	鎖定直式畫面
允許捲動	取消核選
狀態列顯示	取消核選

欄位	值
視窗大小	自動調整
Theme	Device Default
標題	整點報時掛鐘
標題顯示	取消核選

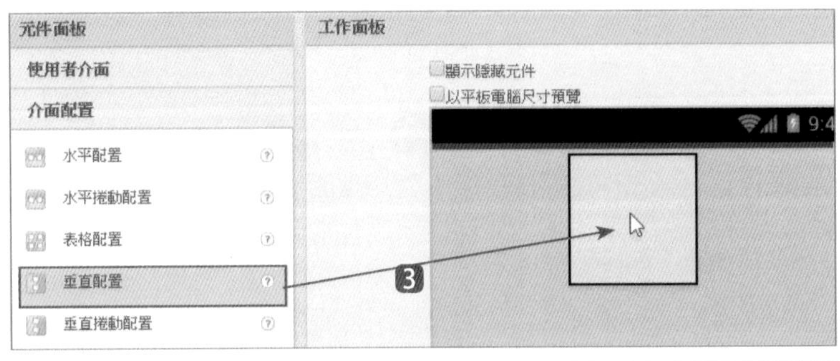

❸ 在 **元件面板** 拖曳 **介面配置 / 垂直配置** 到工作面板中。

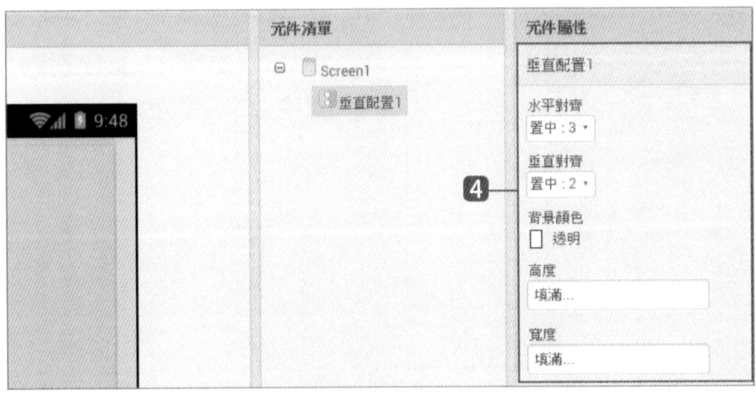

❹ 在 **元件屬性** 設定 **水平對齊：置中**、**垂直對齊：置中**、**背景顏色：透明**、**高度：填滿**、**寬度：填滿**。

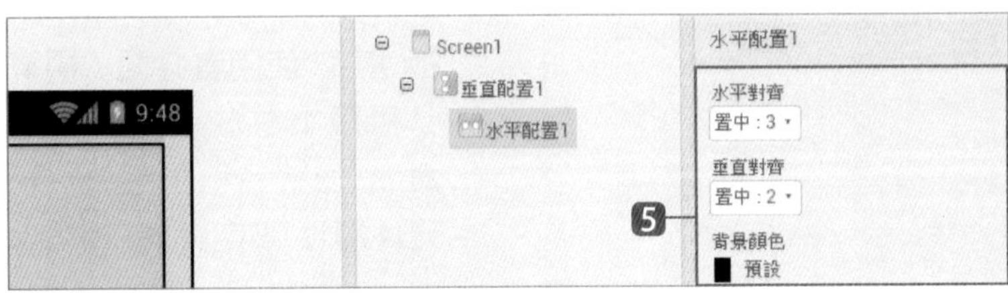

❺ 在 **元件面板** 拖曳 **介面配置 / 水平配置** 到剛才的垂直配置中，在 **元件屬性** 設定 **水平對齊：置中**、**垂直對齊：置中**

10.3.4 建立數位時鐘區

接著要在面板中加入顯示數位時間及日期的標籤元件，請依下述步驟操作：

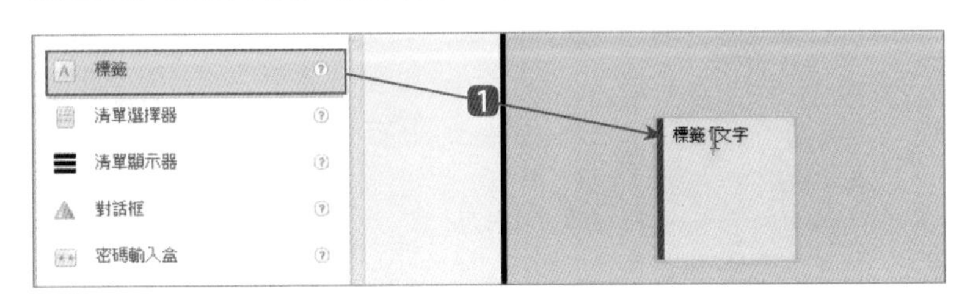

❶ 在 **元件面板** 拖曳 **使用者介面 / 標籤** 到剛才的水平配置中。

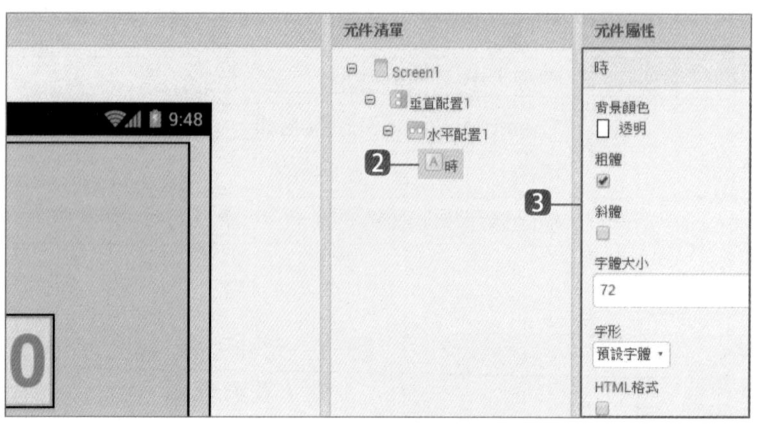

❷ 使用 **重新命名** 鈕將名稱更名為 **時**。

❸ 在 **元件屬性** 設定 **粗體：核選**、**字體大小：72**、**文字：00**、**文字對齊：置中**、**文字顏色：灰色**。

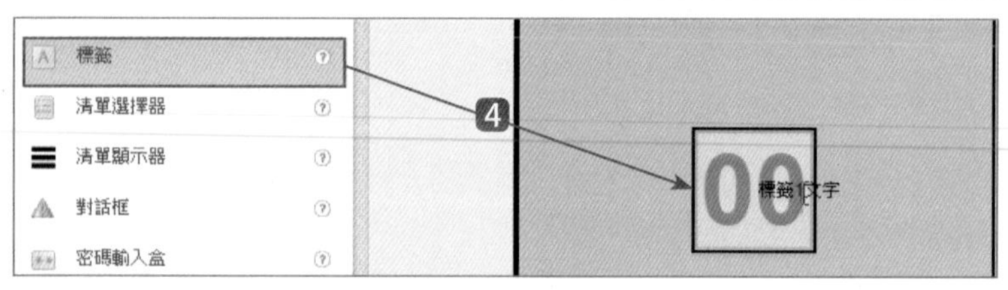

❹ 在 **元件面板** 拖曳 **使用者介面 / 標籤** 到剛才的標籤右方。

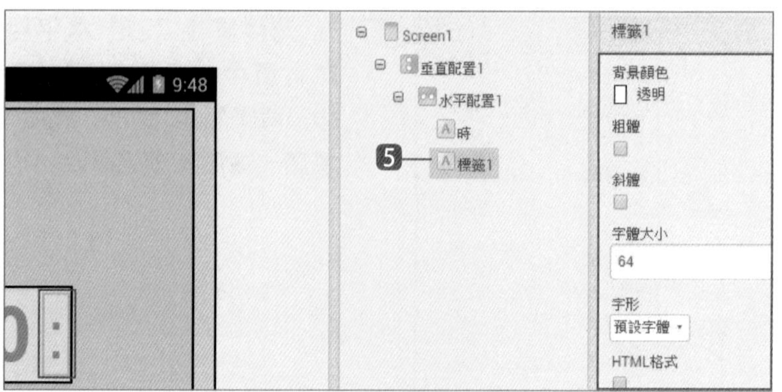

❺ 在 **元件屬性** 設定 **字體大小：64**、**文字：:**、**文字對齊：置中**、**文字顏色：灰色**。

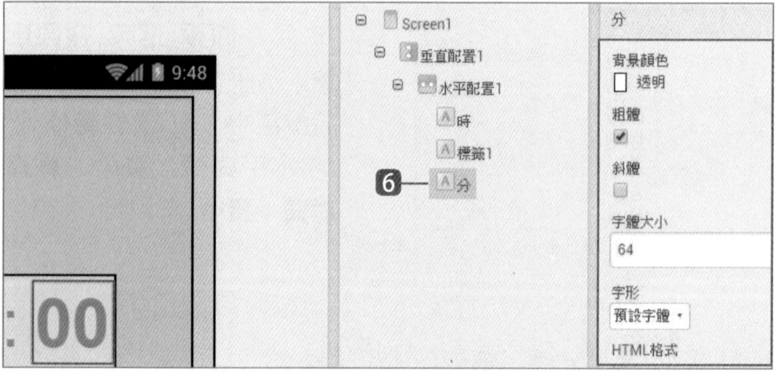

❻ 重複 ❶ 到 ❸：在 **元件面板** 拖曳 **使用者介面 / 標籤** 到標籤 1 右方。使用 **重新命名** 鈕將名稱更名為 **分**。**元件屬性** 設定與 **時** 相同。

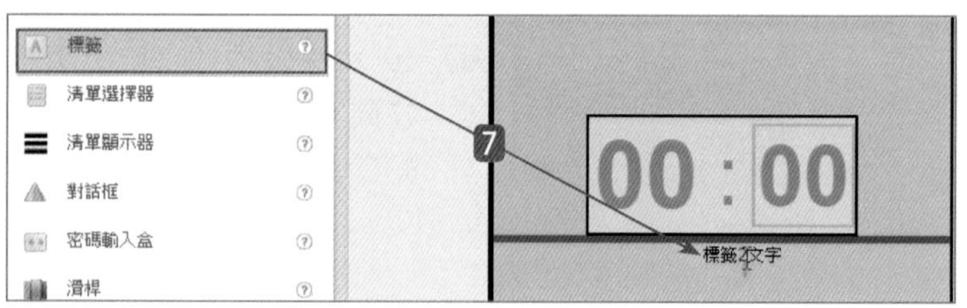

❼ 在 **元件面板** 拖曳 **使用者介面 / 標籤** 到水平配置 1 下方。

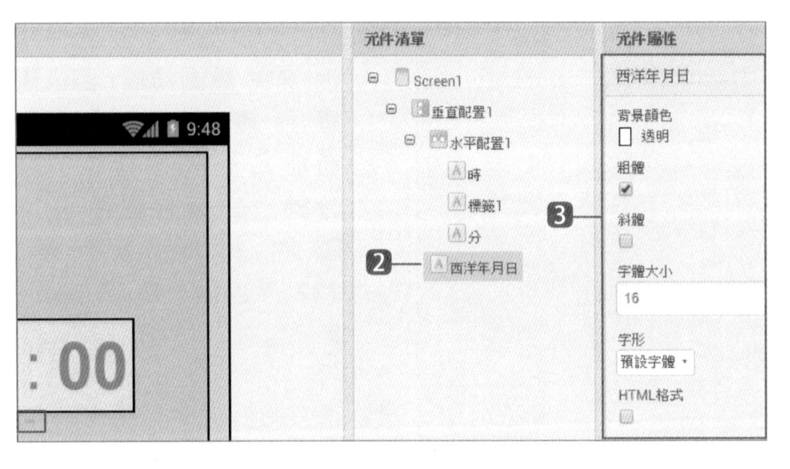

❷ 使用 **重新命名** 鈕將名稱更名為 **西洋年月日**。

❸ 在 **元件屬性** 設定 **粗體：核選**、**字體大小：16**、**文字：**清空留白、**文字顏色：灰色**。

10.3.5 建立指針時鐘區

再來是在面板中加入顯示指針的畫布及圖像精靈，請依下述步驟操作：

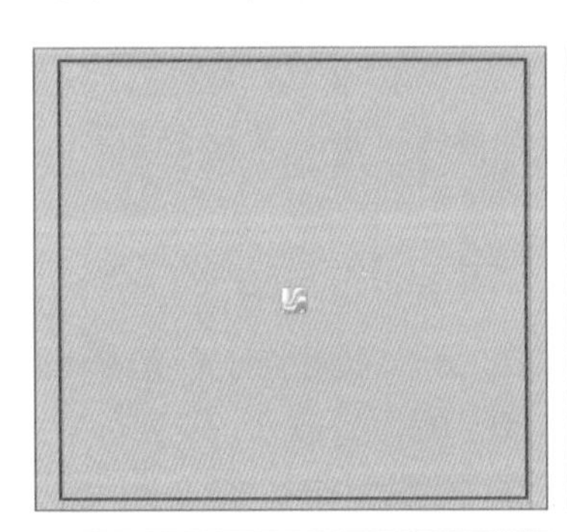

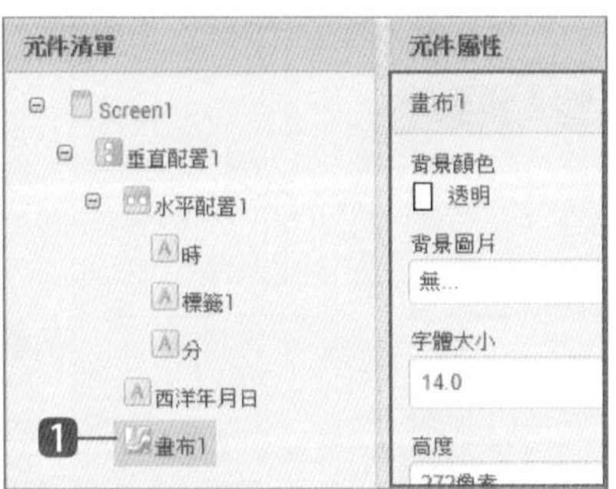

❶ 在 **元件面板** 拖曳 **繪圖動畫 / 畫布** 到 **西洋年月日** 下方，在 **元件屬性** 設定 **背景顏色：透明**、**高度：272 像素**、**寬度：272 像素**。

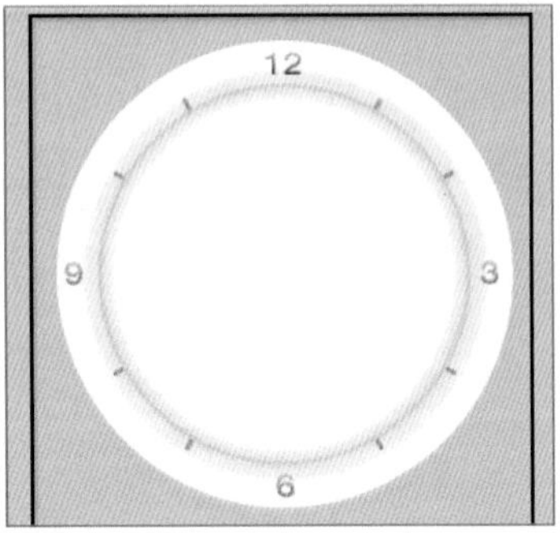

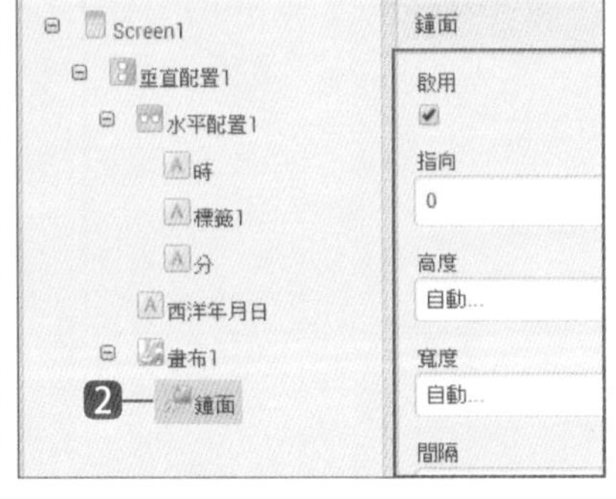

❷ 建立時鐘圖形：在 **元件面板** 拖曳 **繪圖動畫 / 圖像精靈** 到 **畫布 1** 中，使用 **重新命名** 鈕將名稱更名為 **鐘面**，在 **元件屬性** 設定 **圖片：clockbg.png**、**X 座標：0**、**Y 座標：0**。

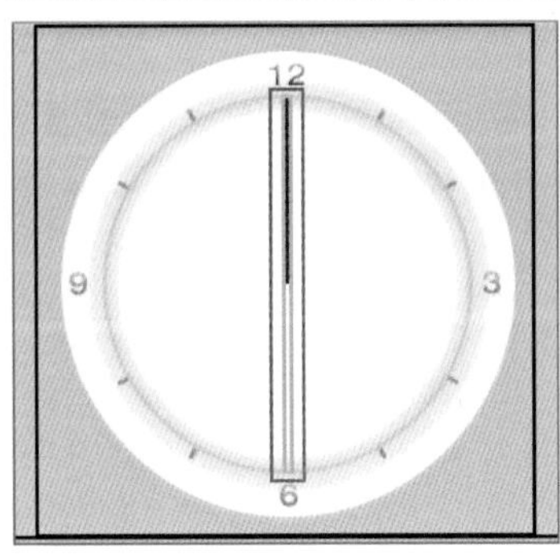

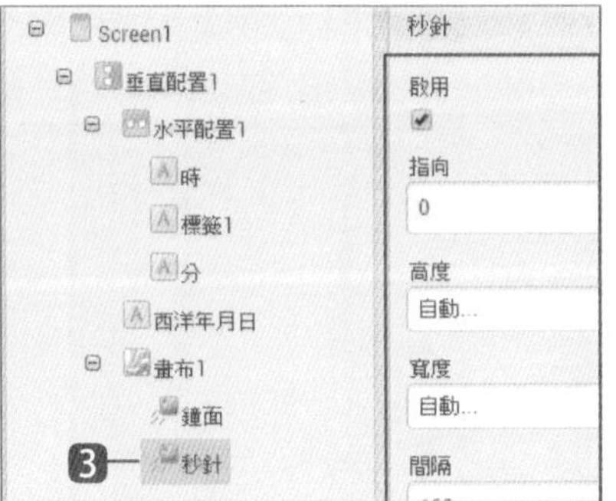

❸ 建立秒針圖形：在 **元件面板** 拖曳 **繪圖動畫 / 圖像精靈** 到 **畫布 1** 中，使用 **重新命名** 鈕將名稱更名為 **秒針**，在 **元件屬性** 設定 **圖片：s.png**、**X 座標：135**、**Y 座標：36**、**Z 座標：4**。

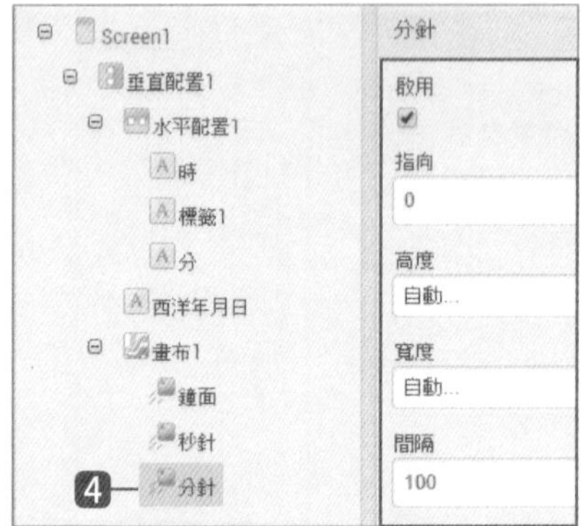

❹ 建立分針圖形：在 **元件面板** 拖曳 **繪圖動畫 / 圖像精靈** 到 **畫布 1** 中，使用 **重新命名** 鈕將名稱更名為 **分針**，在 **元件屬性** 設定 **圖片：m.png**、**X 座標：132**、**Y 座標：43**、**Z 座標：3**。

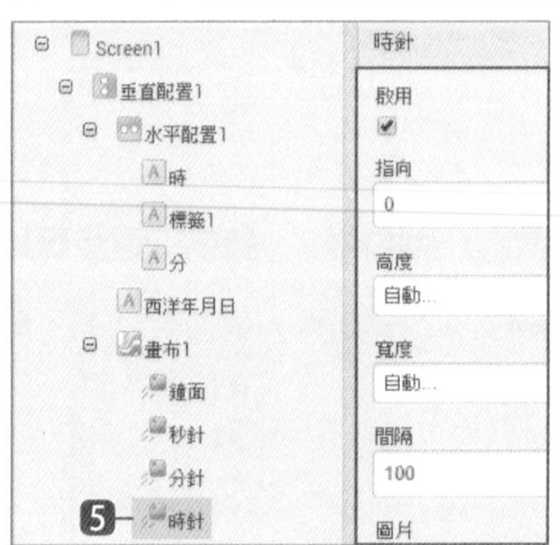

❺ 建立時針圖形：在 **元件面板** 拖曳 **繪圖動畫 / 圖像精靈** 到 **畫布 1** 中，使用 **重新命名** 鈕將名稱更名為 **時針**，在 **元件屬性** 設定 **圖片：h.png**、**X 座標：132**、**Y 座標：84**、**Z 座標：2**。

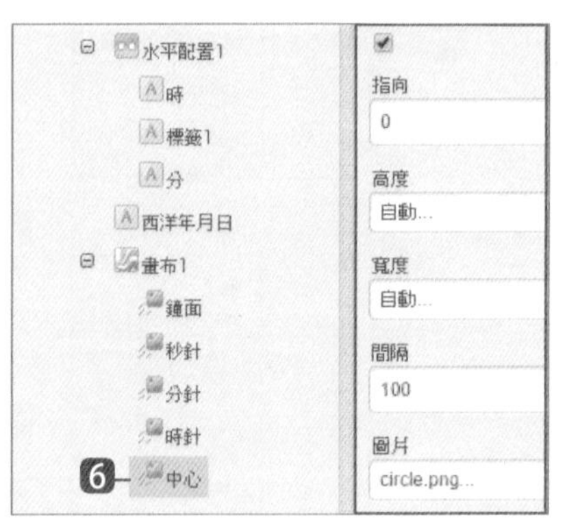

❻ 在 **元件面板** 拖曳 **繪圖動畫 / 圖像精靈** 到 **畫布1** 中，使用 **重新命名** 鈕將名稱更名為 **中心**，在 **元件屬性** 設定 **圖片：circle.png**、**X 座標：118**、**Y 座標：118**、**Z 座標：5**。

10.3.6 建立非可視元件區

最後要在面板中加入計時器及音效等非可視元件，請依下述步驟操作：

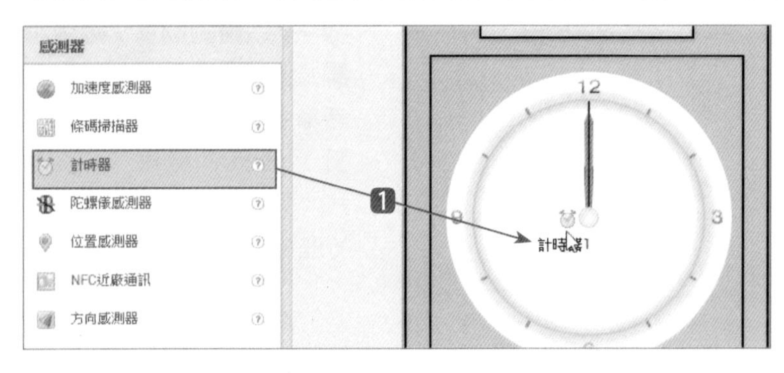

❶ 在 **元件面板** 拖曳 **感測器 / 計時器** 到 **工作面板** 中。

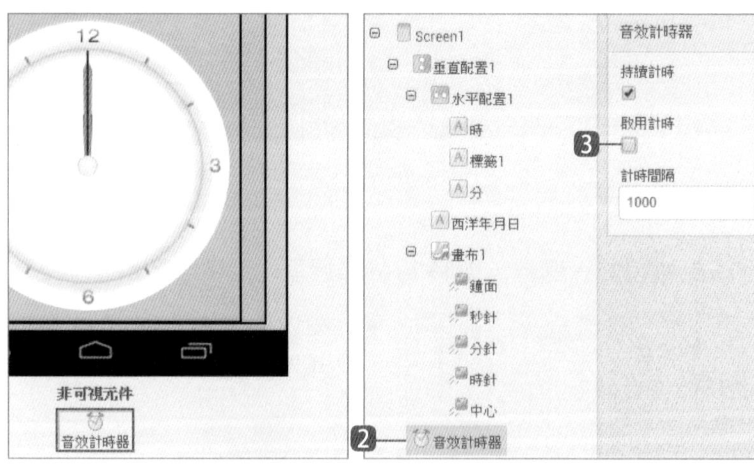

❷ 使用 **重新命名** 鈕將名稱更名為 **音效計時器**。

❸ 在 **元件屬性** 設定 **啟用計時：取消核取**。

音效計時器用於控制掛鐘正點報時的鐘響數量，程式開始時不執行。

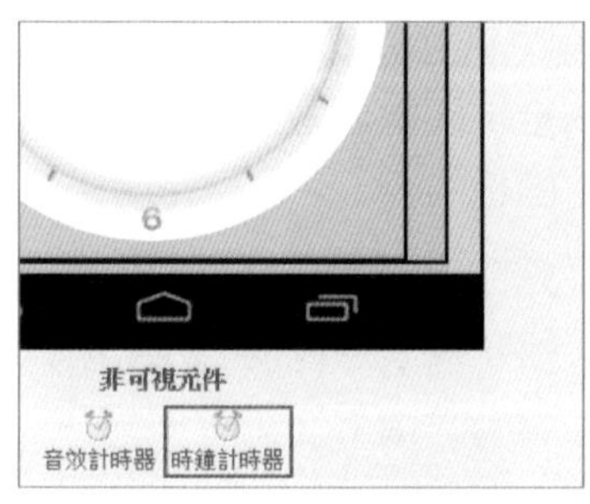

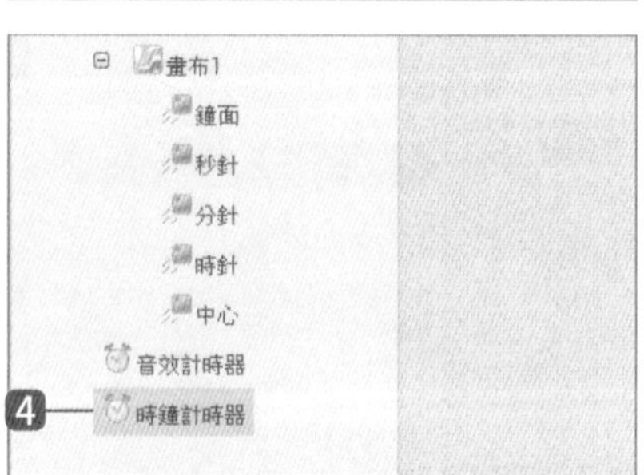

❹ 在 **元件面板** 拖曳 **感測器 / 計時器** 到 **工作面板** 中，使用 **重新命名** 鈕將名稱更名為 **時鐘計時器**。

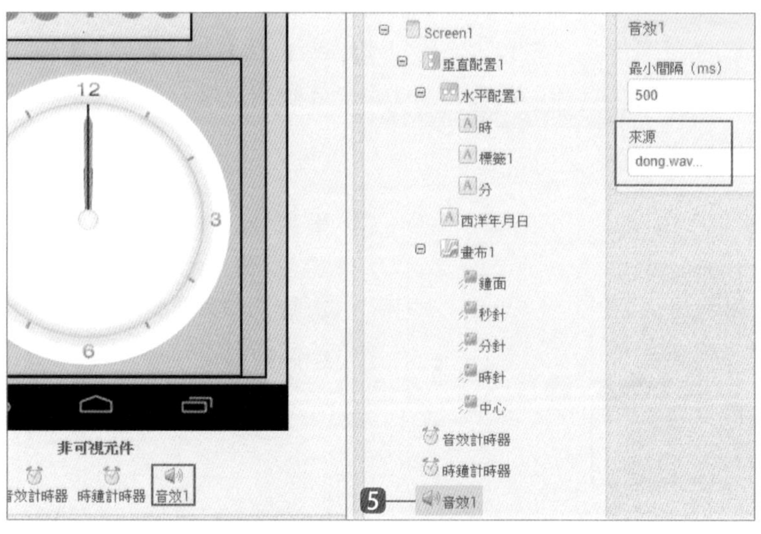

❺ 在 **元件面板** 拖曳 **多媒體 / 音效** 到 **工作面板** 中，在 **元件屬性** 設定 **來源：dong.wav**。

10.4 App 程式設計

完成了「整點報時掛鐘」App 的畫面編排後，接下來就要加入程式設計的拼塊。

10.4.1 建立變數

首先建立程式所需的變數：**次數** 存正點報時的鐘響數，**暫時** 存計算過程中的暫時數值。

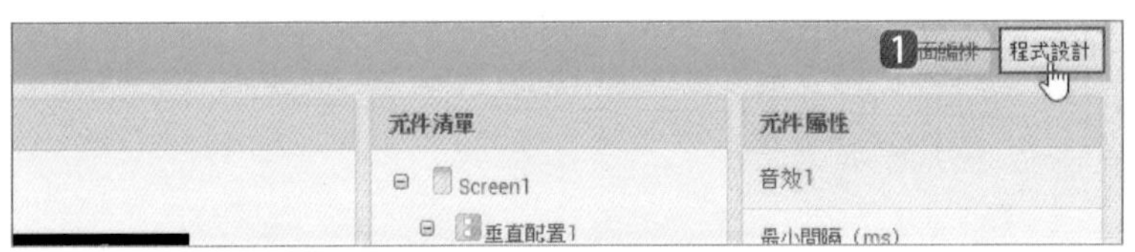

❶ 按功能表右方的 **程式設計** 進入程式設計模式。

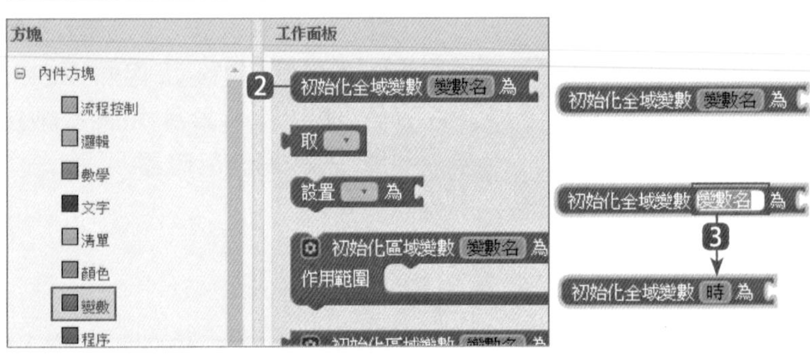

❷ 取 **內件方塊 / 變數 / 初始化全域變數變數名為** 到 **工作面板** 中。

❸ 在 **變數名** 按一下滑鼠左鍵，將文字修改為 **時** 做為變數名稱。

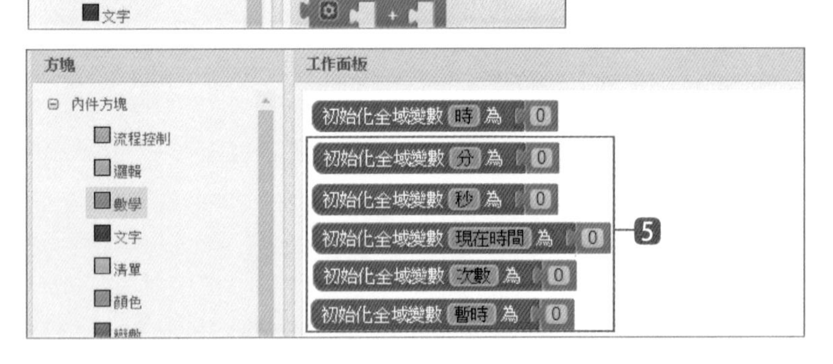

❹ 取 **內件方塊 / 數學 / 0** 到剛才變數拼塊右方。

❺ 重複 ❷ 到 ❹ 五次：分別建立 **分**、**秒**、**現在時間**、**次數** 及 **暫時** 5 個變數，初始值皆為 **0**。

10.4.2 建立「兩位數」程序

「兩位數」程序會將傳入的數值轉換為兩位數數字傳回。

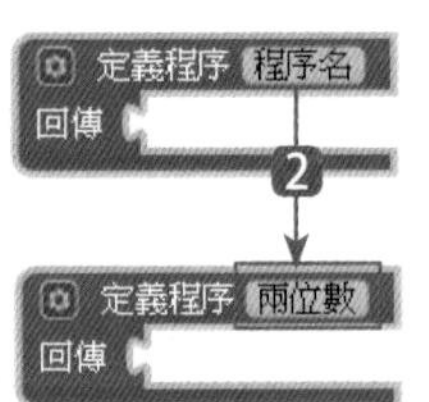

❶ 取 **內件方塊 / 程序 / 定義程序程序名回傳** 到 **工作面板** 中。

❷ 在 **程序名** 按一下滑鼠左鍵，將文字修改為 **兩位數**。

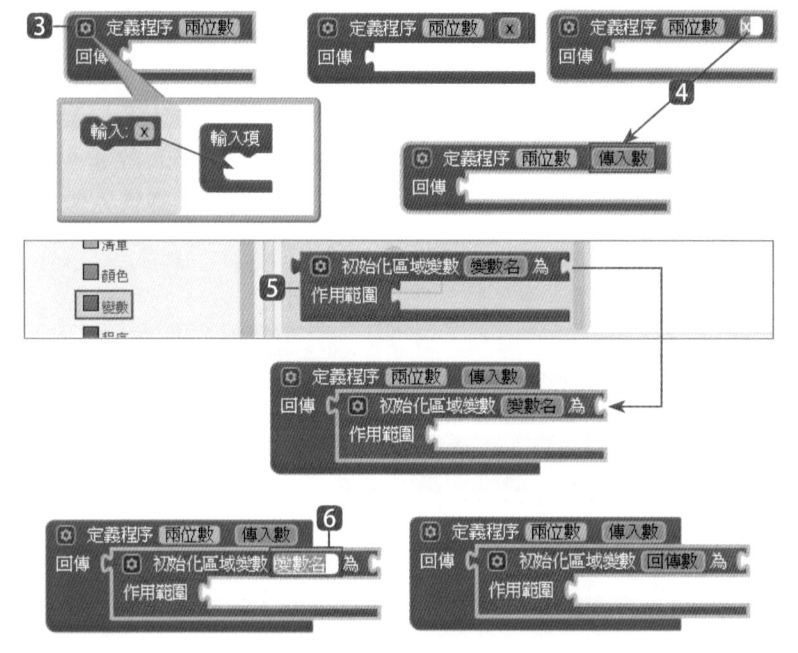

❸ 在程序拼塊按一下 ⚙，拖曳左方 **輸入 x** 到右方輸入項下方，即可增加一個參數。

❹ 在 **x** 按一下滑鼠左鍵，將文字修改為 **傳入數** 做為參數名稱。

❺ 建立區域變數：取 **內件方塊 / 變數 / 初始化區域變數為**（凸角者）到剛才拼塊中。

❻ 在 **變數名** 按一下滑鼠左鍵，將文字修改為 **回傳數** 做為區域變數名稱。

❼ 設定區域變數初始值為空字串：取 **內件方塊 / 文字 / " "** 到剛才拼塊右方。

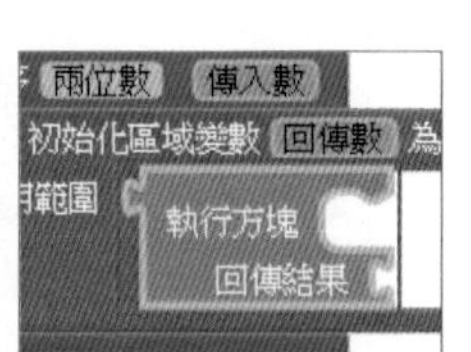

❽ 取 **內件方塊 / 流程控制 / 執行方塊回傳結果** 到 **作用範圍** 右方。

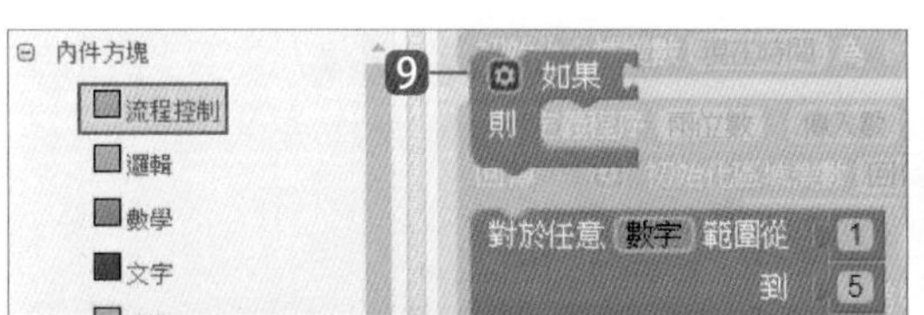

❾ 取 **內件方塊 / 流程控制 / 如果則** 到 **執行方塊** 右方。

❿ 在 **如果則** 拼塊按一下 ⚙，拖曳左方 **否則** 到 **如果** 下方，即可增加 **否則** 拼塊。

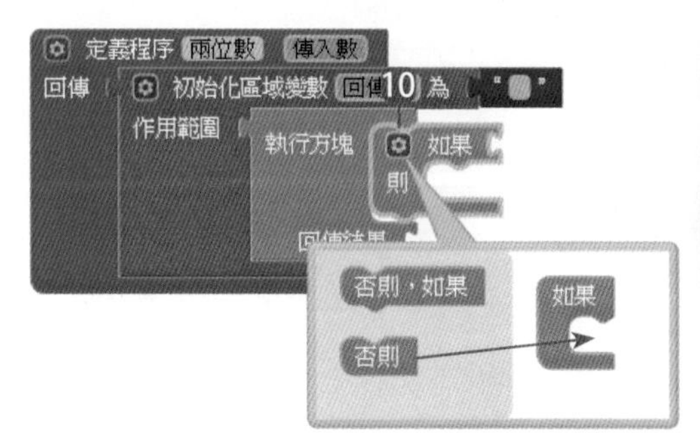

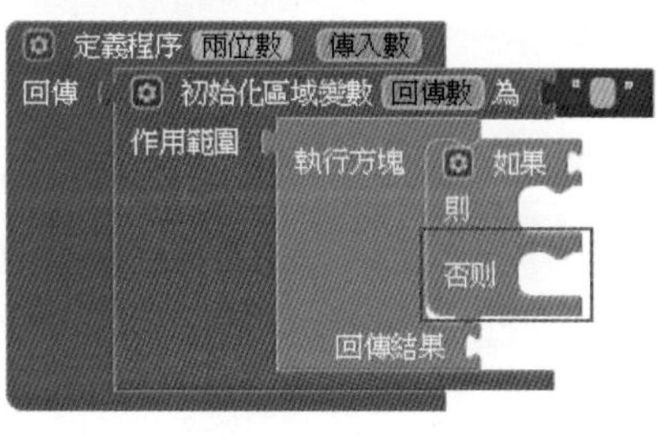

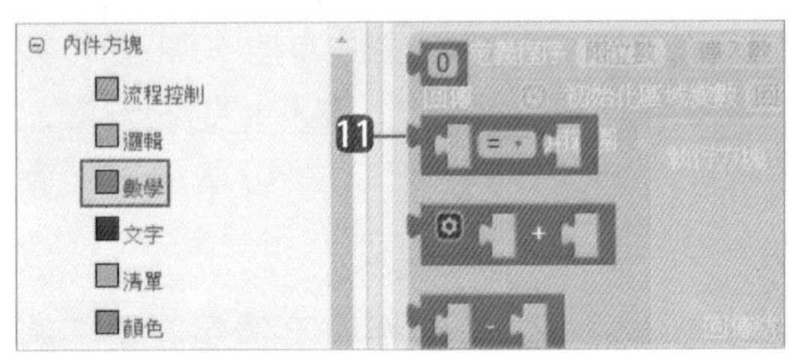

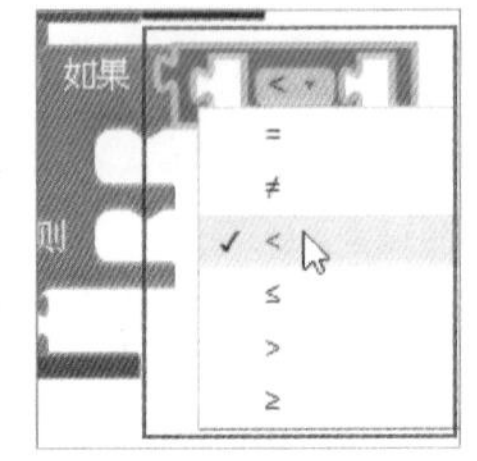

⑪ 取 **內件方塊 / 數學 / =** 到 **如果** 右方，在 **=** 下拉式選單中點選 **<** 項目。

⑫ 將滑鼠移到 **傳入數** 參數停留一下，拖曳 **取傳入數** 到 **<** 拼塊的左方。

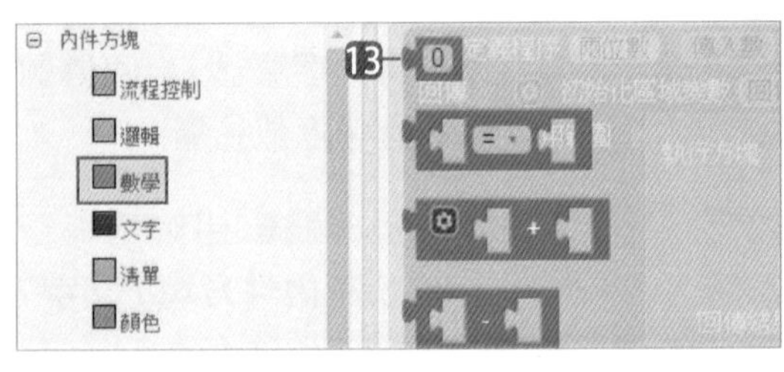

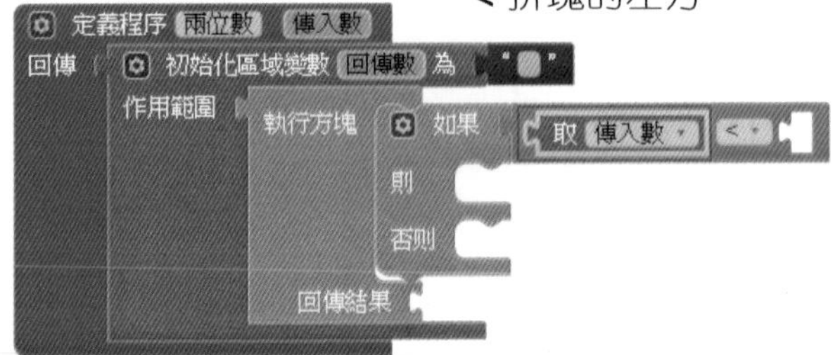

⑬ 取 **內件方塊 / 數學 / 0** 到 **<** 拼塊右方，並將數值改為 **10**。

⑭ 將滑鼠移到 **回傳數** 參數停留一下，拖曳 **設置回傳數為** 到 **則** 的右方。

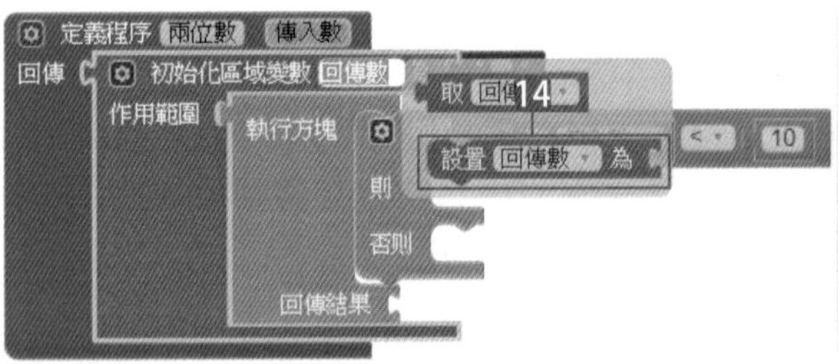

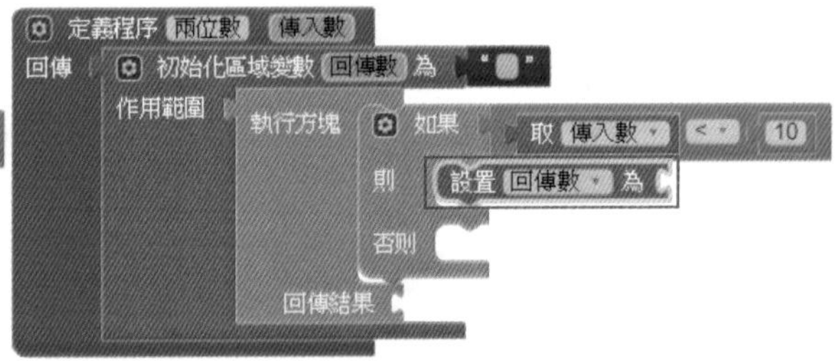

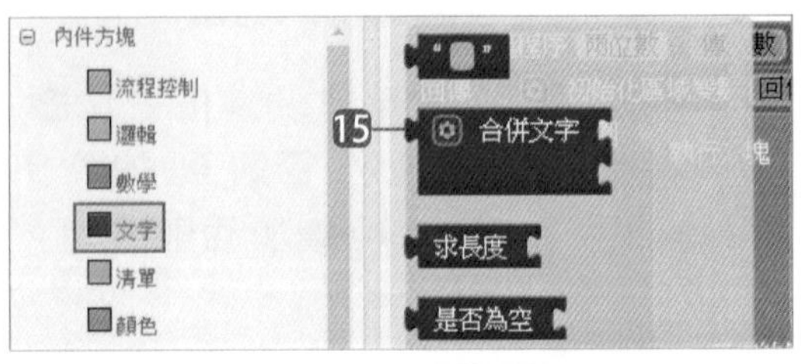

⑮ 取 **內件方塊 / 文字 / 合併文字** 到剛才拼塊的右方。

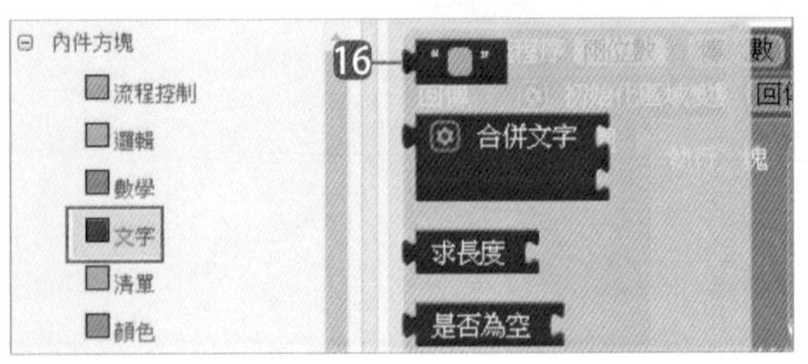

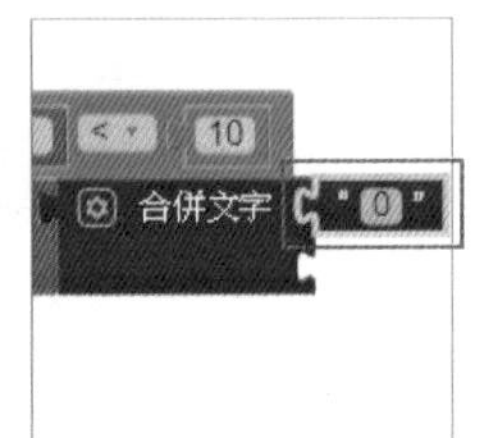

⑯ 若傳入數小於 10 就在數字前面加 0：取 **內件方塊 / 文字 / " "** 到 **合併文字** 的右方，並將文字改為 **0**。

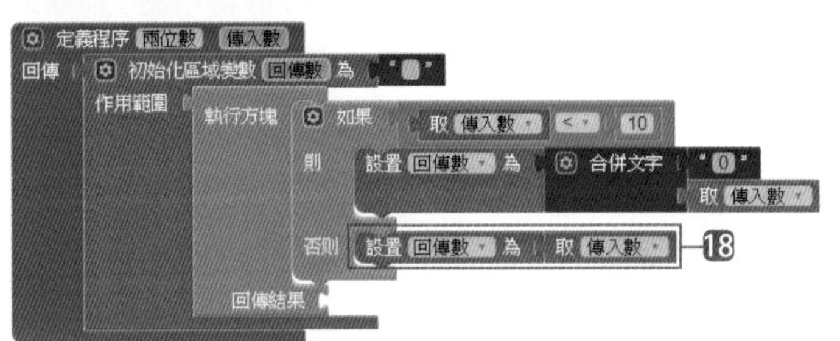

⓱ 將滑鼠移到 **傳入數** 參數停留一下，拖曳 **取傳入數** 到 **合併文字** 右方的第二個凹口。

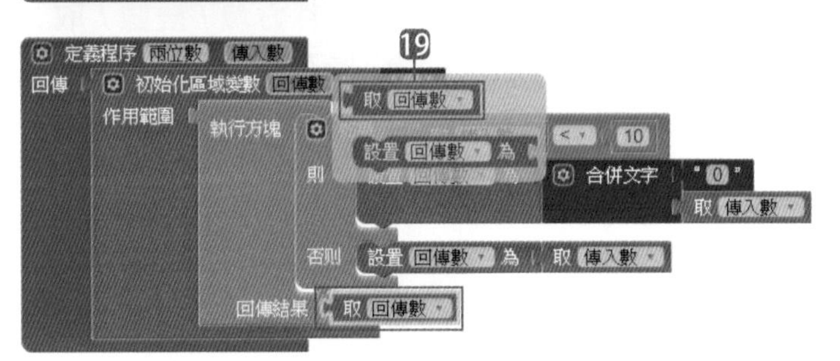

⓲ 若傳入數大於等於 10 就直接傳回：重複 ⓮ 及 ⓱：在 **否則** 右方建立 **設置回傳數為** 及 **取傳入數** 拼塊。

⓳ 將滑鼠移到 **回傳數** 參數停留一下，拖曳 **取回傳數** 到 **回傳結果** 的右方。

10.4.3 建立時鐘計時功能

時鐘計時器 每秒執行一次：由系統的現在時間取得時、分、秒數值顯示於數位時鐘，然後計算時針、分針、秒針角度並顯示指針，最後檢查若分鐘及秒都為 0 就進行整點報時。

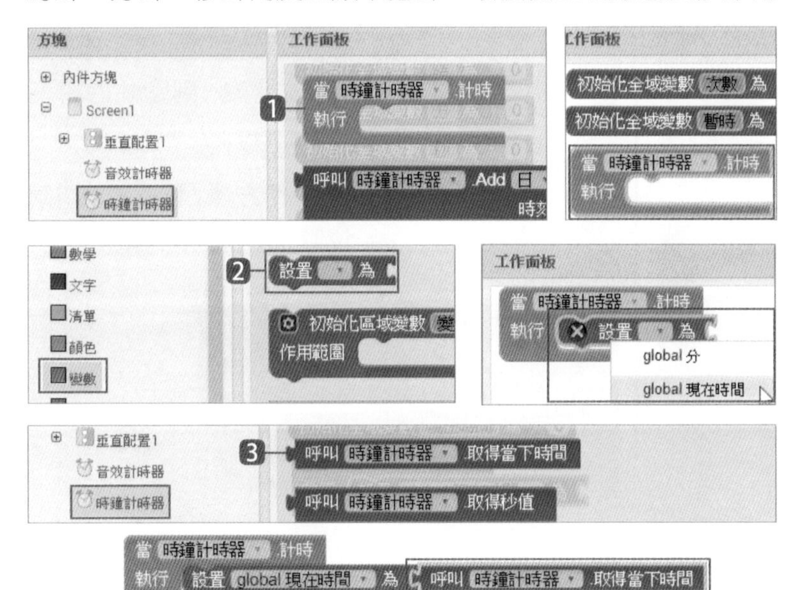

❶ 取 **時鐘計時器 / 當時鐘計時器 . 計時** 到 **工作面板** 中。此事件每一秒會執行一次。

❷ 取得目前時間：取 **內件方塊 / 變數 / 設置 ... 為** 到剛才拼塊中，在下拉式選單中點選 **global 現在時間**。

❸ 取 **時鐘計時器 / 呼叫時鐘計時器 . 取得當下時間** 到剛才的拼塊右方。

❹ 取得目前時間小時數值：取 **內件方塊 / 變數 / 設置 ... 為** 到剛才的拼塊下方，並選取 **global 時**。

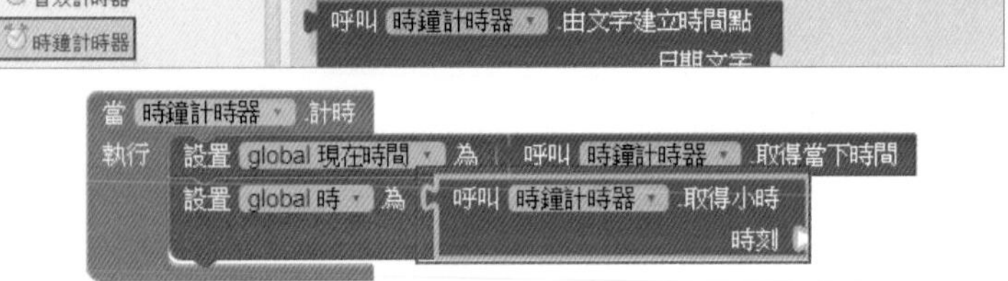

❺ 取 **時鐘計時器 / 呼叫時鐘計時器 . 取得小時** 到剛才的拼塊右方。

❻ 取 **內件方塊 / 變數 / 取 ...** 到 **時刻** 的右方，並選取 **global 現在時間**。

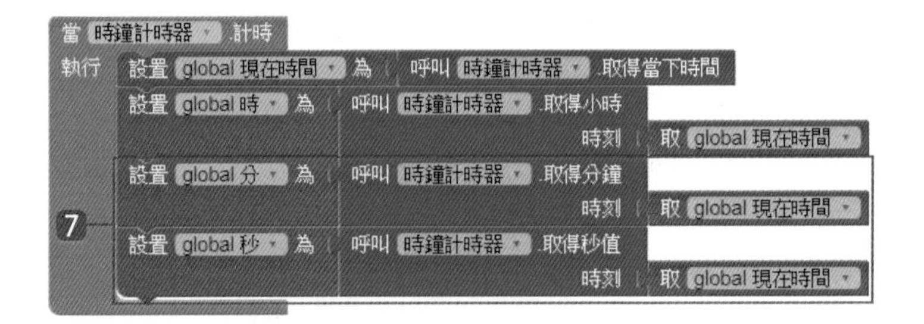

❼ 取得目前時間分鐘及秒的數值：重複 ❹ 到 ❻ 兩次：設置變數 **分** 的值為 **呼叫時鐘計時器 . 取得分鐘**，設置變數 **秒** 的值為 **呼叫時鐘計時器 . 取得秒值**。

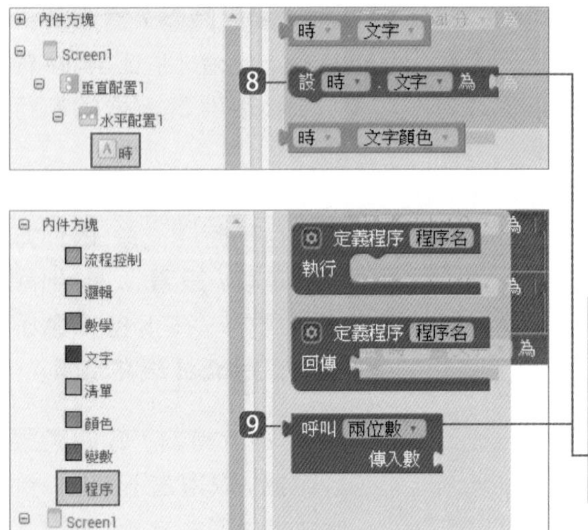

❽ 顯示小時數值：取 **時 / 設時 . 文字為** 到剛才的拼塊下方。

❾ 取 **內件方塊 / 程序 / 呼叫兩位數** 到剛才的拼塊右方。

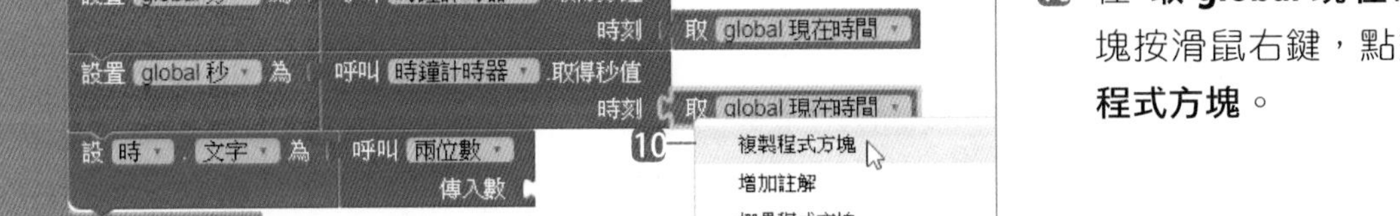

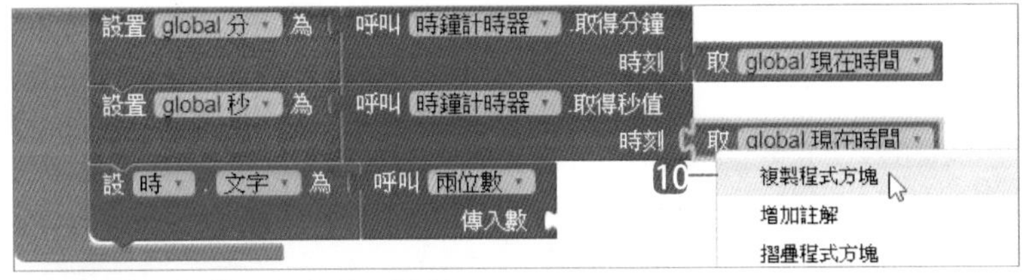

⑩ 在 **取 global 現在時間** 拼塊按滑鼠右鍵，點選 **複製程式方塊**。

⑪ 將複製的方塊拖曳到 **傳入數** 右方，在下拉式選單點選 **global 時**。

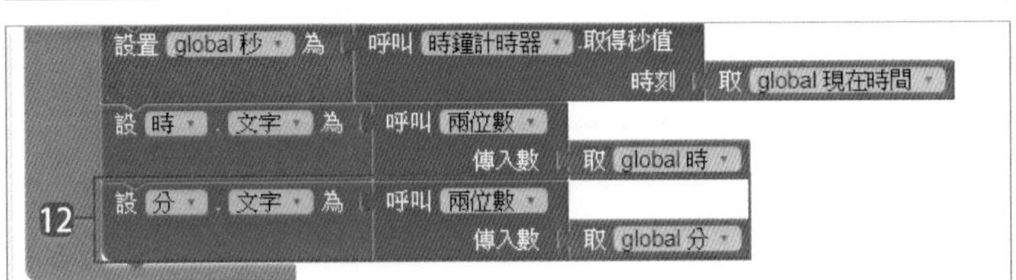

⑫ 顯示分鐘數值：重複 ⑧ 到 ⑪：設置 **分 . 文字** 的值為 **呼叫兩位數**，傳入數為 **取 global 分**。

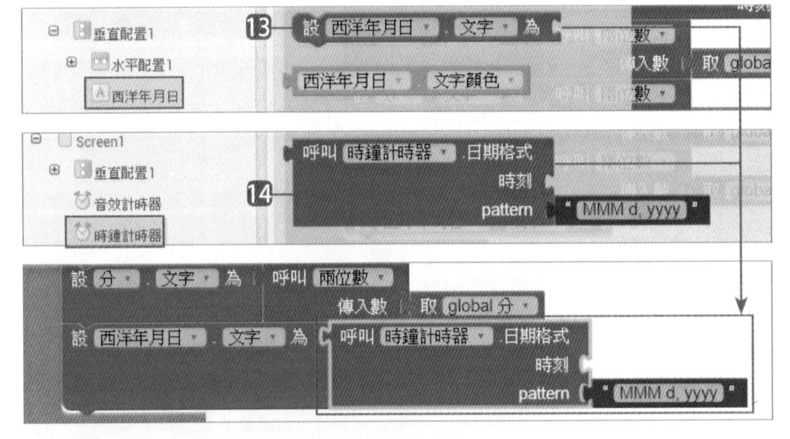

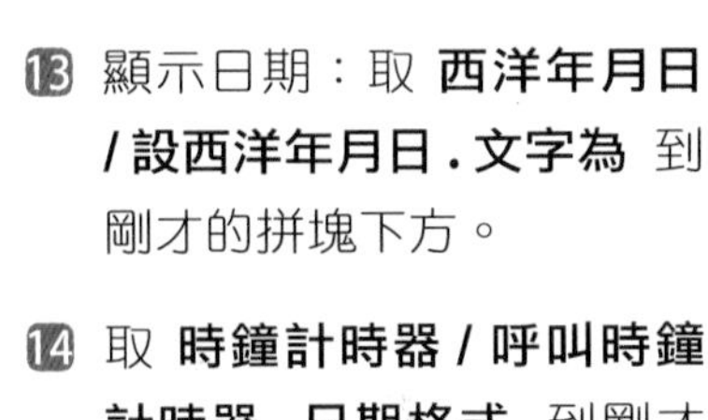

⑬ 顯示日期：取 **西洋年月日 / 設西洋年月日 . 文字為** 到剛才的拼塊下方。

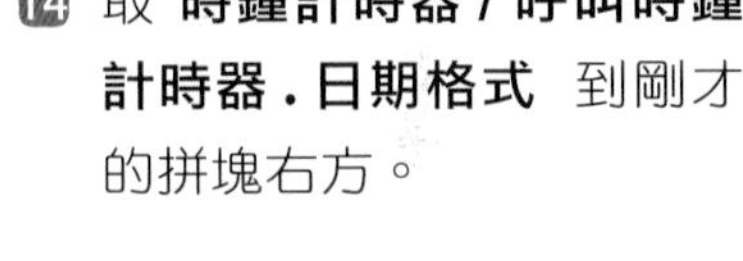

⑭ 取 **時鐘計時器 / 呼叫時鐘計時器 . 日期格式** 到剛才的拼塊右方。

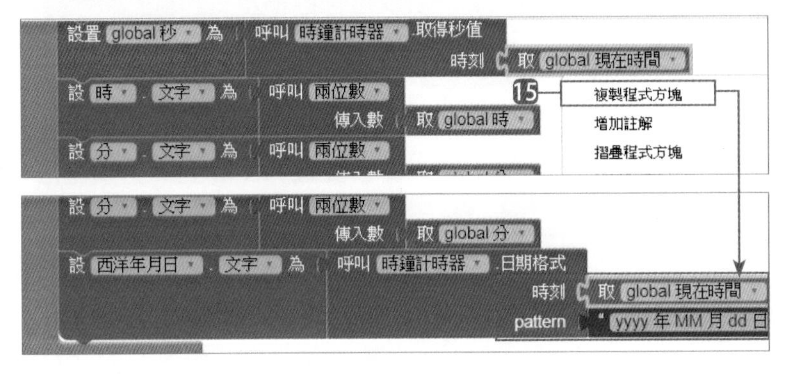

⑮ 在 **取 global 現在時間** 拼塊按滑鼠右鍵，點選 **複製程式方塊**，將複製的方塊拖曳到 **時刻** 右方。修改 **pattern** 右方文字為 **yyyy 年 MM 月 dd 日**。

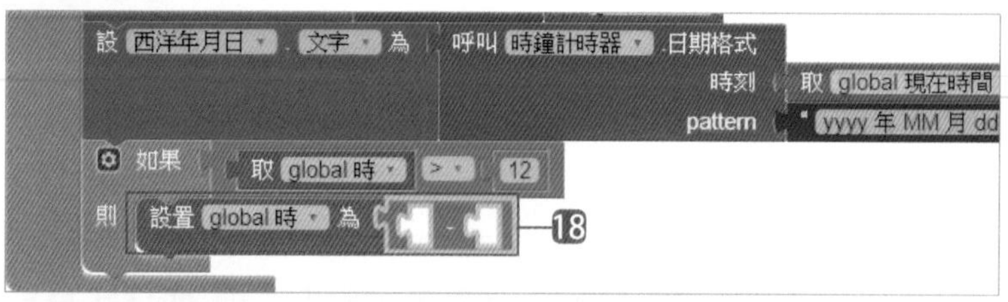

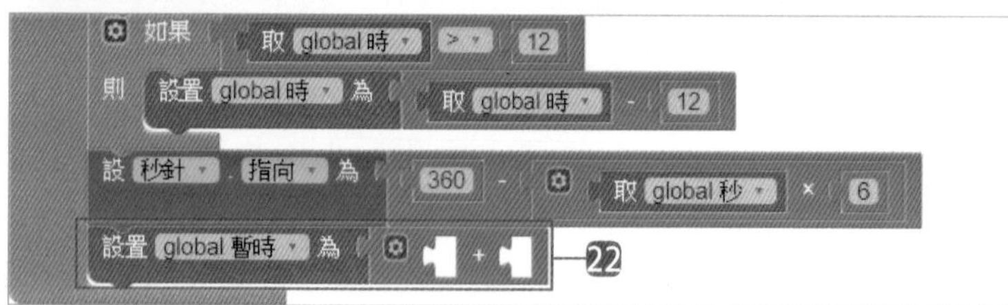

⑯ 若小時數大於 12 就減 12：取 **內件方塊 / 流程控制 / 如果則** 到剛才拼塊下方。

⑰ 取 **內件方塊 / 數學 / =** 到 **如果** 右方，在 **=** 下拉式選單中點選 **>** 項目。取 **變數 / 取 ...** 到 **>** 拼塊的左方，並選取 **global 時**。取 **內件方塊 / 數學 / 0** 到 **>** 拼塊右方並將數值改為 **12**。

⑱ 取 **內件方塊 / 變數 / 設置 ... 為** 到 **則** 的右方，並選取 **global 時**。取 **內件方塊 / 數學 / -** 到剛才拼塊右方。

⑲ 取 **內件方塊 / 變數 / 取 ...** 到 **-** 拼塊的左方，並選取 **global 時**。取 **內件方塊 / 數學 / 0** 到 **-** 拼塊右方，並將數值改為 **12**。

⑳ 設定秒針方向：取 **秒針 / 設秒針 . 指向為** 到 **如果則** 拼塊下方。取 **內件方塊 / 數學 / -** 到拼塊的右方。取 **內件方塊 / 數學 / 0** 到 **-** 拼塊左方並將數值改為 **360**。

㉑ 取 **內件方塊 / 數學 / x** 到 **-** 拼塊右方。取 **內件方塊 / 變數 / 取 ...** 到 **x** 拼塊左方，並選取 **global 秒**。取 **內件方塊 / 數學 / 0** 到 **x** 拼塊右方並將數值改為 **6**。

㉒ 設定分針方向：取 **內件方塊 / 變數 / 設置 ... 為** 到剛才拼塊下方，並選取 **global 暫時**。取 **內件方塊 / 數學 / +** 到拼塊的右方。

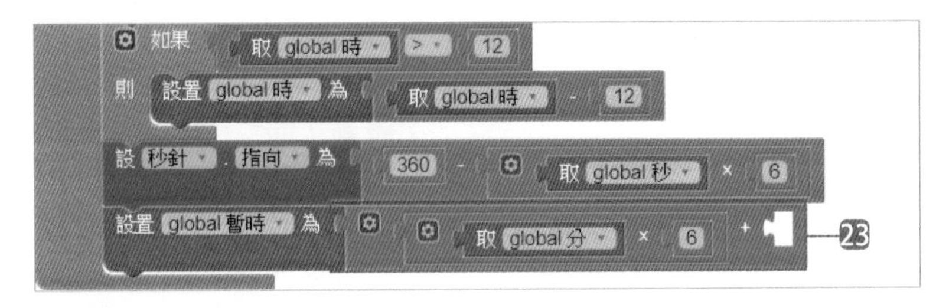

23 取 **內件方塊 / 數學 / x** 到 **+** 拼塊左方。取 **內件方塊 / 變數 / 取 ...** 到 **x** 拼塊左方，並選取 **global 分**。取 **內件方塊 / 數學 / 0** 到 **x** 拼塊右方並將數值改為 **6**。

24 取 **內件方塊 / 數學 / x** 到 **+** 拼塊右方。取 **內件方塊 / 變數 / 取 ...** 到 **x** 拼塊左方，並選取 **global 秒**。取 **內件方塊 / 數學 / 0** 到 **x** 拼塊右方並將數值改為 **0.1**。

25 取 **分針 / 設分針 . 指向為** 到剛才的拼塊下方。取 **內件方塊 / 數學 / -** 到剛才拼塊的右方。

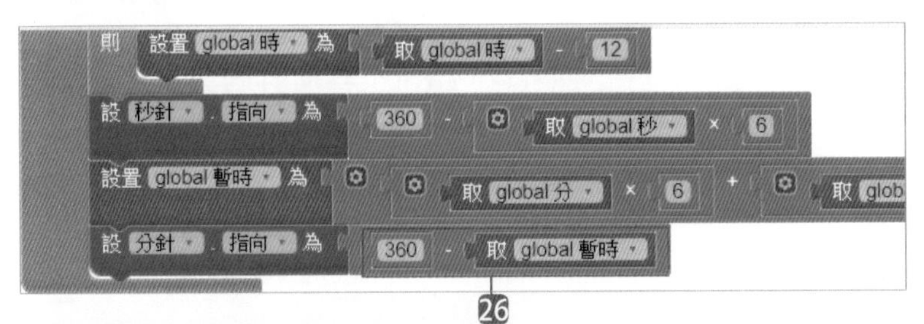

26 取 **內件方塊 / 數學 / 0** 到 **-** 拼塊左方，並將數值改為 **360**。取 內**件方塊 / 變數 / 取 ...** 到 **-** 拼塊右方，並選取 **global 暫時**。

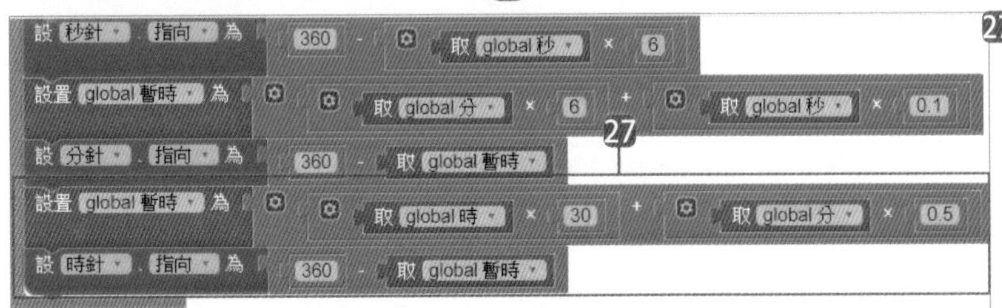

27 設定時針方向：重複 22 到 26：設變數 **暫時** 的值為「時 X 30 + 分 X 0.5」，再設置 **時針 . 指向** 的值為「360 - 暫時」。

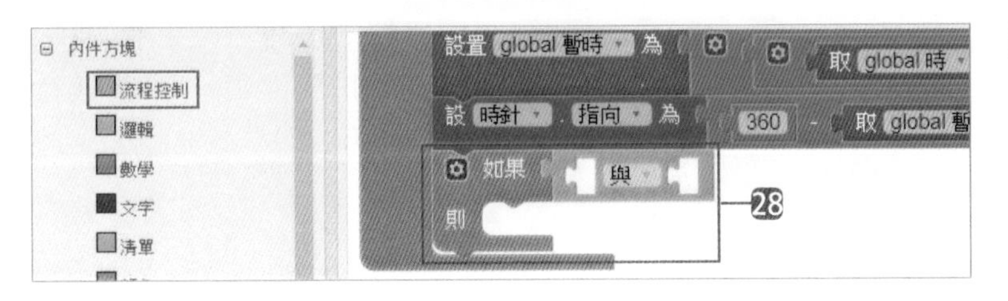

28 檢查正點報時 (分及秒皆為 0)：取 **內件方塊 / 流程控制 / 如果則** 到剛才拼塊下方。取 **內件方塊 / 邏輯 / 與** 到 **如果** 的右方。

29 取 **內件方塊 / 數學 / =** 到 **與** 拼塊左方。取 **內件方塊 / 變數 / 取 ...** 到 **=** 拼塊左方，並選取 **global 分**。取 **內件方塊 / 數學 / 0** 到 **=** 拼塊右方。

30 取 **內件方塊 / 數學 / =** 到 **與** 拼塊右方。取 **內件方塊 / 變數 / 取 ...** 到 **=** 拼塊左方，並選取 **global 秒**。取 **內件方塊 / 數學 / 0** 到 **=** 拼塊右方。

31 取 **內件方塊 / 變數 / 設置 ... 為** 到 **則** 的右方，並選取 **global 次數**。取 **內件方塊 / 變數 / 取 ...** 到剛才拼塊的右方，並選取 **global 時**。

32 取 **音效計時器 / 設音效計時器 . 啟用計時為** 到剛才的拼塊下方。取 **內件方塊 / 邏輯 / 真** 到拼塊的右方。

10.4.4 建立整點敲鐘功能

本專題每到整點就會發出敲鐘音效，鐘聲數就是小時數，例如三點就會敲三下。**音效計時器** 控制敲鐘次數：每敲一次就將計數器 (次數) 減 1，直到等於 0 才停止。

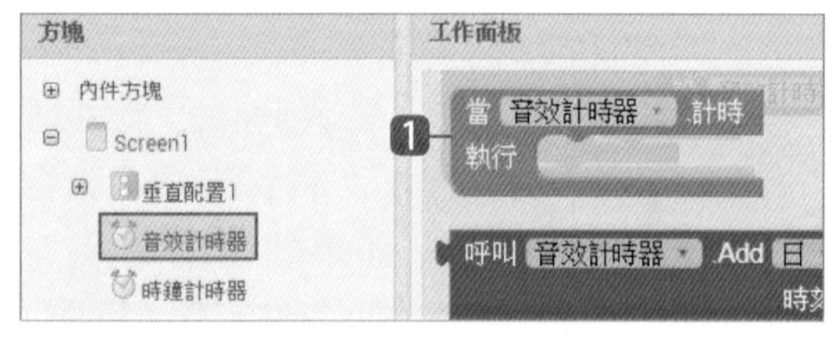

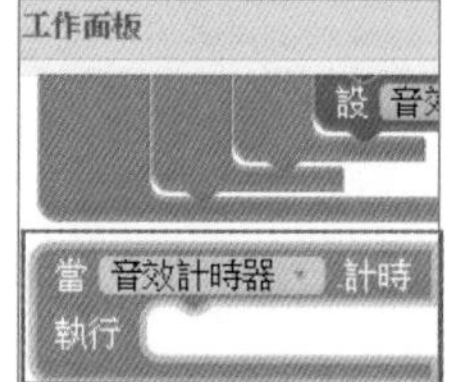

1 取 **音效計時器 / 當音效計時器 . 計時** 到 **工作面板** 中。此事件每一秒會執行一次。

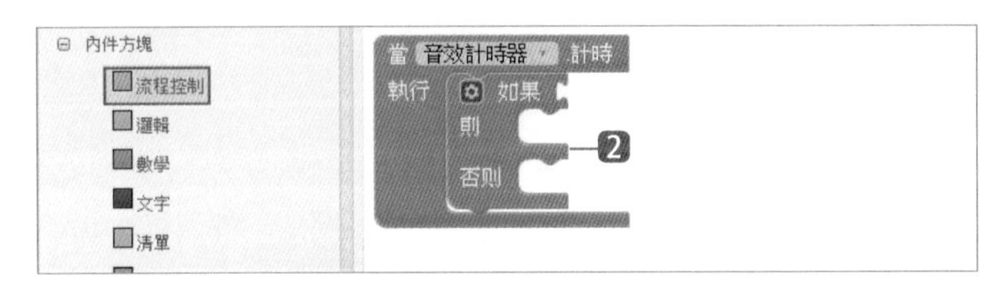

❷ 取 **內件方塊 / 流程控制 / 如果則** 到剛才拼塊中。在 **如果則** 拼塊按一下 ⚙，拖曳左方 **否則** 到右方 **如果** 下方，即可增加**否則** 拼塊。

❸ 取 **內件方塊 / 數學 / =** 到 **如果** 右方，在 **=** 下拉式選單中點選 **>** 項目。取 **內件方塊 / 變數 / 取 ...** 到 **>** 拼塊的左方，並選取 **global 次數**。取 **內件方塊 / 數學 / 0** 到 **>** 拼塊右方。

❹ 取 **音效 1 / 呼叫音效 1. 播放** 到 **則** 拼塊的右方。

❺ 取 **內件方塊 / 變數 / 設置 ... 為** 到剛才拼塊的下方，並選取 **global 次數**。取 **內件方塊 / 數學 / -** 到剛才拼塊的右方。

❻ 取 **內件方塊 / 變數 / 取 ...** 到 **-** 拼塊的左方，並選取 **global 次數**。取 **內件方塊 / 數學 / 0** 到 **-** 拼塊的右方，並修改數字為 **1**。

❼ 取 **音效計時器 / 設音效計時器 . 啟用計時為** 到**否則** 的右方。取 **內件方塊 / 邏輯 / 假** 到剛才拼塊的右方。

如此即完成 App 的專題製作。

MEMO

[11] 健康計步器

- 學習使用表格配置整齊排列元件
- 學習以程式控制按鈕的隱藏與顯示
- 學習對話框元件的顯示文字對話框方法
- 學習使用微型資料庫元件
- 學習使用 Pedometer (計步器) 元件

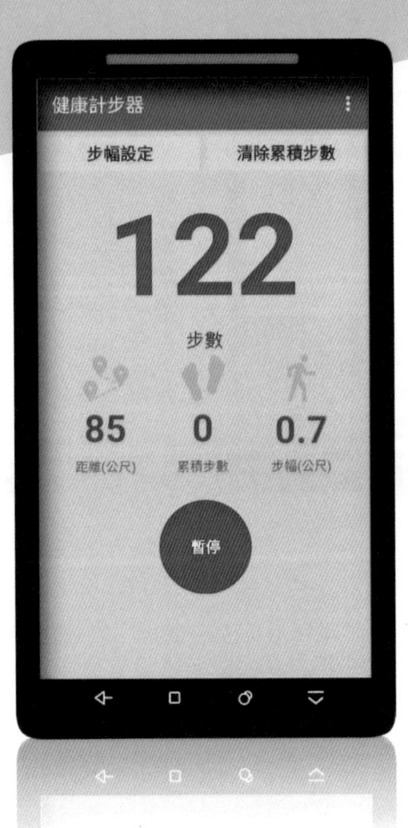

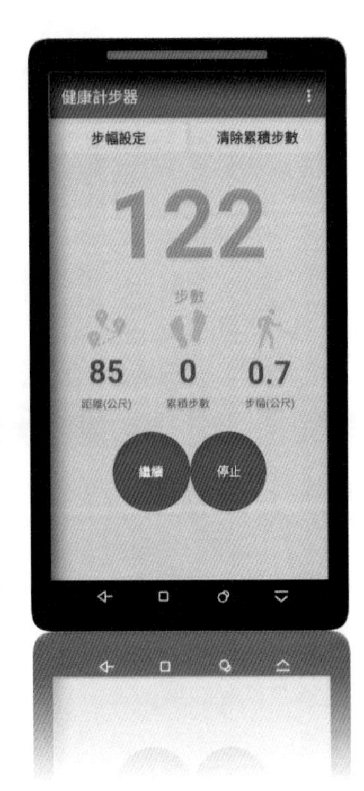

11.1 認識 App 專題：健康計步器

11.1.1 專題介紹

健康類的 App 開發是很多人喜歡的主題，除了感測器的使用，如果能再搭配資料庫來記錄這些健康的數據，會是相當實用的 App 專題。

本專題利用最新的 Pedometer (計步器) 感測器測量行走的步數，然後記錄到手機的微型資料庫中。這個方式比以往使用加速度感測器開發的計步器更簡單而且更準確，它最大的特點是能在背景中執行，只要開啟，不論是手機關閉螢幕，或是將應用程式放到背景執行，都還能正常的運作。

11.1.2 專題作品預覽

「健康計步器」預設的步幅 (走一步的長度) 為 73 公分，使用者可按 **步幅設定** 鈕修改為自己的步幅。每次行走的步數會記錄在微型資料庫中，即使關閉應用程式此記錄也不會消失，且會不斷累積行走步數。如果要重新記錄行走步數，可按 **清除累積步數** 鈕將累積步數歸零。

應用程式程式執行後，按 **開始** 鈕就開始測量行走步數，按 **暫停** 鈕會停止測量行走步數，此時會出現 **繼續** 及 **停止** 鈕：按 **繼續** 鈕會接續原先的行走步數測量，按 **停止** 鈕就將行走步數歸零，並將行走步數加上原先累積步數存入微型資料庫中。

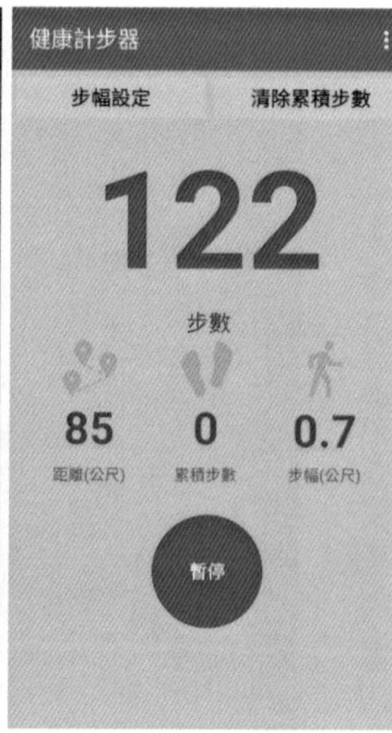

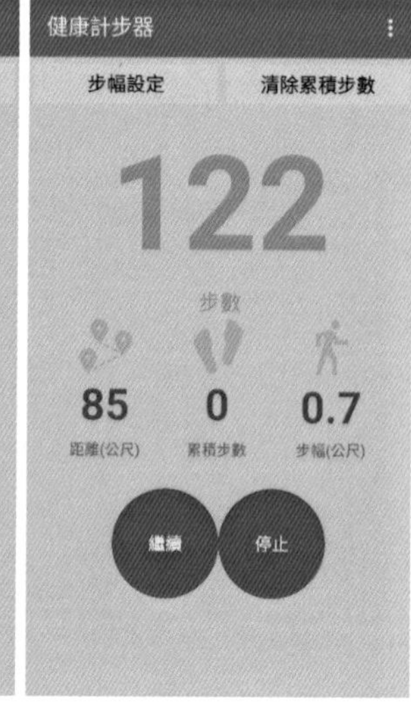

學習小叮嚀

本專題因為要使用加速度感測器 (Pedometer)，在測試時建議要使用實機才能正確檢視專題的功能。不過有許多的平板電腦並沒有這個感測器，測試時可能會沒有作用，這點是要特別注意的。

11.2 App 畫面編排

使用 App Inventor 2 製作「健康計步器」App，在規劃程式功能及流程後，再依架構設計版面並收集素材，最後即可開始進行畫面編排。

11.2.1 App 畫面編排完成圖

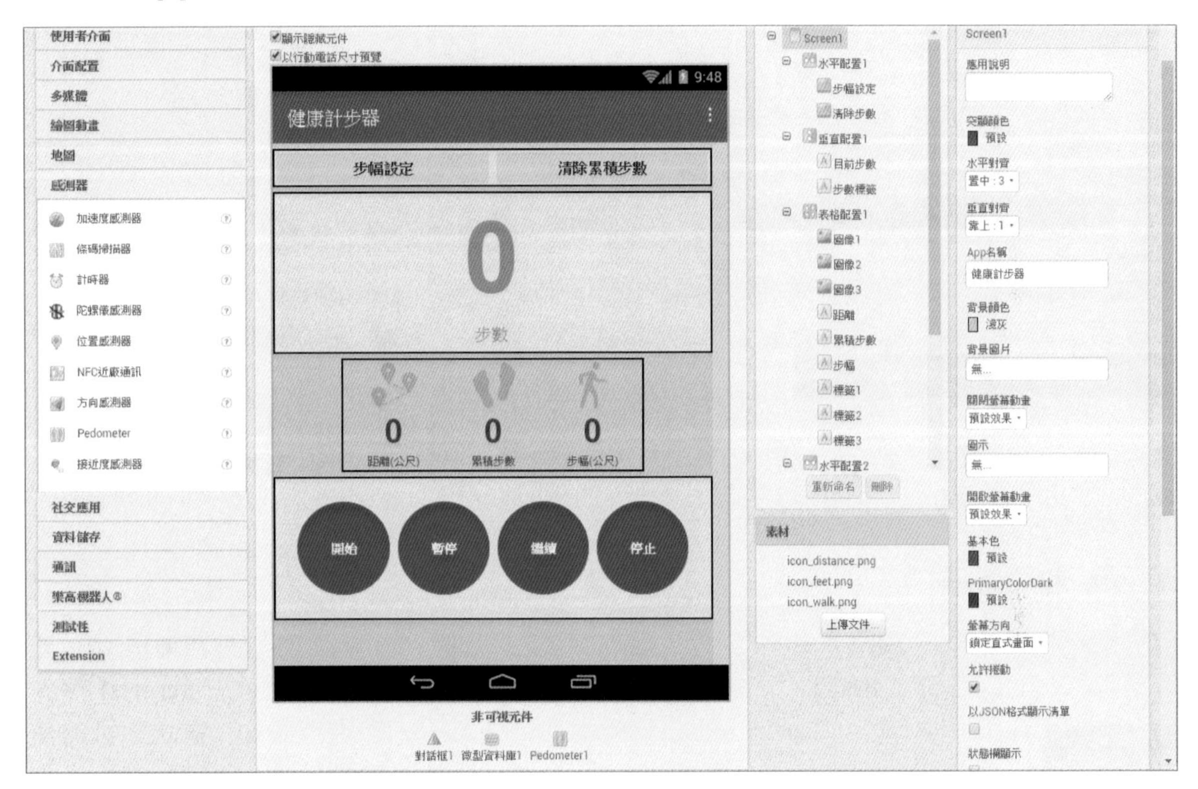

11.2.2 新增專案及素材上傳

在「健康計步器」App 的範例畫面編排中， 除了畫面頂部的按鈕之外，還要加入 **標籤**、**圖形** 及底部的操作按鈕。

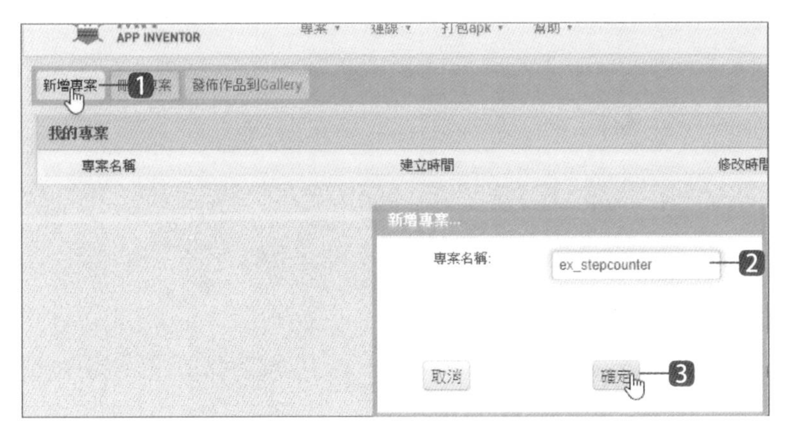

❶ 登入開發頁面按 **新增專案** 鈕。

❷ 在對話方塊的 **專案名稱** 欄位中輸入「ex_stepcounter」。

❸ 按下 **確定** 鈕完成專案的新增並進入開發畫面。

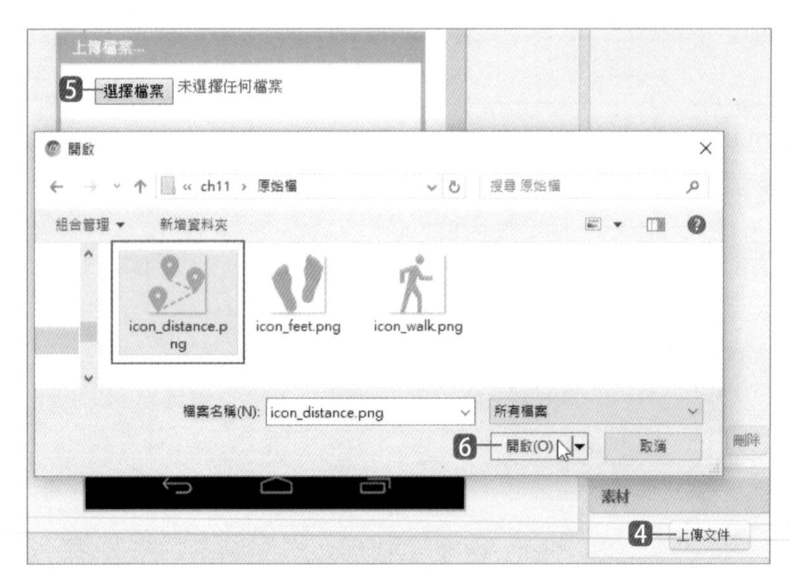

4 按 **素材** 的 **上傳文件** 鈕。

5 在對話方塊按 **選擇檔案** 鈕。

6 在對話視窗中選取本章原始檔資料夾，選取圖片 <icon_distance.png> 檔後按 **開啟** 鈕，然後在對話方塊中按 **確定** 鈕。

7 完成後即可在 **素材** 中看到上傳的圖片檔名。請利用相同的方式將其他圖片上傳到 **素材** 中。

11.2.3 設定畫面

1 首先進行外觀編排：在 **元件清單** 選按 **Screen1** 準備進行設定，這是預設的畫面元件。

2 在 **元件屬性** 依下頁表格資料進行欄位設定。

欄位	值
水平對齊	置中
App 名稱	健康計步器
背景顏色	淺灰
螢幕方向	鎖定直式畫面
允許捲動	核選

欄位	值
狀態欄顯示	取消核選
視窗大小	自動調整
Theme	Device Default
標題	健康計步器

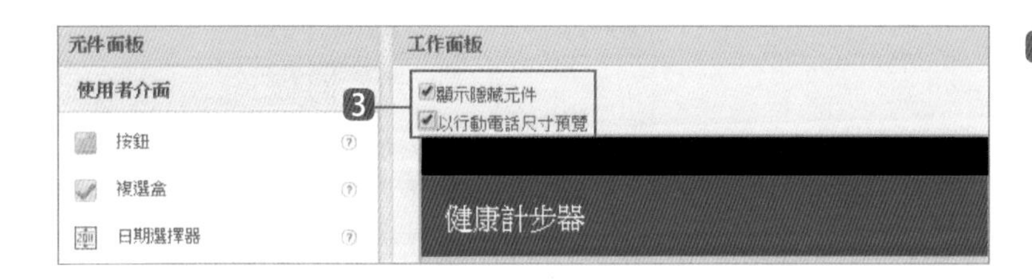

3 在 **工作面板** 核選 **顯示隱藏元件** 及 **以行動電話尺寸預覽** 項目。

11.2.4 建立頂部按鈕及步數顯示區

接著在面板中加入頂部按鈕及顯示行走步數，請依下述步驟操作：

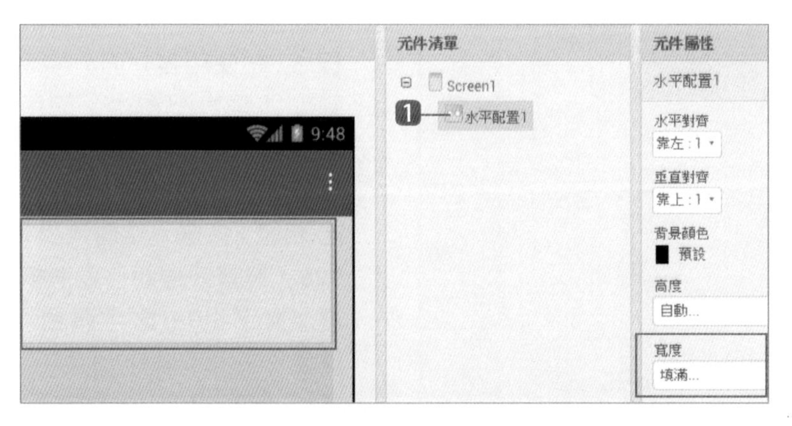

1 在 **元件面板** 拖曳 **介面配置 / 水平配置** 到工作面板。在 **元件屬性** 設定 **寬度：填滿**。此區域放置頂部按鈕。

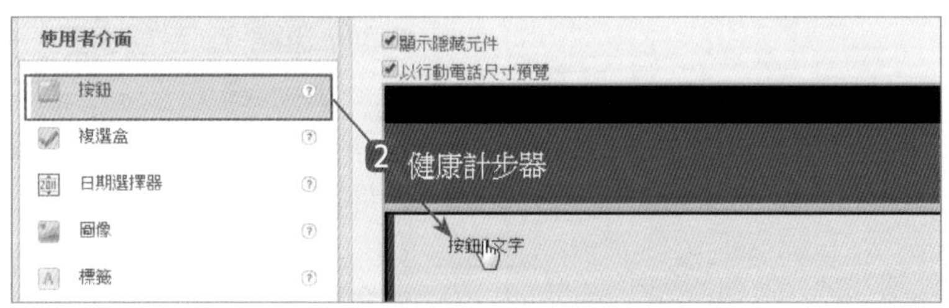

2 建立步幅設定按鈕：在 **元件面板** 拖曳 **使用者介面 / 按鈕** 到剛才的水平配置中。

3 使用 **重新命名** 鈕將名稱更名為 **步幅設定**。在 **元件屬性** 設定 **粗體：核選**、**字體大小：18**、**寬度：填滿**、**文字：步幅設定**。

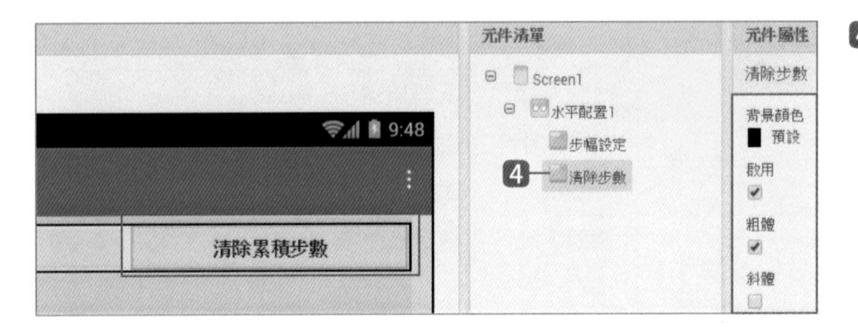

4 建立清除步數按鈕：在 **元件面板** 拖曳 **使用者介面 / 按鈕** 到剛才按鈕右方。使用 **重新命名** 鈕將名稱更名為 **清除步數**。在 **元件屬性** 設定 **粗體：核選**、**字體大小：18**、**寬度：填滿**、**文字：清除累積步數**。

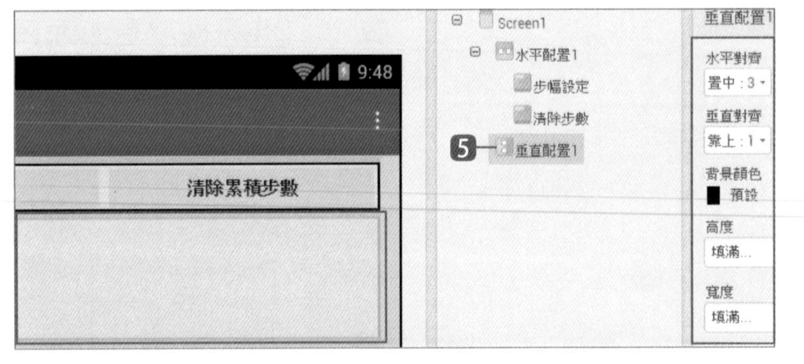

5 在 **元件面板** 拖曳 **介面配置 / 垂直配置** 到 **水平配置1** 下方。在 **元件屬性** 設定 **水平對齊：置中**、**高度：填滿**、**寬度：填滿**。

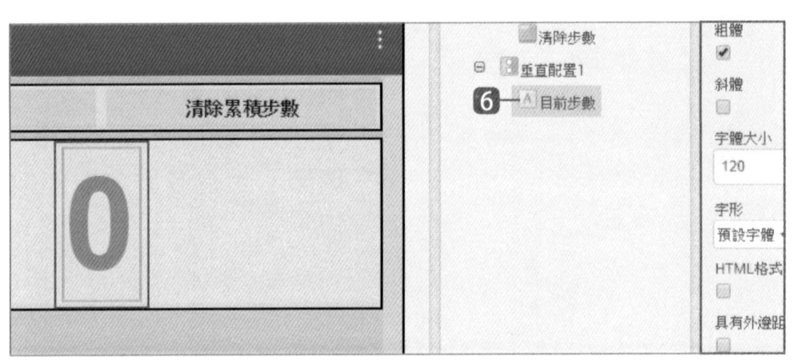

6 建立步數顯示：在 **元件面板** 拖曳 **使用者介面 / 標籤** 到剛才垂直配置中。使用 **重新命名** 鈕將名稱更名為 **目前步數**。在 **元件屬性** 設定 **粗體：核選**、**字體大小：120**、**具有外邊距：取消核選**、**文字：0**、**文字顏色：灰色**。

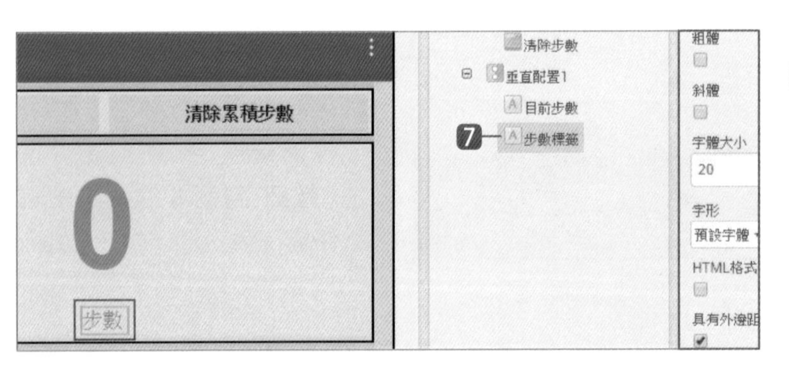

7 在 **元件面板** 拖曳 **使用者介面 / 標籤** 到 **目前步數** 下方。使用 **重新命名** 鈕將名稱更名為 **步數標籤**。在 **元件屬性** 設定 **字體大小：20**、**文字：步數**、**文字顏色：灰色**。

11.2.5 建立資訊顯示區

再來使用表格配置顯示使用者各種資訊，請依下述步驟操作：

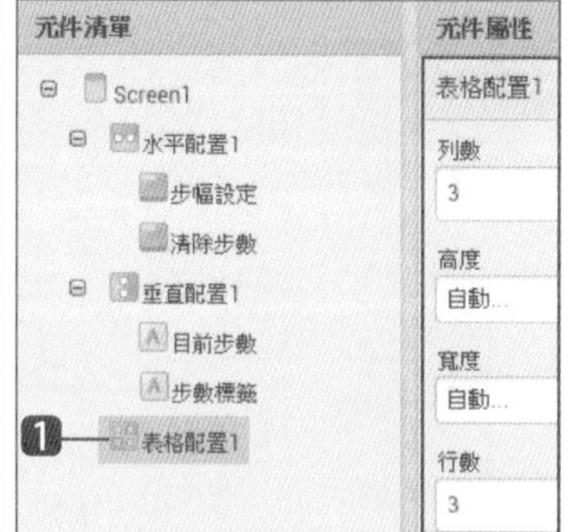

❶ 在 **元件面板** 拖曳 **介面配置 / 表格配置** 到 **垂直配置 1** 下方。在 **元件屬性** 設定 **列數：3**、**行數：3**。

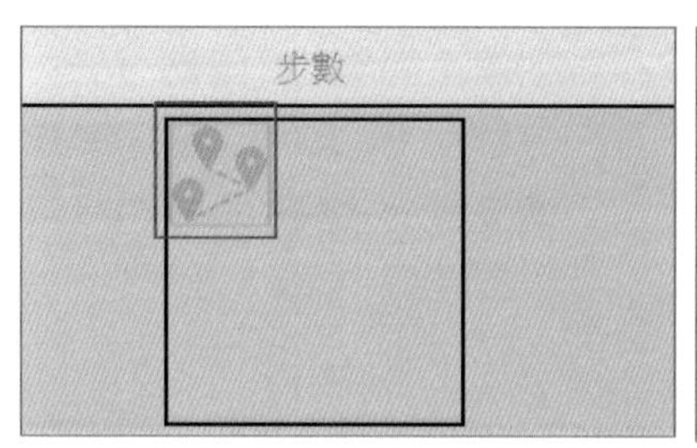

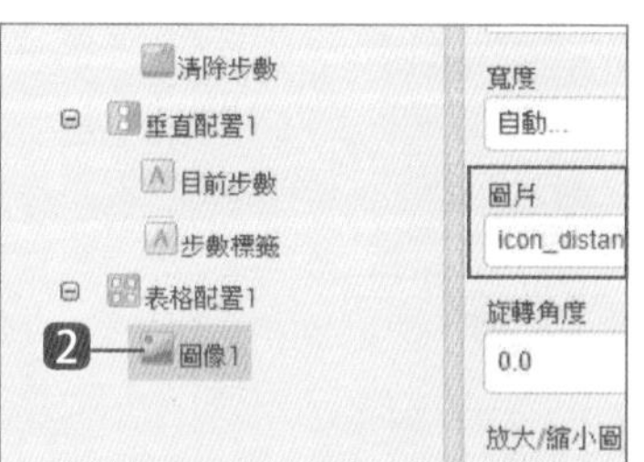

❷ 建立圖片顯示：在 **元件面板** 拖曳 **使用者介面 / 圖像** 到 **表格配置 1** 的第一列第一行 (左上角)。在 **元件屬性** 設定 **圖片：icon_distance.png**。

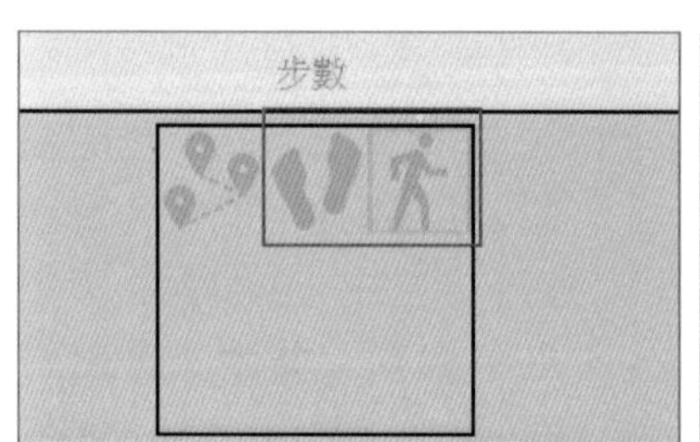

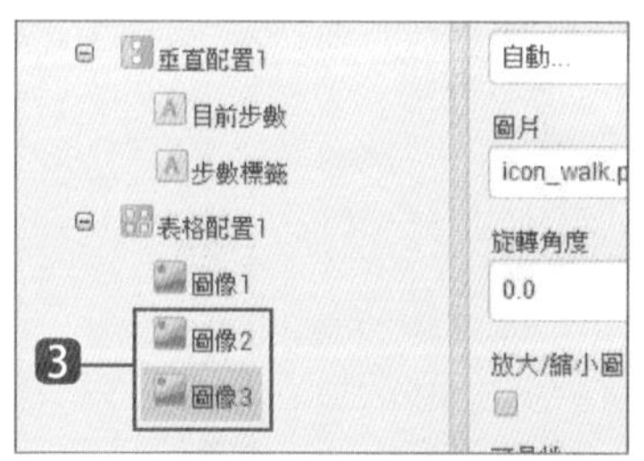

❸ 重複 ❷ 兩次：在 **表格配置 1** 的第一列第二行及第一列第三行建立 **圖像** 元件，**圖片** 屬性分別設定為 **icon_feet.png** 及 **icon_walk.png**。

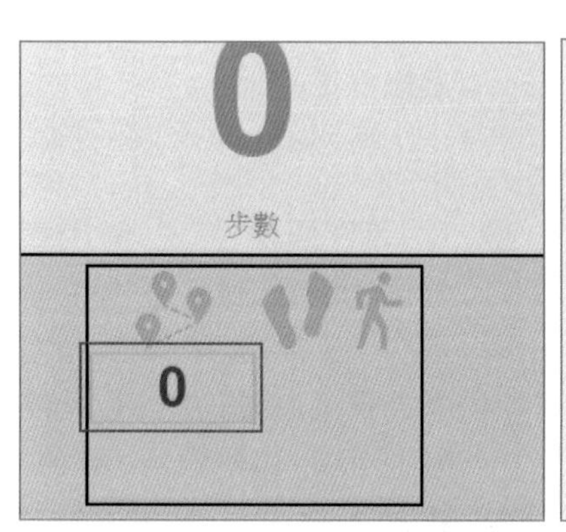

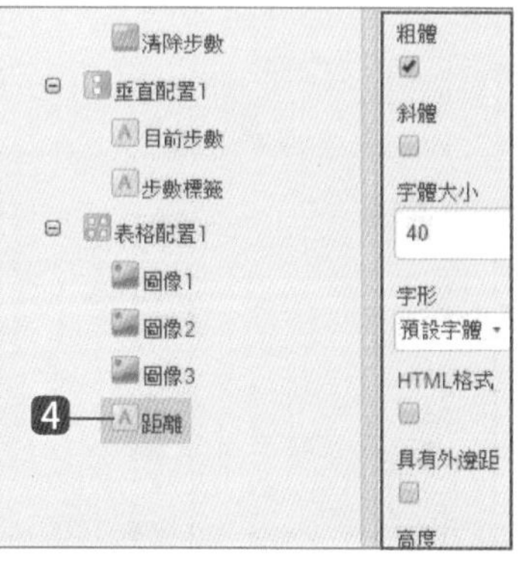

❹ 建立數值顯示：在 **元件面板** 拖曳 **使用者介面 / 標籤** 到 **表格配置 1** 的第二列第一行。使用 **重新命名** 鈕將名稱更名為 **距離**。在 **元件屬性** 設定 **粗體：核選**、**字體大小：40**、**具有外邊距：取消核選**、**寬度：105 像素**、**文字：0**、**文字對齊：置中**、**文字顏色：深灰**。

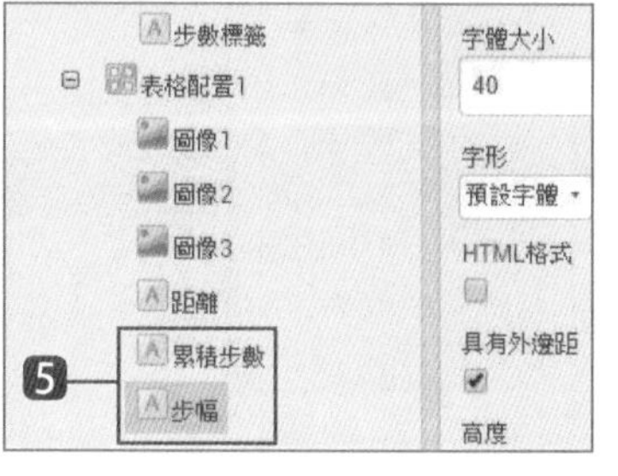

❺ 重複 ❹ 兩次：在 **表格配置 1** 的第二列第二行及第二列第三行建立 **標籤** 元件，分別重新命名為 **累積步數** 及 **步幅**，元件屬性與 **距離** 標籤相同。

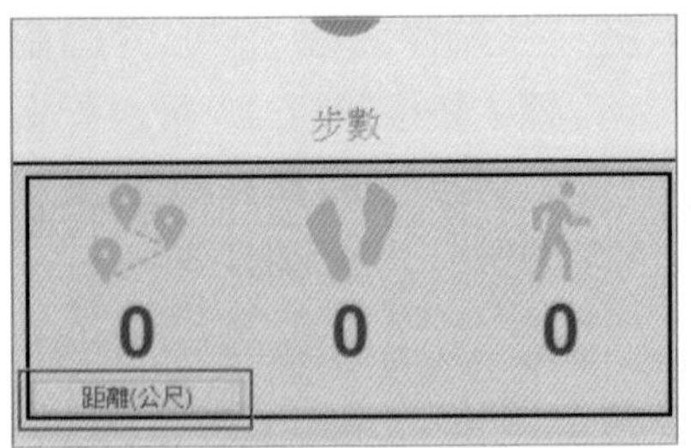

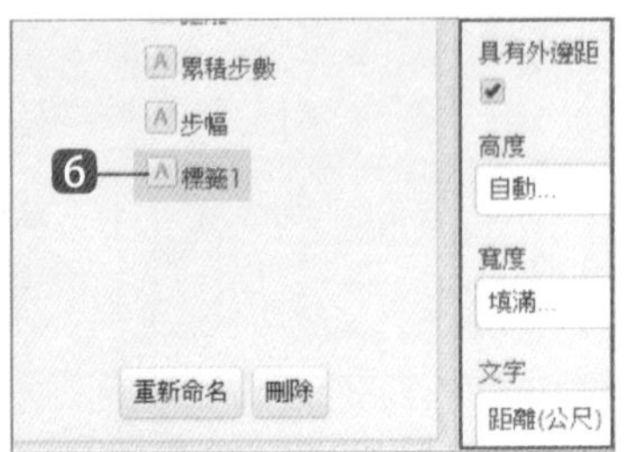

6 建立文字顯示：在 **元件面板** 拖曳 **使用者介面 / 標籤** 到 **表格配置 1** 的第三列第一行。在 **元件屬性** 設定 **寬度：填滿**、**文字：距離（公尺）**、**文字對齊：置中**、**文字顏色：深灰**。

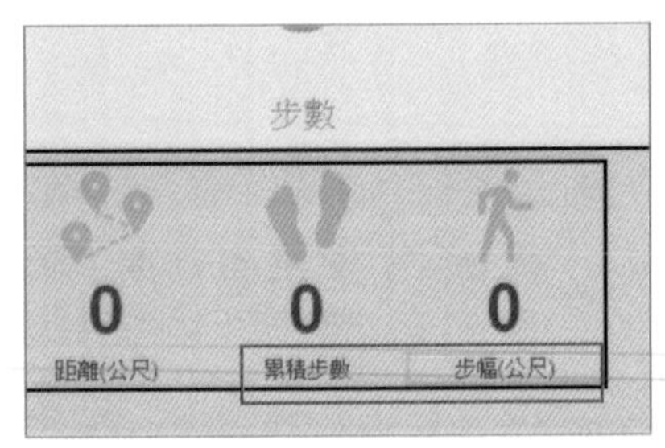

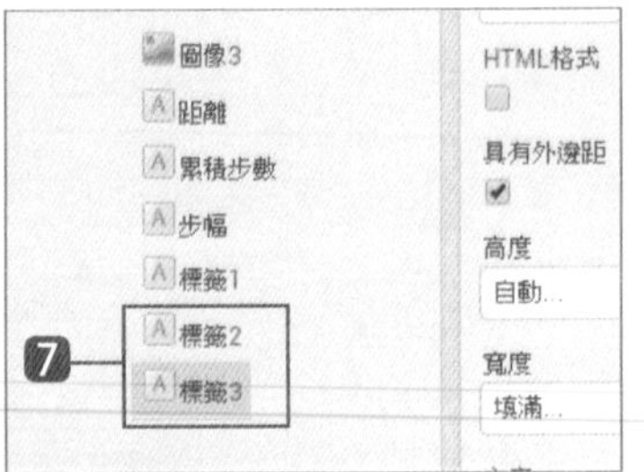

7 重複 6 兩次：在 **表格配置 1** 的第三列第二行及第三列第三行建立 **標籤** 元件，分別設定 **文字** 屬性為 **累積步數** 及 **步幅（公尺）**，其餘屬性與 **標籤 1** 相同。

11.2.6 建立底部按鈕及非可視元件區

最後建立各種功能按鈕及非可視元件，請依下述步驟操作：

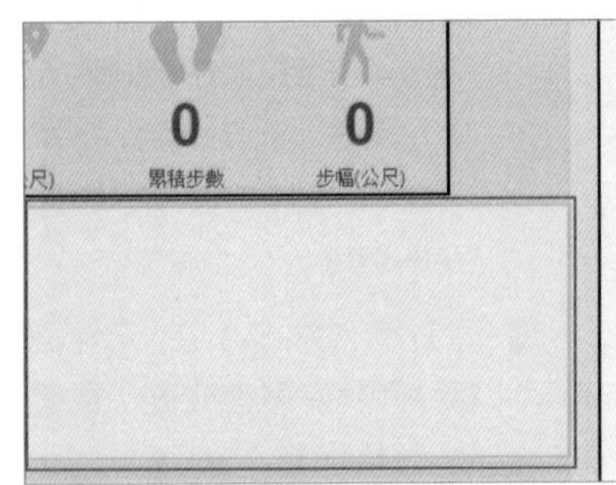

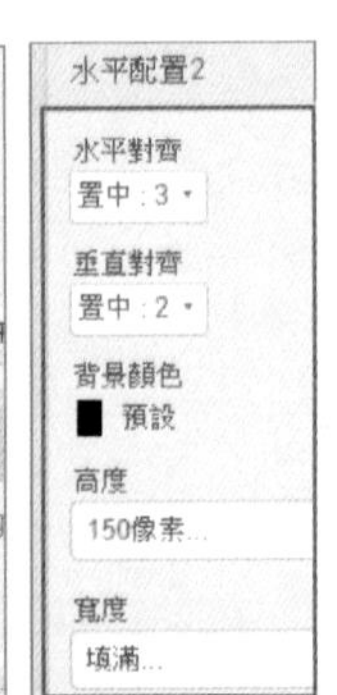

1 在 **元件面板** 拖曳 **介面配置 / 水平配置** 到 **表格配置 1** 下方。在 **元件屬性** 設定 **水平對齊：置中**、**垂直對齊：置中**、**高度：150 像素**、**寬度：填滿**。此區域放置 4 個操作按鈕。

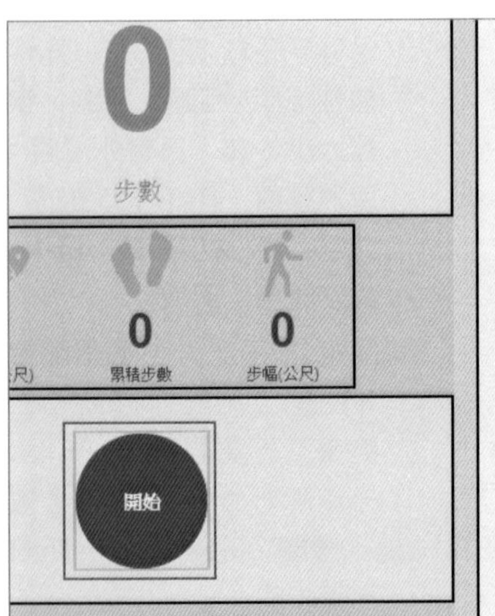

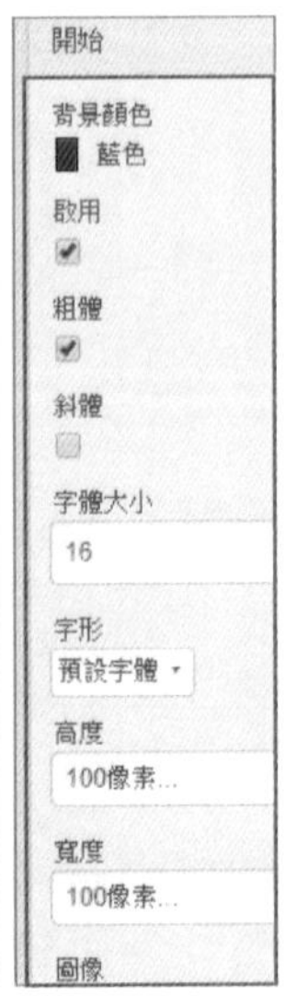

2 在 **元件面板** 拖曳 **使用者介面 / 按鈕** 到剛才水平配置中。使用 **重新命名** 鈕將名稱更名為 **開始**。在 **元件屬性** 設定 **背景顏色：藍色**、**粗體：核選**、**字體大小：16**、**高度：100 像素**、**寬度：100 像素**、**形狀：橢圓**、**文字：開始**、**文字顏色：白色**。

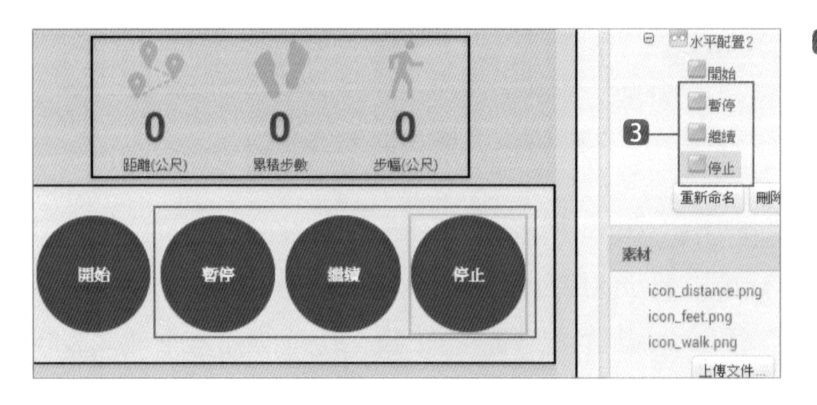

❸ 重複 ❷ 三次：在 **開始** 按鈕的右方建立三個按鈕元件，元件的名稱分別設定為 **暫停**、**繼續** 及 **停止**，按鈕的 **文字** 屬性也分別設定為 **暫停**、**繼續** 及 **停止**，**可見性** 屬性都設定為 **取消核選**，其餘屬性與 **開始** 按鈕相同。程式開始執行時這三個按鈕不會顯示。

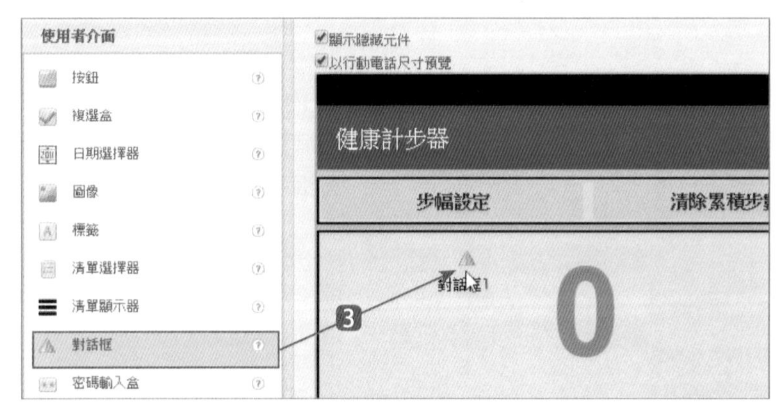

❸ 在 **元件面板** 拖曳 **使用者介面 / 對話框** 到 **工作面板** 中，此元件為非可視元件，會顯示於下方非可視元件區。

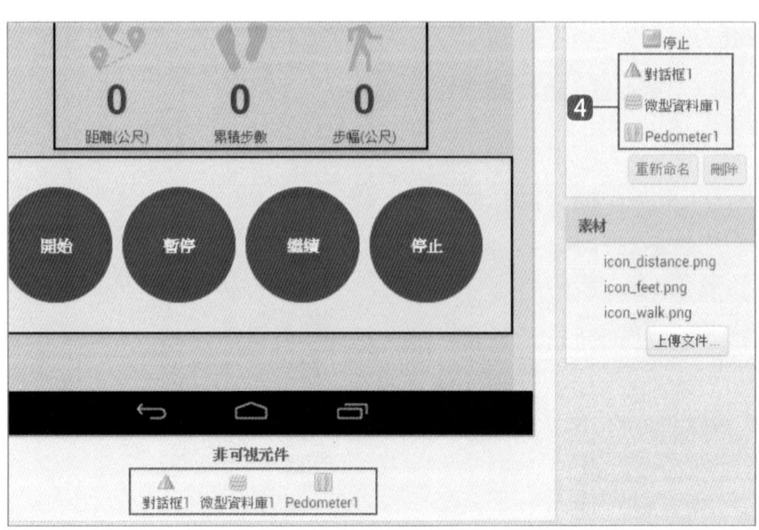

❹ 在 **元件面板** 拖曳 **資料儲存 / 微型資料庫** 到 **工作面板** 中，再於 **元件面板** 拖曳 **感測器 / Pedometer** 到 **工作面板** 中。

11.3 App 程式設計

完成了「健康計步器」App 的畫面編排後，接下來就要加入程式設計的拼塊。

11.3.1 建立變數

首先建立程式所需的變數：**亮色** 存目前在計步狀態的文字顏色，**暗色** 存停止計步的文字顏色。

❶ 按功能表右方的 **程式設計** 進入程式設計模式。

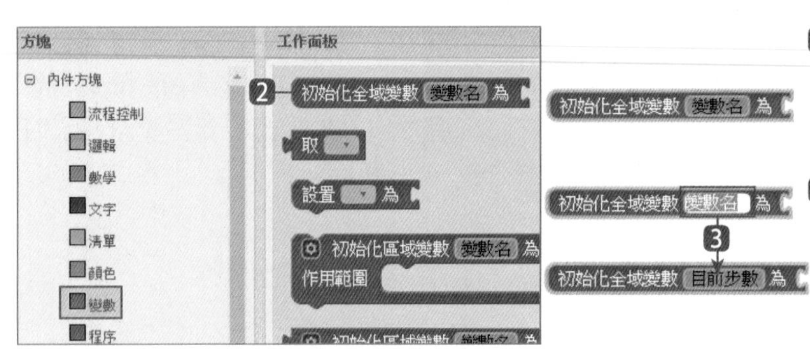

❷ 取 **內件方塊 / 變數 / 初始化全域變數變數名為** 到 **工作面板** 中。

❸ 在 **變數名** 按一下滑鼠左鍵，將文字修改為 **目前步數** 做為變數名稱。

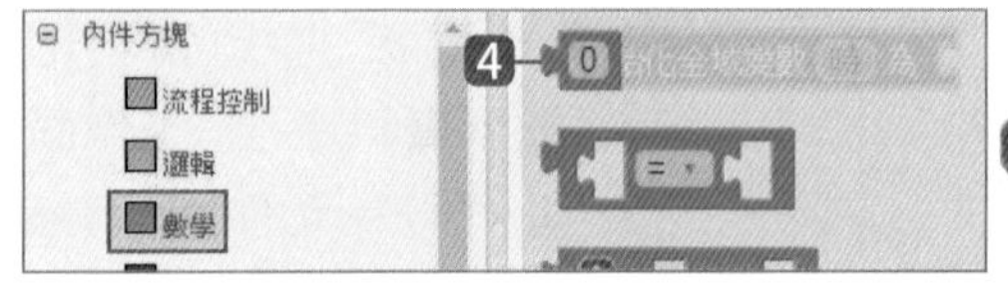

❹ 取 **內件方塊 / 數學 / 0** 到剛才變數拼塊右方。

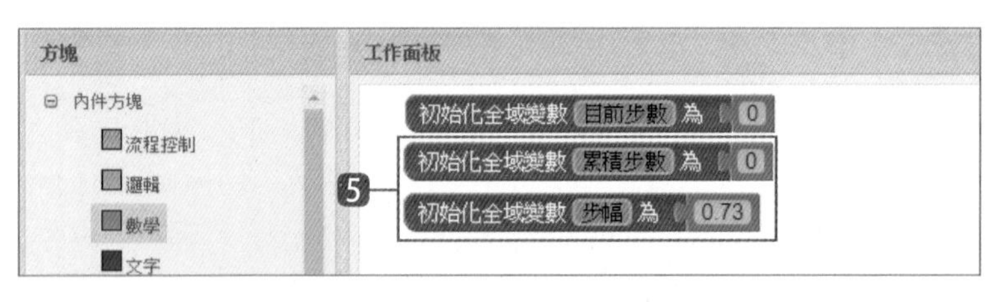

❺ 重複 ❷ 到 ❹ 兩次：建立初始值為 **0** 的 **累積步數** 變數，及初始值為 **0.73** 的 **步幅** 變數。

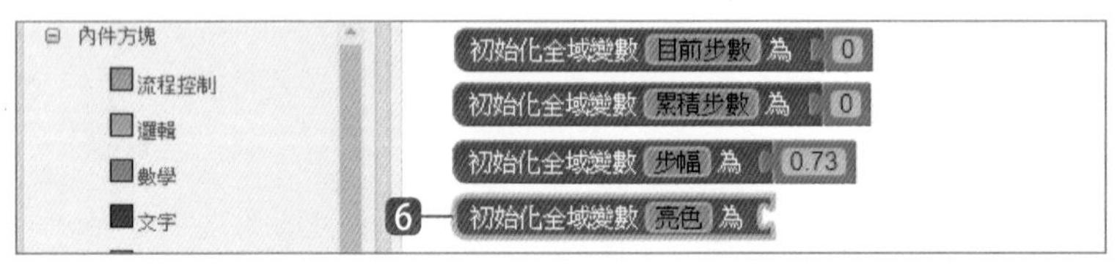

❻ 重複 ❷ 到 ❸：建立 **亮色** 變數。

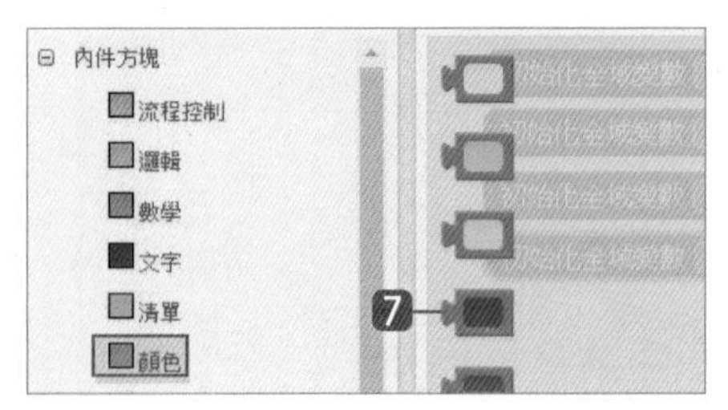

❼ 取 **內件方塊 / 顏色 / 藍色** 到剛才拼塊右方。

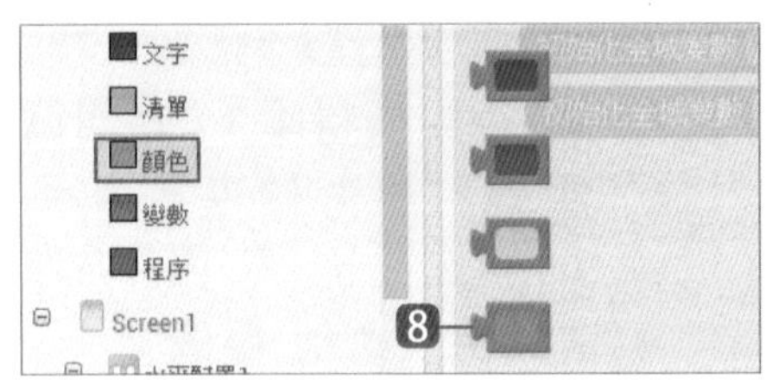

8 重複 2 到 3：建立變數 **暗色** 變數。取 **內件方塊 / 顏色 / 灰色** 到拼塊右方。

11.3.2 建立初始化事件

程式開始執行時，若是第一次執行就在微型資料庫建立步幅及累積步數初始值，否則就讀入步幅及累積步數數值，並設定變數及元件的初始值。

1 取 **Screen1 / 當 Screen1. 初始化** 到工作面板。

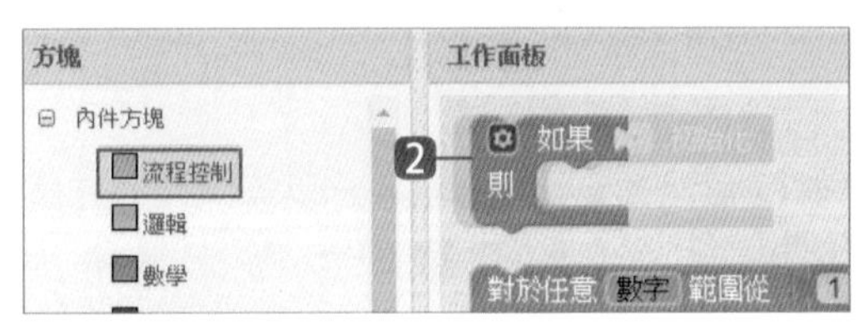
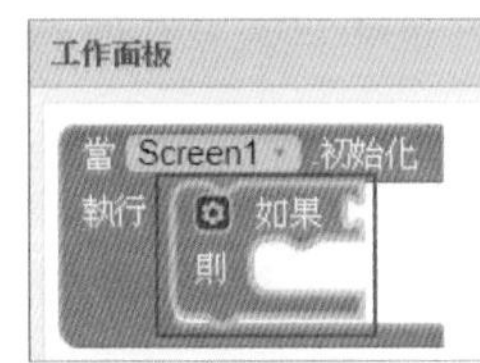

2 取 **內件方塊 / 流程控制 / 如果則** 到剛才拼塊中。

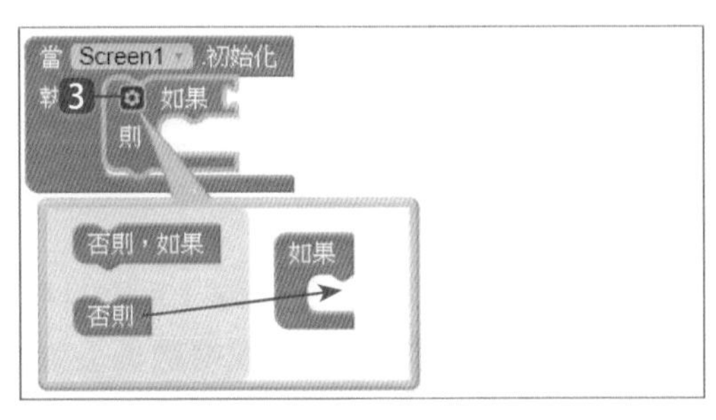
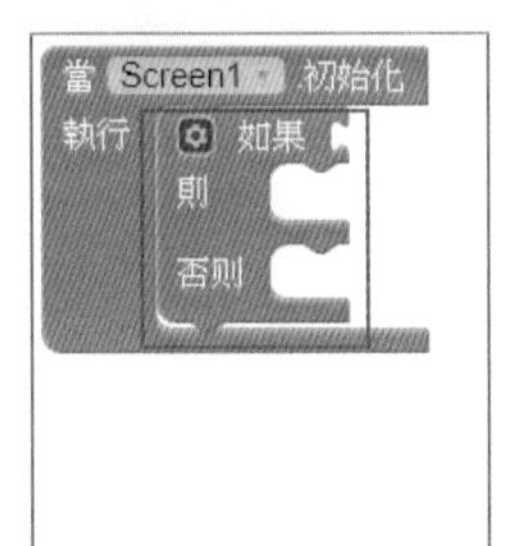

3 在 **如果則** 拼塊按一下 ⚙，拖曳左邊 **否則** 到右邊 **如果** 下方，即可增加 **否則** 拼塊。

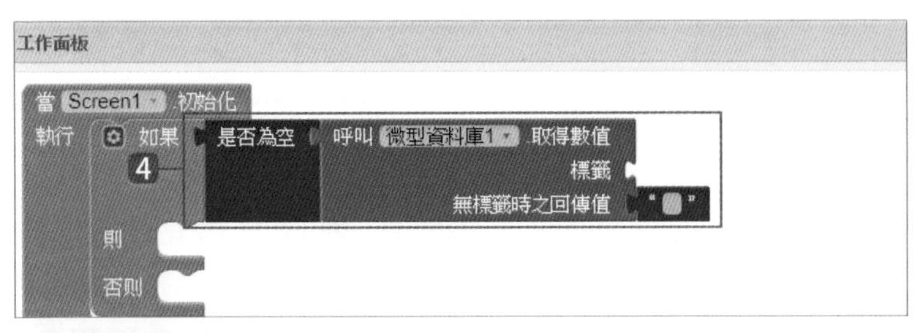

4 檢查是否第一次執行程式：取 **內件方塊 / 文字 / 是否為空** 到 **如果** 拼塊右方。取 **微型資料庫 1 / 呼叫微型資料庫 1. 取得數值** 到剛才拼塊右方。

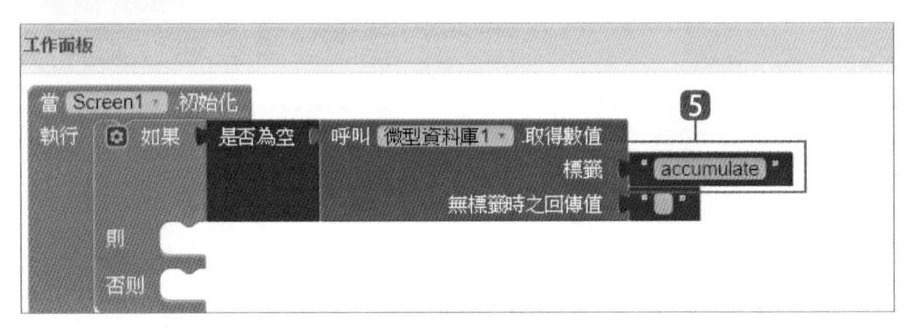

5 取 **內件方塊 / 文字 / " "** 到 **標籤** 右方，修改文字為 **accumulate**。

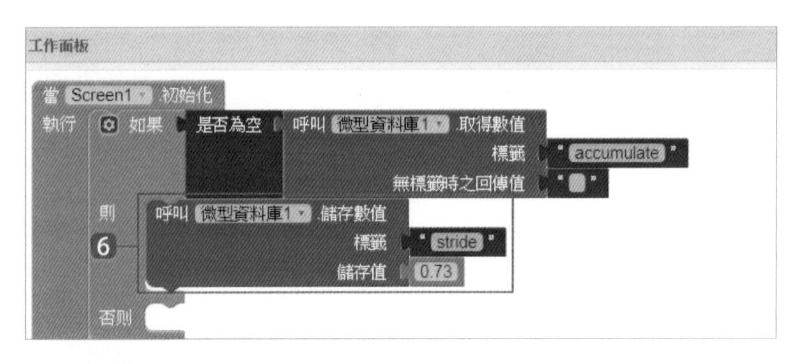

6 第一次執行設步幅為 0.73：取 **微型資料庫 1 / 呼叫微型資料庫 1. 儲存數值** 到 **則** 拼塊右方。取 **內件方塊 / 文字 / " "** 到 **標籤** 右方，修改文字為 **stride**。取 **內件方塊 / 數學 / 0** 到 **儲存值** 右方，修改文字為 **0.73**。

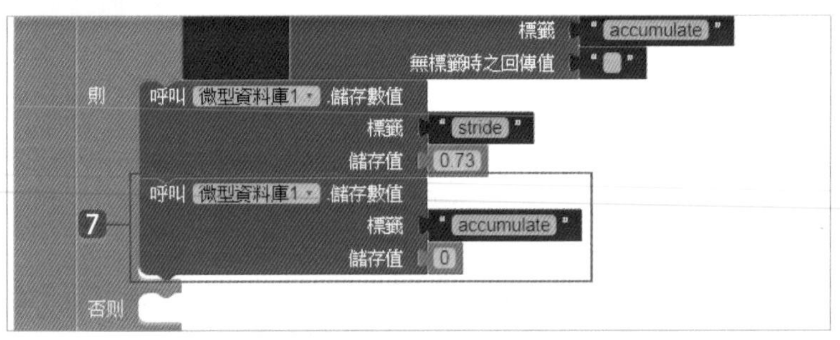

7 設累積步數為 0：取 **微型資料庫 1 / 呼叫微型資料庫 1. 儲存數值** 到剛才拼塊下方。取 **內件方塊 / 文字 / " "** 到 **標籤** 右方，修改文字為 **accumulate**。取 **內件方塊 / 數學 / 0** 到 **儲存值** 右方。

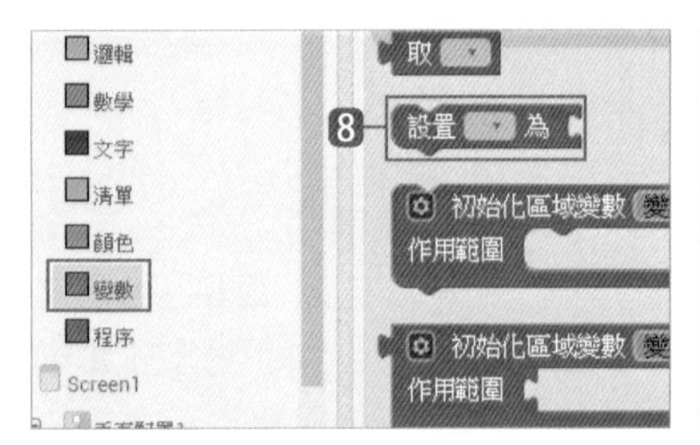

8 若不是第一次執行就由資料庫讀取步幅及累積步數：取 **內件方塊 / 變數 / 設置 ... 為** 到 **否則** 拼塊右方，在下拉式選單中點選 **global 步幅**。

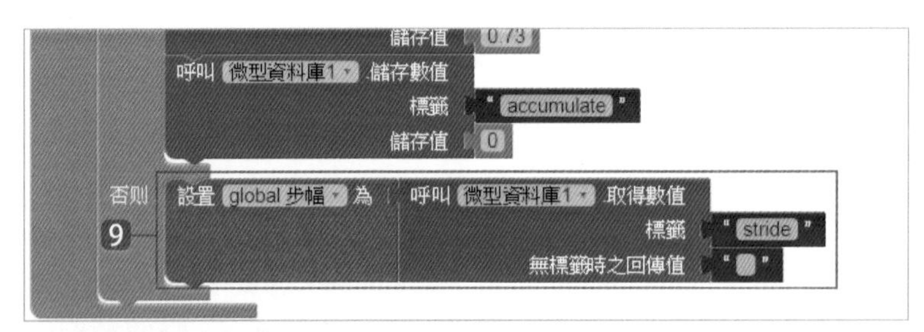

9 取 **微型資料庫 1 / 呼叫微型資料庫 1. 取得數值** 到剛才拼塊右方。取 **內件方塊 / 文字 / " "** 到 **標籤** 右方，修改文字為 **stride**。

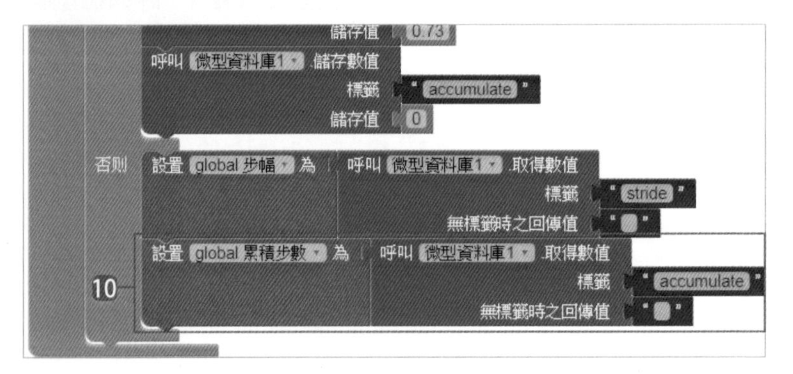

10 取 **內件方塊 / 變數 / 設置 ... 為** 到剛才拼塊下方，並選取 **global 累積步數**。取 **微型資料庫 1 / 呼叫微型資料庫 1. 取得數值** 到剛才拼塊右方。取 **內件方塊 / 文字 / " "** 到 **標籤** 右方，修改文字為 **accumulate**。

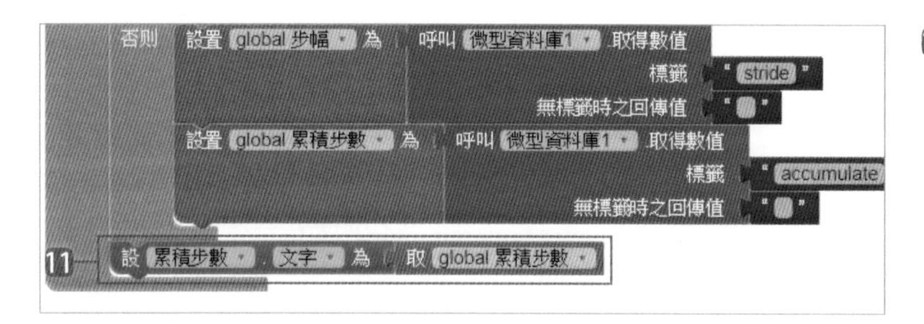

⓫ 設定元件初始值：取 **累積步數 / 設累積步數 . 文字為** 到 **如果則** 拼塊的下方。取 **內件方塊 / 變數 / 取 ...** 到剛才拼塊右方，並選取 **global 累積步數**。

⓬ 取 **步幅 / 設步幅 . 文字為** 到剛才拼塊下方。取 **內件方塊 / 變數 / 取 ...** 到剛才拼塊右方，並選取 **global 步幅**。

⓭ 取 **Pedometer1 / 設 Pedometer1. 步幅為** 到剛才拼塊下方。取 **內件方塊 / 變數 / 取 ...** 到剛才拼塊右方，並選取 **global 步幅**。

11.3.3 建立設定按鈕被點選事件

使用者按 **清除累積步數** 鈕就將累積步數歸零，按 **步幅設定** 鈕就開啟對話方塊讓使用者輸入步幅，輸入完成後將步幅單位轉換為公尺並寫入微型資料庫。

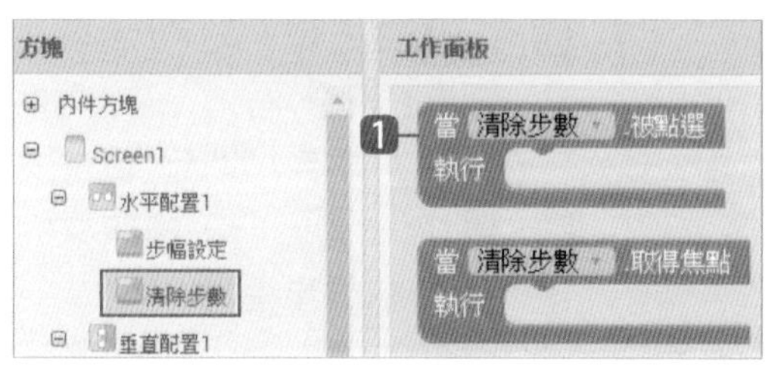

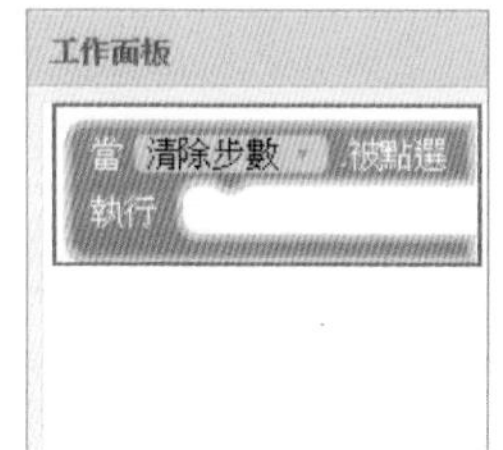

❶ 建立清除步數事件：取 **清除步數 / 當清除步數 . 被點選** 到工作面板。

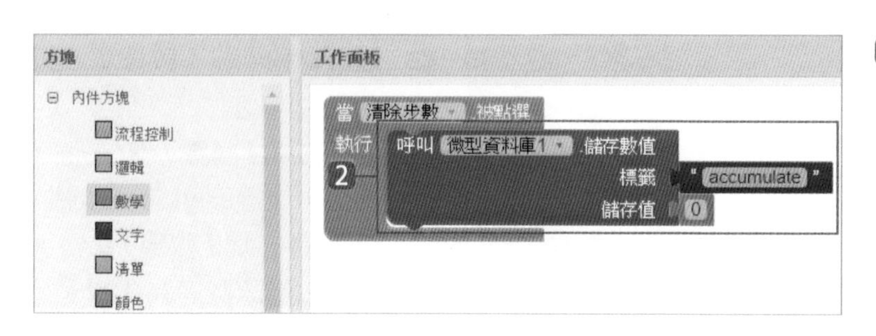

❷ 取 **微型資料庫 1 / 呼叫微型資料庫 1. 儲存數值** 到剛才拼塊中。取 **內件方塊 / 文字 / " "** 到 **標籤** 右方，修改文字為 **accumulate**。取 **內件方塊 / 數學 / 0** 到 **儲存值** 右方。

3 取 **內件方塊 / 變數 / 設置 ... 為** 到剛才拼塊下方，並選取 **global 累積步數**。取 **內件方塊 / 數學 / 0** 到剛才拼塊右方。

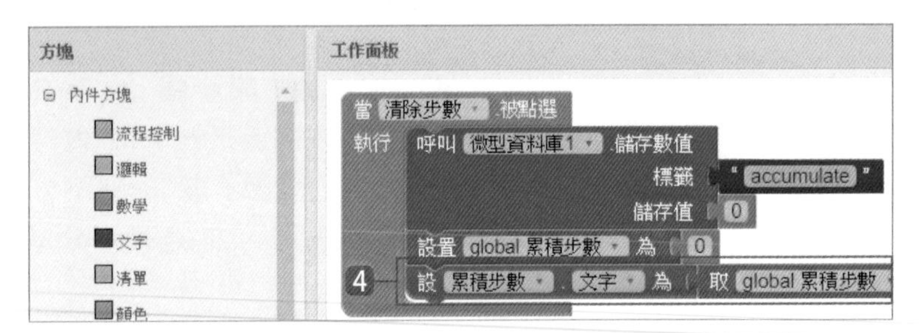

4 取 **累積步數 / 設累積步數 . 文字為** 到剛才拼塊下方。取 **內件方塊 / 變數 / 取 ...** 到剛才拼塊右方，並選取 **global 累積步數**。

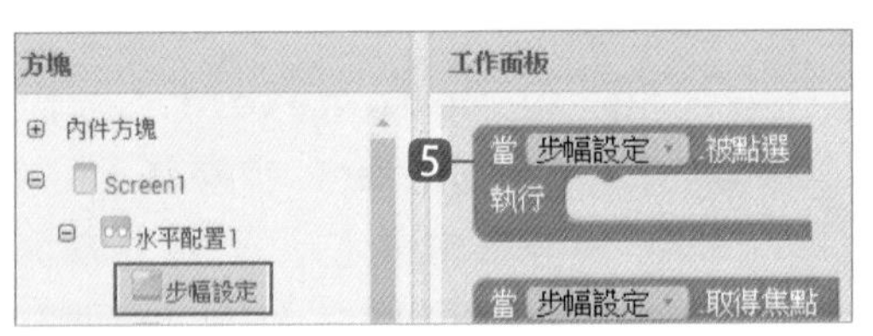

5 建立步幅設定事件，以對話方塊讓使用者輸入步幅：取 **步幅設定 / 當步幅設定 . 被點選** 到工作面板。

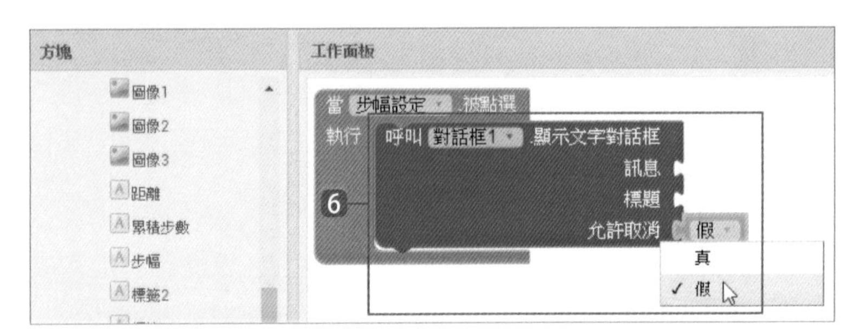

6 取 **對話框 1 / 呼叫對話框 1. 顯示文字對話框** 到剛才拼塊中。**允許取消** 參數預設值為 **真**，點選下拉式選單中的 **假**，將參數值改為 **假**，表示不顯示取消鈕。

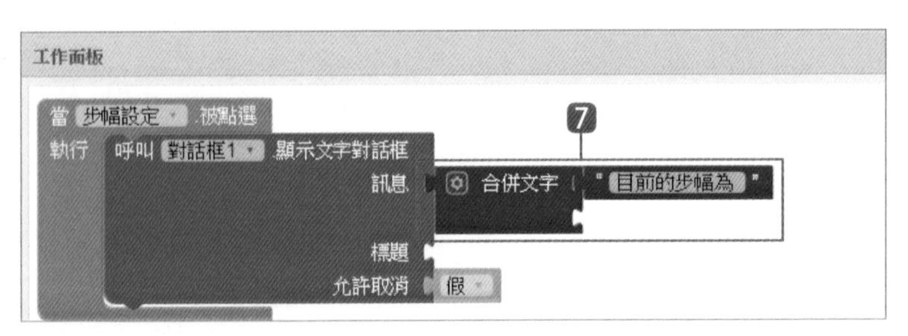

7 取 **內件方塊 / 文字 / 合併文字** 到 **訊息** 右方。取 **內件方塊 / 文字 / " "** 到 **合併文字** 第一個凹口，修改文字為 **目前的步幅為** 。

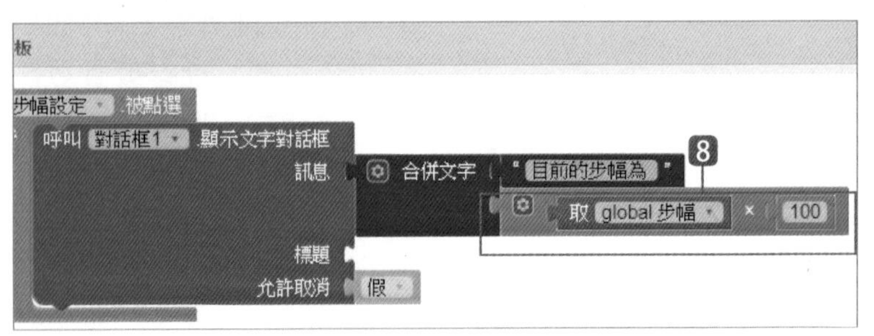

8 取 **內件方塊 / 數學 / x** 到 **合併文字** 第二個凹口。取 **內件方塊 / 變數 / 取 ...** 到 **x** 左方，並選取 **global 步幅**。取 **內件方塊 / 數學 / 0** 到 **x** 右方，修改數字為 **100**。

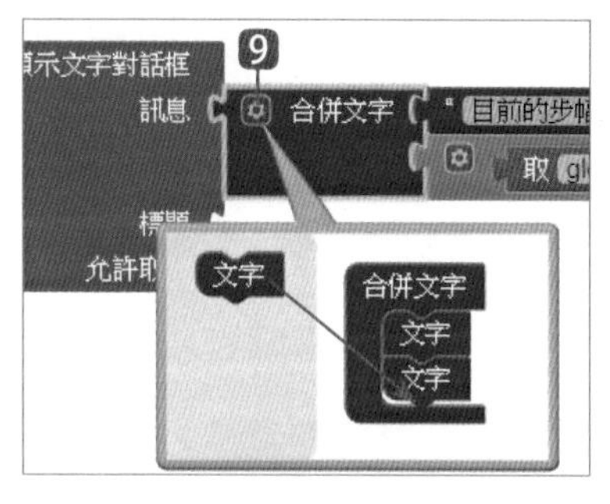

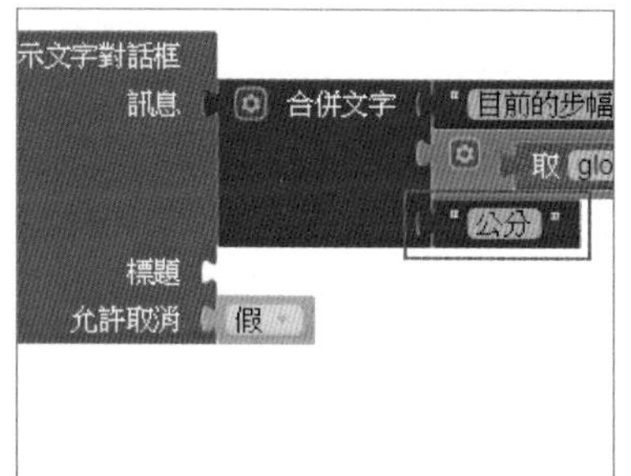

❾ 在 **合併文字** 拼塊按一下 ，拖曳左邊 **文字** 到右邊 **合併文字** 最下方，即可增加一個 **文字** 凹口。取 **內件方塊 / 文字 / " "** 到 **合併文字** 第三個凹口，修改文字為 **公分**。

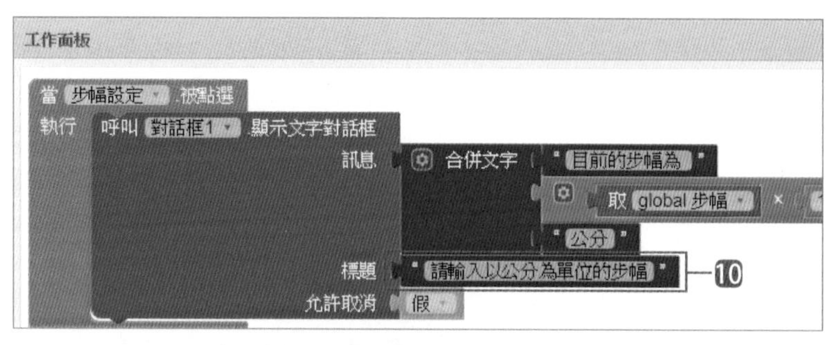

❿ 取 **內件方塊 / 文字 / " "** 到 **標題** 右方，修改文字為 **請輸入以公分為單位的步幅**。

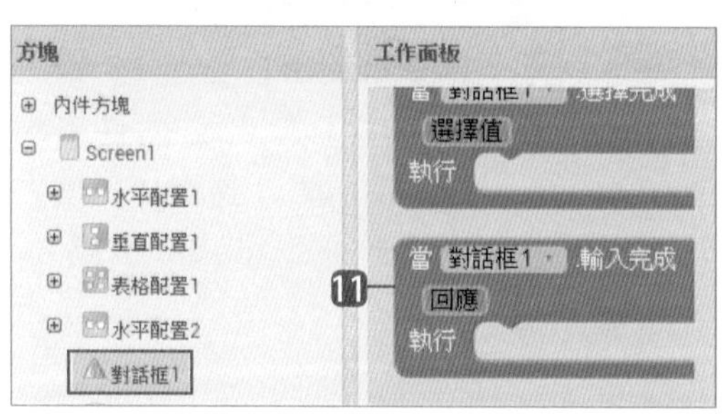

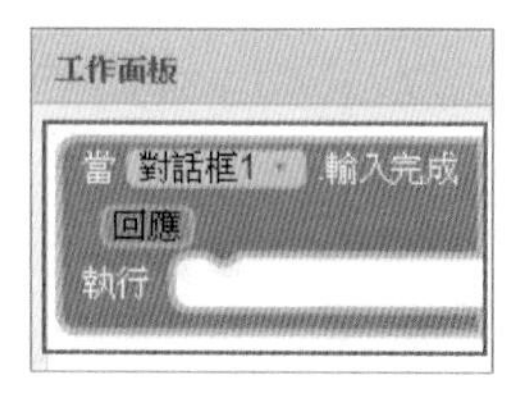

⓫ 對話框輸入結束後會觸發輸入完成事件：取 **對話框 1 / 當對話框 1. 輸入完成** 到工作面板。

⓬ 檢查有輸入資料才處理：取 **內件方塊 / 流程控制 / 如果則** 到剛才拼塊中。取 **內件方塊 / 邏輯 / 非** 到剛才拼塊右方。

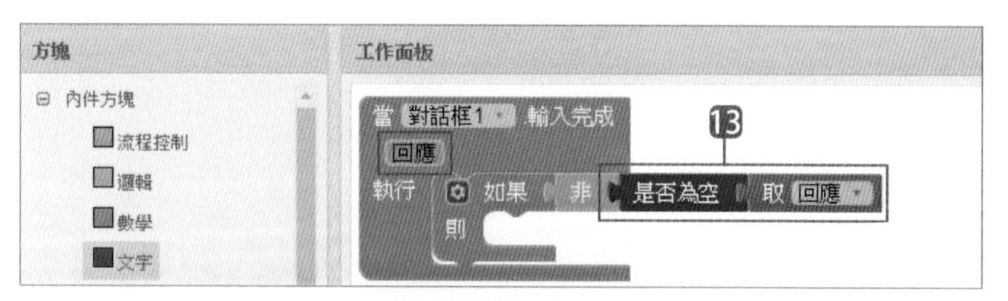

⓭ 取 **內件方塊 / 文字 / 是否為空** 到 **非** 拼塊右方。將滑鼠移到參數 **回應** 停留一下，拖曳 **取回應** 到 **是否為空** 拼塊右方。

⓮ 取 **內件方塊 / 變數 / 設置 ... 為** 到 **則** 右方，並選取 **global 步幅**。取 **內件方塊 / 數學 / .../...**(除號)到剛才拼塊右方。

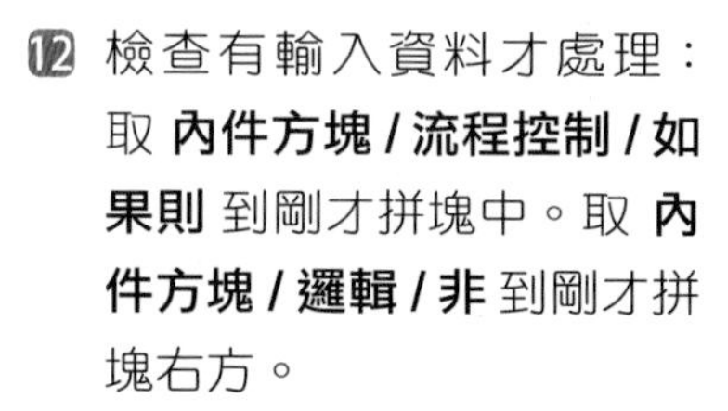

⑮ 將滑鼠移到參數 **回應** 停留一下，拖曳 **取回應** 到 **/** 左方。取 **內件方塊 / 數學 / 0** 到 **/** 右方，修改數字為 **100**。

⑯ 取 **微型資料庫 1 / 呼叫微型資料庫 1. 儲存數值** 到剛才拼塊下方。取 **內件方塊 / 文字 / " "** 到 **標籤** 右方，修改文字為 **stride**。取 **內件方塊 / 變數 / 取 ...** 到 **儲存值** 右方，並選取 **global 步幅**。

⑰ 取 **Pedometer1 / 設 Pedometer1. 步幅為** 到剛才拼塊下方。取 內**件方塊 / 變數 / 取 ...** 到剛才拼塊右方，並選取 **global 步幅**。

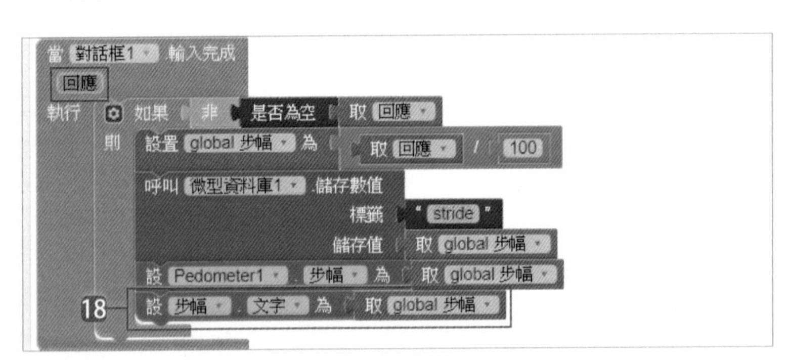

⑱ 取 **步幅 / 設步幅 . 文字為** 到剛才拼塊下方。取 **內件方塊 / 變數 / 取 ...** 到剛才拼塊右方，並選取 **global 步幅**。

11.3.4 建立功能按鈕被點選事件

接著建立使用者按下 **開始**、**暫停**、**繼續** 及 **停止** 鈕觸發的事件。

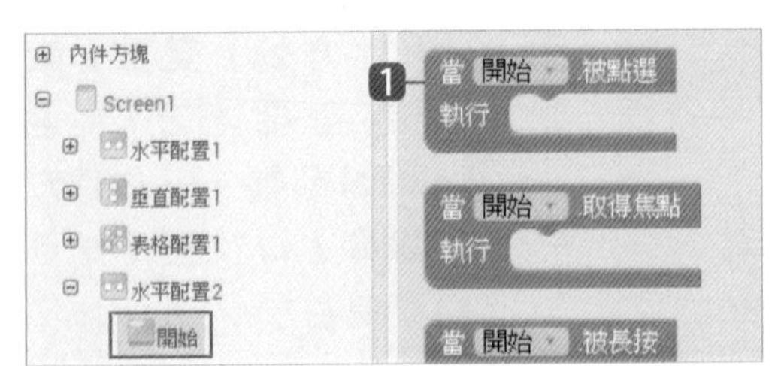

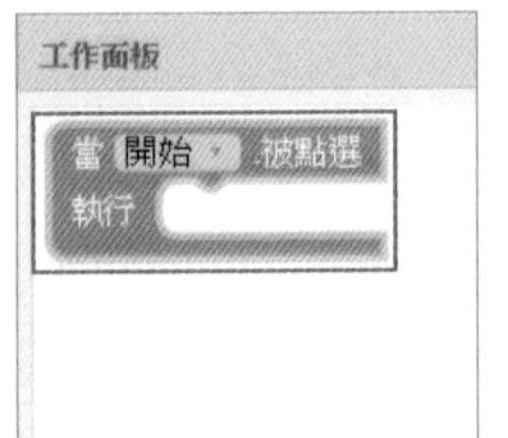

❶ 建立 **開始** 按鈕事件：取 **開始 / 當開始 . 被點選** 到工作面板。

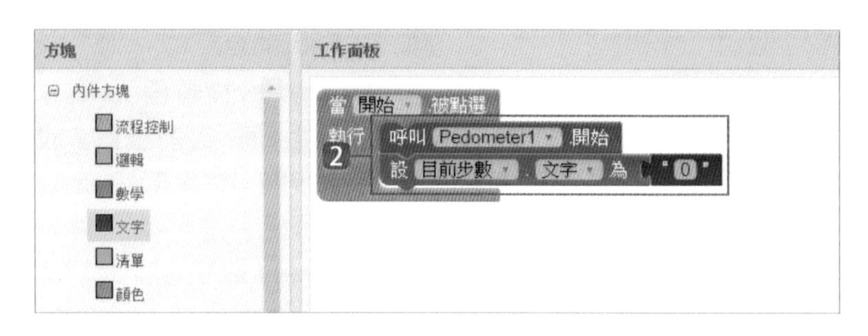

2 取 **Pedometer1 / 呼叫 Pedometer1. 開始** 到剛才拼塊中。取 **目前步數 / 設目前步數 . 文字為** 到剛才拼塊下方。取 **內件方塊 / 文字 / " "** 到剛才拼塊右方，修改文字為 **0**。

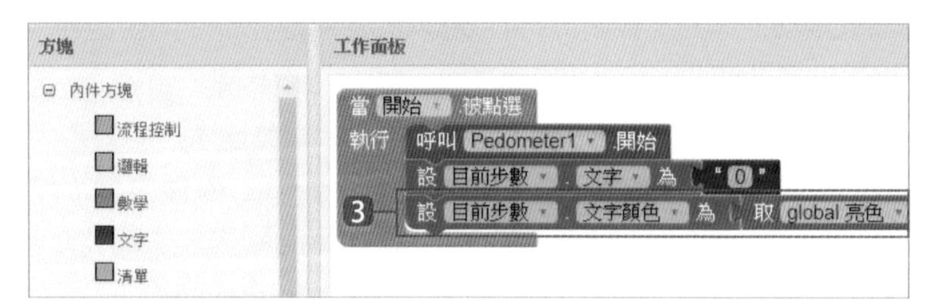

3 取 **目前步數 / 設目前步數 . 文字顏色為** 到剛才拼塊下方。取 **內件方塊 / 變數 / 取 ...** 到剛才拼塊右方，並選取 **global 亮色**。

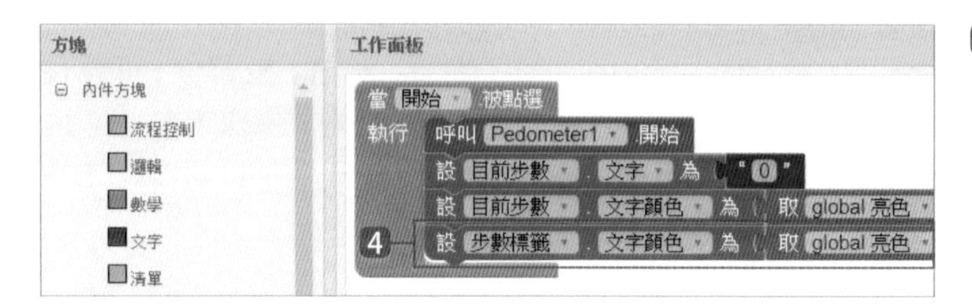

4 取 **步數標籤 / 設步數標籤 . 文字顏色為** 到剛才拼塊下方。取 **內件方塊 / 變數 / 取 ...** 到剛才拼塊右方，並選取 **global 亮色**。

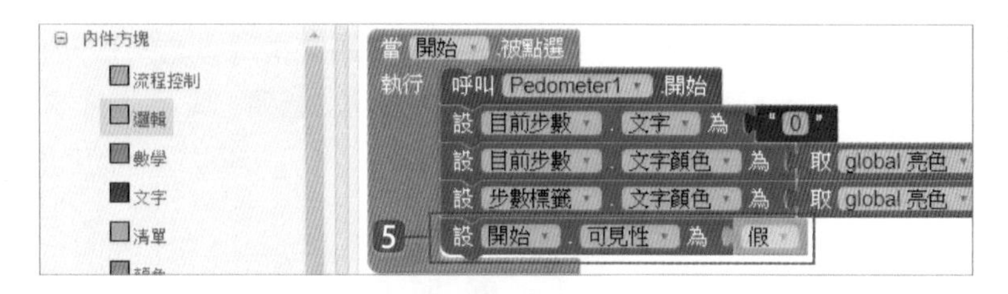

5 取 **開始 / 設開始 . 可見性為** 到剛才拼塊下方。取 **內件方塊 / 邏輯 / 假** 到剛才拼塊右方。

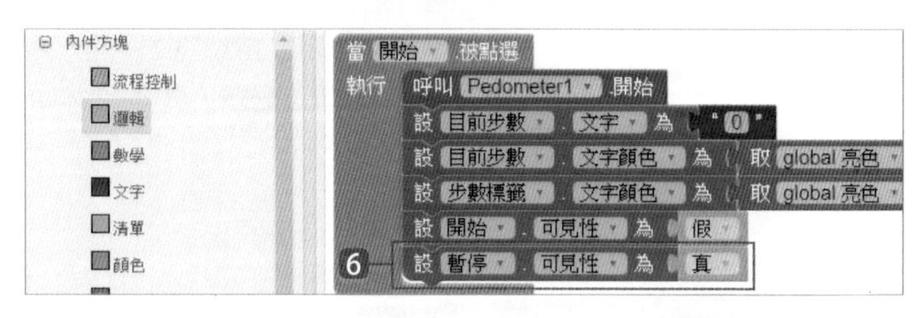

6 取 **暫停 / 設暫停 . 可見性為** 到剛才拼塊下方。取 **內件方塊 / 邏輯 / 真** 到剛才拼塊右方。

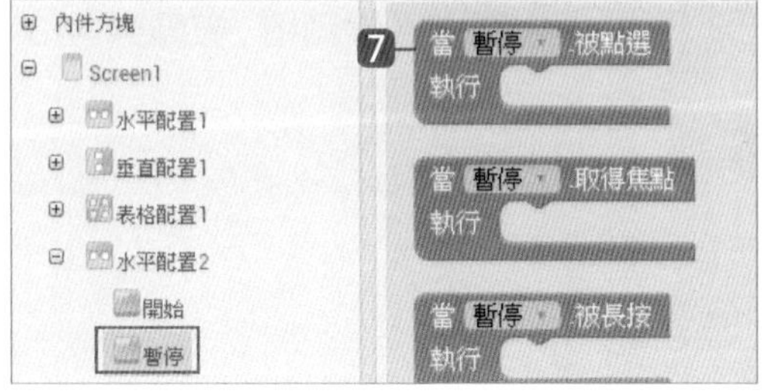

7 建立 **暫停** 按鈕事件：取 **暫停 / 當暫停 . 被點選** 到工作面板。

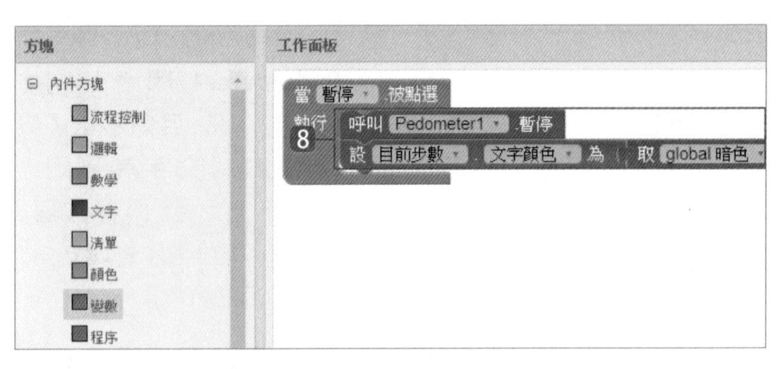

8 取 **Pedometer1 / 呼叫 Pedometer1. 暫停** 到剛才拼塊中。取 **目前步數 / 設 目前步數 . 文字顏色為** 到剛才拼塊下方。取 **內件方塊 / 變數 / 取 ...** 到剛才拼塊右方，並選取 **global 暗色**。

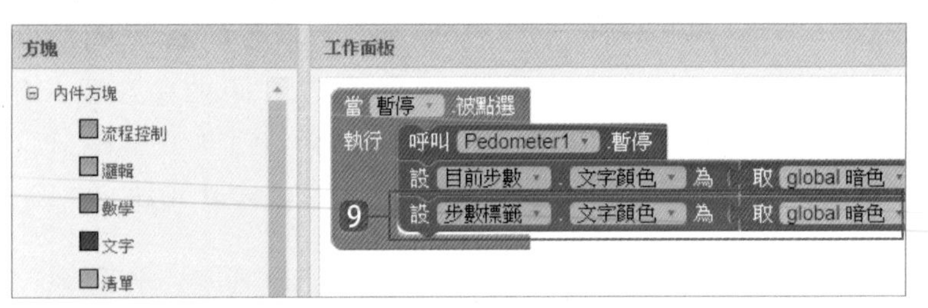

9 取 **步數標籤 / 設步數標籤 . 文字顏色為** 到剛才拼塊下方。取 **內件方塊 / 變數 / 取 ...** 到剛才拼塊右方，並選取 **global 暗色**。

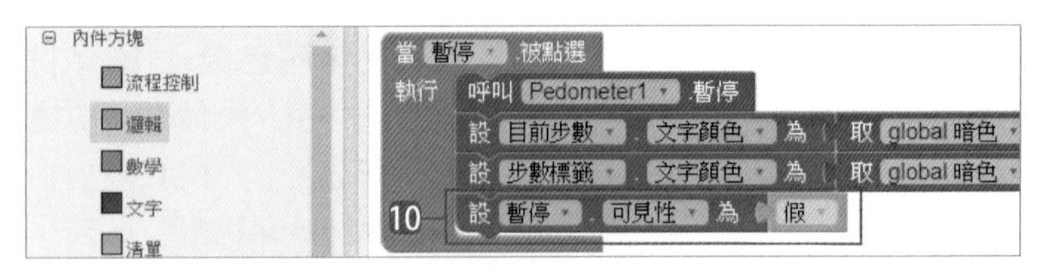

10 取 **暫停 / 設暫停 . 可見性為** 到剛才拼塊下方。取 **內件方塊 / 邏輯 / 假** 到剛才拼塊右方。

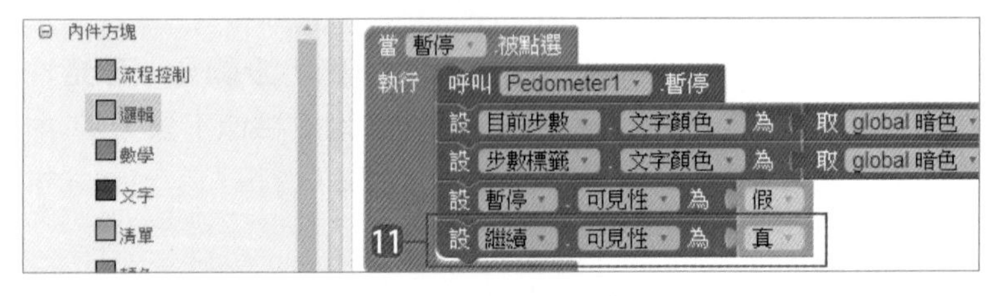

11 取 **繼續 / 設繼續 . 可見性為** 到剛才拼塊下方。取 **內件方塊 / 邏輯 / 真** 到剛才拼塊右方。

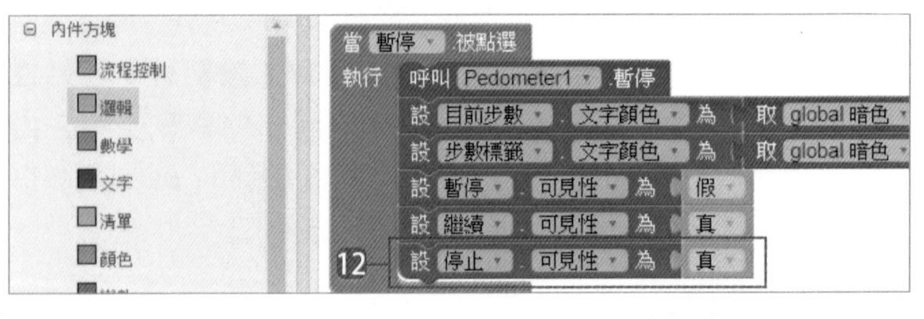

12 取 **停止 / 設停止 . 可見性為** 到剛才拼塊下方。取 **內件方塊 / 邏輯 / 真** 到剛才拼塊右方。

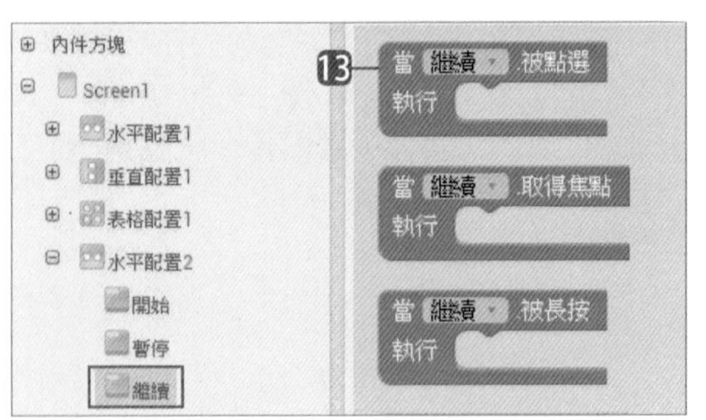

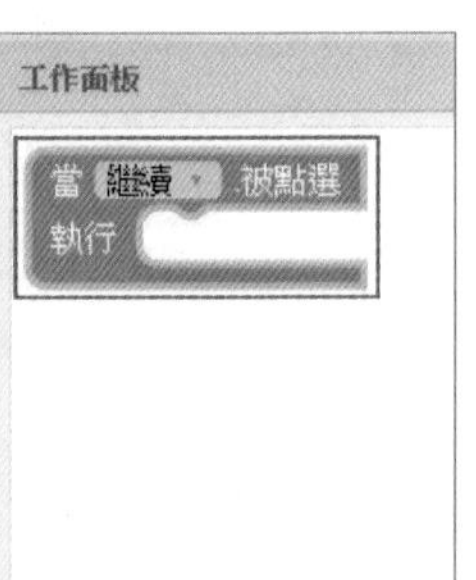

13 建立 **繼續** 按鈕事件：取 **繼續 / 當繼續 . 被點選** 到工作面板。

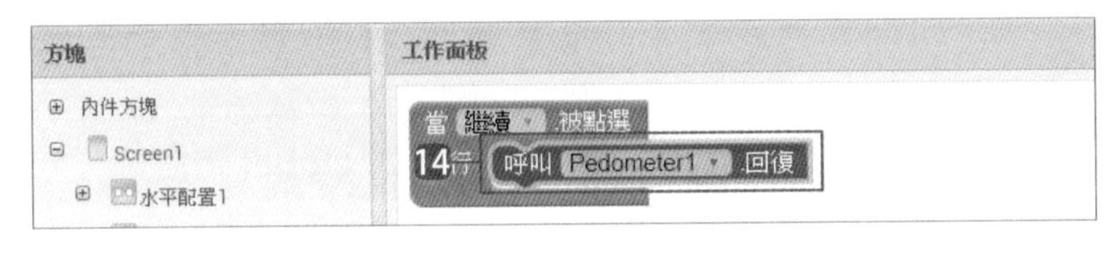

⓮ 取 **Pedometer1 / 呼叫 Pedometer1. 回復** 到剛才拼塊中。

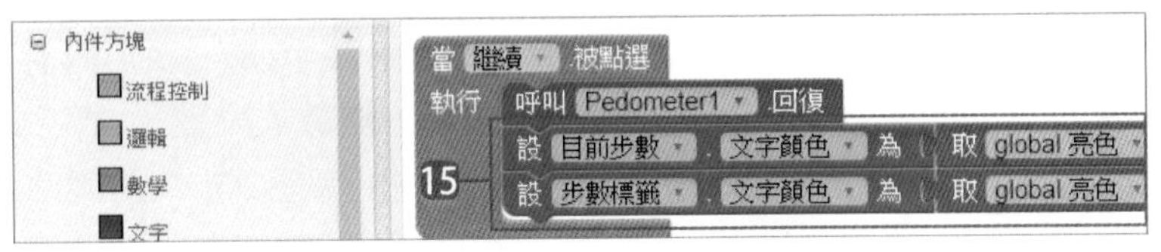

⓯ 重複 ❸ 到 ❹：設定 **目前步數** 及 **步數標籤** 的 **文字顏色** 為 **global 亮色**。

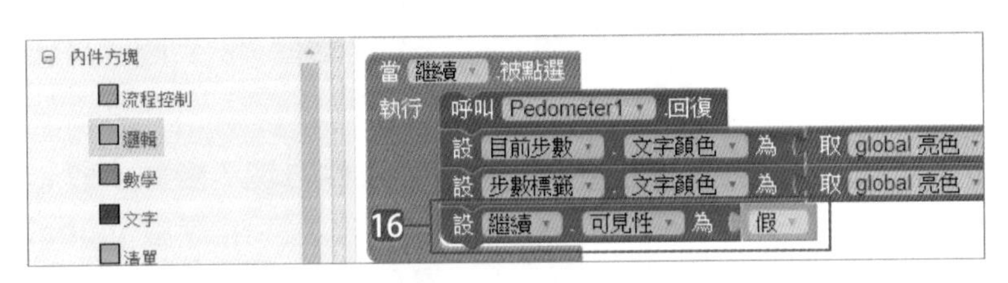

⓰ 取 **繼續 / 設繼續 . 可見性 為** 到剛才拼塊下方。取 **內件方塊 / 邏輯 / 假** 到剛才拼塊右方。

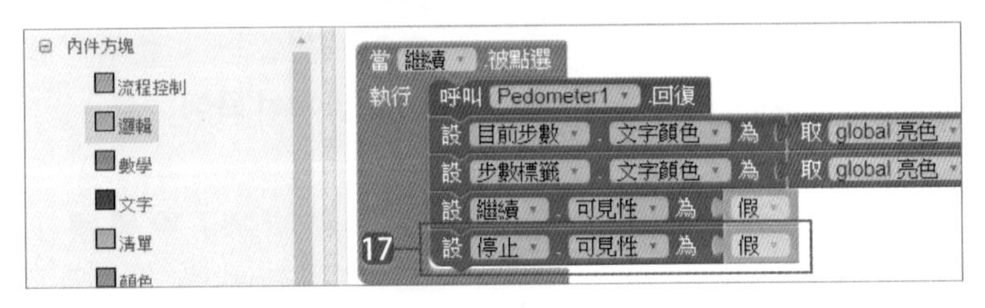

⓱ 取 **停止 / 設停止 . 可見性 為** 到剛才拼塊下方。取 **內件方塊 / 邏輯 / 假** 到剛才拼塊右方。

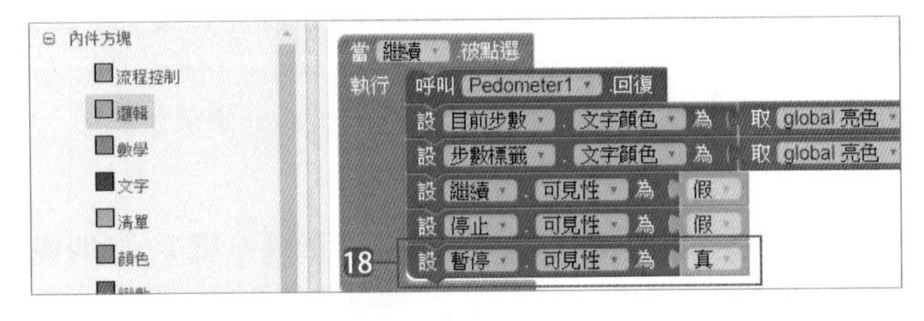

⓲ 取 **暫停 / 設暫停 . 可見性 為** 到剛才拼塊下方。取 **內件方塊 / 邏輯 / 真** 到剛才拼塊右方。

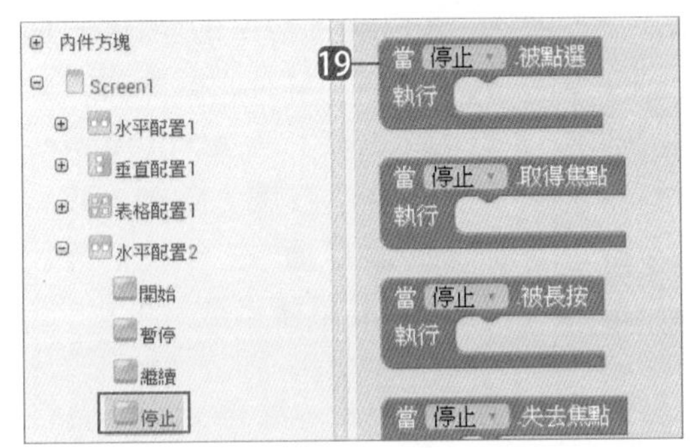

⓳ 建立 **停止** 按鈕事件：取 **停止 / 當停止 . 被點選** 到工作面板。

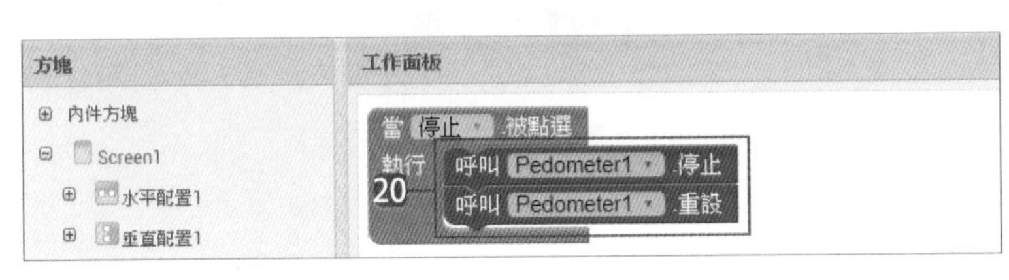

⓴ 取 **Pedometer1 / 呼叫 Pedometer1. 停止** 到剛才拼塊中。取 **Pedometer1 / 呼叫 Pedometer1. 重設** 到剛才拼塊下方。

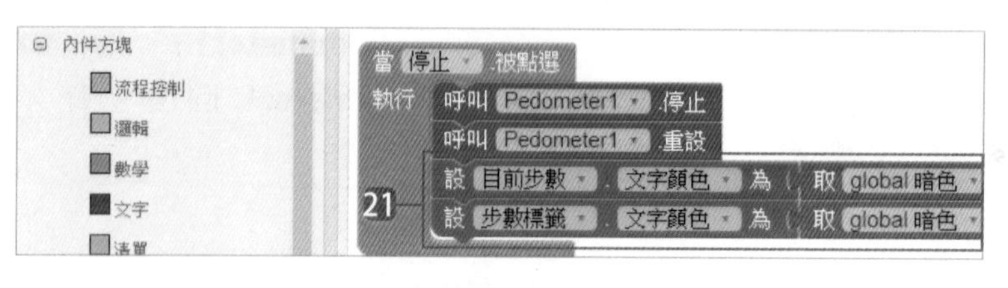

21 重複 8 到 9：設定 **目前步數** 及 **步數標籤** 的 **文字顏色** 為 **global 暗色**。

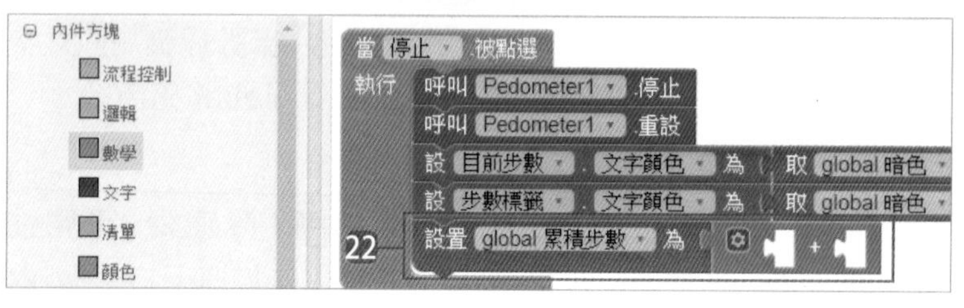

22 計算累積步數：取 **內件方塊 / 變數 / 設置 ... 為** 到剛才拼塊下方，並選取 **global 累積步數**。取 **內件方塊 / 數學 / +** 到剛才拼塊右方。

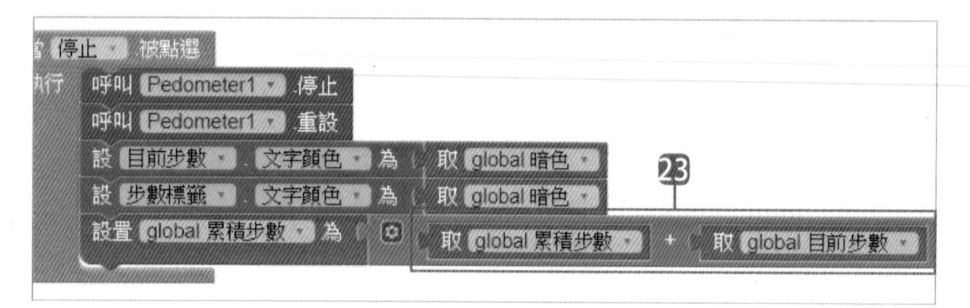

23 取 **內件方塊 / 變數 / 取 ...** 到 **+** 左方，並選取 **global 累積步數**。取 **內件方塊 / 變數 / 取 ...** 到 **+** 右方，並選取 **global 目前步數**。

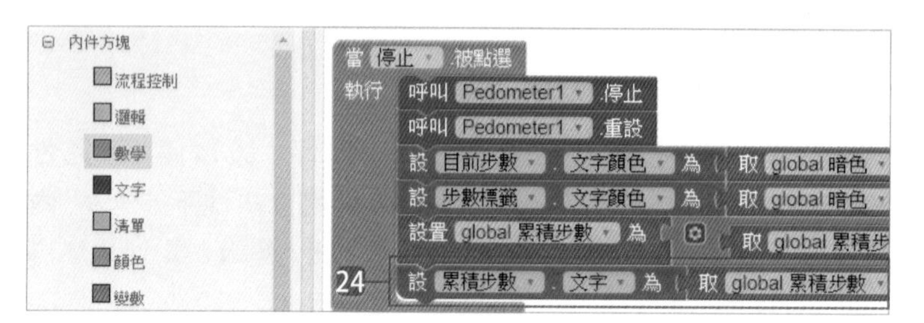

24 取 **累積步數 / 設累積步數 . 文字為** 到剛才拼塊下方。取 **內件方塊 / 變數 / 取 ...** 到剛才拼塊右方，並選取 **global 累積步數**。

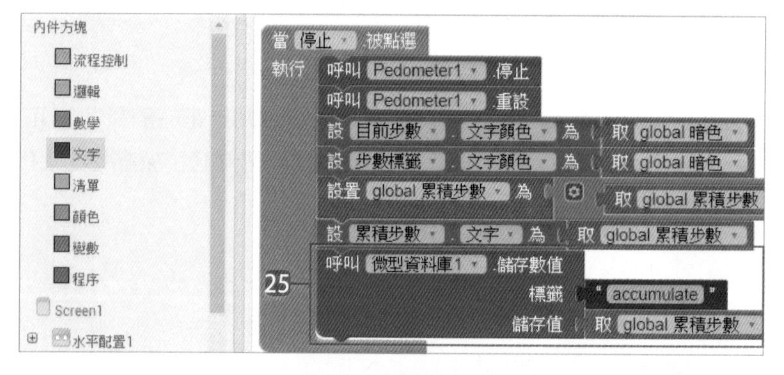

25 取 **微型資料庫 1 / 呼叫微型資料庫 1. 儲存數值** 到剛才拼塊下方。取 **內件方塊 / 文字 / " "** 到 **標籤** 右方，修改文字為 **accumulate**。取 **內件方塊 / 變數 / 取 ...** 到 **儲存值** 右方，並選取 **global 累積步數**。

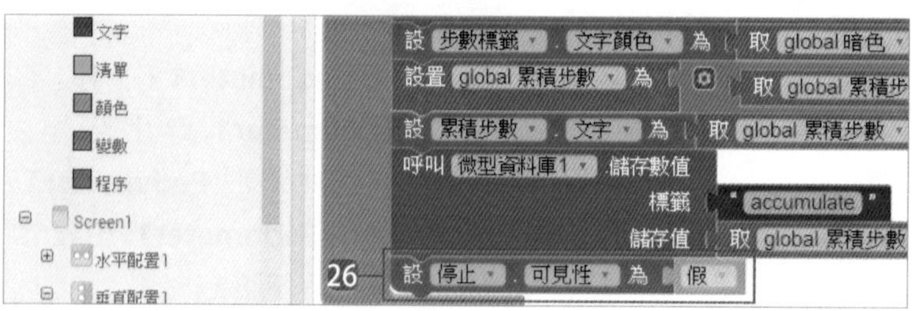

26 取 **停止 / 設停止 . 可見性為** 到剛才拼塊下方。取 **內件方塊 / 邏輯 / 假** 到剛才拼塊右方。

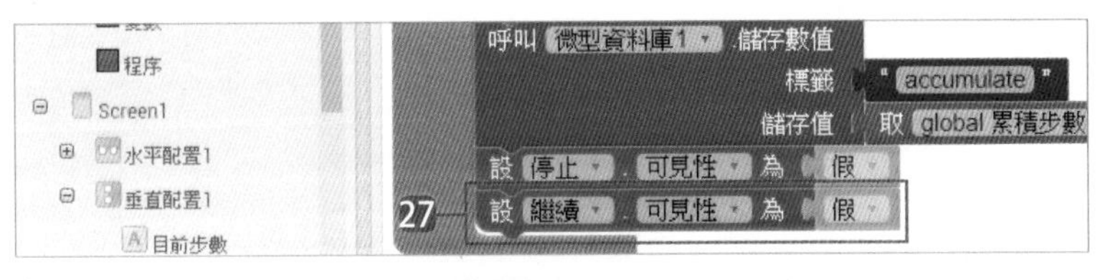

27 取 **繼續 / 設繼續 . 可見性為** 到剛才拼塊下方。取 **內件方塊 / 邏輯 / 假** 到剛才拼塊右方。

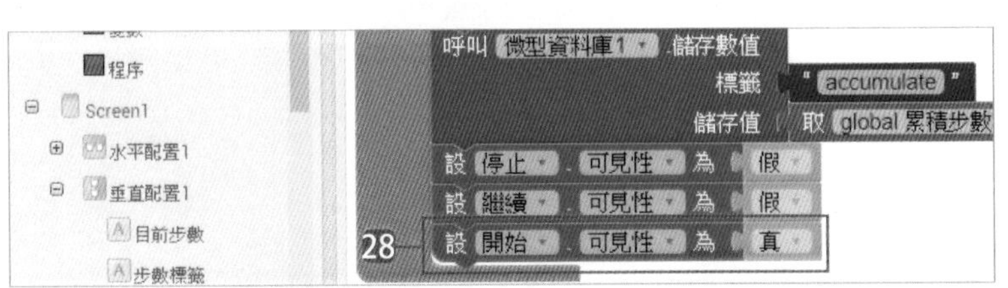

28 取 **開始 / 設開始 . 可見性為** 到剛才拼塊下方。取 **內件方塊 / 邏輯 / 真** 到剛才拼塊右方。

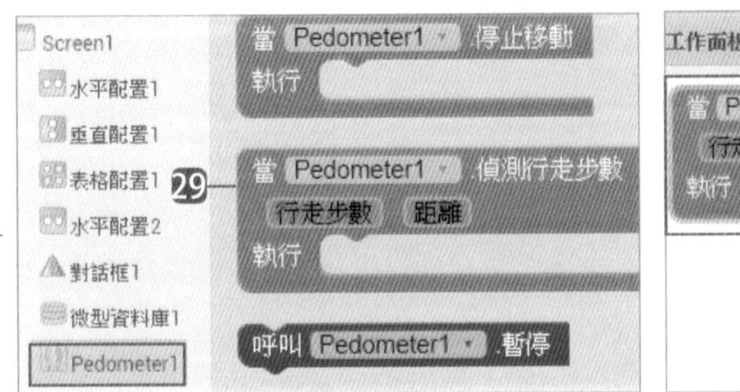

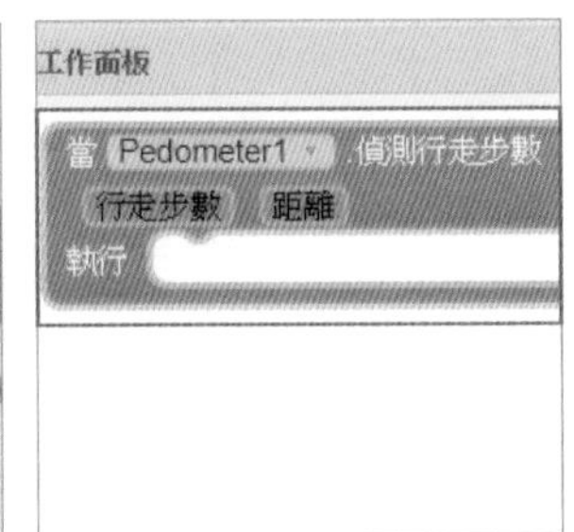

29 取 **Pedometer1 / 當 Pedometer1. 偵測行走步數** 到工作面板。

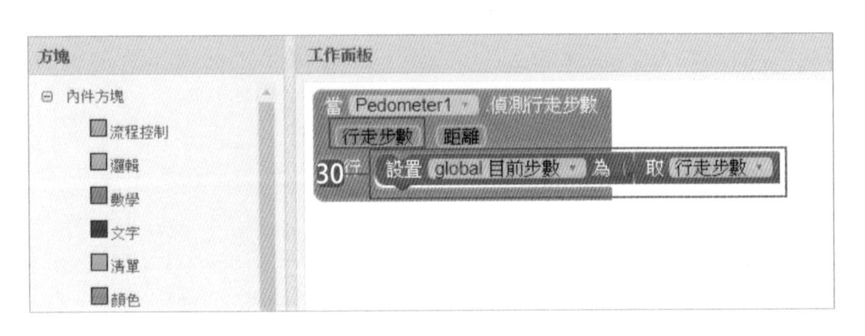

30 取 **內件方塊 / 變數 / 設置 ... 為** 到剛才拼塊中，並選取 **global 目前步數**。將滑鼠移到參數 **行走步數** 停留一下，拖曳 **取行走步數** 到剛才拼塊右方。

31 取 **目前步數 / 設目前步數 . 文字為** 到剛才拼塊下方。取 **內件方塊 / 變數 / 取 ...** 到剛才拼塊右方，並選取 **global 目前步數**。

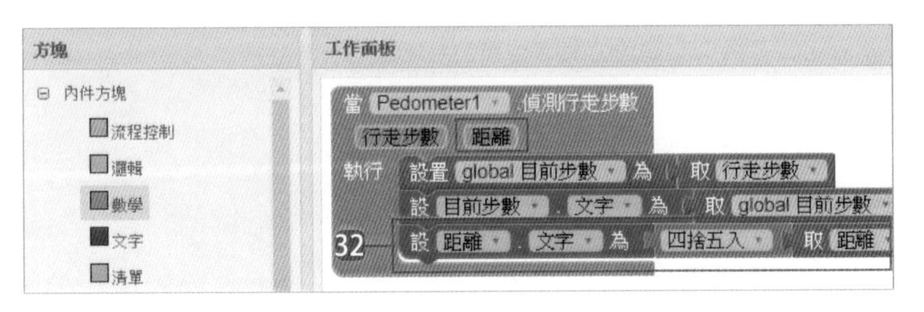

32 取 **距離 / 設距離 . 文字為** 到剛才拼塊下方。取 **內件方塊 / 數學 / 四捨五入** 到剛才拼塊右方。將滑鼠移到參數 **距離** 停留一下，拖曳 **取距離** 到剛才拼塊右方。

如此即完成 App 的專題製作。

MEMO

[12] 自行車道景點地圖

- 學習水平配置指定高度時元件操作
- 學習下拉式選單元件
- 學習地圖和標記元件
- 學習檔案管理元件

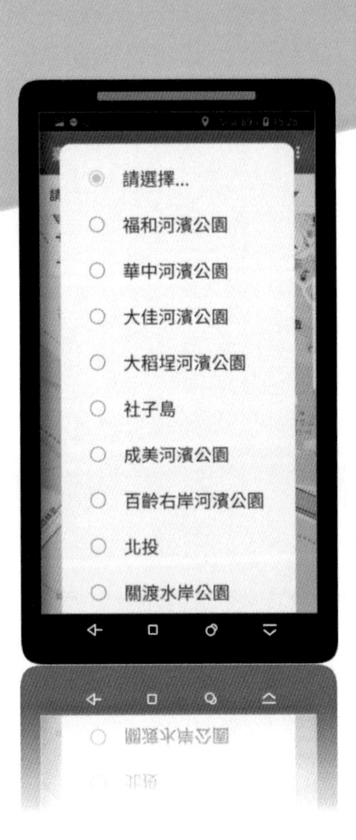

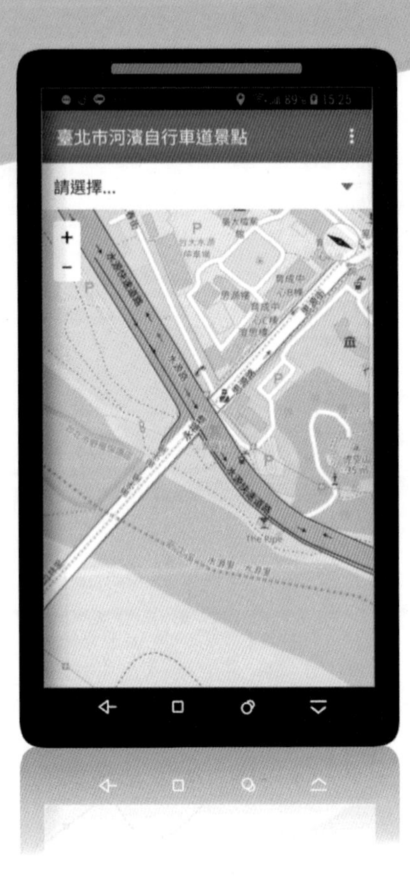

12.1 認識 App 專題：台北自行車道景點地圖

12.1.1 專題介紹

地圖類別元件是 App Inventor 新添加的功能，它包括 **地圖**、**標記**、**線條字串**、**多邊形**、**長方形**、**圓形工具** 和 **特徵集** 等七個元件，可以利用這些元件建立地理定位應用程式。

地圖 中可以包含專用於 **地圖** 的特殊元件（稱為「特徵」），其行為與「畫布」上的圖像精靈類似。地圖類型有三種：道路、空中和地形，可以在地圖上觸發許多事件，包括點擊、拖曳和縮放。

標記：表示地圖上的點。可以自訂標記圖示，設定寬度、高度，標記可以設定為可拖曳，也可以資訊框顯示詳細的訊息。

本專題結合 **檔案管理**、**下拉式選單**、**地圖** 和 **標記**，以 **地圖**、**標記** 顯示指定景點的地圖和標記，並以資訊框顯示該景點的詳細資訊。

12.1.2 專題作品預覽

「台北自行車道景點地圖」App 執行後會顯示地圖，並將地圖的中心點移動到「臺北市河濱自行車道景點」附近，同時載入 csv 檔中的景點資訊到 **下拉式選單** 中，選取 **下拉式選單** 中指定的景點，即會將地圖的中心點移動到該景點，並顯示該景點的標記，同時以資訊框顯示該景點的詳細資訊。

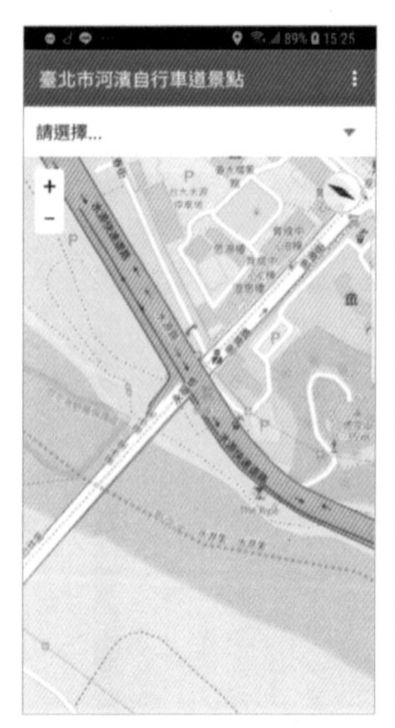

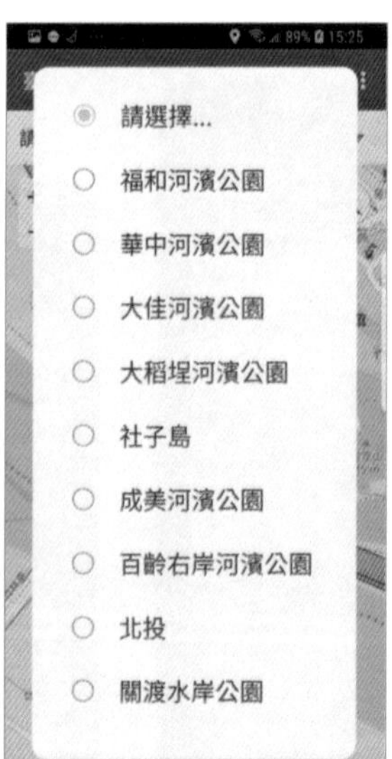

學習小叮嚀

本專題因為要使用到地圖元件，在測試時必須要有網路才能載入，這點要請讀者特別留意。

12.2 App 畫面編排

使用 App Inventor 2 製作「台北自行車道景點地圖」App，在規劃程式功能及流程後，再依架構設計版面並收集素材，最後即可開始進行畫面編排。

12.2.1 App 畫面編排完成圖

12.2.2 新增專案及素材上傳

在「台北自行車道景點地圖」App 的範例畫面編排中，除了畫面上選取景點的 **下拉式選單** 之外，最重要的是要加入 **地圖** 及 **標記**。

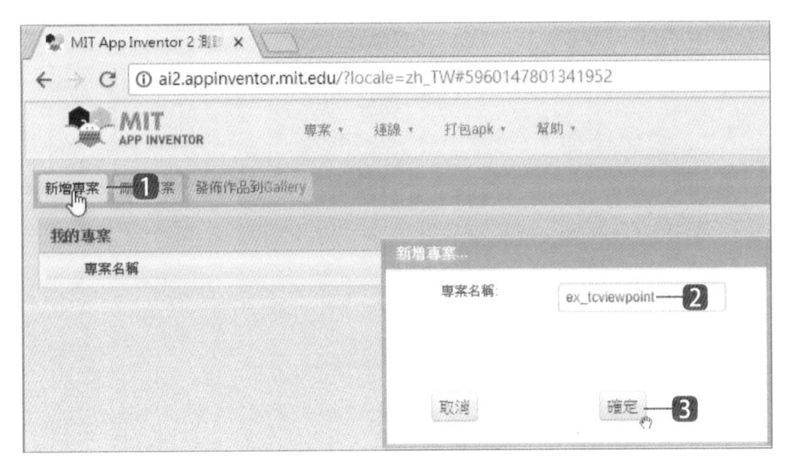

❶ 登入開發頁面按 **新增專案** 鈕。

❷ 在對話方塊的 **專案名稱** 欄位中輸入「ex_tcviewpoint」。

❸ 按下 **確定** 鈕完成專案的新增並進入開發畫面。

❹ 按 **素材** 的 **上傳文件** 鈕。

❺ 在對話方塊按 **選擇檔案** 鈕。

❻ 在對話視窗中選取本章原始檔資料夾，選取 <tpbikespot.csv> 檔後按 **開啟** 鈕，然後在對話方塊中按 **確定** 鈕。

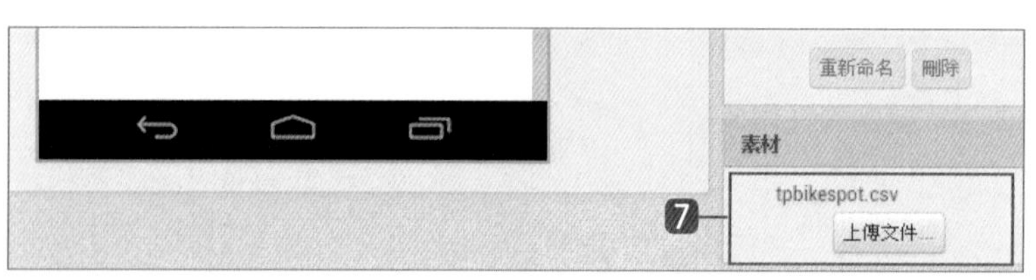

❼ 完成後即可在 **素材** 中看到上傳的 <tpbikespot.csv> 檔。

12.2.3 設定畫面

❶ 首先進行外觀編排：在 **元件清單** 選按 **Screen1** 準備進行設定，這是預設的畫面元件。

❷ 請在 **元件屬性** 依下頁表格資料進行欄位設定。

欄位	值	欄位	值
水平對齊	靠左：1	狀態欄顯示	核選
垂直對齊	靠上：1	視窗大小	自動調整
App 名稱	臺北市河濱自行車道景點	Theme	Device Default
螢幕方向	鎖定直式畫面	標題	臺北市河濱自行車道景點
允許捲動	取消核選	標題顯示	核選

12.2.4 加入下拉式選單

接著在面板中加入水平配置，並在水平配置中加入顯示景點的 **下拉式選單**，請依下述步驟操作：

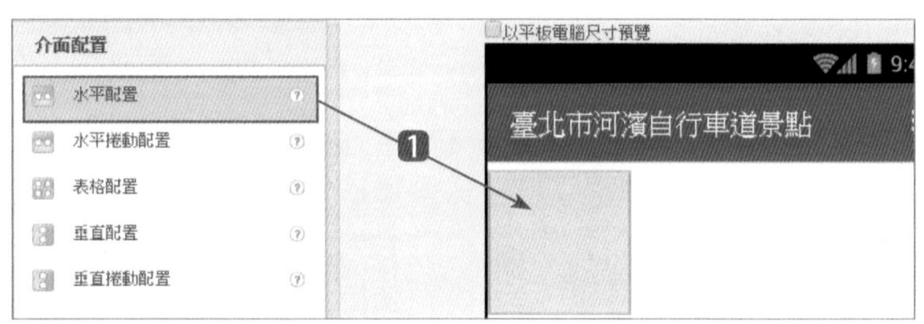

1. 在 **元件面板** 拖曳 **介面配置 / 水平配置** 到工作面板中。

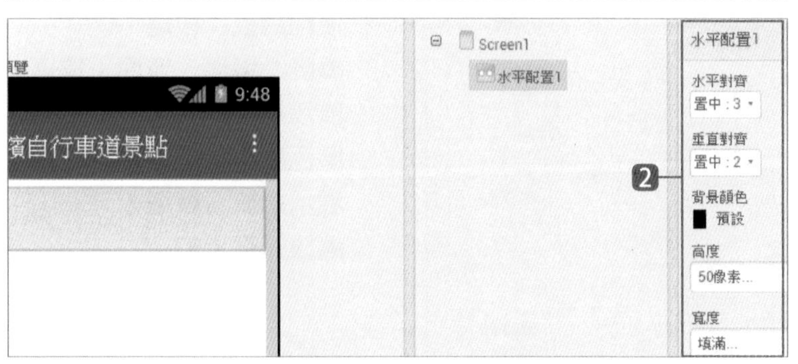

2. 在 **元件屬性** 設定 **水平對齊：置中**、**垂直對齊：置中**，**高度：50 像素**、**寬度：填滿**。

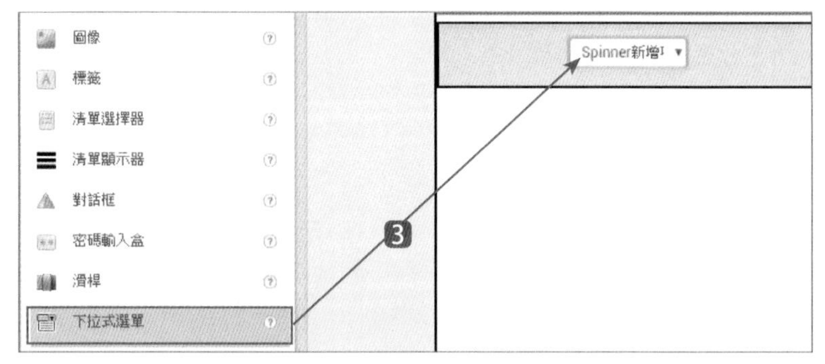

3. 在 **元件面板** 拖曳 **使用者介面 / 下拉式選單** 到剛才的配置區域中。

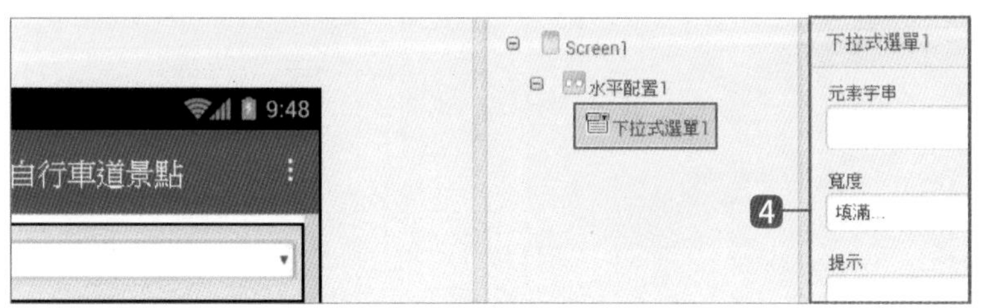

4. 請在 **元件屬性** 設定 **寬度：填滿**。

12.2.5 加入地圖和標記

接著要在 **水平配置 1** 下方加入 **地圖**，並在 **地圖** 中加入 **標記**，請依下述步驟操作：

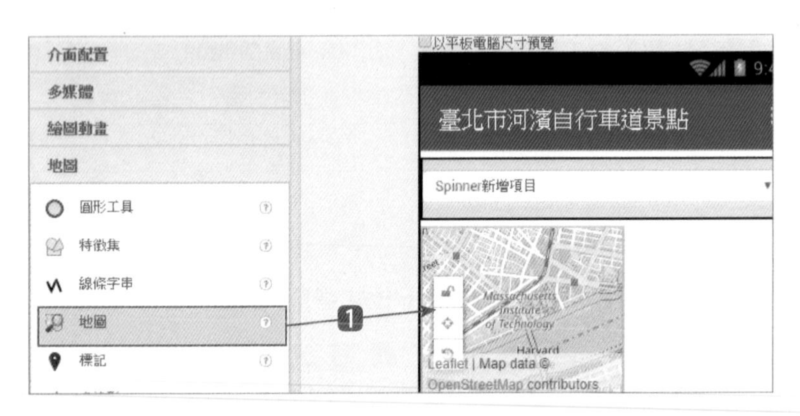

1. 在 **元件面板** 拖曳 **地圖 / 地圖** 到 **水平配置 1** 的下方。

2. 在 **元件屬性** 設定
中心字串：25.01117348, 121.5283483，
使用全景：核選、
使用縮放：核選、
高度：填滿、**寬度：填滿**、
展示指南針：核選、
展示用戶：取消核選、
展示縮放：核選、
縮放程度：17。

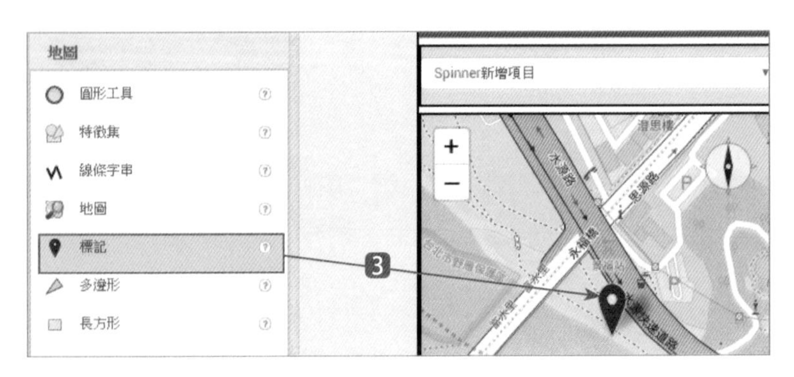

3. 在 **元件面板** 拖曳 **地圖 / 標記** 到 **地圖 1** 中。

❹ 請在 **元件屬性** 設定 **使用資訊框：核選、可見性：取消核選**。

12.2.6 加入檔案管理元件

❶ 在 **元件面板** 拖曳 **資料儲存 / 檔案管理** 到畫面中，該元件在使用時並不會顯示在畫面上。

❷ 放開後該元件會掉到畫面下方的 **非可視元件** 區。

12.3 App 程式設計

完成了「台北自行車道景點地圖」App 的畫面編排後，接下來就要加入程式設計的拼塊。

12.3.1 定義變數

首先要先定義變數「list1」、「list2」記錄景點的資訊。

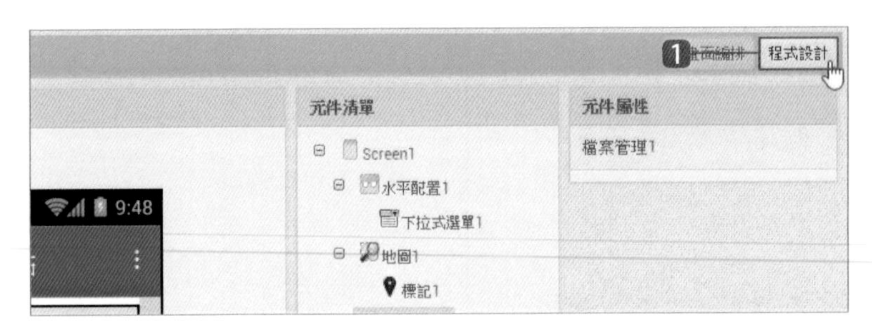

❶ 按功能表右方的 **程式設計** 進入程式設計模式。

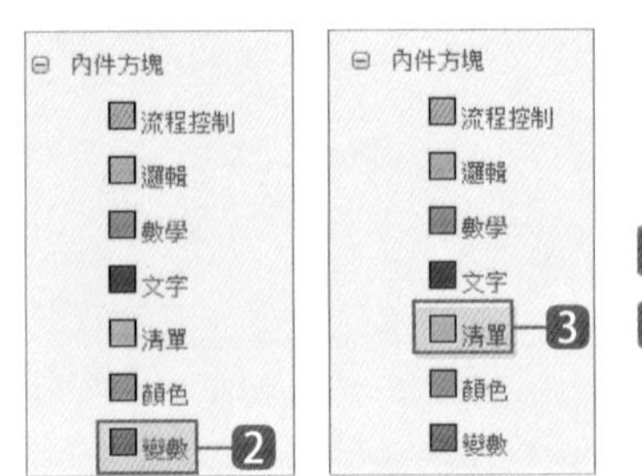

❷ 取 **內件方塊 / 變數 / 初始化全域變數 ... 為** 到 **工作面板** 中，並修改變數名稱為「list1」。

❸ 取 **內件方塊 / 清單 / 建立空清單** 到剛才的方塊後成為 **list1** 變數的預設值。

❹ 相同的操作，再建立全域變數「list2」，並設定預設值為 **建立空清單**。

12.3.2 讀取景點資料

應用程式執行後，以 **檔案管理** 元件將存在素材區的 <tpbikespot.csv> 檔，讀取到 **list1** 清單變數中。

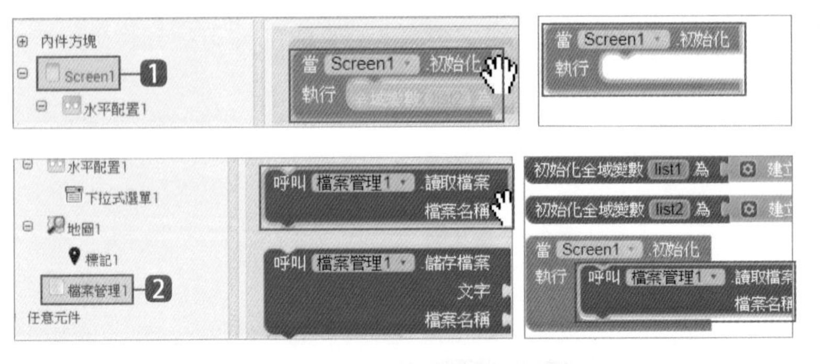

❶ 取 **Scrren1 / 當 Screen1.初始化** 到 **工作面板** 中。

❷ 取 **檔案管理 1 / 呼叫 檔案管理 1. 檔案讀取** 到剛才的方塊中。

❸ 取 **內件方塊 / 文字 / " "** 到剛才的方塊後方。

❹ 在剛新加入的方塊中輸入檔名「//tpbikespot.csv」。

12.3.3 將景點資訊讀取到 list1 清單變數中

呼叫 **檔案管理 1. 檔案讀取** 執行後會觸發 **當 檔案管理 1. 取得文字** 事件，在 **當 檔案管理 1. 取得文字** 事件中，讀取所有「臺北市河濱自行車道景點」到 **list1** 清單變數中，然後在 **list2** 清單變數先新增第一筆資料「請選擇 ...」，再將 **list1** 的第 2 筆以後的資料加入到 **list2** 清單變數中。

❶ 取 **檔案管理 1 / 當 檔案管理 1. 取得文字** 到 **工作面板** 中。

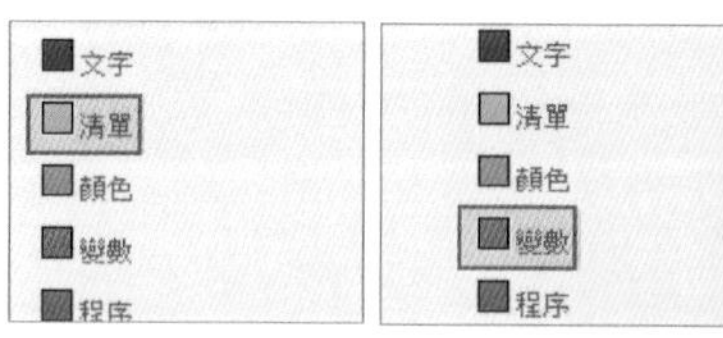

❷ 取 **內件方塊 / 清單 / 增加清單項目 ...** 到前方塊中。

❸ 取 **內件方塊 / 變數 / 取** 到剛才方塊的第一個欄位中，並將變數設定為「list2」。

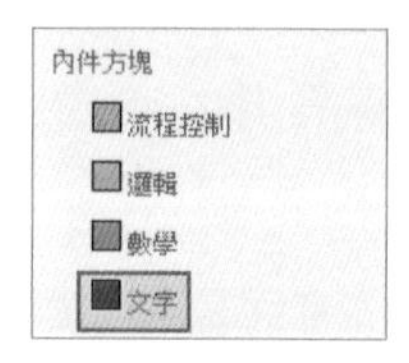

❹ 取 **內件方塊 / 文字 / " "** 到第 2 個欄位中並輸入文字為「請選擇 ...」。

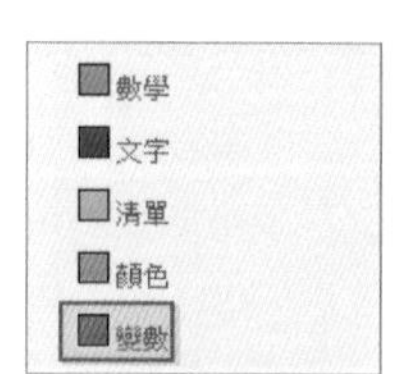

❺ 取 **內件方塊 / 變數 / 設置 ... 為** 到前方塊下方，並將變數設為「list1」。

❻ 取 **內件方塊 / 清單 / CSV 表格轉清單 ...** 到前方塊後方。

❼ 將滑鼠移到 **文字** 出現 **取文字** 方塊後拖曳 **取文字** 方塊到剛加入的方塊後。

12.3.4 將 list1 景點資訊存在 list2 清單中

在 Excel 開啟 <tpbikespot.csv> 檔案，從資料結構可以看到第 1 筆資料是欄位名稱，第 2 筆以後的資料才是真正的景點資料。

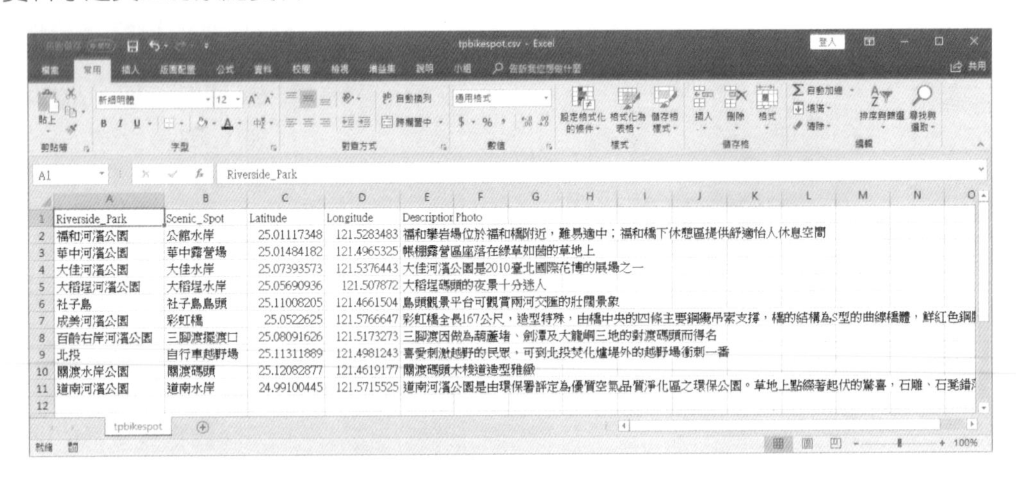

	A	B	C	D	E	F
1	Riverside_Park	Scenic_Spot	Latitude	Longitude	Descriptior	Photo
2	福和河濱公園	公館水岸	25.01117348	121.5283483	福和攀岩場位於福和橋附近，難易適中；福和橋下休憩區提供舒適怡人休息空間	
3	華中河濱公園	華中露營場	25.01484182	121.4965325	帳棚露營區座落在綠草如茵的草地上	
4	大佳河濱公園	大佳水岸	25.07393573	121.5376443	大佳河濱公園是2010臺北國際花博的展場之一	
5	大稻埕河濱公園	大稻埕水岸	25.05690936	121.507872	大稻埕碼頭的夜景十分迷人	
6	社子島	社子島島頭	25.11008205	121.4661504	島頭觀景平台可觀賞兩河交匯的壯闊景象	
7	成美河濱公園	彩虹橋	25.0522625	121.5766647	彩虹橋全長167公尺，造型特殊，由橋中央的四條主要鋼纜吊索支撐，橋的結構為S型的曲線橋體，鮮紅色鋼	
8	百齡右岸河濱公園	三腳渡擺渡口	25.08091626	121.5173273	三腳渡因做為葫蘆堵、劍潭及大龍峒三地的對渡碼頭而得名	
9	北投	自行車越野場	25.11311889	121.4981243	喜愛刺激越野的民眾，可到北投焚化爐堤外的越野場衝刺一番	
10	關渡水岸公園	關渡碼頭	25.12082877	121.4619177	關渡碼頭木棧道造型雅緻	
11	道南河濱公園	道南水岸	24.99100445	121.5715525	道南河濱公園是由環保署評定為優質空氣品質淨化區之環保公園。草地上點綴著起伏的驚喜，石雕、石凳錯	
12						

因為 **list1** 的第 1 筆資料是欄位名稱，第 2 筆以後的資料才是景點資料，因此只需將 **list1** 的第 2 筆以後的資料依序加入到 **list2** 清單變數中。

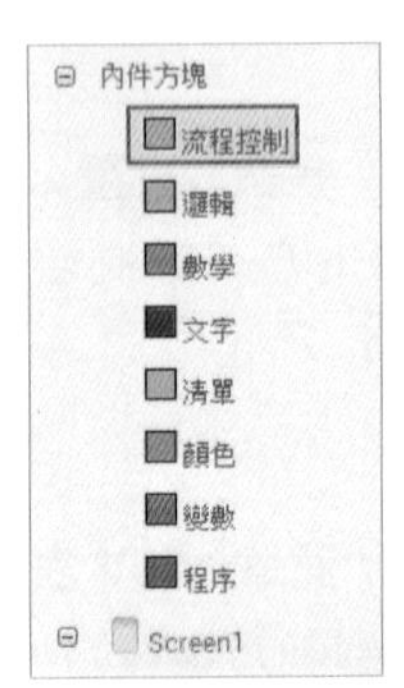

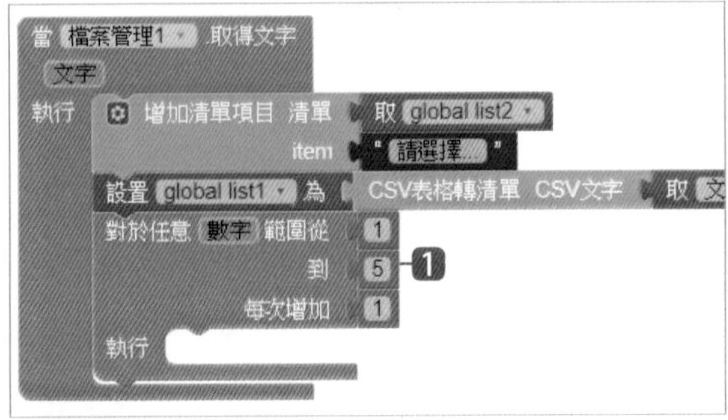

1 取 **內件方塊 / 流程控制 / 對於任意 ... 範圍從** 到剛才方塊下方。

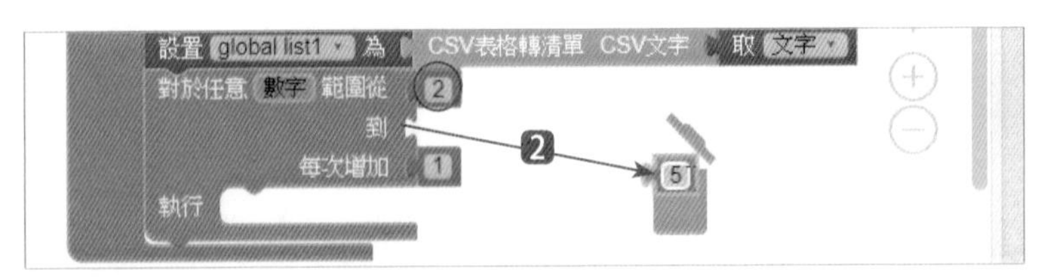

2 拖曳數字 **5** 到垃圾桶中刪除，同時將第 1 個欄位數字更改為 **2**。

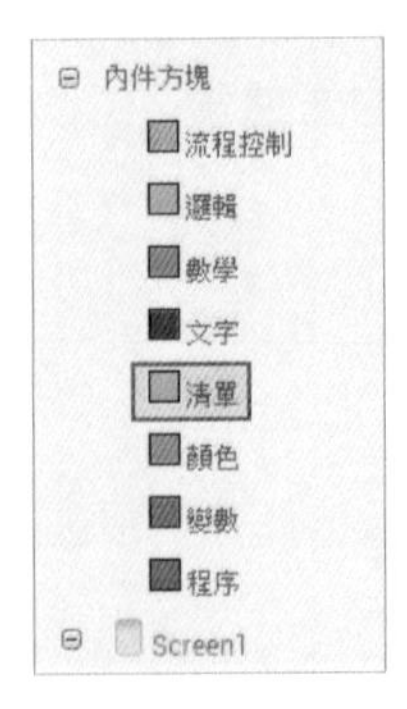

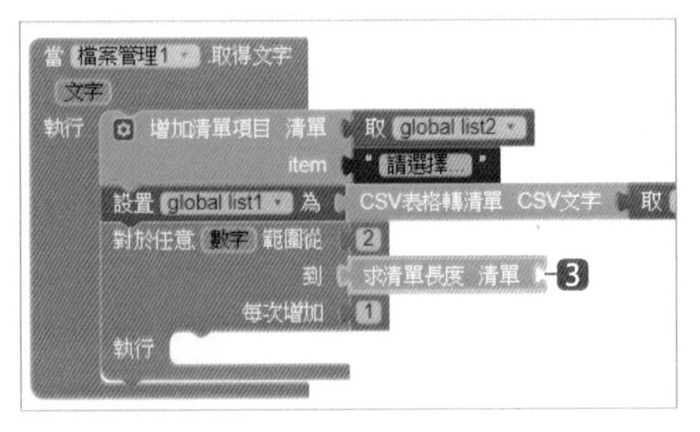

3 取 **內件方塊 / 清單 / 求清單長度 ...** 到剛才方塊的第 2 個欄位中。

❹ 取 **內件方塊 / 變數 / 取** 到剛才方塊後方，並將變數設定為「list1」。

❺ 加入 **增加清單項目 ...** 到前方塊中，再加入變數「list2」到剛才方塊的第一個欄位。

❻ 取 **內件方塊 / 清單 / 選擇清單 ... 中索引值為 ...** 到剛才方塊的第 2 個欄位中。

❼ 重複的操作，取 **內件方塊 / 清單 / 選擇清單 ... 中索引值為 ...** 到剛才方塊的第 1 個欄位中。

❽ 加入變數 **list1**、**數字** 到第二層的 **選擇清單 ... 中索引值為 ...** 方塊的第 1 、2 個欄位中，再加入數字 **1** 到第一層的 **選擇清單 ... 中索引值為 ...** 的欄位中。

❾ 取 **下拉式選單 1 / 設 下拉式選單 1. 元素 為** 到 **對於任意 ... 範圍從** 方塊下方，再加入變數 **list2** 到此方塊後方。

12.3.5 顯示標記和資訊框

當點選下拉式選單的景點項目時，會觸發選擇完成事件，在選擇完成事件中將地圖中心移動到該景點並顯示景點標記和資訊框。

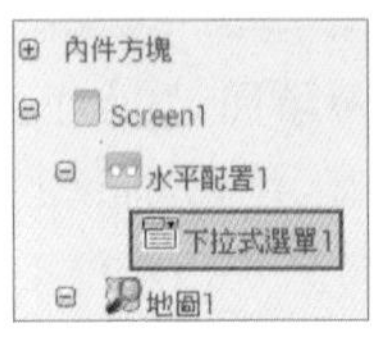

1. 取 **下拉式選單 1 / 當 下拉式選單 1. 選擇完成** 到 **工作面板** 中。取 **標記 1 / 設 標記 1. 可見性 為** 到剛加入的方塊中。

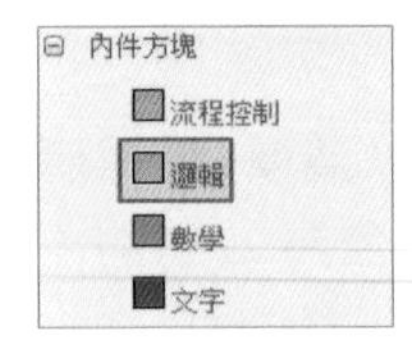

2. 取 **內件方塊 / 邏輯 / 真** 到剛才的方塊後方。

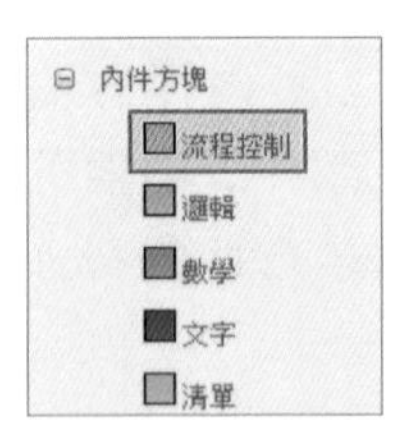

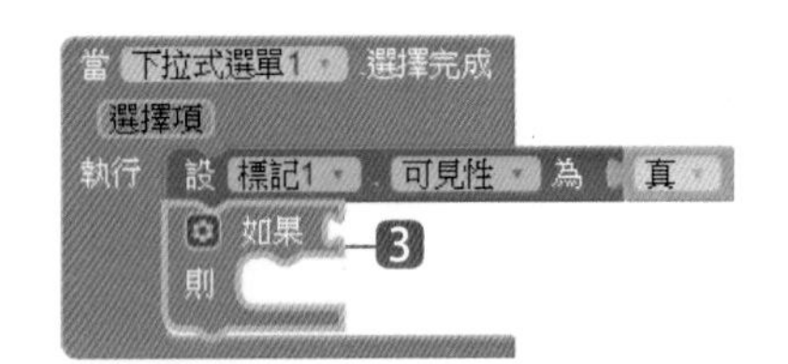

3. 取 **內件方塊 / 流程控制 / 如果 ... 則** 到剛才的方塊下方。

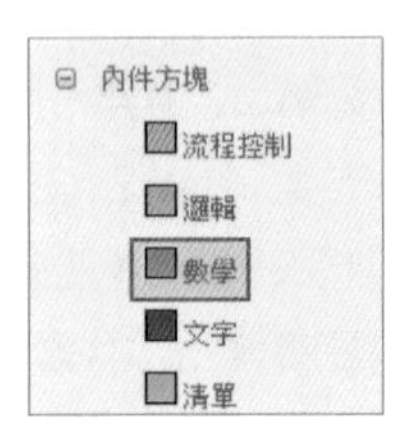

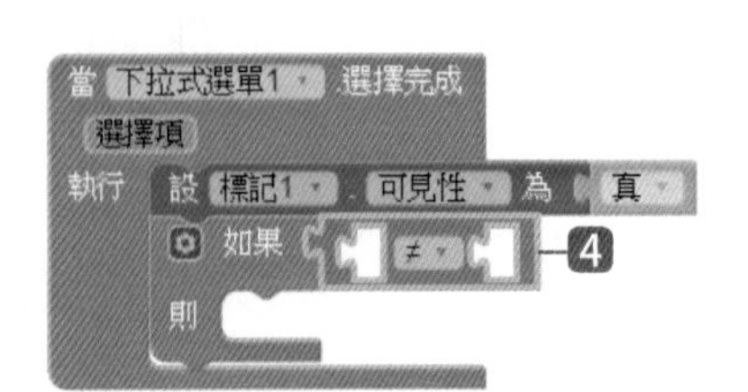

4. 取 **內件方塊 / 數學 / ...=...** 到 **如果 ... 則** 後成為判斷條件，將判斷方式切換為「≠」。

5. 取 **下拉式選單 1 / 下拉式選單 1. 選中項索引** 到 **≠** 前方，再取數字 **1** 到 **≠** 後方 。

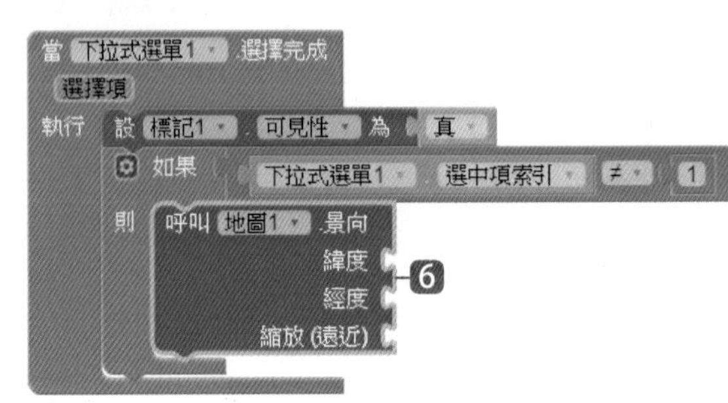

6. 取 **地圖 1 / 呼叫地圖 1. 景向** 到 **如果 ... 則** 方塊中。

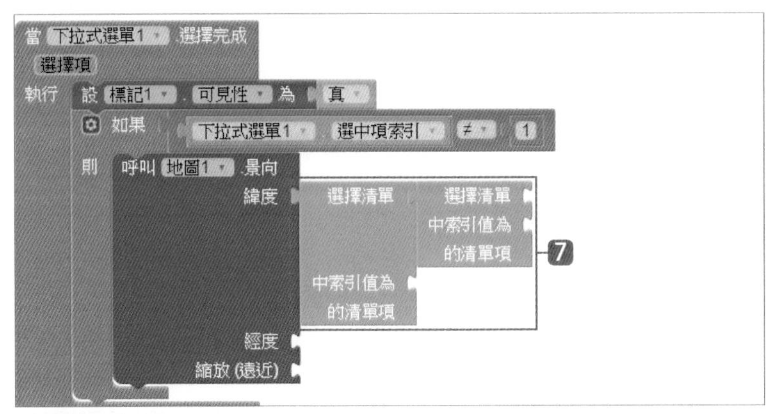

❼ 加入 **選擇清單 ... 中索引值為 ...** 到 **緯度** 欄位中，再加另一個 **選擇清單 ... 中索引值為 ...** 到第 1 層的 **選擇清單** 第 1 個欄位中。

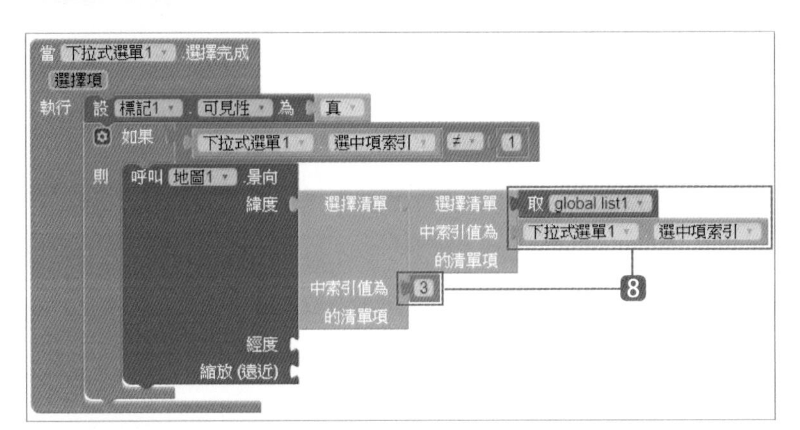

❽ 依左圖的操作，加入變數 **list1**，**下拉式選單 1. 選中項索引** 到第二層 **選擇清單 ... 中索引值為 ...** 方塊的第 1 、2 個欄位中，再加入數字 **3** 到第一層 **選擇清單 ... 中索引值為 ...** 方塊的第 2 個欄位中。

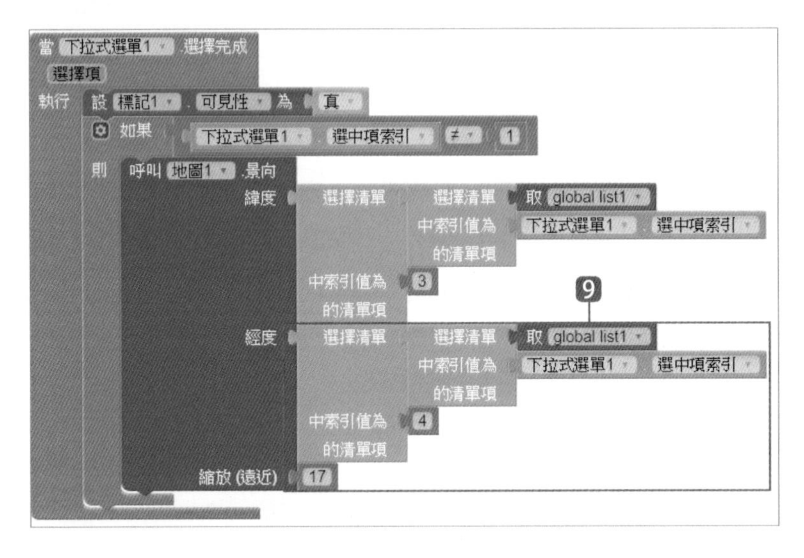

❾ 重複的操作，再加入 **經度** 欄位內容，不同的只是第一層的 **選擇清單 ... 中索引值為 ...** 方塊的第 2 個欄位內容為數值 **4**，最後再加入數字 **17** 到 **縮放 (遠近)** 欄位中。

12.3.6 設定標記經緯度

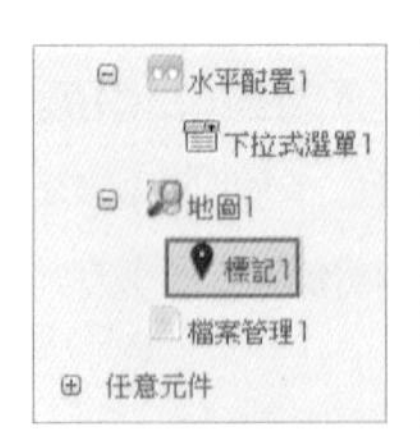

❶ 取 **標記 1 / 呼叫標記 1. 設定位置** 到前方塊下方。

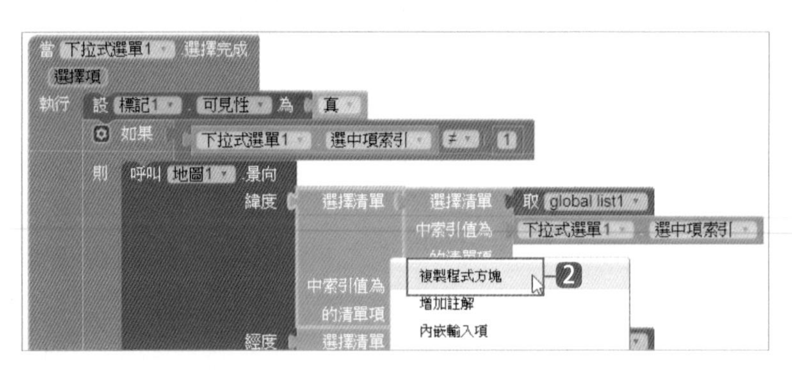

❷ 於第一層的 **選擇清單 ... 中索引值為 ...** 按滑鼠右鍵，在快顯功能表點選 **複製程式方塊**。

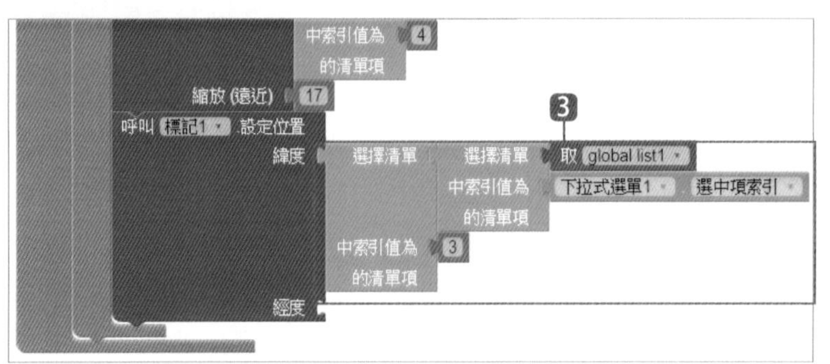

❸ 拖曳複製的程式方塊到 **呼叫 標記 1. 設定位置** 的 **緯度** 欄位中。

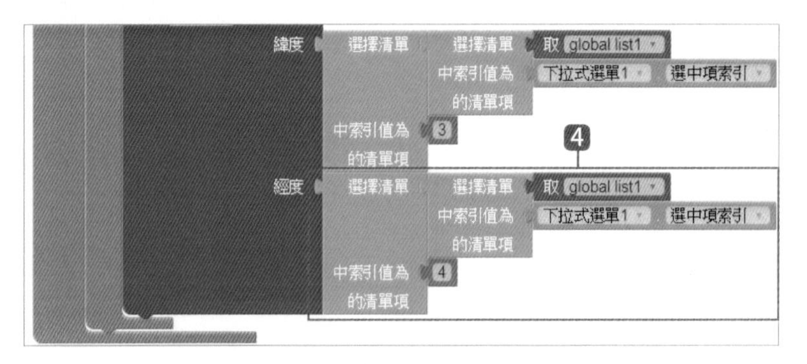

❹ 相同的操作，再複製 **呼叫地圖 1. 景向** 的 **經度** 方塊到 **呼叫 標記 1. 設定位置** 的 **經度** 欄位中。

12.3.7 設定標記標題和描述內容

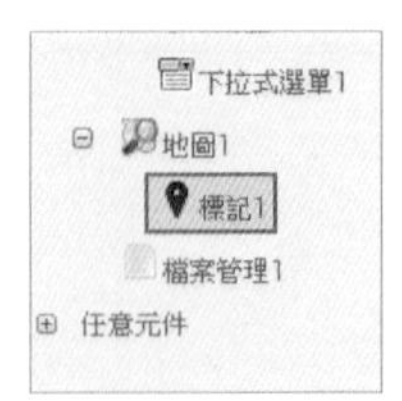

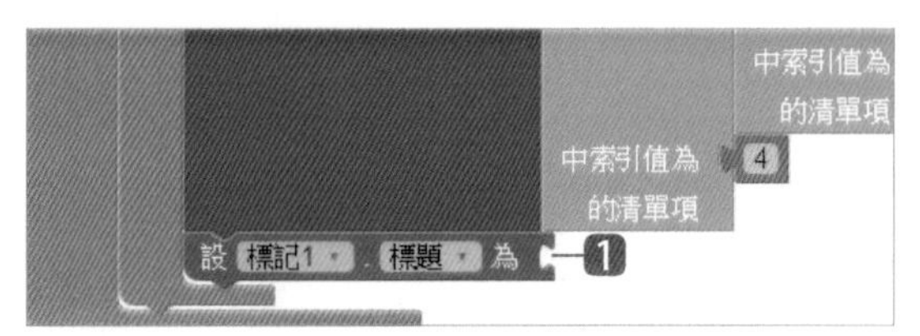

❶ 取 **標記 1 / 設 標記 1. 標題為** 到前方塊下方。

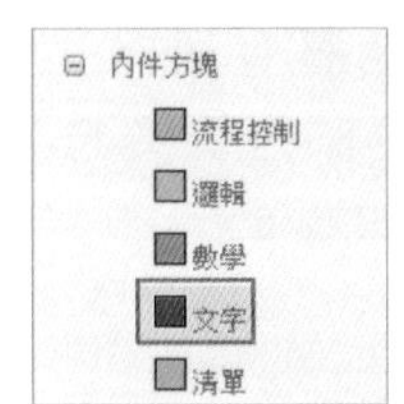

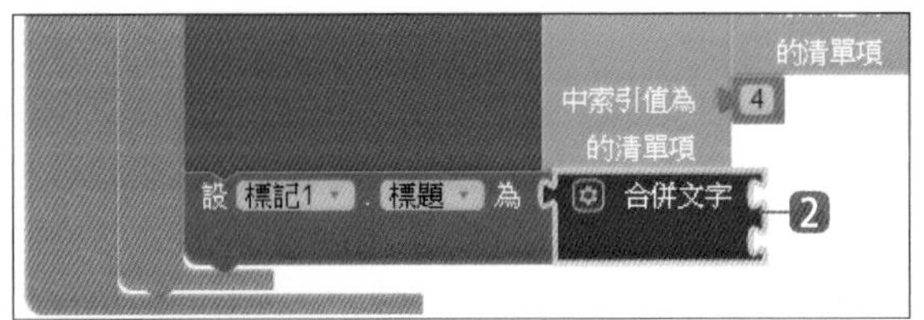

❷ 取 **內件方塊 / 文字 / 合併文字** 到之前方塊後方。

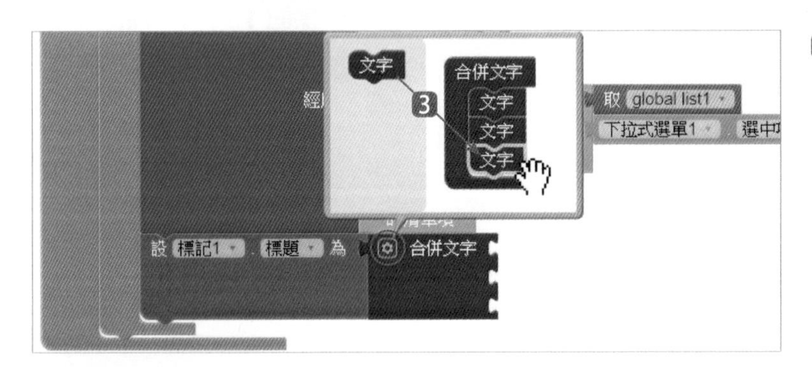

❸ 按 **合併文字** 方塊的 ⚙，取左方的 **文字** 到右方的 **合併文字** 之中。**合併文字** 就會增加一個欄位。

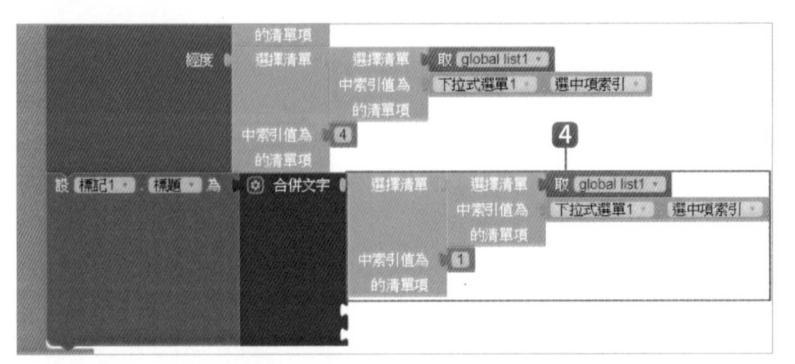

❹ 複製 **呼叫 地圖 1. 景向** 的 **經度** 方塊到 **合併文字** 的第 1 個欄位中，並將數值更改為 **1**。

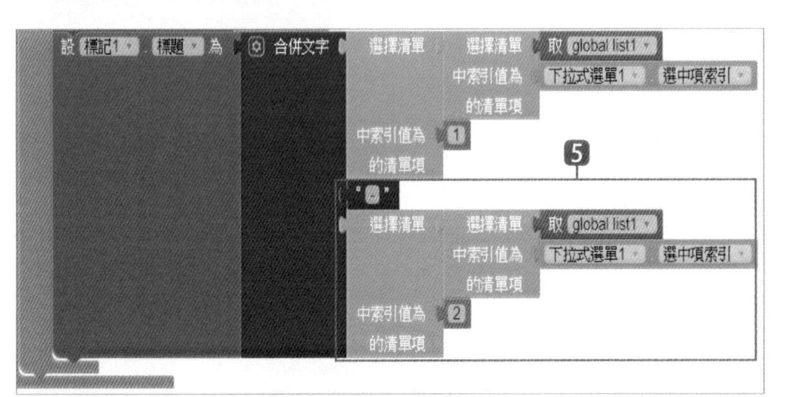

❺ 取 **內件方塊 / 文字 / " "** 到 **合併文字** 的第 2 個欄位中並輸入文字為「-」，再複製 **呼叫 地圖 1. 景向** 的 **經度** 方塊到 **合併文字** 的第 3 個欄位中，並將數值更改為 **2**。

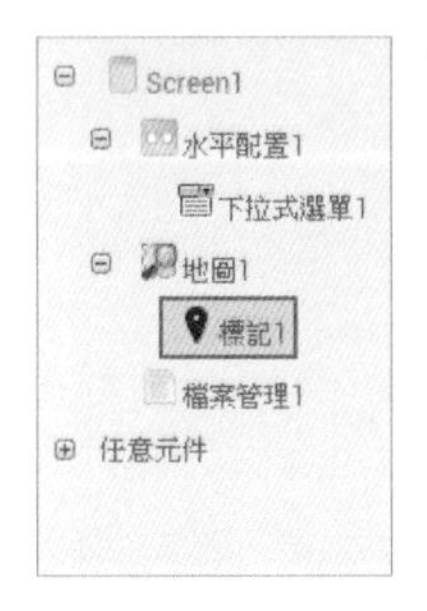

❻ 取 **標記 1 / 設 標記 1. 描述 為** 到前方塊下方。

7 複製 **呼叫 地圖 1. 景向** 的 **經度** 方塊到前方塊後方，並將數值更改為 **5**。

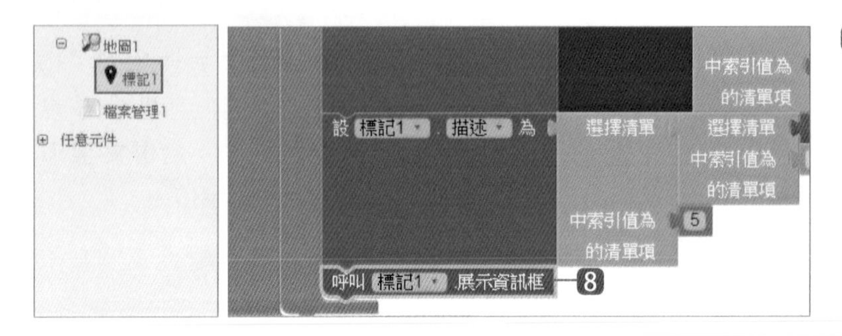

8 取 **標記 1 / 呼叫 標記 1. 展示資訊框** 到前方塊下方。

如此即完成 App 的專題製作。

[13] 發票速掃快手

- 學習使用圖像按鈕
- 學習在標籤元件中顯示 HTML 格式的內容
- 學習以水平配置元件分隔元件
- 學習以條碼掃描器元件取得 QRCode 內容
- 學習使用網路元件取得網路資料

13.1 認識 App 專題：發票速掃快手

13.1.1 專題介紹

QRCode 的應用在 App 中一直是許多人喜歡的功能，行動載具就是那麼讓人著迷，不僅擁有多種感測器，還有相機鏡頭能夠補捉相片，拍攝影片，甚至是掃瞄條碼。

「發票速掃快手」專題中，我們先透過網路取得發票的得獎號碼，分析網路資料後取出六獎號碼存於清單中，再利用條碼掃描器元件掃瞄發票 QRCode，取得發票號碼與清單中得獎號碼資料進行比對，即可完成對獎的動作。

為了簡化程式，本專題僅進行「六獎」核對。當然這個專題還能再深入，讓整個 App 更完整、更專業，不過關鍵的技巧都已經在這個專題中學習到了。

13.1.2 專題作品預覽

應用程式執行後會提示需掃描發票「左方」的 QRCode。按 **掃描** 鈕就開啟行動裝置的相機準備掃描發票的 QRCode，掃描後會分析發票資料以取得發票號碼的最後三碼做為比對依據 (本專題只對六獎，所以僅需最後三碼)。

接著讀取網路上各期發票中獎號碼資料，擷取三個頭獎的後三碼及增開六獎號碼即為當期的中獎號碼清單，以掃描得到的發票最後三碼和中獎號碼清單比對，若相符就表示該發票中獎，顯示「恭禧你中獎了」訊息；若沒有相符的資料表示未中獎，顯示「好可惜，再對一張！」訊息。如果是最近尚未開獎的發票，系統會顯示「抱歉，資料庫沒有相關資料。」訊息。

學習小叮嚀

本專題因為使用相機鏡頭及網路，在測試時建議要使用實機才能檢視專題的功能。

13.2 專題開發重要技巧說明

13.2.1 讀取 XML 網頁資料

將 **網路** 元件的 **網址** 屬性值設為發票得獎號碼網址「http://invoice.etax.nat.gov.tw/invoice.xml」，再以 **執行 GET 請求** 方法就可以讀取網頁內容。

呼叫 網路1 執行GET請求

讀取網頁內容後會觸發 **取得文字** 事件，網頁內容存於 **回應內容** 參數中。網頁內容有許多種格式，若要解析 XML 格式的網頁內容，可使用 **XML 文字解碼** 方法。例如將取得的網頁資料存於 **網頁內容** 變數中：

發票得獎號碼網頁內容如下：

```
<?xml version="1.0" encoding="utf-8"?>
<rss version="2.0">
  <channel>
    <title>統一發票</title>
    <link>http://www.etax.nat.gov.tw/etwmain/front/ETW183W1</link>
    <description>>統一發票</description>
    <language>zh-tw</language>
    <item>
      <title>107年05月、06</title>
      <link></link>
      <description><p>特別獎：20048019</p><p>特獎：02142605</p><p>頭獎：21240109、
          78323535、18549847</p><p>增開六獎：706、574</p></description>
      <pubDate>2018-07-25 14:03:08.897</pubDate>
    </item>
    <item>
      <title>107年03月、04</title>
      <link></link>
      <description><p>特別獎：12342126</p><p>特獎：80740977</p><p>頭獎：36822639、
          38786238、87204837</p><p>增開六獎：991、715</p></description>
      <pubDate>2018-05-25 13:59:25.023</pubDate>
    </item>
.........
```

13.2.2 讀取指定標籤 (tag) 資料

XML 網頁是以標籤層次組織資料，如上面網頁內容的 rss、channel、item、description 等。App Inventor 中可使用 **在鍵值對中查找關鍵字** 拼塊取得指定標籤的內容。例如取得 <rss> 標籤內的資料存於 **rss 內容** 變數中。

```
設置 global rss內容 為  在鍵值對 取 global 網頁內容
                     中查找關鍵字 "rss"
                     ，如未找到則回傳 "not found"
```

XML 網頁的標籤具有層次，例如發票得獎號碼網頁的得獎號碼在 <description> 標籤中，其層次關係為 rss -> channel -> item -> description。因 <channel> 標籤在 <rss> 標籤內，可由 rss 內容中取得 <channel> 標籤內容。

```
設置 global channel內容 為  在鍵值對 取 global rss內容
                         中查找關鍵字 "channel"
                         ，如未找到則回傳 "not found"
```

同理：可由 <channel> 標籤內容取得 <item> 標籤內容。觀察網頁資料可知每一期發票得獎號碼就有一個 <item> 標籤，當查詢的標籤超過一個時，會傳回清單資料，一個清單元素就是一筆標籤資料。例如下面拼塊 **item 內容** 變數就是一個清單。

```
設置 global item內容 為  在鍵值對 取 global channel內容
                      中查找關鍵字 "item"
                      ，如未找到則回傳 "not found"
```

發票得獎號碼在 <description> 標籤中，但因 <item> 標籤內容是清單，在清單中查找關鍵字會產生錯誤。每一筆得獎號碼是清單的一個元素，因此必須從清單元素中取得 <description> 標籤內容。例如取得第一筆得獎號碼的拼塊為：

```
設置 global descri內容 為  在鍵值對 選擇清單 取 global item內容
                                  中索引值為 1
                                  的清單項
                        中查找關鍵字 "description"
                        ，如未找到則回傳 "not found"
```

只要使用迴圈就可取得全部得獎號碼，例如取得全部得獎號碼存於 descriAll 變數中：

```
對於任意 清單項目 清單 取 global item內容
執行 設置 global descri內容 為  在鍵值對 取 清單項目
                             中查找關鍵字 "description"
                             ，如未找到則回傳 "not found"
     增加清單項目 清單 取 global descriAll
                item 取 global descri內容
```

13.3 App 畫面編排

使用 App Inventor 2 製作「發票速掃快手」App，在規劃程式功能及流程後，再依架構設計版面並收集素材，最後即可開始進行畫面編排。

13.3.1 App 畫面編排完成圖

13.3.2 新增專案及素材上傳

在「發票速掃快手」App 的範例畫面編排中， 除了畫面上版頭的圖片之外，最重要的是要加入 **標籤** 及 **圖像按鈕**。

1. 登入開發頁面按 **新增專案** 鈕。
2. 在對話方塊的 **專案名稱** 欄位中輸入「ex_invoicescan」。
3. 按下 **確定** 鈕完成專案的新增並進入開發畫面。

❹ 按 **素材** 的 **上傳文件** 鈕。

❺ 在對話方塊按 **選擇檔案** 鈕。

❻ 在對話視窗中選取本章原始檔資料夾，選取圖片 <banner.png> 檔後按 **開啟** 鈕，然後在對話方塊中按 **確定** 鈕。

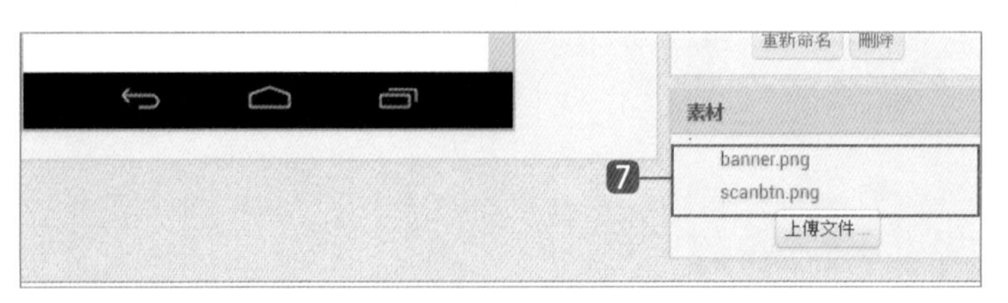

❼ 完成後即可在 **素材** 中看到上傳的圖片檔名。請利用相同的方式將其他圖片上傳到 **素材** 中。

13.3.3 設定畫面

❶ 首先進行外觀編排：在 **元件清單** 選按 **Screen1** 準備進行設定，這是預設的畫面元件。

❷ 在 **元件屬性** 依下頁表格資料進行欄位設定。

欄位	值
水平對齊	置中
垂直對齊	置中
App 名稱	發票速掃快手
背景顏色	綠色
螢幕方向	鎖定直式畫面
允許捲動	核選

欄位	值
以 JSON 格式顯示清單	核選
視窗大小	自動調整
Theme	Device Default
標題	發票速掃快手
標題顯示	取消核選

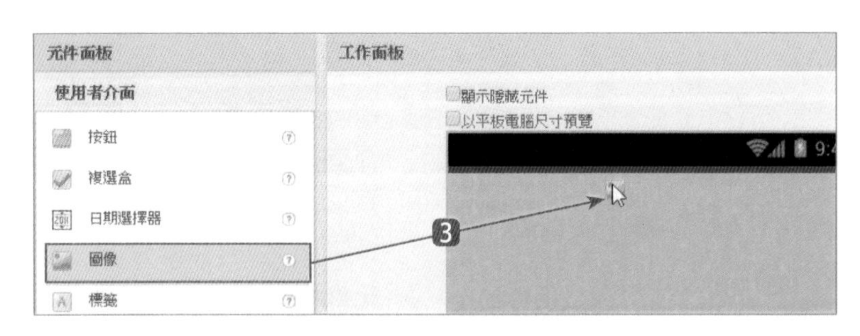

3 建立標題圖像：在 **元件面板** 拖曳 **使用者介面 / 圖像** 到工作面板中。

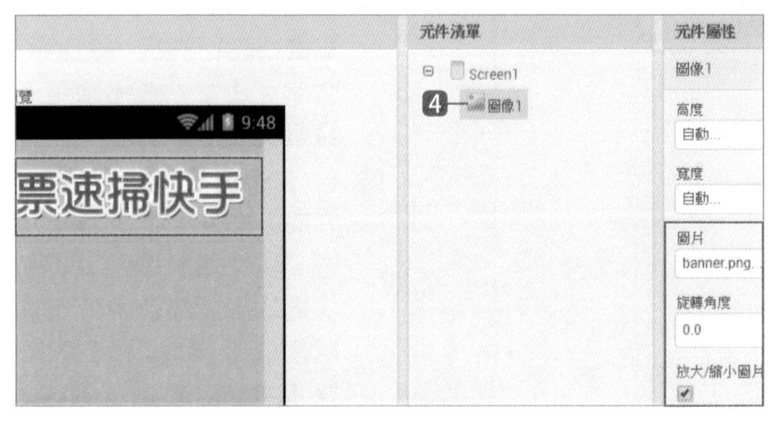

4 在 **元件面板** 設定 **圖片：banner.png**、**放大 / 縮小圖片來適應尺寸：核選**。

13.3.4 建立掃描及顯示資訊區

接著在面板中加入資訊區及掃描按鈕，再加入非視覺元件，請依下述步驟操作：

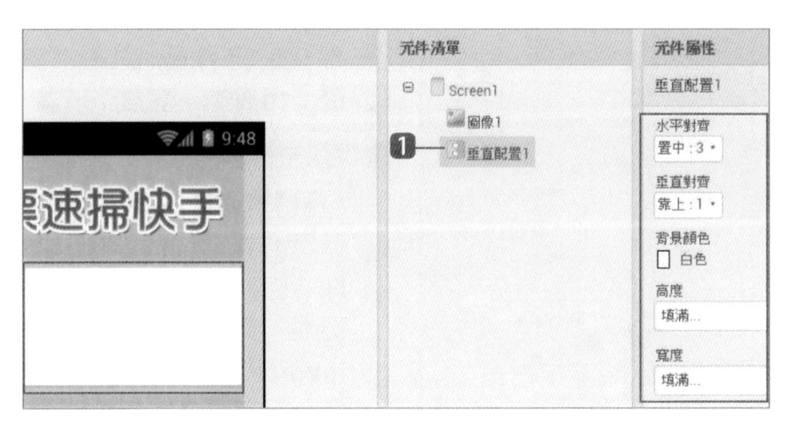

1 在 **元件面板** 拖曳 **介面配置 / 垂直配置** 到 **圖像 1** 下方。在 **元件屬性** 設定 **水平對齊：置中**、**背景顏色：白色**、**高度：填滿**、**寬度：填滿**。

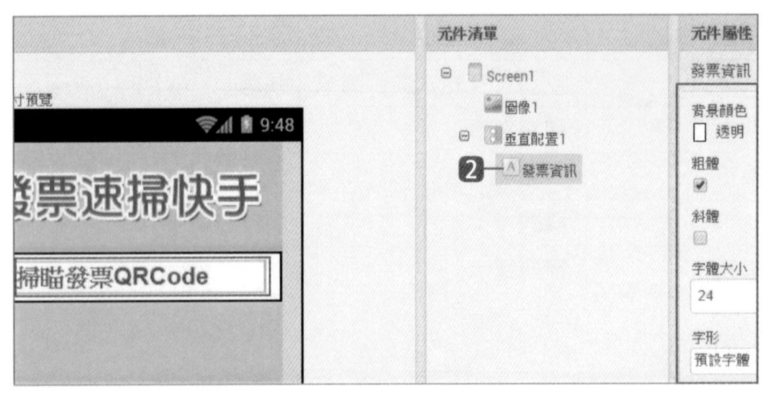

❷ 在 **元件面板** 拖曳 **使用者介面 / 標籤** 到 **垂直配置 1** 中，將名稱更改為 **發票資訊**。在 **元件屬性** 設定 **粗體：核選**、**字體大小：24**、**HTML 格式：核選**、**寬度：90 比例**、**文字：請掃瞄發票 QRCode**、**文字對齊：置中**、**文字顏色：藍色**。

❸ 在 **元件面板** 拖曳 **使用者介面 / 標籤** 到剛才標籤下方。使用 **重新命名** 鈕將名稱更名為 **對獎資訊**。在 **元件屬性** 設定 **字體大小：16**、**HTML 格式：核選**、**高度:填滿**、**寬度:90 比例**、**文字：注意：請掃瞄電子發票左方的 QRCode**。

❹ 在 **元件面板** 拖曳 **使用者介面 / 按鈕** 到剛才標籤下方。使用 **重新命名** 鈕將名稱更名為 **掃描鈕**。在 **元件屬性** 設定 **高度：130 像素**、**寬度：100 像素**、**圖像：scanbtn.png**、**文字**：清空留白。

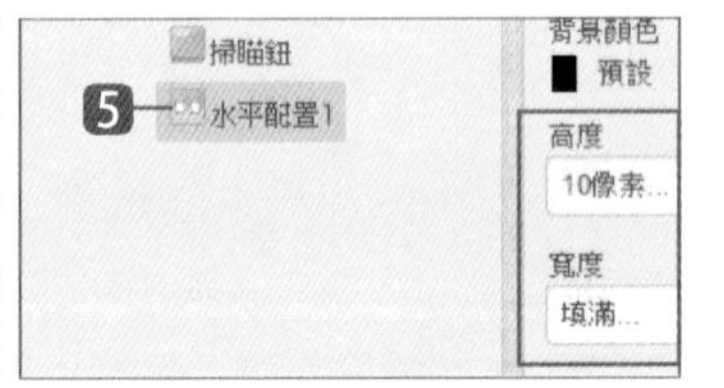

❺ 在 **元件面板** 拖曳 **介面配置 / 水平配置** 到 **掃描鈕** 下方。在 **元件屬性** 設定 **高度：10 像素**、**寬度：填滿**。

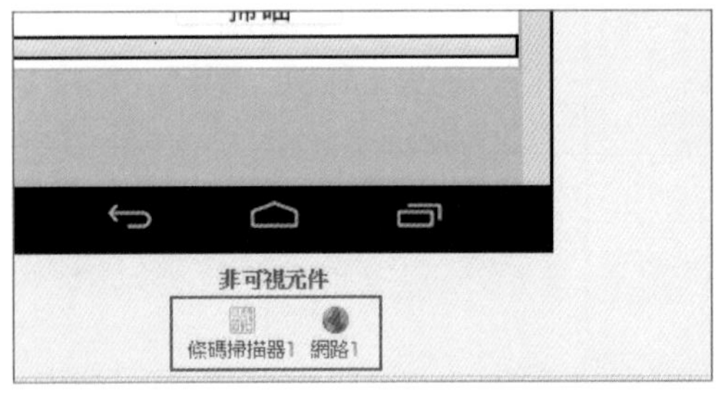

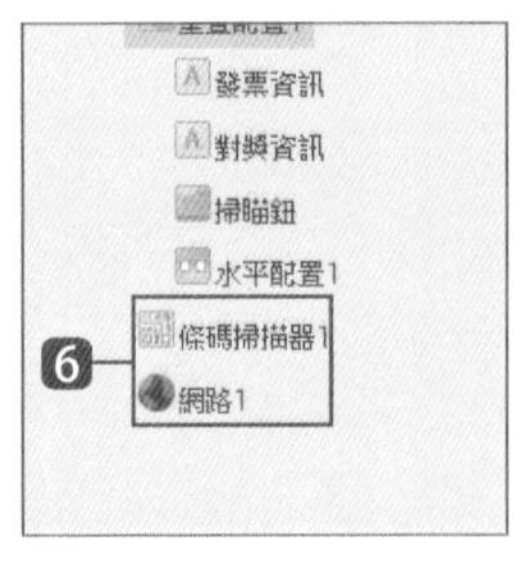

❻ 在 **元件面板** 拖曳 **感測器 / 條碼掃描器** 到工作面板。在 **元件面板** 拖曳 **通訊 / 網路** 到工作面板。在 **元件屬性** 設定 **網址：http://invoice.etax.nat.gov.tw/invoice.xml**。

13.4 App 程式設計

完成了「發票速掃快手」App 的畫面編排後，接下來就要加入程式設計的拼塊。

13.4.1 建立變數

首先建立程式所需的變數：**期數** 清單存各期的年月資料，**得獎號碼** 清單存各期中獎號碼，**原始資料** 清單存網路傳回資料中 item 標籤的資料。

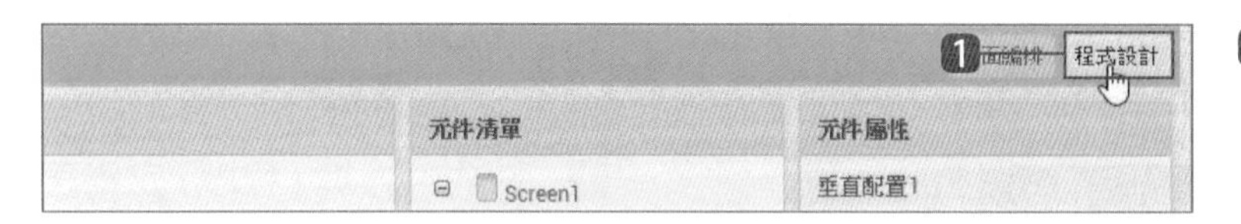

1. 按功能表右方的 **程式設計** 進入程式設計模式。

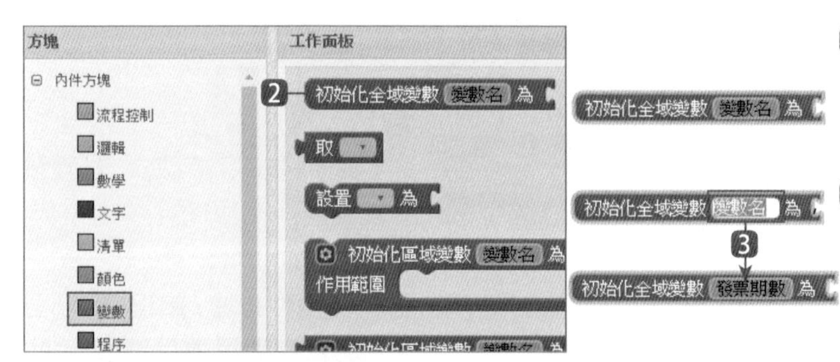

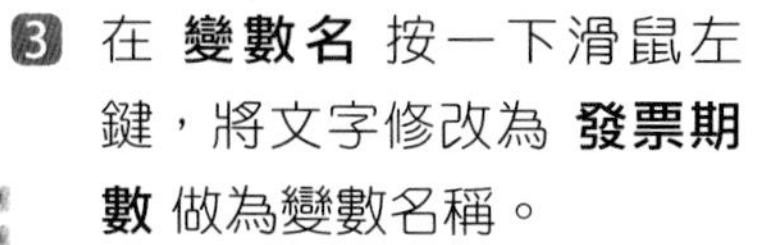

2. 取 **內件方塊 / 變數 / 初始化全域變數變數名為** 到 **工作面板** 中。
3. 在 **變數名** 按一下滑鼠左鍵，將文字修改為 **發票期數** 做為變數名稱。

4. 取 **內件方塊 / 文字 / " "** 到剛才變數拼塊右方。

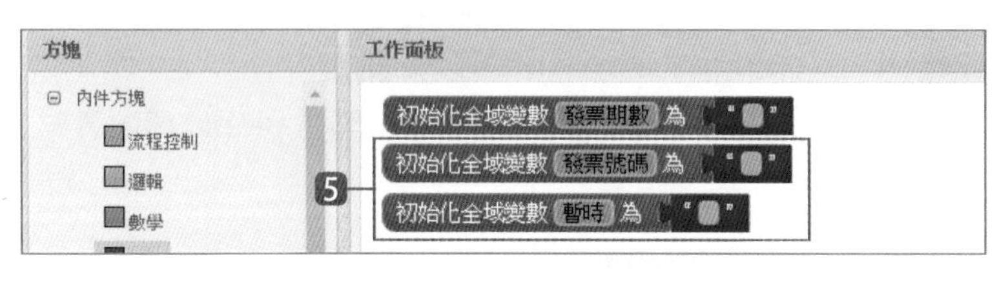

5. 重複 2 到 4 兩次：建立初始值為空字串的 **發票號碼** 及 **暫時** 變數。

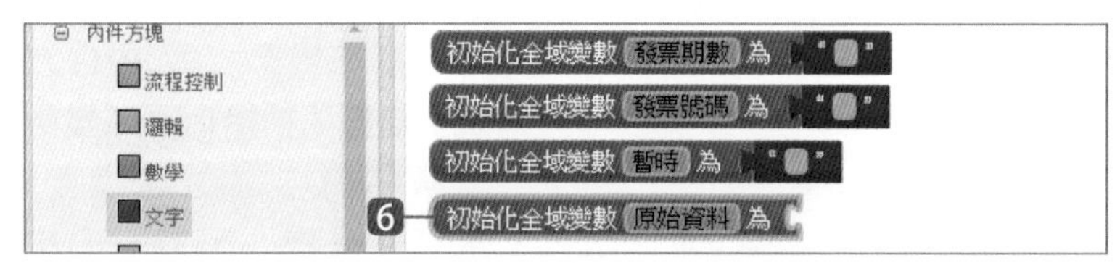

6. 重複 2 到 3：建立 **原始資料** 變數。

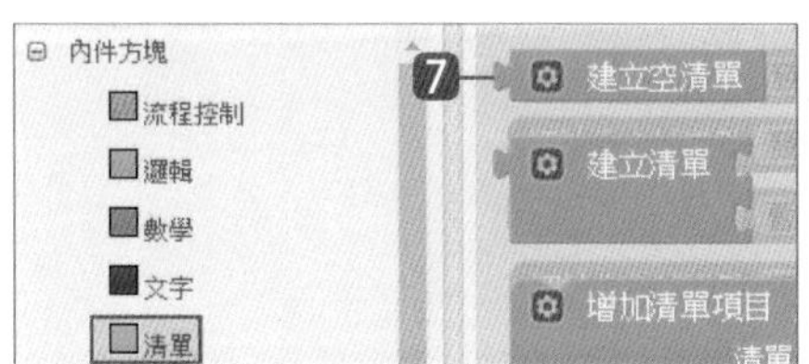

7. 取 **內件方塊 / 清單 / 建立空清單** 到剛才拼塊右方。

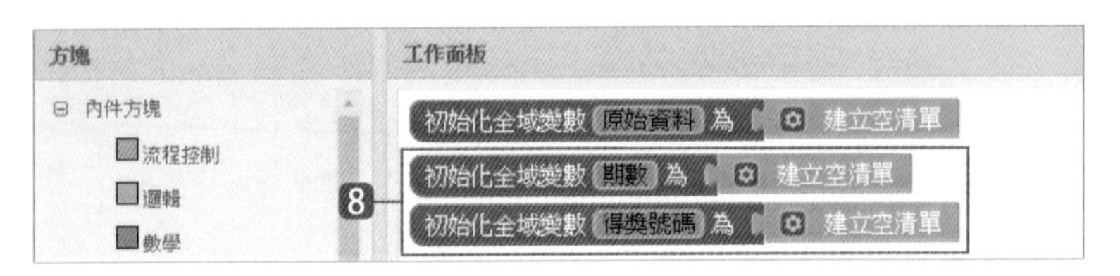

8 重複 2 到 3 及 7：建立值為空清單的變數 **期數** 及 **得獎號碼**。

13.4.2 建立「對獎號碼」程序

網路原始資料的得獎資料格式如「<p> 特別獎：20048019</p><p> 特獎：02142605</p><p> 頭獎：21240109、78323535、18549847</p><p> 增開六獎：706、574</p>」，**對獎號碼** 程序會由其中取出六獎得獎號碼例如「109、535、847、706、574」存於 **得獎號碼** 清單。

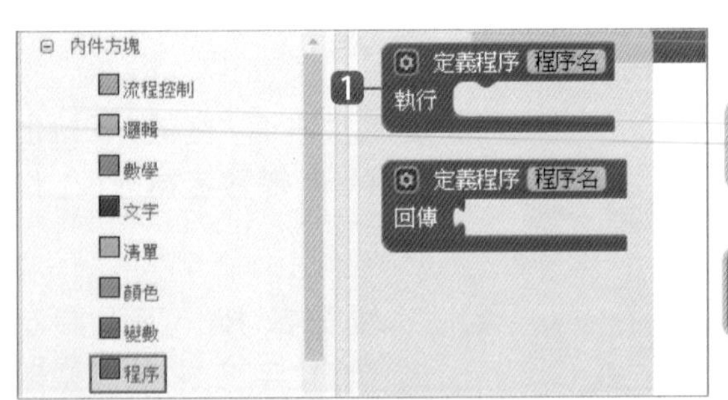

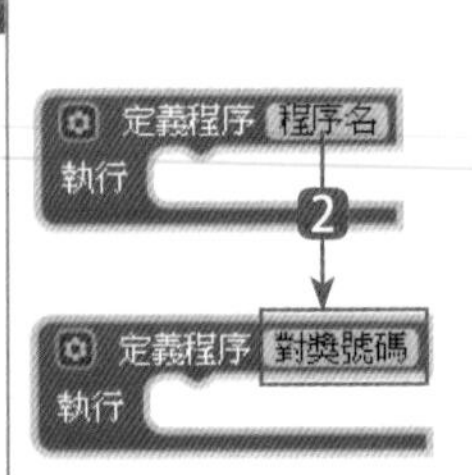

1 取 **內件方塊 / 程序 / 定義程序程序名執行** 到 **工作面板** 中。

2 在 **程序名** 按一下滑鼠左鍵，將文字修改為 **對獎號碼**。

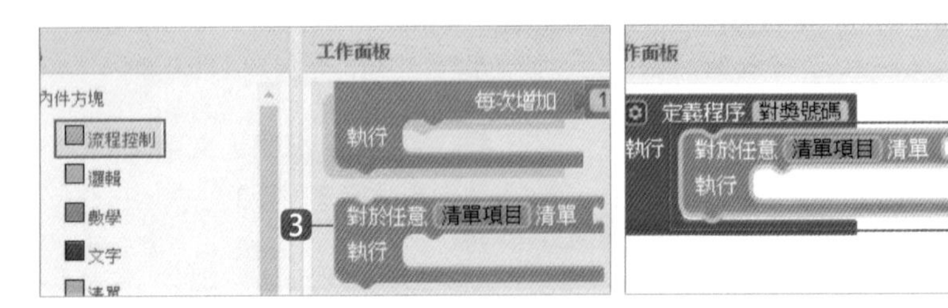

3 取 **內件方塊 / 流程控制 / 對於任意清單項目清單** 到剛才拼塊中。

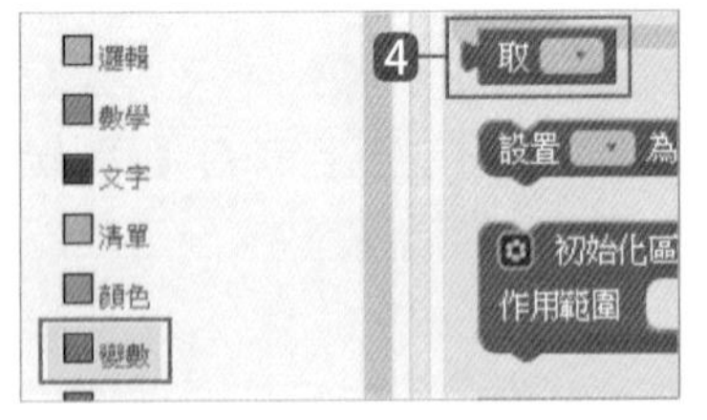

4 取 **內件方塊 / 變數 / 取 ...** 到 **清單** 右方，在下拉式選單中點選 **global 原始資料**。

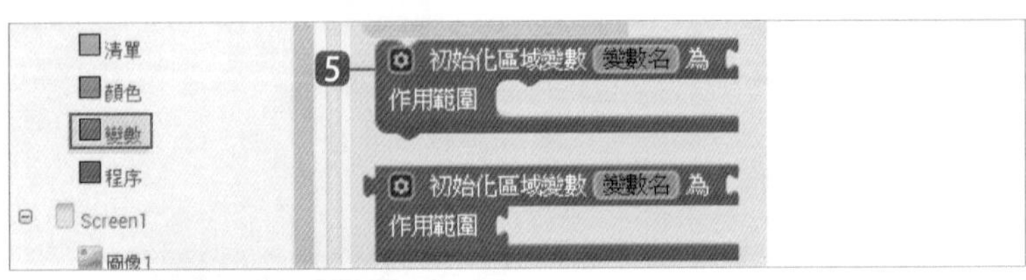

5 建立區域變數：取 **內件方塊 / 變數 / 初始化區域變數變數名為** 到剛才拼塊中。注意：是取「凹口」的拼塊，才能順利拼接拼塊。

❻ 在 **變數名** 按一下滑鼠左鍵，將文字修改為 **暫時清單** 做為變數名稱。取 **內件方塊 / 清單 / 建立空清單** 到 **暫時清單為** 右方。

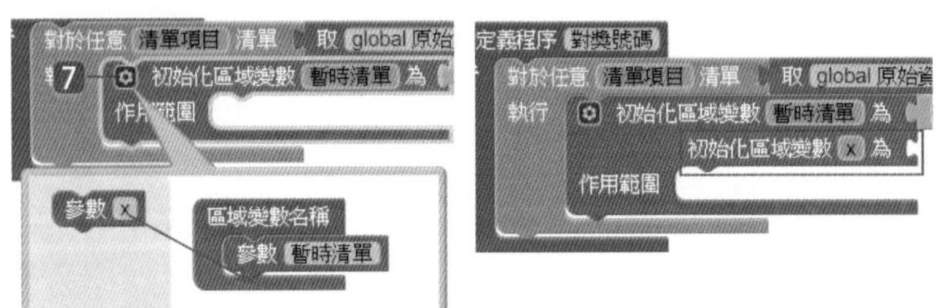

❼ 在 **初始化區域變數** 拼塊按一下 ⚙，拖曳左方 **參數 x** 到右方 **參數暫時清單** 下方，即可增加一個區域變數。

❽ 在 **x** 按一下滑鼠左鍵，將文字修改為 **內容** 做為區域變數名稱。取 **內件方塊 / 清單 / 建立空清單** 到 **內容為** 右方。

❾ 取得 title 標籤內容：取 **內件方塊 / 變數 / 設置 ... 為** 到 **作用範圍** 右方，並選取 **global 暫時**。取 **內件方塊 / 清單 / 在鍵值對中查找關鍵字** 到剛才拼塊右方。

❿ 將滑鼠移到參數 **清單項目** 停留一下，拖曳 **取清單項目** 到 **在鍵值對** 右方。取 **內件方塊 / 文字 / " "** 到 **中查找關鍵字** 右方，並修改文字為 **title**。

⓫ 取得年月資料存入 **期數** 清單：取 **內件方塊 / 清單 / 增加清單項目清單** 到剛才拼塊下方。取 **內件方塊 / 變數 / 取 ...** 到 **清單** 右方，並選取 **global 期數**。

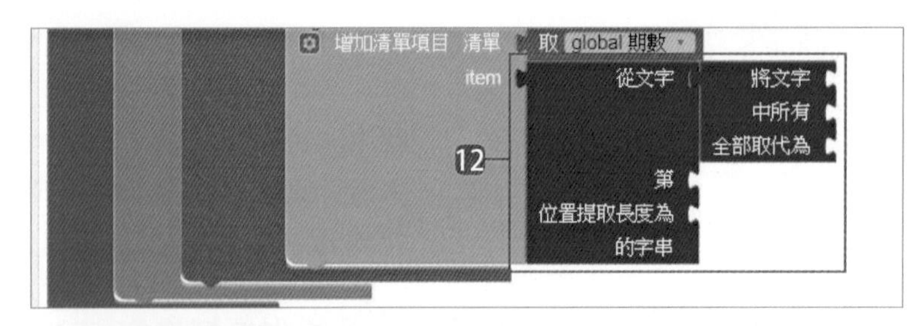

⑫ 取 **內件方塊 / 文字 / 從文字第位置提取長度為的字串** 到 **item** 右方。取 **內件方塊 / 文字 / 將文字中所有全部取代為** 到 **從文字** 右方。

⑬ 移除「年」：取 **內件方塊 / 變數 / 取 ...** 到 **將文字** 右方，並選取 **global 暫時**。取 **內件方塊 / 文字 / ""** 到 **中所有** 右方，並修改文字為 **年**。取 **內件方塊 / 文字 / ""** 到 **全部取代為** 右方。

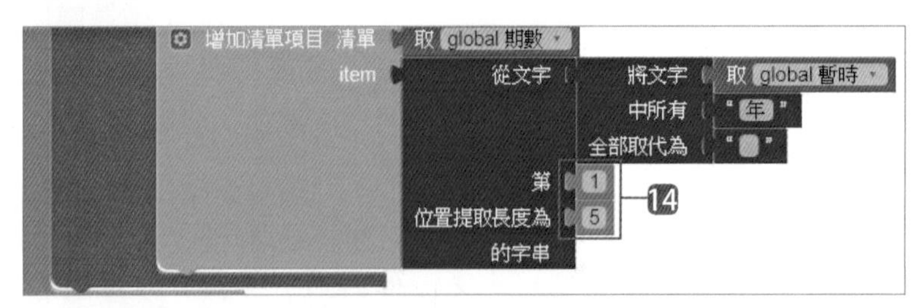

⑭ 取 **內件方塊 / 數學 / 0** 到 **第** 右方，並修改數字為 **1**。取 **內件方塊 / 數學 / 0** 到 **位置提取長度為** 右方，並修改數字為 **5**。

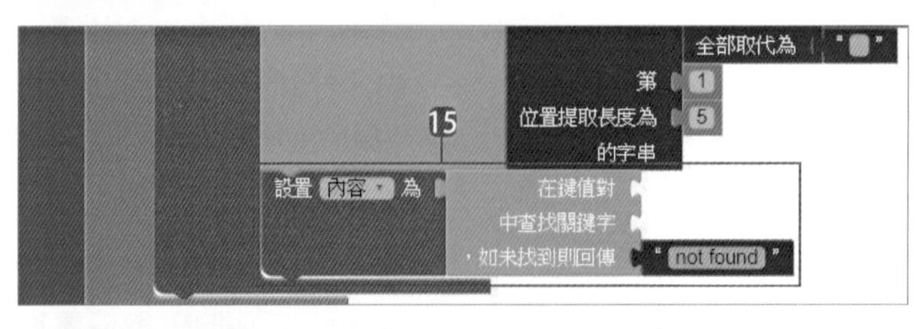

⑮ 取得 description 標籤內容：將滑鼠移到 **內容** 區域變數停留一下，拖曳 **設置內容為** 到剛才拼塊下方。取 **內件方塊 / 清單 / 在鍵值對中查找關鍵字** 到剛才拼塊右方。

⑯ 將滑鼠移到參數 **清單項目** 停留一下，拖曳 **取清單項目** 到 **在鍵值對** 右方。取 **內件方塊 / 文字 / " "** 到 **中查找關鍵字** 右方，並修改文字為 **description**。

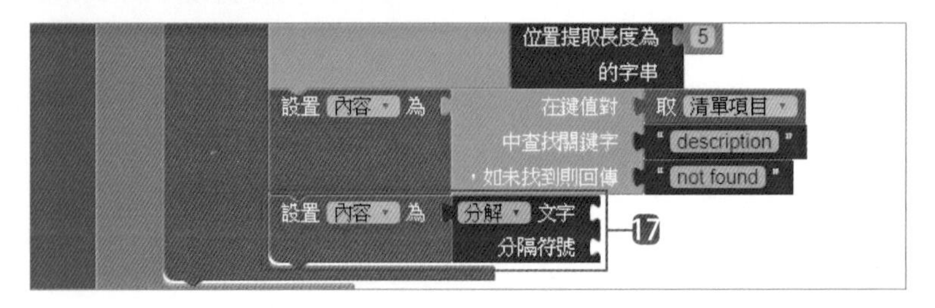

⑰ 以「:」分解字串：將滑鼠移到 **內容** 區域變數停留一下，拖曳 **設置內容為** 到剛才拼塊下方。取 **內件方塊 / 文字 / 分解文字分隔符號** 到剛才拼塊右方。

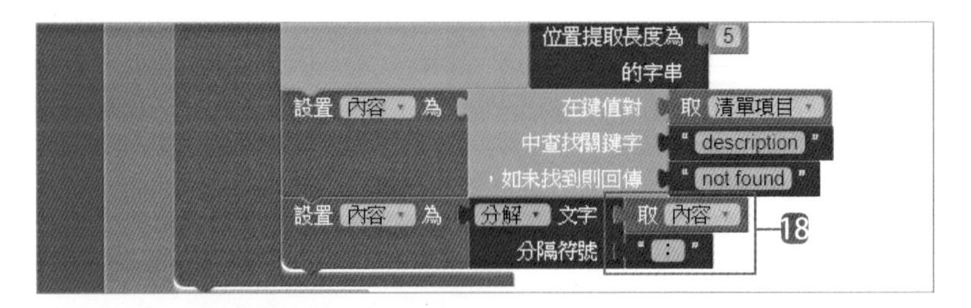

18 將滑鼠移到 **內容** 區域變數停留一下，拖曳 **取內容** 到 **分解文字** 右方。取 **內件方塊 / 文字 / " "** 到 **分隔符號** 右方，並修改文字為：。(注意此處冒號為「全形」)

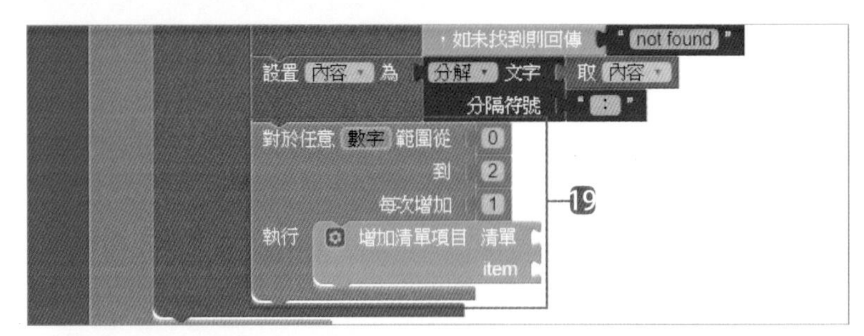

19 取得 3 個頭獎後三碼：取 **內件方塊 / 流程控制 / 對於任意數字範圍從到** 到剛才拼塊下方，並修改 **從** 右方數字為 **0**，**到** 右方數字為 **2**。取 **內件方塊 / 清單 / 增加清單項目清單** 到剛才拼塊中。

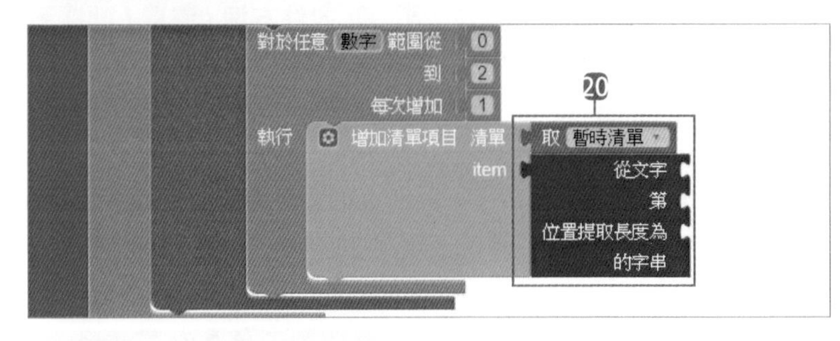

20 將滑鼠移到 **暫時清單** 區域變數停留一下，拖曳 **取暫時清單** 到 **清單** 右方。取 **內件方塊 / 文字 / 從文字第位置提取長度為的字串** 到 **item** 右方。

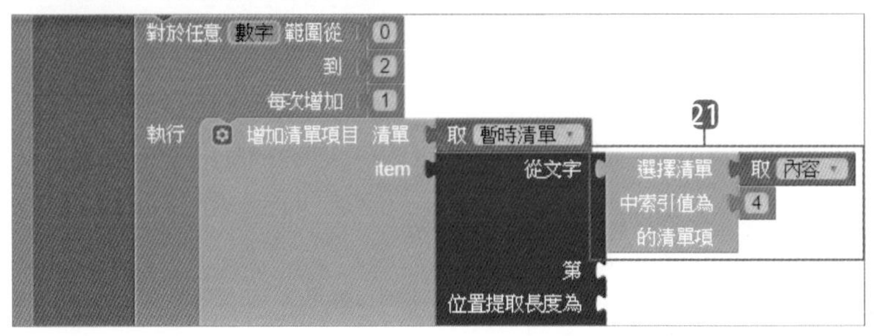

21 取 **內件方塊 / 清單 / 選擇清單中索引值為的清單項** 到 **從文字** 右方。將滑鼠移到 **內容** 區域變數停留一下，拖曳 **取內容** 到 **選擇清單** 右方。取 **內件方塊 / 數學 / 0** 到 **中索引值為** 右方，並修改數字為 **4**。

22 取 **內件方塊 / 數學 / +** 到 **第** 右方。取 **內件方塊 / 數學 / x** 到 **+** 左方。

23 將滑鼠移到參數 **數字** 停留一下，拖曳 **取數字** 到 **x** 左方。取 **內件方塊 / 數學 / 0** 到 **x** 右方，並修改數字為 **9**。

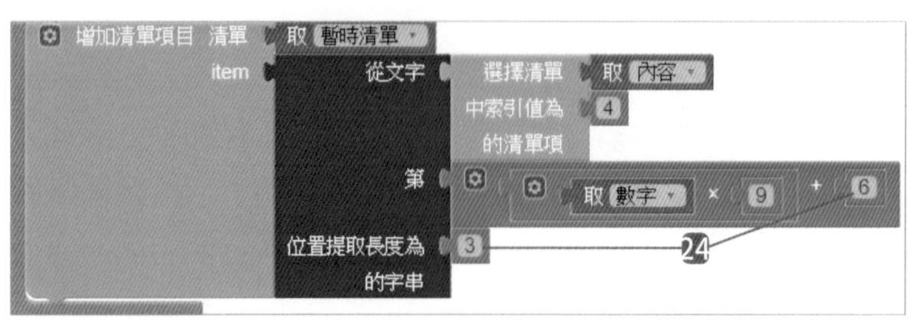

㉔ 取 **內件方塊 / 數學 / 0** 到 **+** 右方，並修改數字為 **6**。取 **內件方塊 / 數學 / 0** 到 **位置提取長度為** 右方，並修改數字為 **3**。

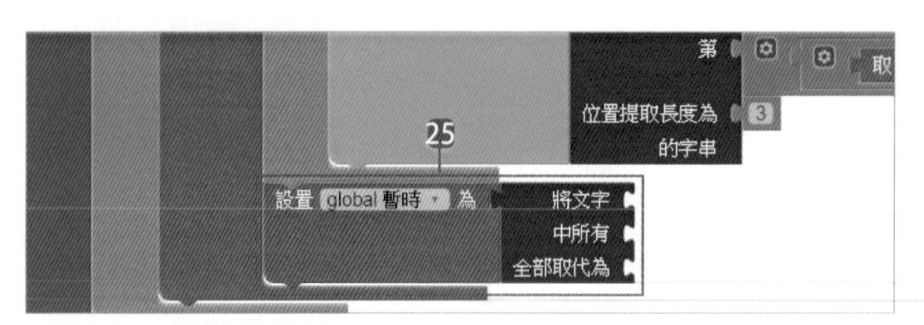

㉕ 取得六獎號碼：取 **內件方塊 / 變數 / 設置 ... 為** 到剛才拼塊下方，並選取 **global 暫時**。取 **內件方塊 / 文字 / 將文字中所有全部取代為** 到剛才拼塊右方。

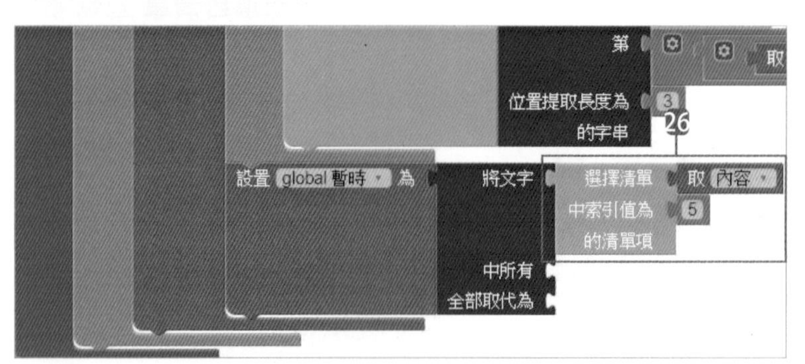

㉖ 取 **內件方塊 / 清單 / 選擇清單中索引值為的清單項** 到 **將文字** 右方。將滑鼠移到 **內容** 區域變數停留一下，拖曳 **取內容** 到 **選擇清單** 右方。取 **內件方塊 / 數學 / 0** 到 **中索引值為** 右方，並修改數字為 **5**。

㉗ 取 **內件方塊 / 文字 / " "** 到 **中所有** 右方，並修改文字為 **</p>**。取 **內件方塊 / 文字 / " "** 到 **全部取代為** 右方。

㉘ 取 **內件方塊 / 流程控制 / 對於任意清單項目清單** 到剛才拼塊下方。取 **內件方塊 / 文字 / 分解文字分隔符號** 到 **清單** 右方。

㉙ 取 **內件方塊 / 變數 / 取 ...** 到 **分解文字** 右方，並選取 **global 暫時**。取 **內件方塊 / 文字 / " "** 到 **分隔符號** 右方，並修改文字為 、。

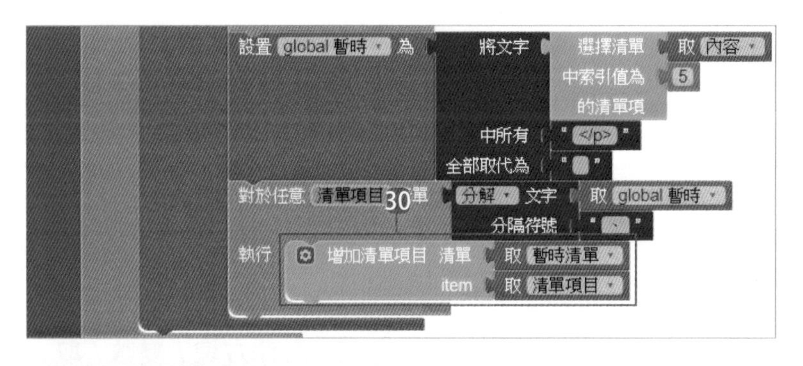

30 取 **內件方塊 / 清單 / 增加清單項目清單** 到 **執行** 右方。將滑鼠移到 **暫時清單** 區域變數停留一下，拖曳 **取暫時清單** 到 **清單** 右方。將滑鼠移到參數 **清單項目** 停留一下，拖曳 **取清單項目** 到 **item** 右方。

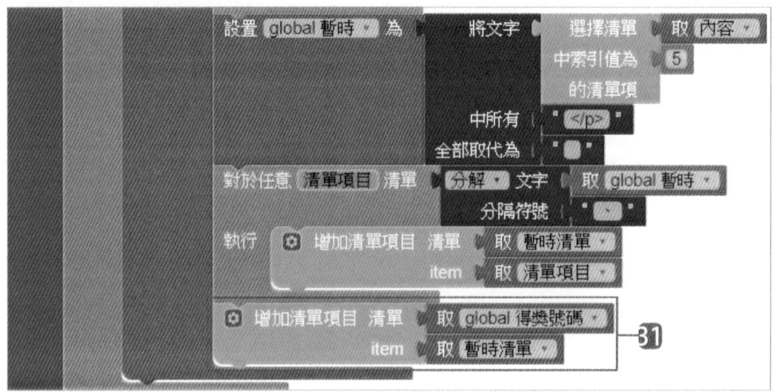

31 取 **內件方塊 / 清單 / 增加清單項目清單** 到 **對於任意清單項目清單** 拼塊下方。取 **內件方塊 / 變數 / 取 ...** 到 **清單** 右方，並選取 **global 得獎號碼**。將滑鼠移到 **暫時清單** 區域變數停留一下，拖曳 **取暫時清單** 到 **item** 右方。

13.4.3 建立「對獎」程序

對獎 程序會擷取發票號碼後三碼與 **得獎號碼** 清單比對，看是否中了六獎。

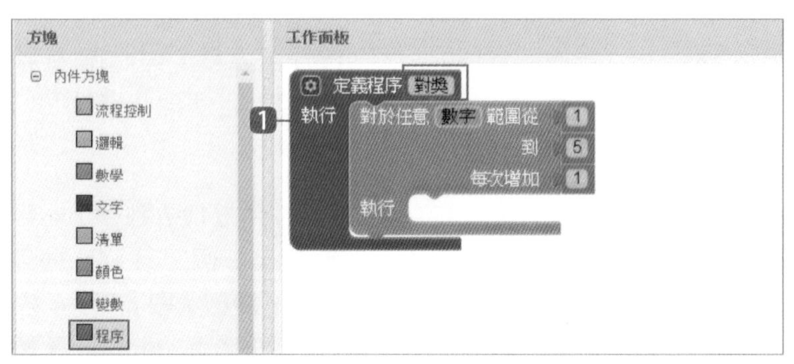

1 逐一取得 **期數** 清單的年月資料：取 **內件方塊 / 程序 / 定義程序程序名執行** 到 **工作面板** 中。在 **程序名** 按一下滑鼠左鍵，將文字修改為 **對獎**。取 **內件方塊 / 流程控制 / 對於任意數字範圍從** 到剛才拼塊中。

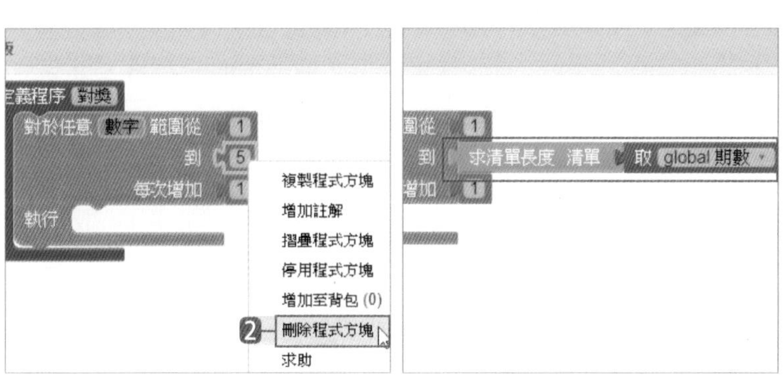

2 將滑鼠移到 **到** 右方的數字 **5** 按滑鼠右鍵，再點選 **刪除程式方塊** 即可移除該拼塊。取 **內件方塊 / 清單 / 求清單長度清單** 到 **到** 右方。取 **內件方塊 / 變數 / 取 ...** 到剛才拼塊右方，並選取 **global 期數**。

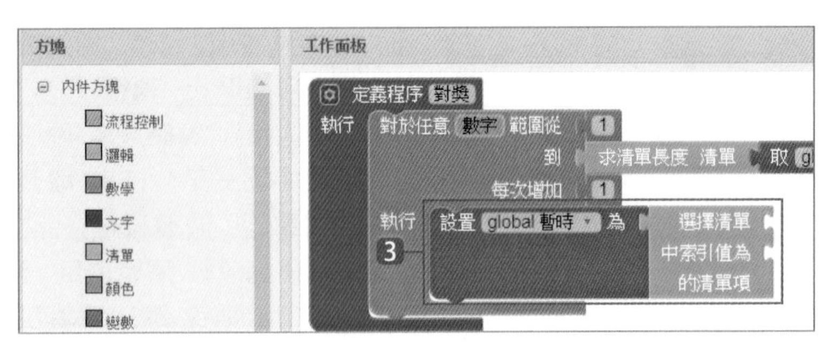

3 取 **內件方塊 / 變數 / 設置 ... 為** 到 **執行** 右方，並選取 **global 暫時**。取 **內件方塊 / 清單 / 選擇清單中索引值為的清單項** 到剛才拼塊右方。

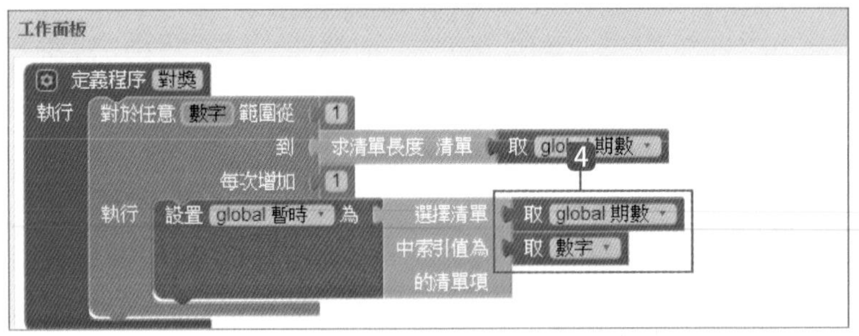

4 取 **內件方塊 / 變數 / 取 ...** 到 **選擇清單** 右方，並選取 **global 期數**。將滑鼠移到參數 **數字** 停留一下，拖曳 **取數字** 到 **中索引值為** 右方。

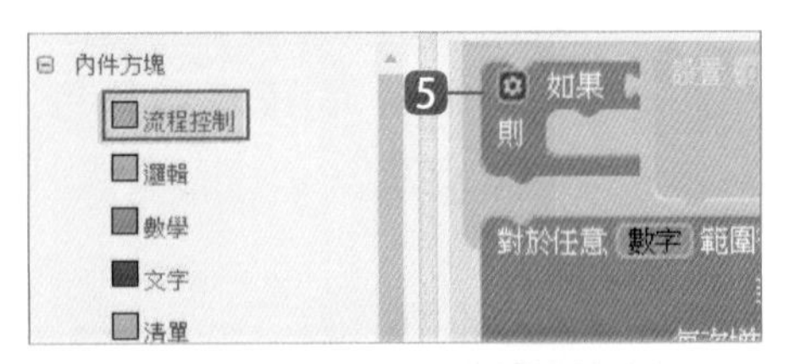

5 取 **內件方塊 / 流程控制 / 如果則** 到剛才拼塊下方。此處要檢查該期發票在得獎期數中是否存在，因發票一期兩個月，故需檢查該月份及下個月份。

6 取 **內件方塊 / 邏輯 / 或** 到 **如果** 右方。在 **或** 拼塊上按滑鼠右鍵，再點選 **外接輸入項** 可使兩個條件凹口垂直排列。

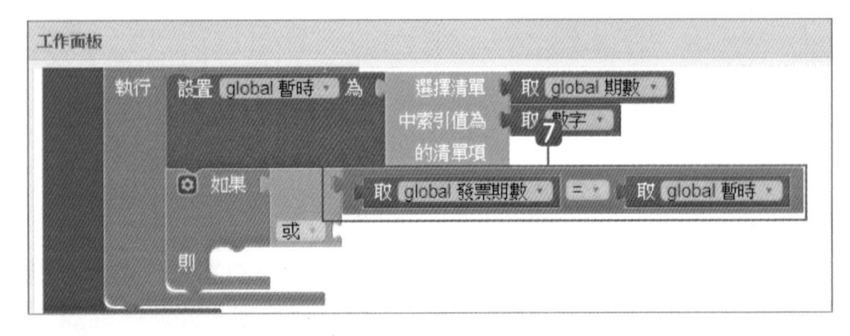

7 取 **內件方塊 / 數學 / =** 到 **或** 的第一個凹口。取 **內件方塊 / 變數 / 取 ...** 到 **=** 左方，並選取 **global 發票期數**。取 **內件方塊 / 變數 / 取 ...** 到 **=** 右方，並選取 **global 暫時**。

8 取 **內件方塊 / 數學 / =** 到 **或** 的第二個凹口。取 **內件方塊 / 變數 / 取 ...** 到 **=** 左方，並選取 **global 發票期數**。

9 取 **內件方塊 / 數學 / +** 到 **=** 右方。取 **內件方塊 / 變數 / 取 ...** 到 **+** 左方，並選取 **global 暫時**。取 **內件方塊 / 數學 / 0** 到 **+** 右方，並修改數字為 **1**。

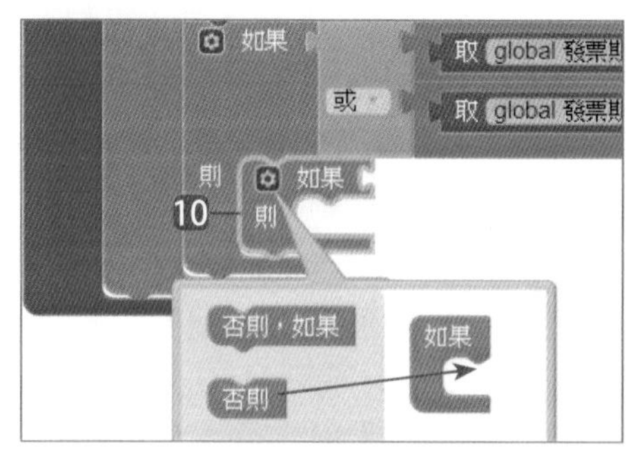

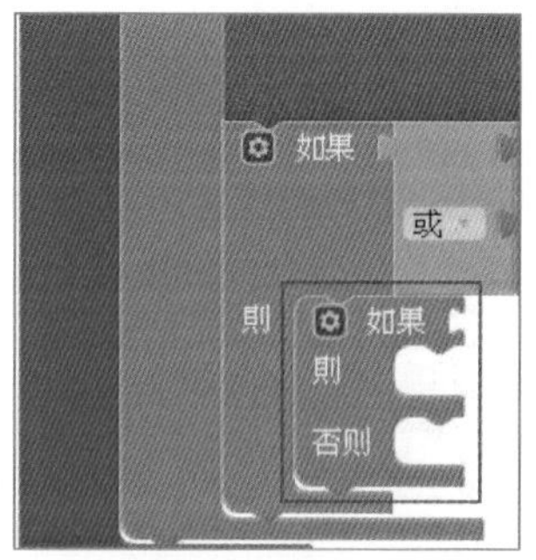

10 若期數存在就比對得獎號碼：取 **內件方塊 / 流程控制 / 如果則** 到 **則** 右方。在新增的 **如果則** 拼塊按一下 ，拖曳左邊 **否則** 到右邊 **如果** 下方，即可增加 **否則** 拼塊。

11 取 **內件方塊 / 清單 / 檢查清單中是否含對象** 到內層 **如果** 右方。取 **內件方塊 / 清單 / 選擇清單中索引值為的清單項** 到 **檢查清單** 右方。

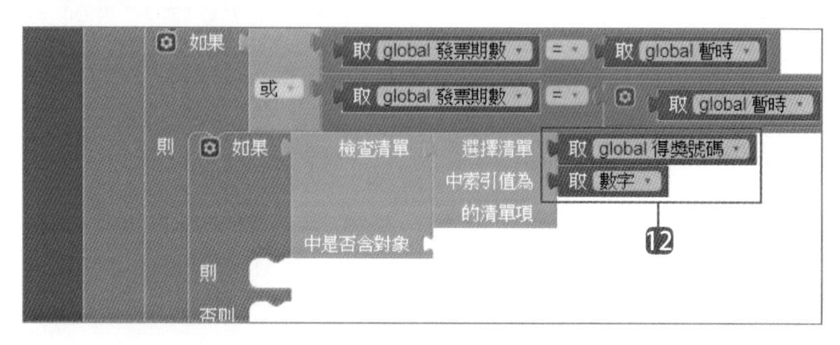

12 取 **內件方塊 / 變數 / 取 ...** 到 **選擇清單** 右方，並選取 **global 得獎號碼**。將滑鼠移到參數 **數字** 停留一下，拖曳 **取數字** 到 **中索引值為** 右方。

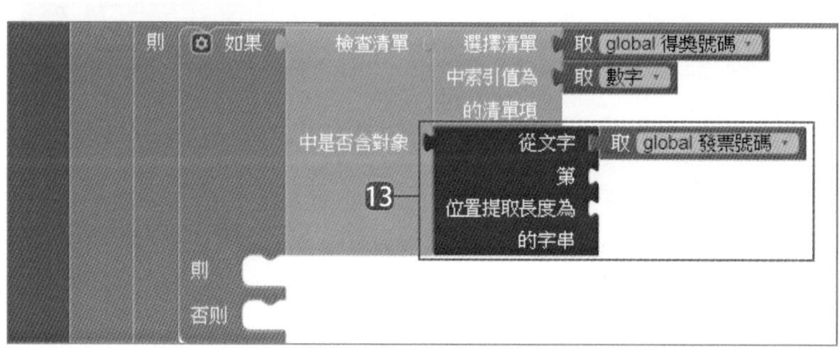

13 取 **內件方塊 / 文字 / 從文字第位置提取長度為的字串** 到 **中是否含對象** 右方。取 **內件方塊 / 變數 / 取 ...** 到 **從文字** 右方，並選取 **global 發票號碼**。

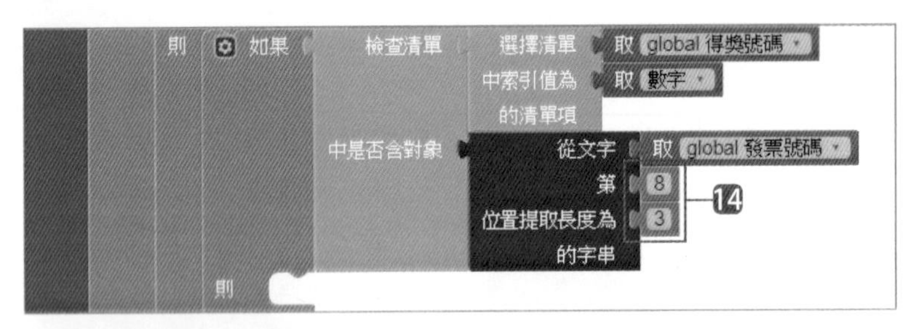

⓮ 取 **內件方塊 / 數字 / 0** 到 **第** 右方，並修改數字為 **8**。取 **內件方塊 / 數字 / 0** 到 **位置提取長度為** 右方，並修改數字為 **3**。

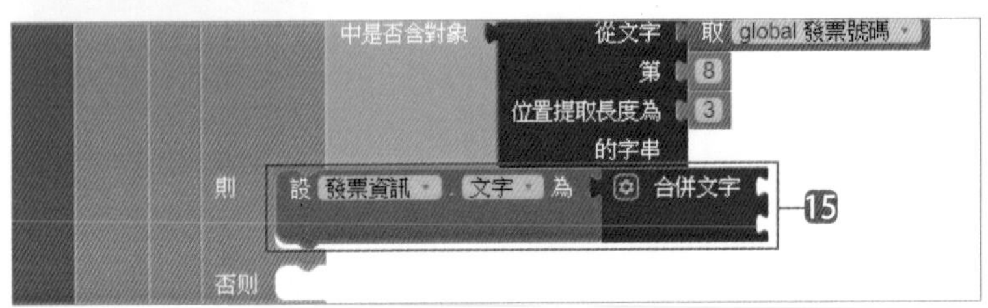

⓯ 若中獎顯示恭喜中獎訊息：取 **發票資訊 / 設發票資訊 . 文字為** 到內部 **則** 右方。取 **內件方塊 / 文字 / 合併文字** 到剛才拼塊右方。

⓰ 取 **發票資訊 / 發票資訊 . 文字** 到 **合併文字** 第一個凹口。取 **內件方塊 / 文字 / " "** 到 **合併文字** 第二個凹口，並修改文字為 **
<font color=red>**。

⓱ 在 **合併文字** 拼塊按一下 ⚙，拖曳左邊 **文字** 到右邊 **合併文字** 最下方，即可增加一個 **文字** 凹口拼塊。取 **內件方塊 / 文字 / " "** 到 **合併文字** 新增的凹口，並修改文字為 **恭禧你中獎了 </font>**。

⓲ 若未中獎顯示再對一張訊息：重複 ⓯ 到 ⓱ 在 **否則** 右方建立拼塊：只是在步驟 ⓱ 的文字修改為 **好可惜，再對一張！ </font>**。

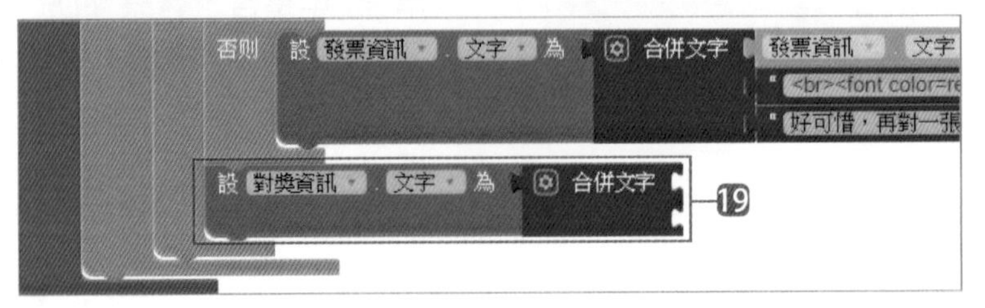

⓳ 顯示該期所有對獎資訊：取 **對獎資訊 / 設對獎資訊 . 文字為** 到內部 **如果則** 拼塊的下方。取 **內件方塊 / 文字 / 合併文字** 到剛才拼塊右方。

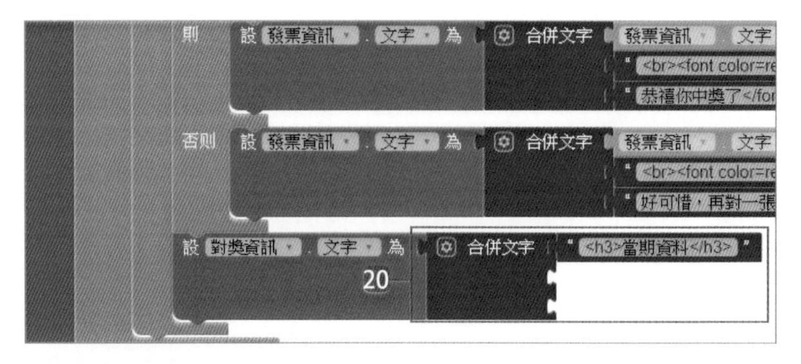

⑳ 在 **合併文字** 拼塊按一下 ⚙，拖曳左邊 **文字** 到右邊 **合併文字** 最下方，即可增加一個 **文字** 凹口拼塊。取 **內件方塊 / 文字 / " "** 到 **合併文字** 第一個凹口，並修改文字為 **<h3> 當期資料 </h3>**。

㉑ 取 **內件方塊 / 清單 / 在鍵值對中查找關鍵字** 到 **合併文字** 第二個凹口。取 **內件方塊 / 清單 / 選擇清單中索引值為的清單項** 到 **在鍵值對** 右方。

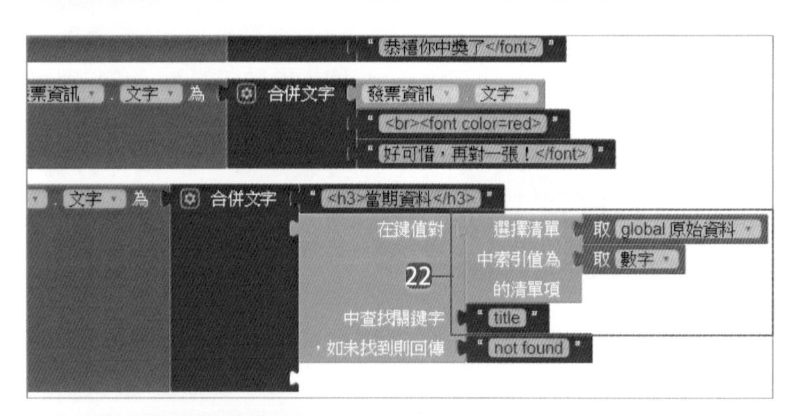

㉒ 取 **內件方塊 / 變數 / 取 ...** 到 **選擇清單** 右方，並選取 **global 原始資料**。將滑鼠移到參數 **數字** 停留一下，拖曳 **取數字** 到 **中索引值為** 右方。取 **內件方塊 / 文字 / " "** 到 **中查找關鍵字** 右方，並修改文字為 **title**。

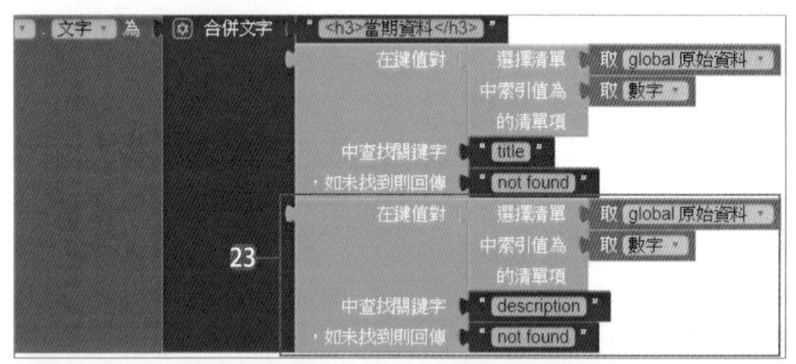

㉓ 重複 ㉑ 到 ㉒ 在 **合併文字** 第三個凹口建立拼塊：只是在步驟 ㉒ 中 **中查找關鍵字** 右方的文字為 **description**。

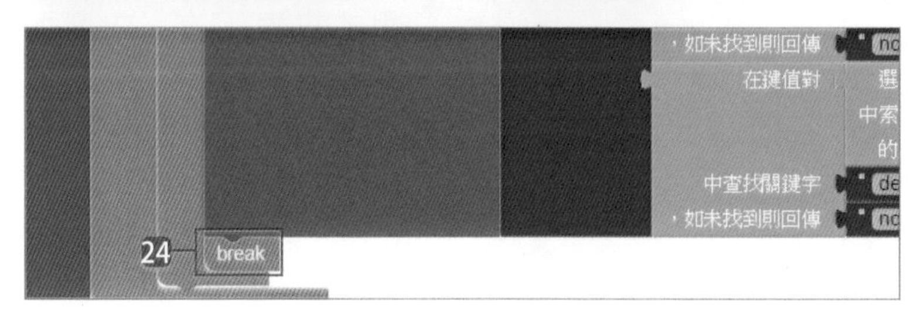

㉔ 取 **內件方塊 / 流程控制 / break** 到 **設對獎資訊 . 文字** 拼塊下方。

13.4.4 建立掃描功能

使用者按 **掃描** 鈕可對發票進行掃描以取得發票資料。

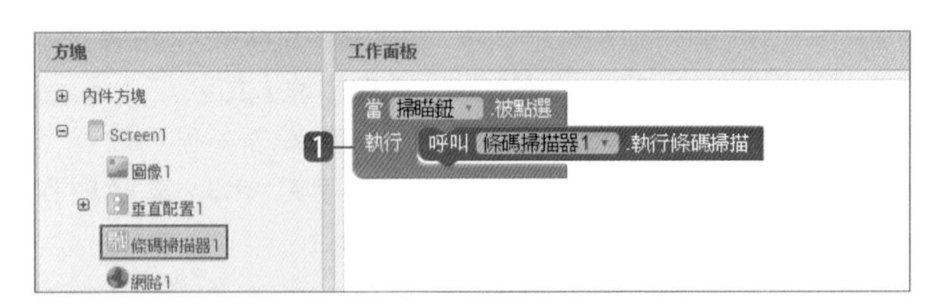

❶ 進行掃描：取 **掃描鈕 / 當掃描鈕 . 被點選** 到 **工作面板** 中。取 **條碼掃描器 1 / 呼叫條碼掃描器 1. 執行條碼掃描** 到剛才拼塊中。

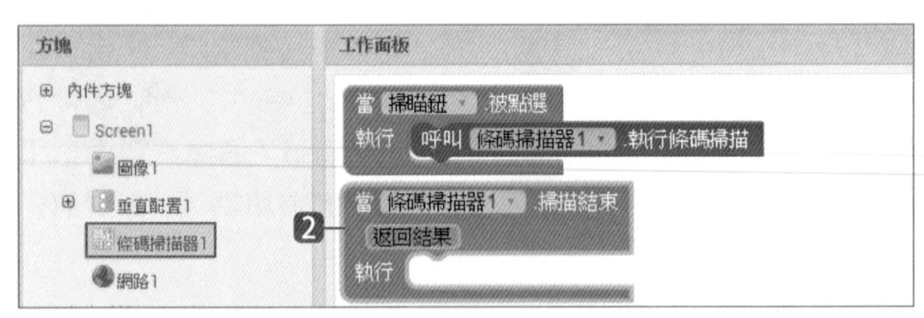

❷ 掃描後會觸發 **掃描結束** 事件：取 **條碼掃描器 1 / 當條碼掃描器 1. 掃描結束** 到 **工作面板** 中。

❸ 取得發票期數：取 **內件方塊 / 變數 / 設置 ... 為** 到剛才拼塊中，並選取 **global 發票期數**。取 **內件方塊 / 文字 / 從文字第位置提取長度為的字串** 到剛才拼塊右方。

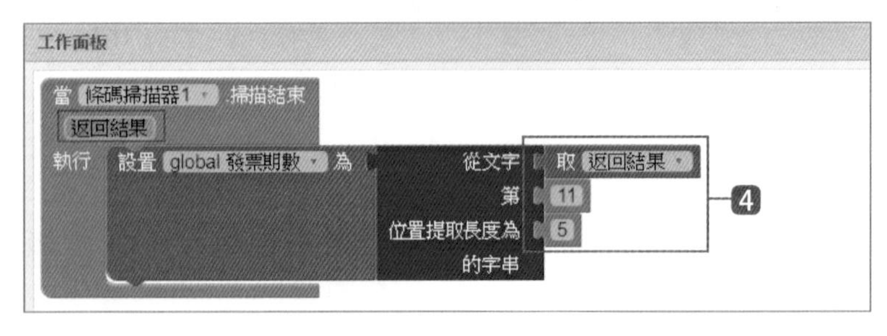

❹ 將滑鼠移到參數 **返回結果** 停留一下，拖曳 **取返回結果** 到 **從文字** 右方。取 **內件方塊 / 數學 / 0** 到 **第** 右方，並修改數字為 **11**。取 **內件方塊 / 數學 / 0** 到 **位置提取長度為** 右方，並修改數字為 **5**。

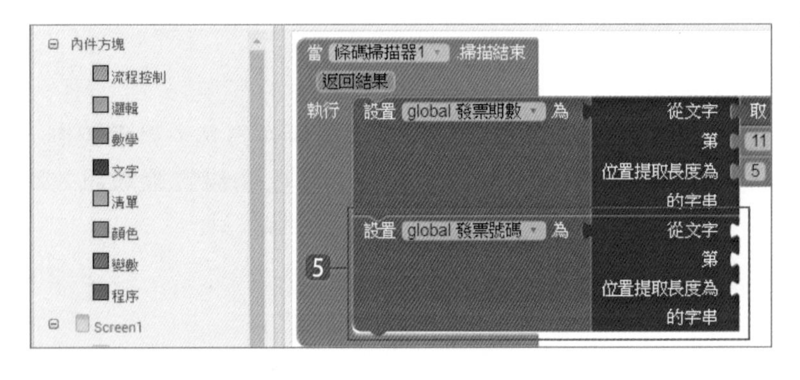

❺ 取得發票號碼：取 **內件方塊 / 變數 / 設置 ... 為** 到剛才拼塊下方，並選取 **global 發票號碼**。取 **內件方塊 / 文字 / 從文字第位置提取長度為的字串** 到剛才拼塊右方。

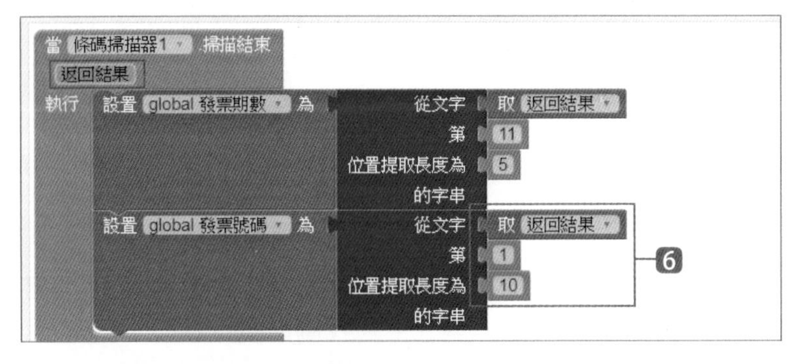

❻ 將滑鼠移到參數 **返回結果** 停留一下，拖曳 **取返回結果** 到 **從文字** 右方。取 **內件方塊 / 數學 / 0** 到 **第** 右方，並修改數字為 **1**。取 **內件方塊 / 數學 / 0** 到 **位置提取長度為** 右方，並修改數字為 **10**。

❼ 取 **發票資訊 / 設發票資訊 . 文字為** 到剛才拼塊下方。取 **內件方塊 / 文字 / 合併文字** 到剛才拼塊右方。

❽ 取 **內件方塊 / 文字 / " "** 到 **合併文字** 第一個凹口，並修改文字為 **發票號碼：**。取 **內件方塊 / 變數 / 取 ...** 到 **合併文字** 第二個凹口，並選取 **global 發票號碼** 。

❾ 由網路讀取發票得獎資料：取 **網路 1 / 呼叫網路 1. 執行 GET 請求** 到剛才拼塊下方。

13.4.5 建立檢查是否得獎功能

由網路取得得獎號碼後就可用發票號碼比對是否得獎。

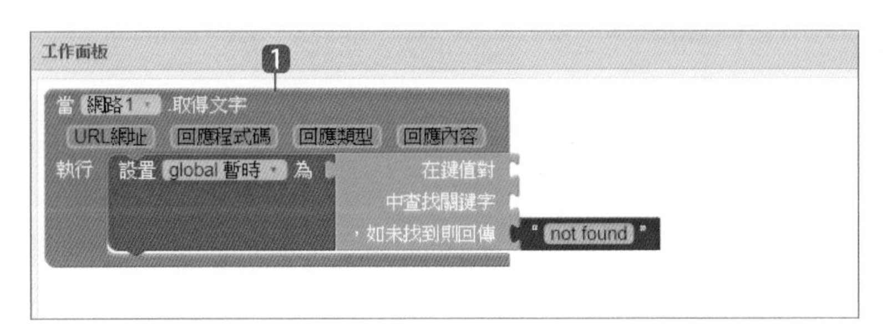

❶ 由網路讀取資料後會觸發取得文字事件：取 **網路 1 / 當網路 1. 取得文字** 到 **工作面板** 中。取 **內件方塊 / 變數 / 設置 ... 為** 到剛才拼塊中，並選取 **global 暫時**。取 **內件方塊 / 清單 / 在鍵值對中查找關鍵字** 到剛才拼塊右方。

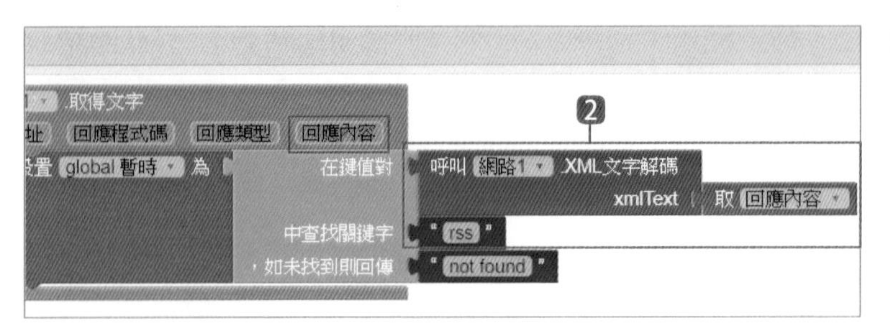

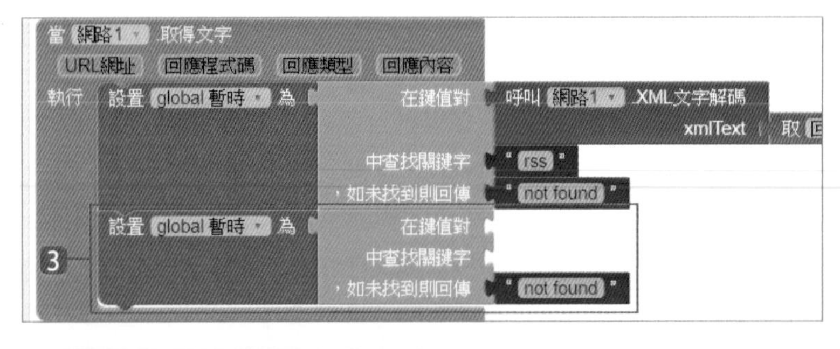

❷ 取得 rss 標籤內容：取 **網路 1 / 呼叫網路 1.XML 文字解碼** 到 **在鍵值對** 右方。將滑鼠移到參數 **回應內容** 停留一下，拖曳 **取回應內容** 到 **xmlText** 右方。取 **內件方塊 / 文字 / " "** 到 **中查找關鍵字** 右方，並修改文字為 **rss**。

❸ 取得 channel 標籤內容：取 **內件方塊 / 變數 / 設置 ... 為** 到剛才拼塊下方，並選取 **global 暫時**。取 **內件方塊 / 清單 / 在鍵值對中查找關鍵字** 到拼塊右方。

❹ 取 **內件方塊 / 變數 / 取 ...** 到 **在鍵值對** 右方，並選取 **global 暫時**。取 **內件方塊 / 文字 / " "** 到 **中查找關鍵字** 右方，並修改文字為 **channel**。

❺ 取得 item 標籤內容：取 **內件方塊 / 變數 / 設置 ... 為** 到剛才拼塊下方，並選取 **global 原始資料**。取 **內件方塊 / 清單 / 在鍵值對中查找關鍵字** 到剛才拼塊右方。

❻ 取 **內件方塊 / 變數 / 取 ...** 到 **在鍵值對** 右方，並選取 **global 暫時**。取 **內件方塊 / 文字 / " "** 到 **中查找關鍵字** 右方，並修改文字為 **item**。

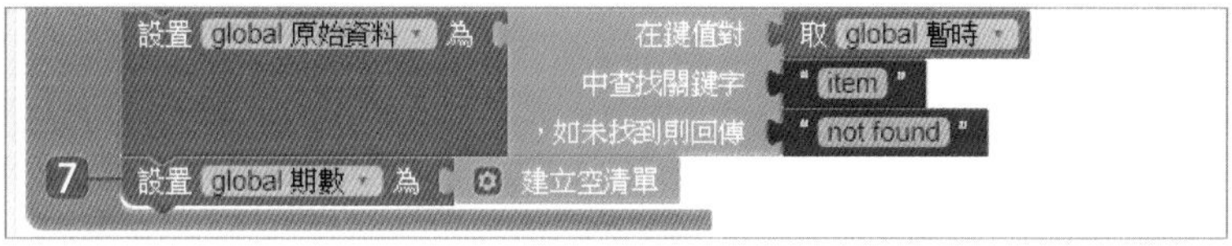

7. 清空期數清單：取 **內件方塊 / 變數 / 設置 ... 為** 到剛才拼塊下方，並選取 **global 期數**。取 **內件方塊 / 清單 / 建立空清單** 到剛才拼塊右方。

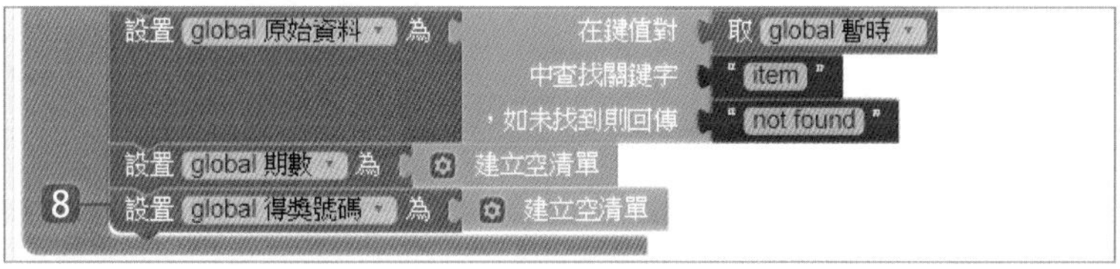

8. 清空得獎號碼清單：取 **內件方塊 / 變數 / 設置 ... 為** 到剛才拼塊下方，並選取 **global 得獎號碼**。取 **內件方塊 / 清單 / 建立空清單** 到剛才拼塊右方。

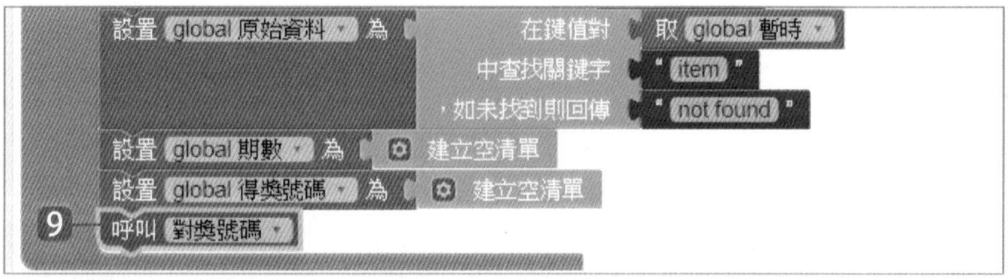

9. 取 **內件方塊 / 程序 / 呼叫對獎號碼** 到剛才拼塊下方。

10. 取 **對獎資訊 / 設對獎資訊 . 文字為** 到剛才拼塊下方。取 **內件方塊 / 文字 / " "** 到剛才拼塊右方，並修改文字為 **抱歉，資料庫沒有相關資料。**。

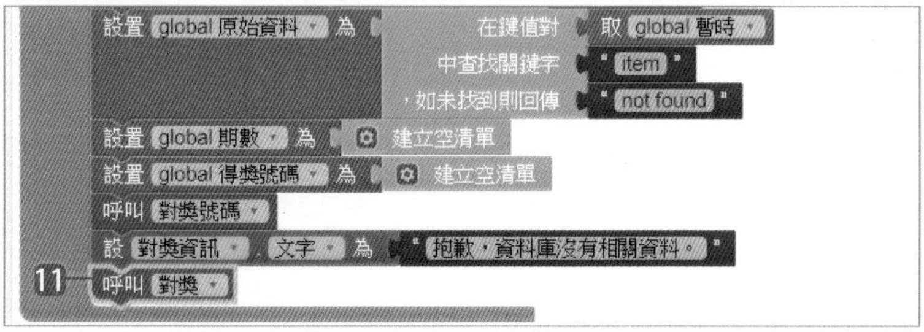

11. 取 **內件方塊 / 程序 / 呼叫對獎** 到剛才拼塊下方。

如此即完成 App 的專題製作。

MEMO

[14] 館區導覽

- 學習 CSV 檔案整理
- 學習檔案管理元件
- 學習清單顯示器元件
- 學習多螢幕專題開發
- 學習多螢幕專題資料傳遞

14.1 認識 App 專題：館區導覽

14.1.1 專題介紹

近年來由於科技應用趨於行動化、雲端化，為了讓所有人能更輕鬆取得政府部門及相關機構的公共資訊，「政府資料開放」(Open Data) 的觀念也就應運而生。其實一般人的生活與政府的運作習習相關，無論參與公共政策、監督政府施政作為或從事各項經濟活動，有賴大量且正確之資料，而政府正是各項資料的最大擁有者。

將政府資料開放供民間自由取用，已蔚為國際趨勢，除了滿足民眾資料使用需求，更能提升民眾生活品質，強化民眾監督政府的力量。善用政府開放的資料，除了可結合民間無限創意，活化政府資料應用，進一步提升政府資料品質及價值，創造民眾、政府、業界三贏局面。目前政府所提供的公開資料，涵括的範圍十分寬廣，面向也十分多元。不僅有國家行政的相關資訊，舉凡與生活習習相關的交通、教育、旅遊，甚至水情、氣象，都是公開資料的內容。

App 利用政府開放資料進行相關的專題開發，不僅能解決開發者無資料可用的問題，也能藉由資料內容的發想，資料即時提供的特性，發展出許多意想不到且實用的作品，所以讓許多開發者趨之若鶩，也是許多人都爭相投入的主題。

14.1.2 專題作品預覽

「台北動物園館區導覽」App 將利用台北市政府公開資料平台所提供的「臺北市立動物園館區簡介」(https://s.yam.com/YUQn2)，將動物園中所有的館區放置在選單中，讓使用者點選後即可前往詳細頁面，顯示該館區的名稱、區域、圖片以及相關說明。

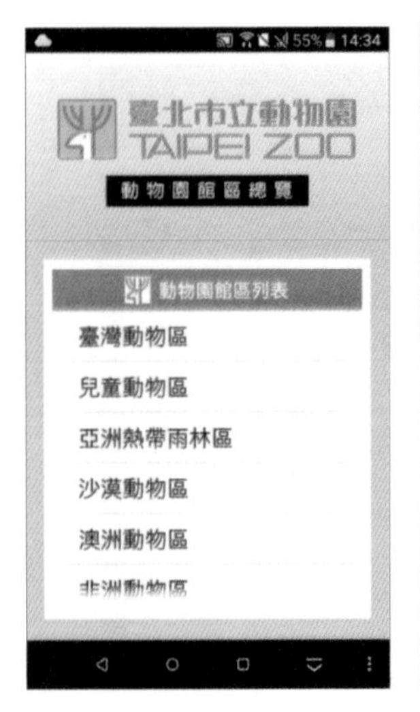

14.2 專題開發重要技巧說明

14.2.1 CSV 檔案的整理

CSV (Comma-Separated Values，字元分隔值) 是以純文字形式儲存表格資料檔案，每筆資料的各個欄位一般是以逗號做為分隔字元 (當然也可以使用其他符號或 Tab 分隔)。CSV 是公開資料提供時常見的檔案格式，如何整理與讀取 CSV 檔就相當重要。

以本專題使用的政府公開資料為例就是以 CSV 格式提供的檔案，在下載之後請先以 **記事本** 開啟該檔案，如右下圖可以看到檔案內容是用逗號分隔欄位的文字檔。

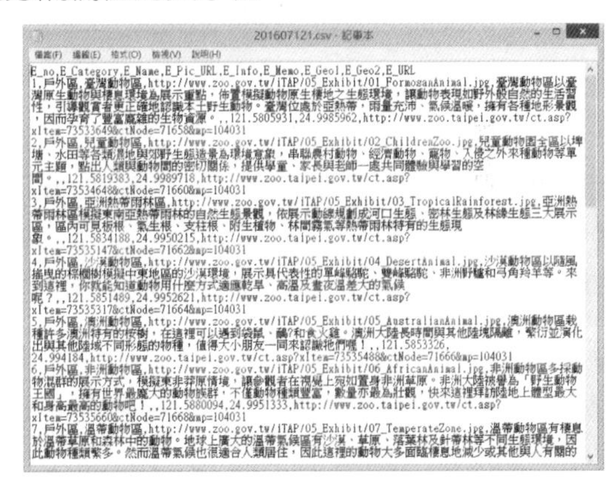

CSV 檔案常會因為編碼的不同造成讀取的亂碼，您可以按下 **檔案 / 另存新檔**，在對話視窗中將 **編碼** 設定為「UTF-8」後再按 **存檔** 鈕取代原來的檔案即可。如此一來，就可以正確地使用 Excel 來開啟檔案編輯資料內容。

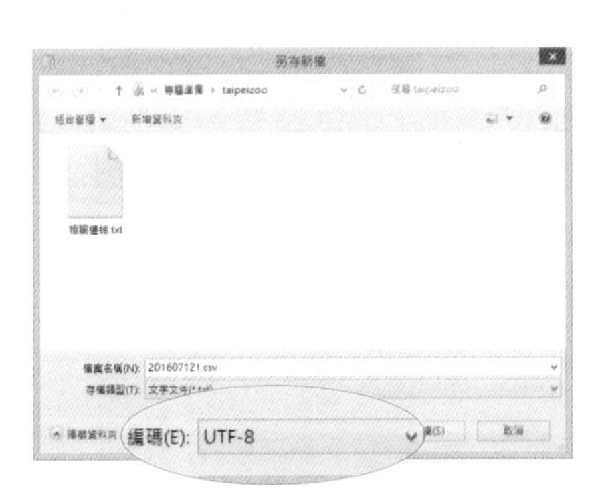

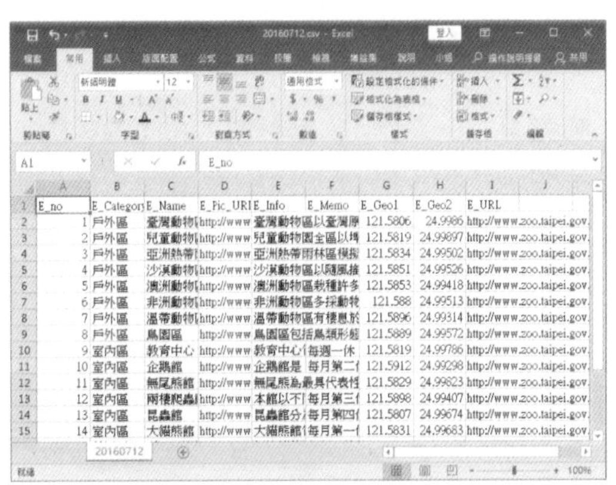

14.2.2 CSV 檔案的讀取與使用

CSV 檔案整理好了之後，就可以上傳到 App Inventor 的專題頁面中使用。因為 CSV 是檔案，所以要上傳到專題的 **素材** 區中，接著再利用 **資料儲存 / 檔案管理** 元件來進行讀取。

讀取的第一步就是上傳 CSV 檔到 **素材** 區，拖曳 **資料儲存 / 檔案管理** 元件到畫面中，它會自動進入 **非可視元件** 區。

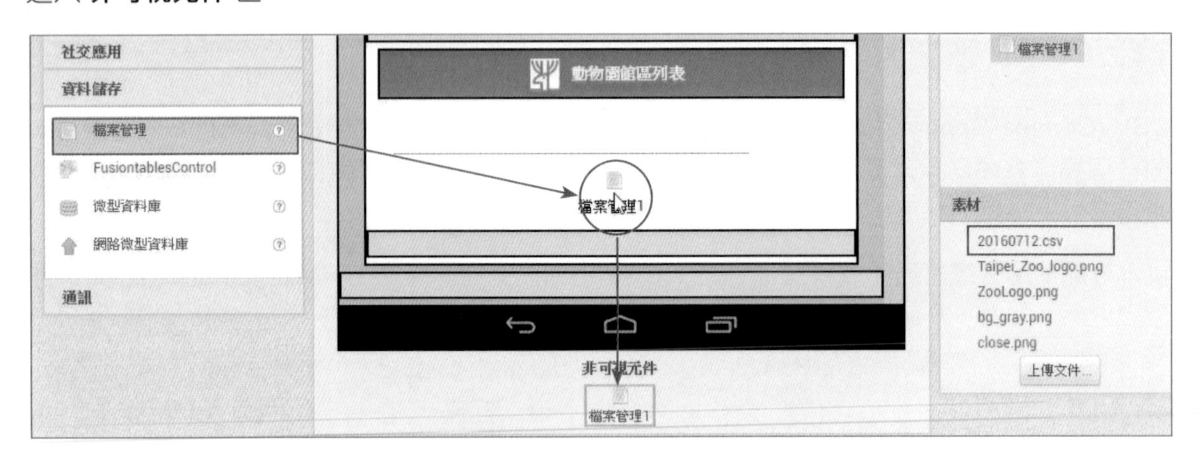

在 **程式設計** 模式下要讀取檔案，可以由 **檔案管理元件 / 呼叫檔案管理元件讀取檔案**，再設定 **檔案名稱** 參數，其格式為「// 檔案名稱」。這裡要特別注意的是，檔案名稱的大小寫及副檔名要一模一樣，而檔案之前要加「//」做為路徑，才能正確讀取。

CSV 檔案讀取後只是文字，並不是可以運作的清單資料。所以可以利用 **清單 / CSV 列轉清單** 及 **清單 / CSV 表格轉清單** 二個拼塊將接收的文字轉為清單。而 CSV 列與 CSV 表格的差異在哪裡呢？如果您的 CSV 資料只有一列，也就是只有一筆資料，這就是所謂的 CSV 列；若 CSV 資料分行成多列的資料，也就是有多筆資料，這就是所謂的 CSV 表格。

以本專題為例，因為這裡所讀取的 CSV 檔案內容是 CSV 表格 (也就是有多筆資料)，所以程式在一開始初始化時就利用檔案管理元件讀取檔案，讀取後取得文字，再利用 **清單 / CSV 表格轉清單** 將文字轉為清單之後存入變數，接著就能利用這個變數進行資料的操作。

```
當 Screen1 .初始化
執行 呼叫 檔案管理1 .讀取檔案
          檔案名稱 " //20160712.csv "

當 檔案管理1 .取得文字
 文字
執行 設置 global datalist 為 CSV表格轉清單 CSV文字 取 文字
```

14.3 App 畫面編排

使用 App Inventor 2 製作「台北動物園館區導覽」App，在規劃程式功能及流程後，再依架構設計版面並收集素材，最後即可開始進行畫面編排。

14.3.1 App 畫面編排完成圖

14.3.2 新增專案及素材上傳

在「台北動物園館區導覽」App 的範例畫面編排中，會利用水平及垂直配置的方式將畫面劃分成不同的區域，加入**圖像**、**標籤** 及 **清單顯示器**。

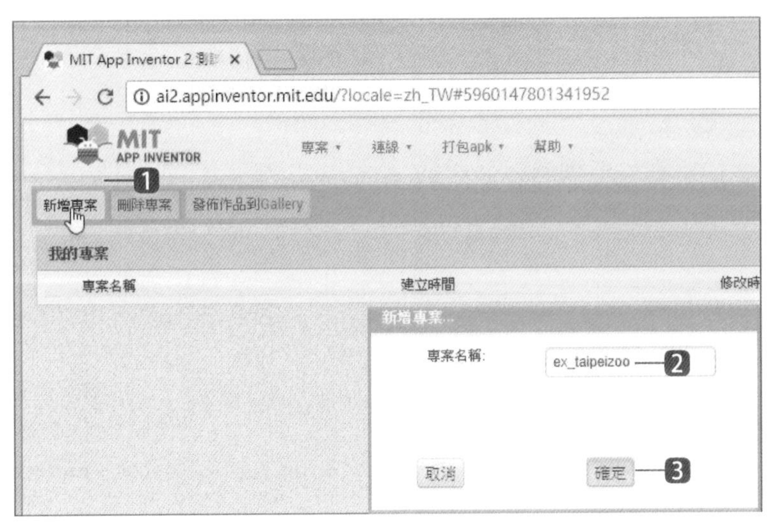

1. 登入開發頁面按 **新增專案** 鈕。
2. 在對話方塊的 **專案名稱** 欄位中輸入「ex_taipeizoo」。
3. 按下 **確定** 鈕完成專案的新增並進入開發畫面。

4 按 **素材** 的 **上傳文件** 鈕。

5 在對話方塊按 **選擇檔案** 鈕。

6 在對話視窗中選取本章原始檔資料夾，選取圖片 <Taipei_Zoo_logo.png> 檔後按 **開啟** 鈕，然後在對話方塊中按 **確定** 鈕。

7 完成後即可在 **素材** 中看到上傳的圖片檔名。請利用相同的方式將其他圖片及 CSV 檔上傳到 **素材** 中。

14.3.3 設定 Screen1 螢幕畫面

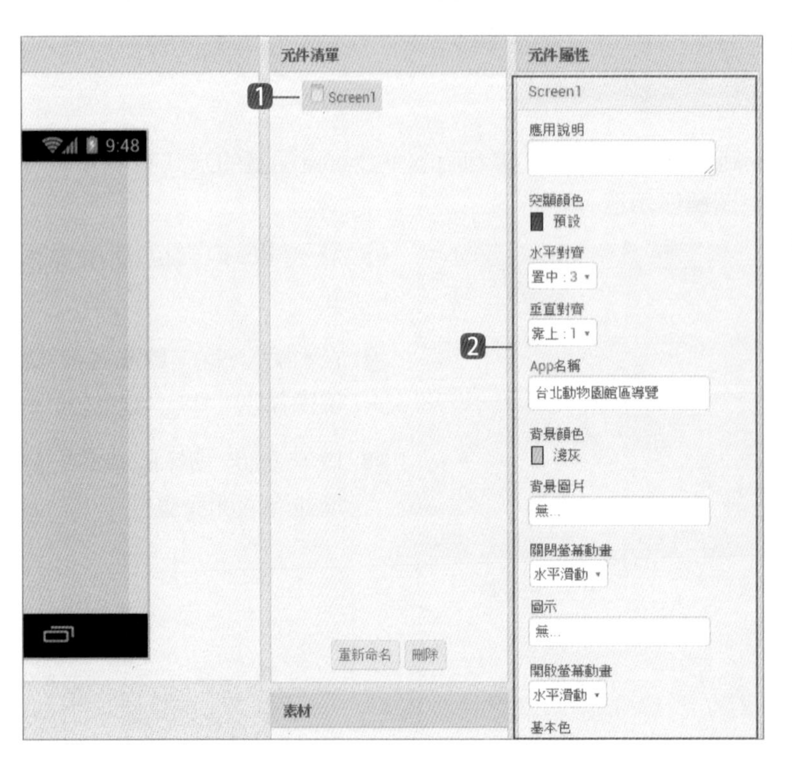

1 首先進行外觀編排：在 **元件清單** 選按 **Screen1** 準備進行設定，這是預設的畫面元件。

2 請在 **元件屬性** 依下方表格資料進行欄位設定。

欄位	值
水平對齊	置中：3
垂直對齊	靠上：1
App 名稱	台北動物園館區導覽
背景顏色	淺灰
螢幕方向	鎖定直式畫面

欄位	值
開啟螢幕動畫	水平滑動
關閉螢幕動畫	水平滑動
視窗大小	自動調整
Theme	Device Default
標題顯示	取消核選

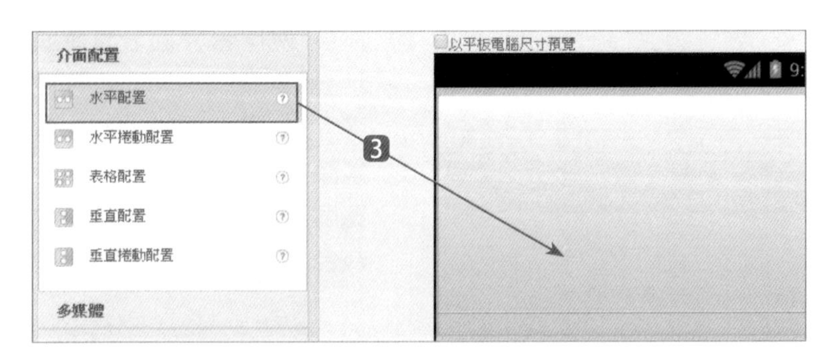

3 在 **元件面板** 拖曳 **介面配置 / 水平配置** 到工作面板中。在 **元件屬性** 設定**水平對齊**、**垂直對齊：置中**、**高度：200 像素**、**寬度：填滿**、**圖像：bg_gray.png**。

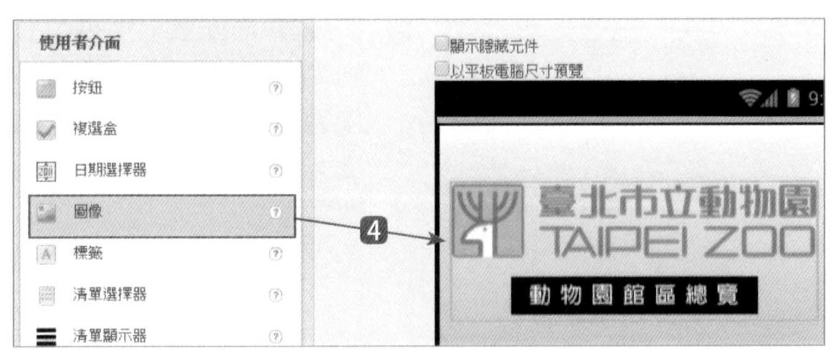

4 拖曳 **使用者介面 / 圖像** 到剛才的配置區域中。選擇剛加入的圖像，在 **元件屬性** 設定 **圖像：Taipei_Zoo_logo.png**。

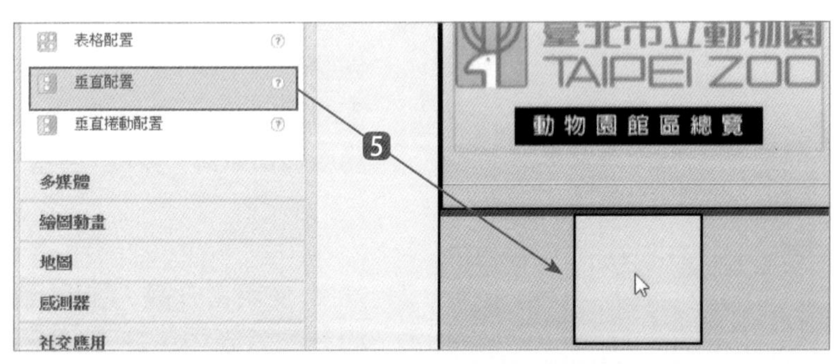

5 在 **元件面板** 拖曳 **介面配置 / 垂直配置** 到工作面板中。在 **元件屬性** 設定 **水平對齊：置中**、**背景顏色：白色**，**高度：填滿**、**寬度：90 比例**。

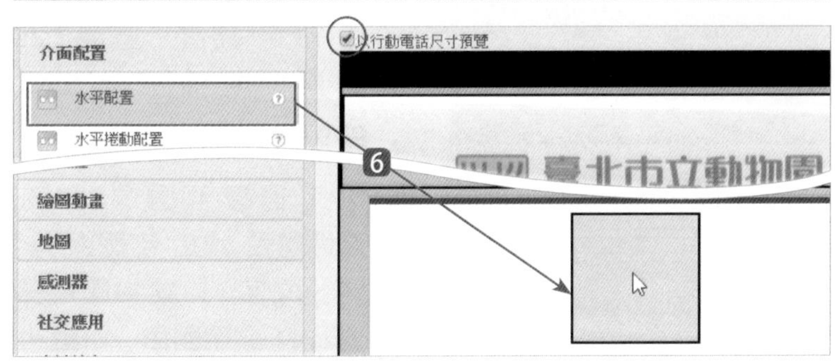

6 核選上方的 **以行動電話尺寸預覽** 將手機畫面放大。接著拖曳 **介面配置 / 水平配置** 到剛才的垂直配置中，接著在 **元件屬性** 設定 **高度：10 像素**、**寬度：填滿**，做為這區域的上邊界。

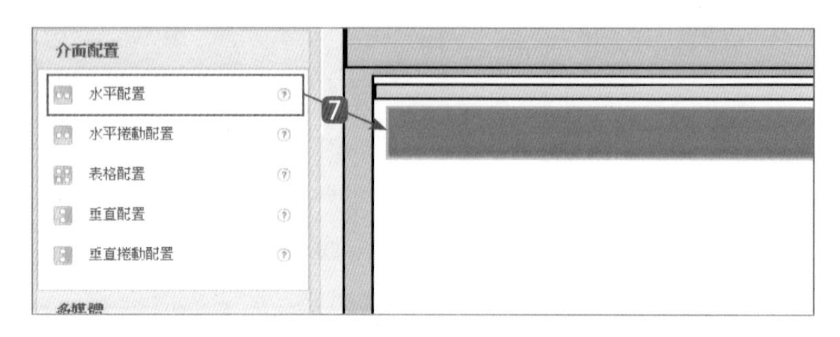

❼ 拖曳 **介面配置 / 水平配置** 到剛才的水平配置下，在 **元件屬性** 設定 **水平對齊**、**垂直對齊：置中**，**高度：40 像素**、**寬度：85 比例**、**背景顏色：Custom「#008738ff」**。

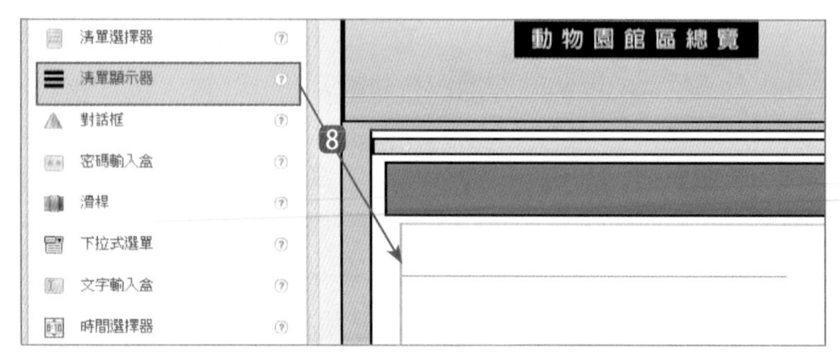

❽ 拖曳 **使用者介面 / 清單顯示器** 到剛才的配置區域下。在 **元件屬性** 設定 **背景顏色：白色**、**高度：填滿**、**寬度：85 比例**、**選中顏色：灰色**、**字體大小：22**。

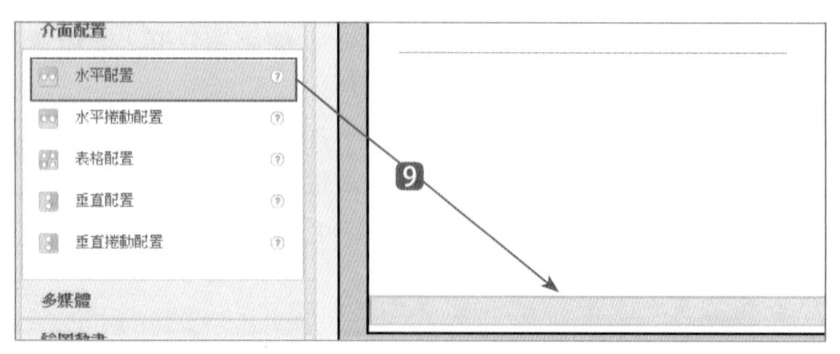

❾ 拖曳 **介面配置 / 水平配置** 到剛才的清單顯示器下，接著在 **元件屬性** 設定 **高度：20 像素**、**寬度：填滿**，做為這區域的下邊界。

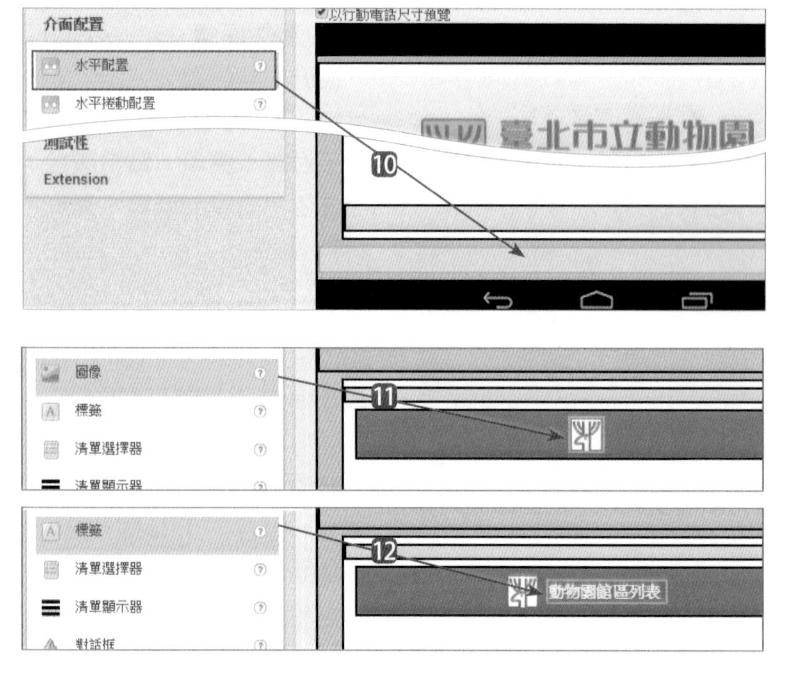

❿ 拖曳 **介面配置 / 水平配置** 到螢幕配置的最下方做為下邊界，在 **元件屬性** 設定 **高度：20 像素**、**寬度：填滿**。

⓫ 拖曳 **使用者介面 / 圖像** 到標題配置區中，在 **元件屬性** 設定 **高度**、**寬度：28 像素**、**圖像：Zoo_logo.png**。

⓬ 拖曳 **標籤** 到圖像後，在 **元件屬性** 設定 **字體大小：16**、**文字：「動物園館區列表」**、**文字顏色：白色**。

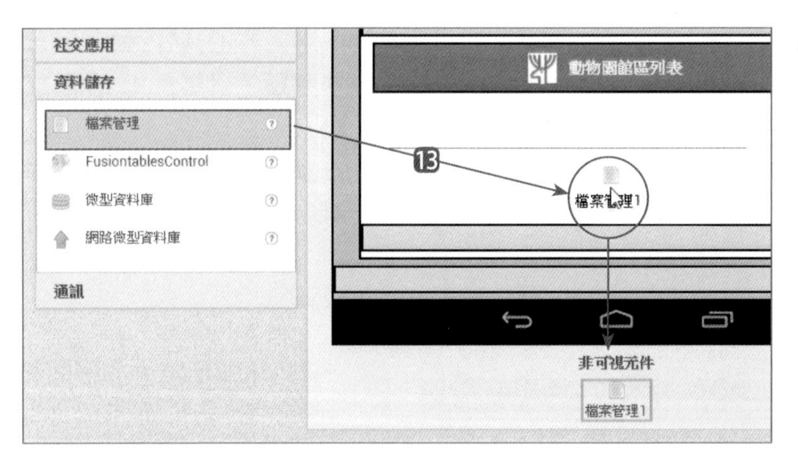

13 最後拖曳 **資料儲存 / 檔案管理** 到畫面中放開，元件會移到下方的 **非可視元件** 區，等一下可以使用這個元件讀取本機的檔案內容。

14.3.4 設定 Screen2 螢幕畫面

1 按上方 **新增螢幕** 鈕，在視窗中保留預設的螢幕名稱：「Screen2」，按 **確定** 鈕。

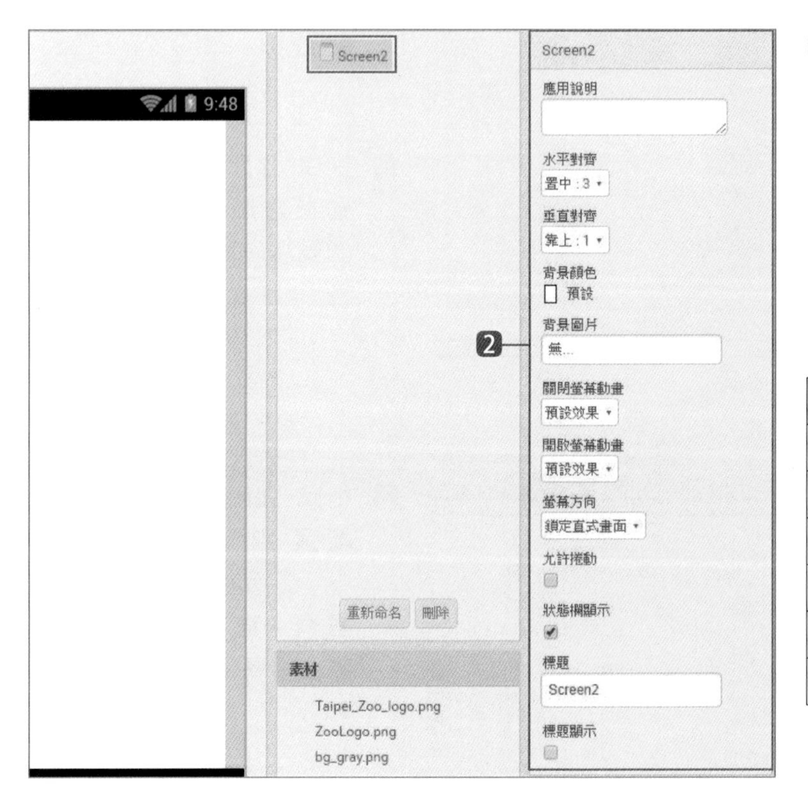

2 新增螢幕頁面後在 **元件清單** 選按 **Screen2**，在 **元件屬性** 中依下方表格資料進行欄位設定。

欄位	值
水平對齊	置中：3
垂直對齊	靠上：1
螢幕方向	鎖定直式畫面
開啟螢幕動畫	水平滑動
關閉螢幕動畫	水平滑動
標題顯示	取消核選

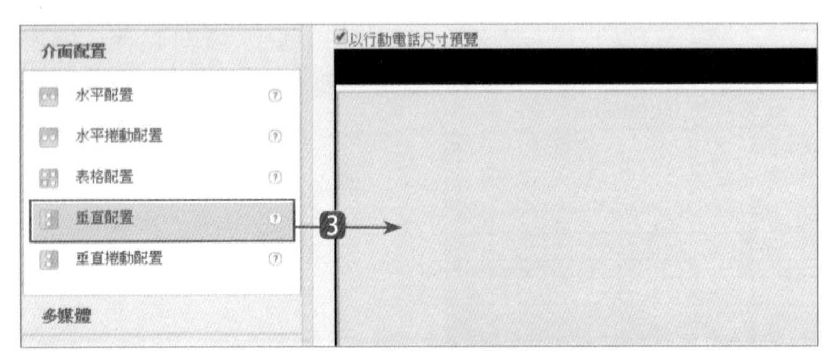

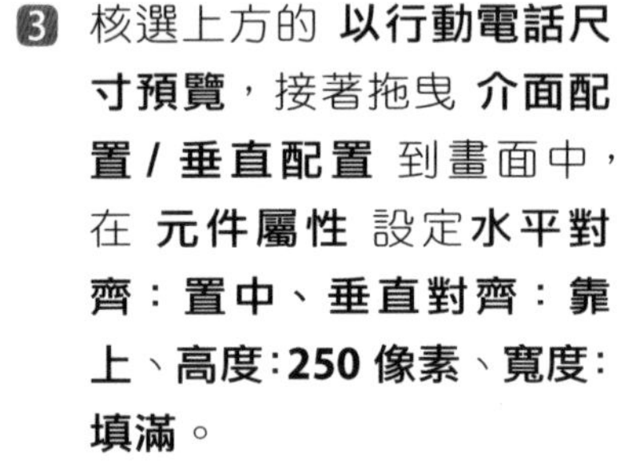
3 核選上方的 **以行動電話尺寸預覽**，接著拖曳 **介面配置 / 垂直配置** 到畫面中，在 **元件屬性** 設定**水平對齊：置中**、**垂直對齊：靠上**、**高度：250 像素**、**寬度：填滿**。

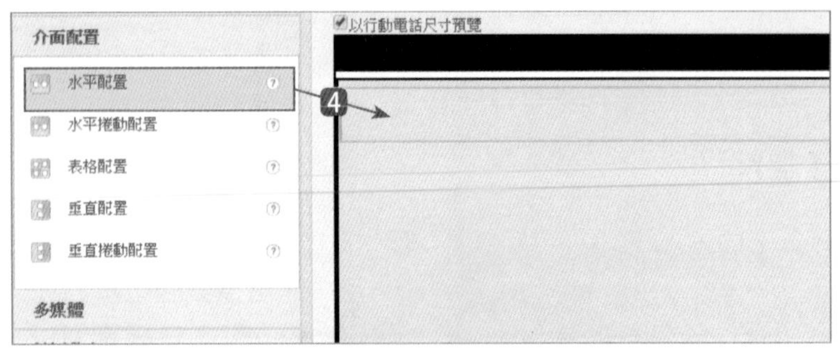

4 拖曳 **介面配置 / 水平配置** 到剛才的配置區域中。在 **元件屬性** 設定**水平對齊：靠右**、**垂直對齊：置中**、**高度：40 像素**、**寬度：98 比例**。

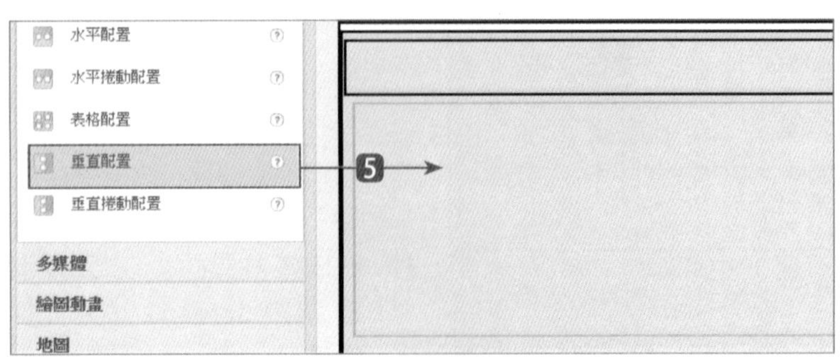

5 拖曳 **介面配置 / 垂直配置** 到剛才的水平配置下，在 **元件屬性** 設定 **水平對齊：置中**、**垂直對齊：靠下**，**高度：180 像素**、**寬度：95 比例**。

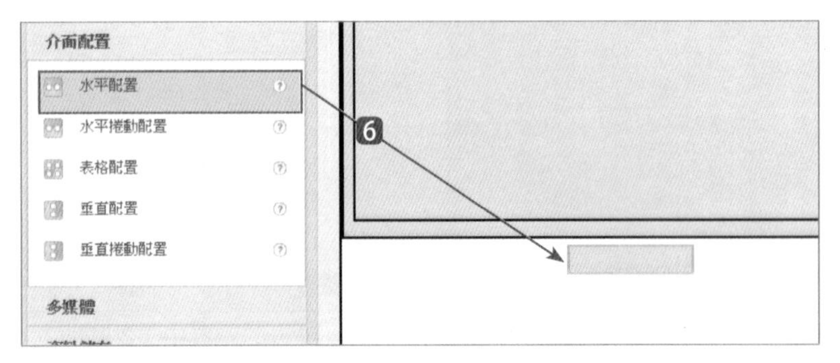

6 拖曳 **介面配置 / 水平配置** 到上方版面配置的下方，準備做為間距。在 **元件屬性** 設定 **高度：20 像素**。

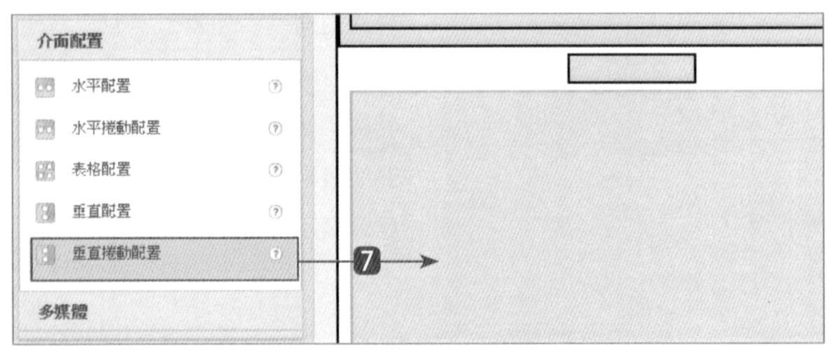

7 拖曳 **介面配置 / 垂直捲動配置** 到間距的水平配置下，在 **元件屬性** 設定 **水平對齊：靠左**、**垂直對齊：靠上**，**高度：填滿**、**寬度：95%**。

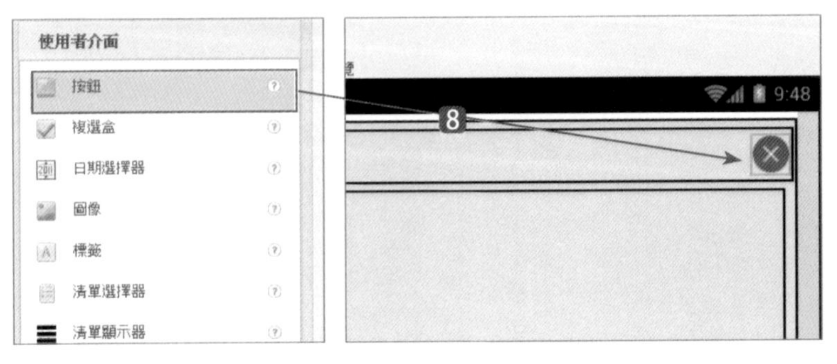

❽ 拖曳 **使用者介面 / 按鈕** 到 **水平配置 1** 中，在 **元件屬性** 設定 **圖像：close.png**，**高度**、**寬度：30 像素。**

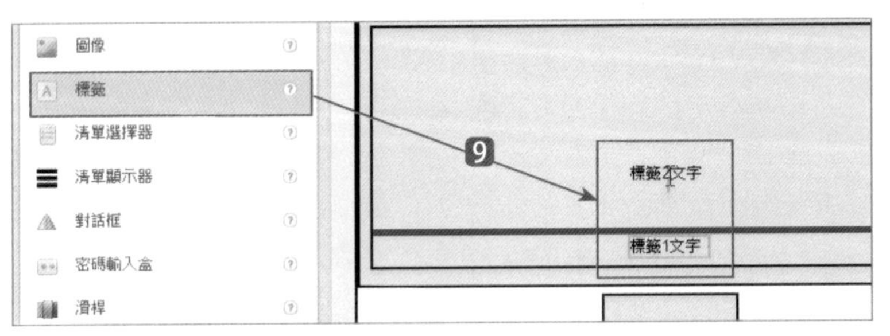

❾ 拖曳二個 **使用者介面 / 標籤** 到 **垂直配置 2** 中。

❿ 選取剛加入的 **標籤 1**，在 **元件清單** 中更改名稱為「區域名稱」。在 **元件屬性** 設定 **粗體**、**字體大小：14**、**文字顏色：白色**，最後清空 **文字** 欄中的內容。

⓫ 選取 **標籤 2**，在 **元件清單** 中更改名稱為「單元名稱」。在 **元件屬性** 設定 **粗體**、**字體大小：32**、**文字顏色：白色**，再清空 **文字** 欄中的內容。

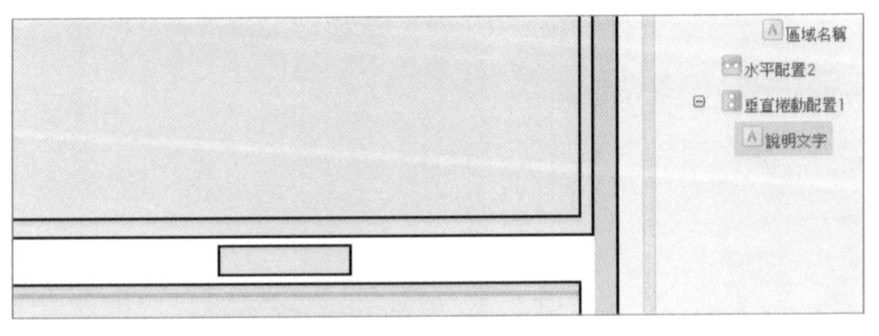

⓬ 拖曳 **使用者介面 / 標籤** 到 **垂直捲動配置 1** 中，在 **元件清單** 中更改名稱為「說明文字」。在 **元件屬性** 設定 **字體大小：16**、**高度：自動**、**寬度：填滿**。

14.4 App 程式設計

完成了「台北動物園館區導覽」App 的畫面編排後，接下來就要加入程式設計的拼塊。

14.4.1 設定 Screen1 頁面

讀取外部 CSV 檔案

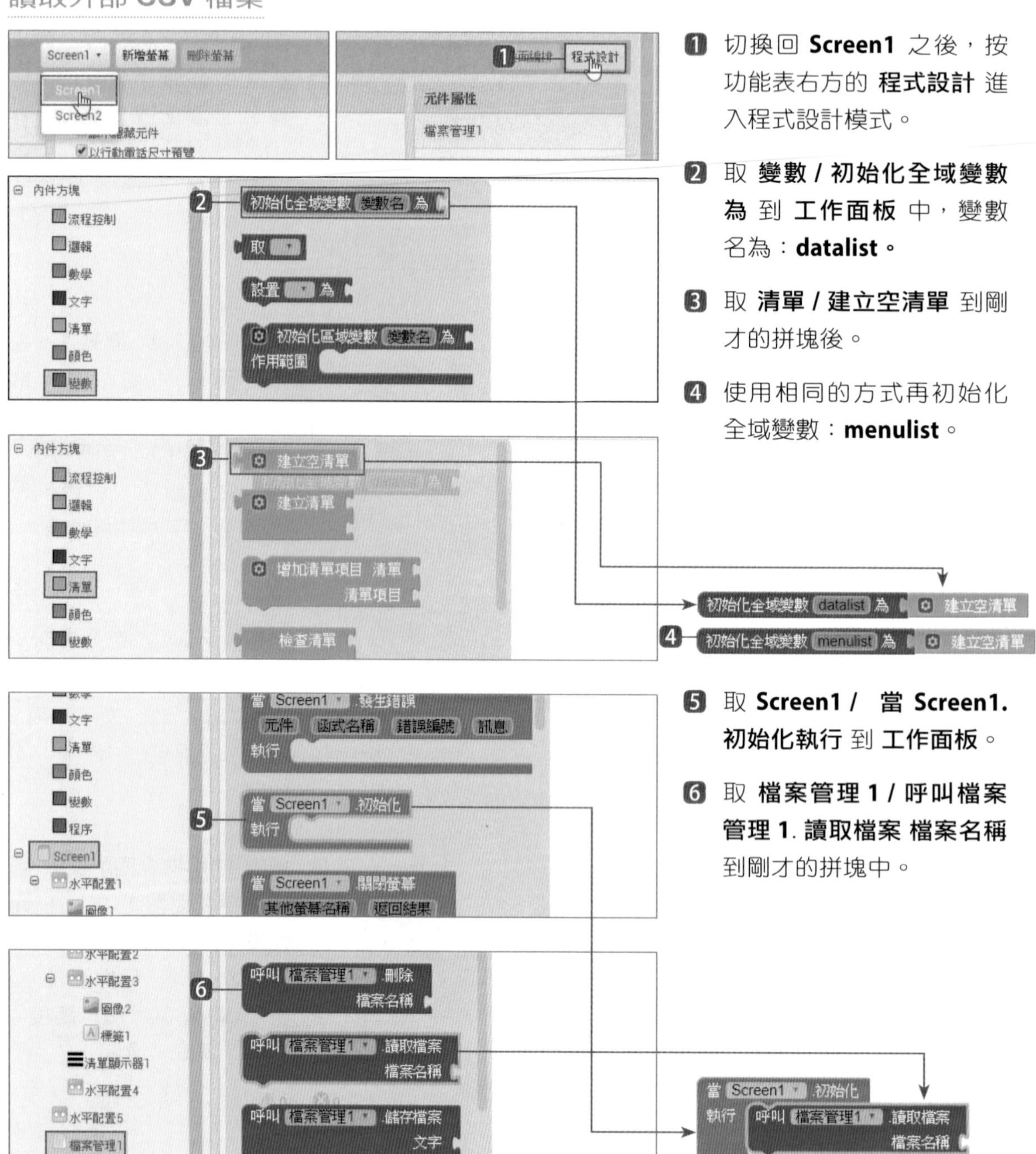

1. 切換回 **Screen1** 之後，按功能表右方的 **程式設計** 進入程式設計模式。
2. 取 **變數 / 初始化全域變數為** 到 **工作面板** 中，變數名為：**datalist**。
3. 取 **清單 / 建立空清單** 到剛才的拼塊後。
4. 使用相同的方式再初始化全域變數：**menulist**。
5. 取 **Screen1 / 當 Screen1. 初始化執行** 到 **工作面板**。
6. 取 **檔案管理 1 / 呼叫檔案管理 1. 讀取檔案 檔案名稱** 到剛才的拼塊中。

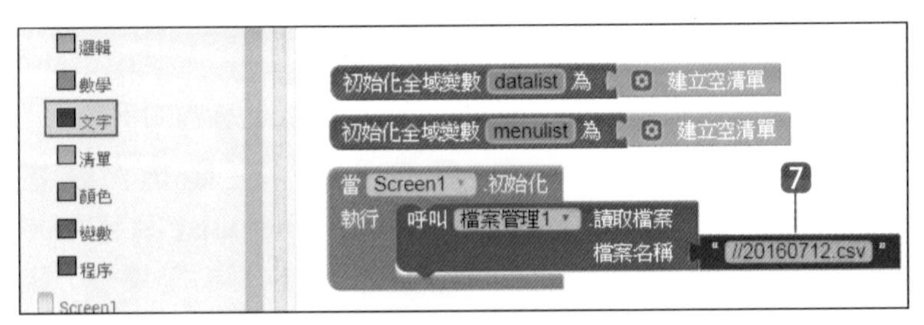

❼ 取 **文字 / 空白字串** 到剛才拼塊的 **檔案名稱** 後，設定檔案路徑為：「//20160712.csv」。

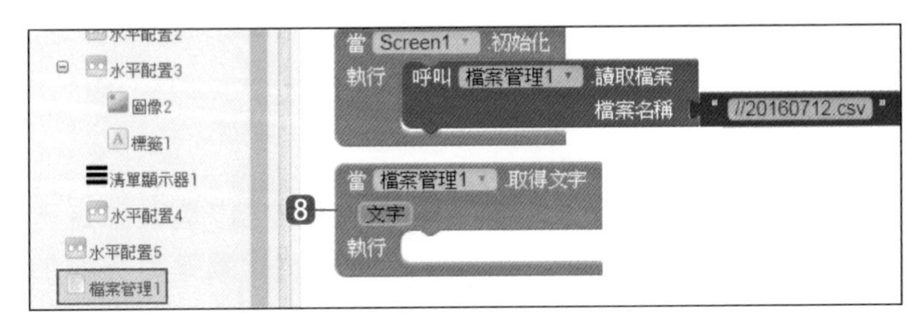

❽ 取 **檔案管理 1 / 當檔案管理 1. 取得文字** 到 **工作面板**。

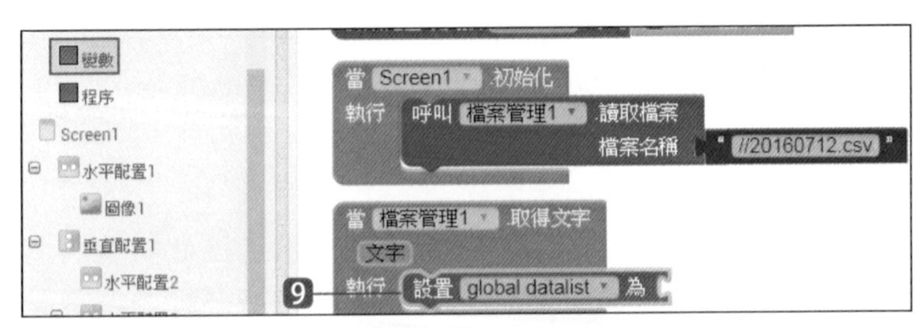

❾ 取並設定 **變數 / 設置 global datalist 為** 到剛才的拼塊中。

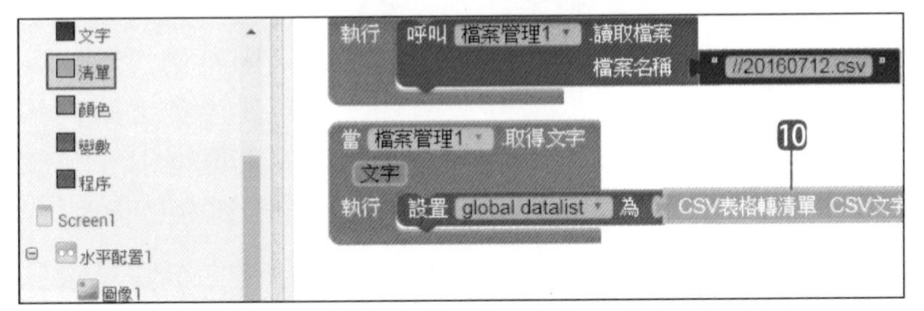

❿ 取 **清單 / CSV 表格轉清單** 到剛才的拼塊後。

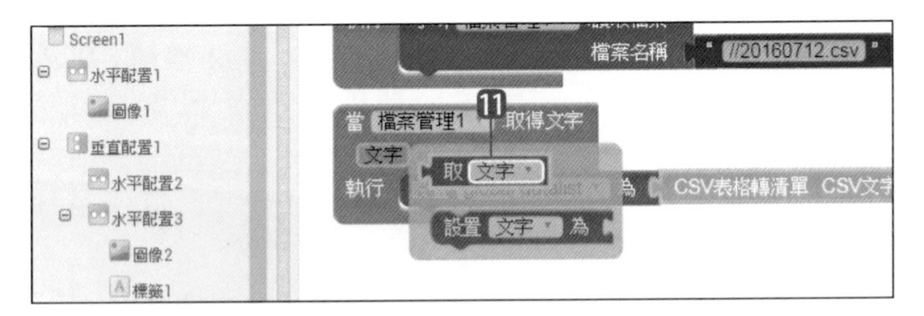

⓫ 將滑鼠在 **當檔案管理 1. 取得文字 / 文字** 停留 2 秒，取 **取文字** 到剛才的拼塊後。

設定清單顯示器

由 CSV 檔案中讀入資料後，要取出第 3 欄的區域名稱做為清單顯示器的選項，方式如下：

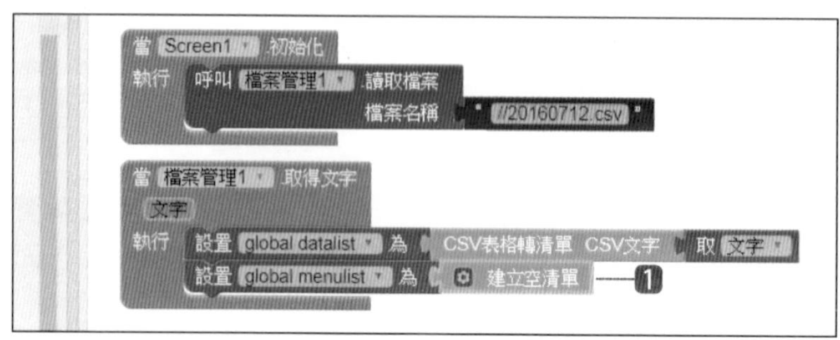

❶ 取並設定 **變數 / 設置 global menulist 為** 到剛才的拼塊下，再取 **清單 / 建立空清單** 到拼塊後。

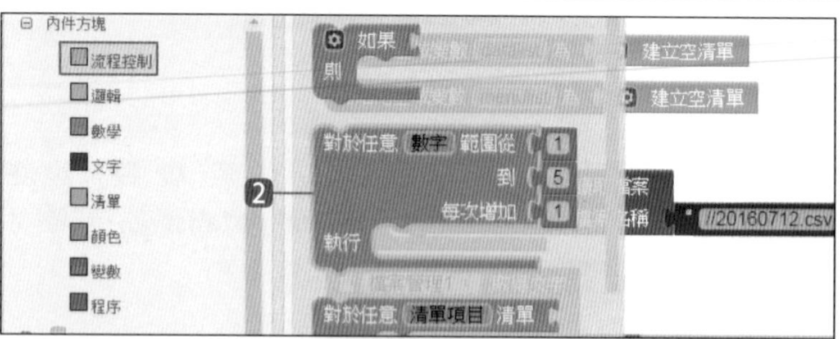

❷ 取 **流程控制 / 對於任意數字範圍從 1 到 5 每次增加 1** 到 **工作區域** 中。

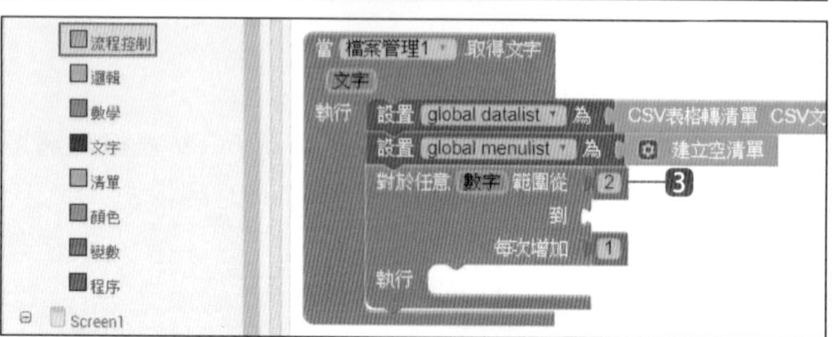

❸ 接著要利用這個拼塊將清單中的區域名稱由一筆筆資料中取出，再新增成新的清單。因為第 1 筆是表頭，所以要由第 2 筆開始取，請將 **範圍從** 後的值改為 2，再將 **到** 後的值刪除。

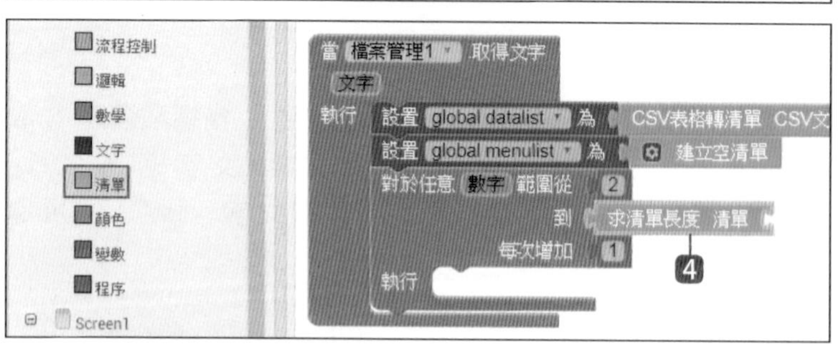

❹ 因為要由第 2 筆資料取到清單最後，所以先刪除 **到** 後的值，再取 **清單 / 求清單長度** 接到 **到** 後方成為新的值。

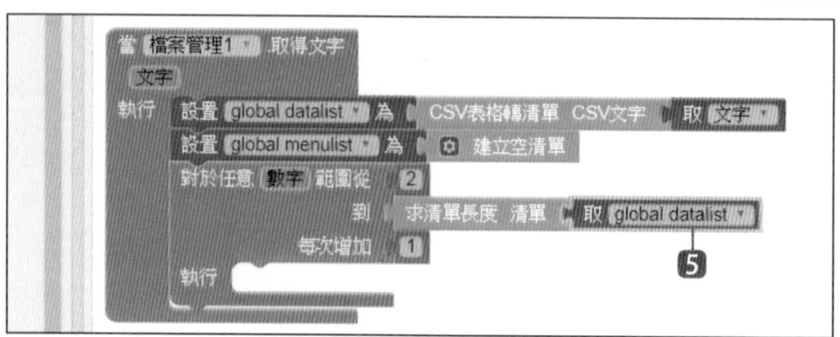

❺ 取 **變數 / 設 global datalist** 到剛才的拼塊後，如此這樣就能由第 2 筆資料取到清單最後了。

❻ 因為要將取出的區域名稱加到新的清單中，請取 **清單 / 增加清單項目** 到剛才的拼塊中。

❼ 取 **變數 / global menulist** 到剛才拼塊的 **清單** 後。

❽ 取 **清單 / 選擇清單 中索引值為 的清單項** 到剛才拼塊的 **item** 參數後。

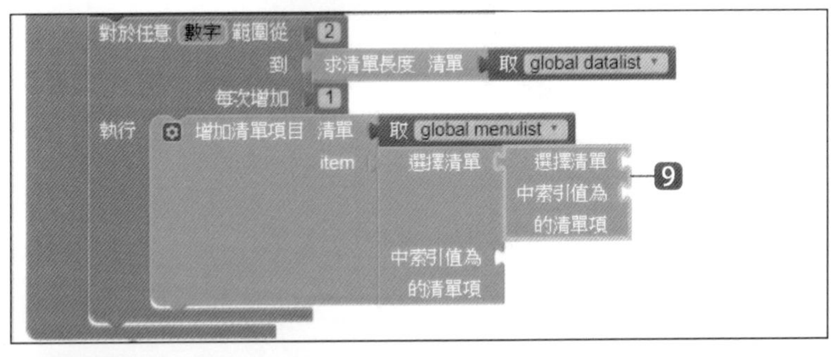

❾ 再取 **清單 / 選擇清單 中索引值為 的清單項** 到剛才拼塊的 **選擇清單** 參數後。

❿ 取 **變數 / global datalist** 到剛才拼塊的 **選擇清單** 後。將滑鼠在上層拼塊的 **數字** 停留 2 秒，取 **取數字** 到剛才的拼塊 **中索引值為** 後。

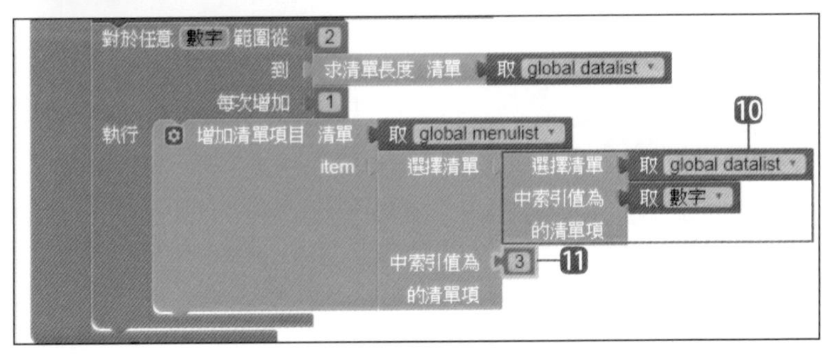

⓫ 因為要取每一筆資料的第 3 欄區域名稱為值，所以設定 **中索引值為** 3。

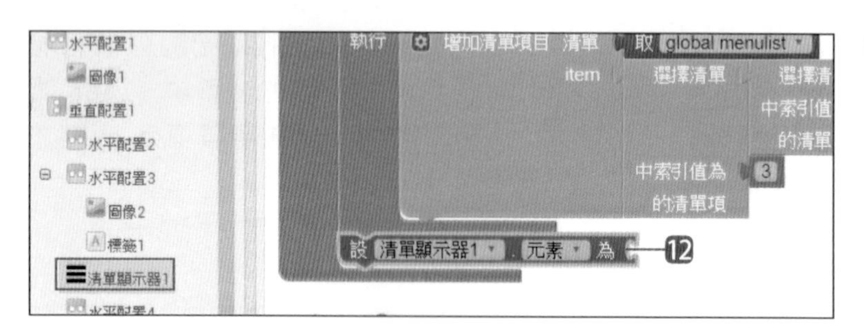

⑫ 取 **清單 / 設 清單顯示器 1. 元素 為** 拼塊到剛才的拼塊下。

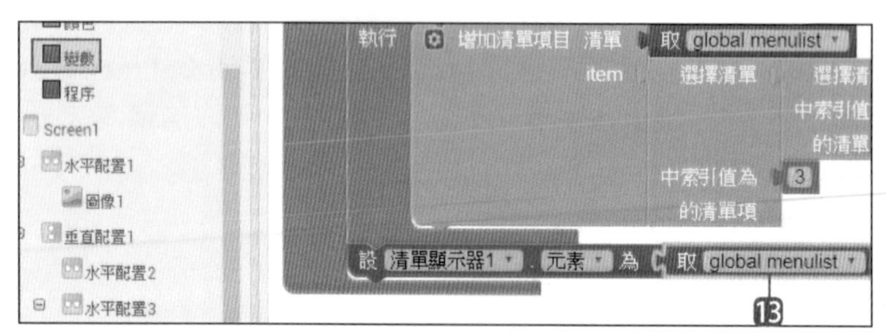

⑬ 取 **變數 / global menulist** 到剛才拼塊後。

設定選按清單顯示器後前往下一頁

當使用者點選了某個區域選項後，要將相關的資料帶到下一頁去顯示，設定的方法如下：

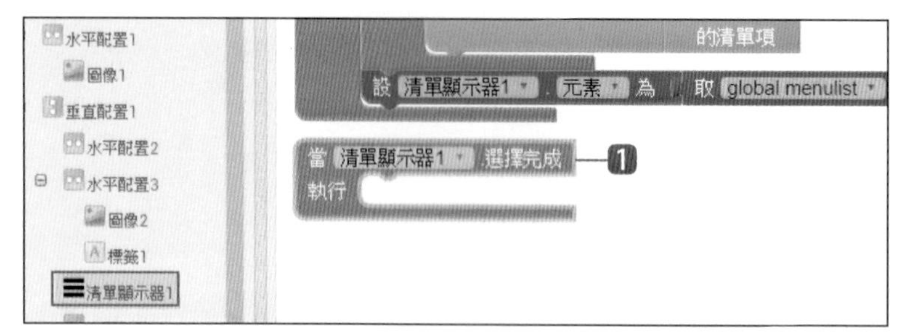

① 取 **清單顯示器 1 / 當清單顯示器 1. 選擇完成** 拼塊到 **工作面板** 中。

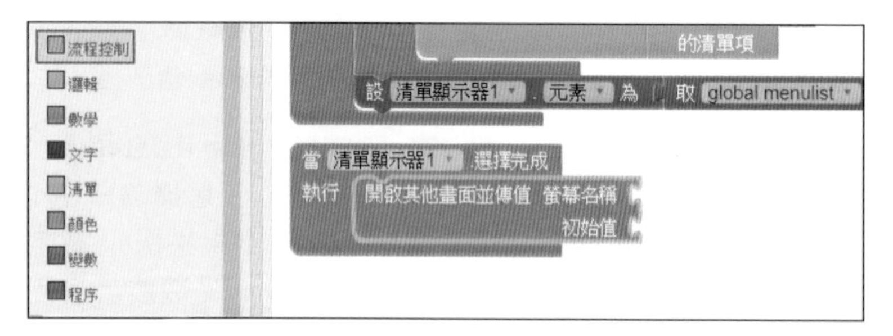

② 取 **流程控制 / 開啟其他畫面並傳值** 拼塊到剛才的拼塊中。

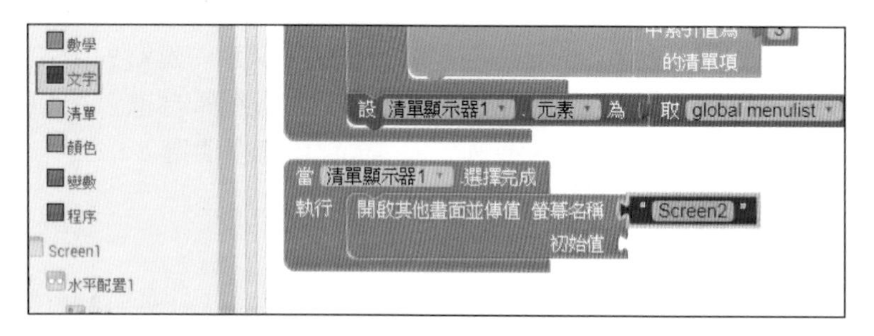

③ 取 **文字 / 空白字串** 到剛才拼塊的 **螢幕名稱** 後，設定為：「Screen2」。

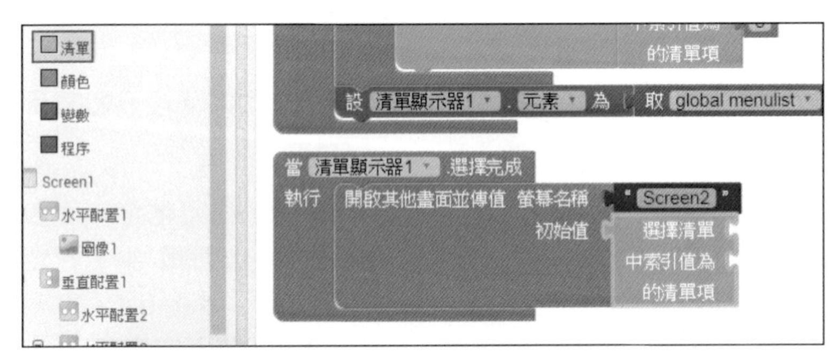

❹ 因為要將使用者選取的區域資料傳到下一列，取 **清單 / 選擇清單 中索引值為的清單項** 到剛才拼塊的 **初始值** 參數後。

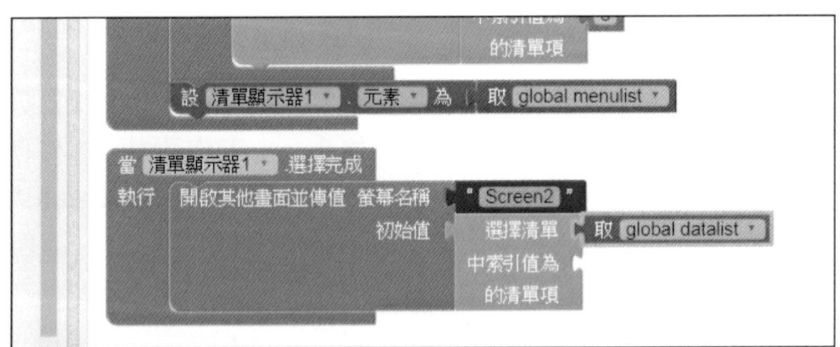

❺ 取並設定 **變數 / 取 global datalist** 到剛才拼塊的 **選擇清單** 參數後。

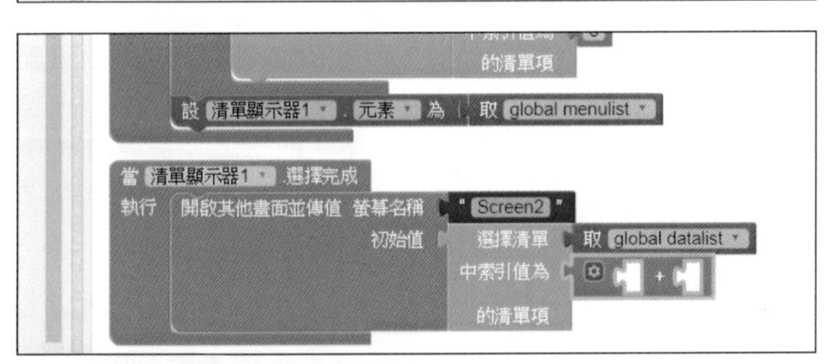

❻ 因為資料清單的第 1 筆是表頭，所以在 menulist 清單中選取的區域項目的索引值要加 1 才會是所屬的資料。這裡請取 **數學 / +** 到剛才拼塊的 **中索引值為** 參數後。

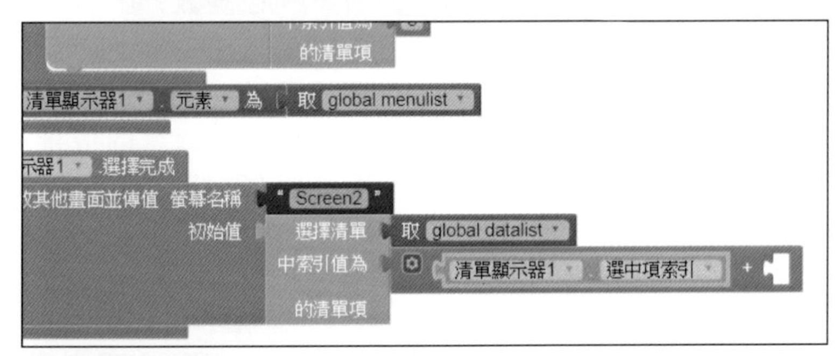

❼ 取 **清單選擇器 1 / 清單選擇器 1. 選中項索引** 到剛才拼塊的第 1 個參數。

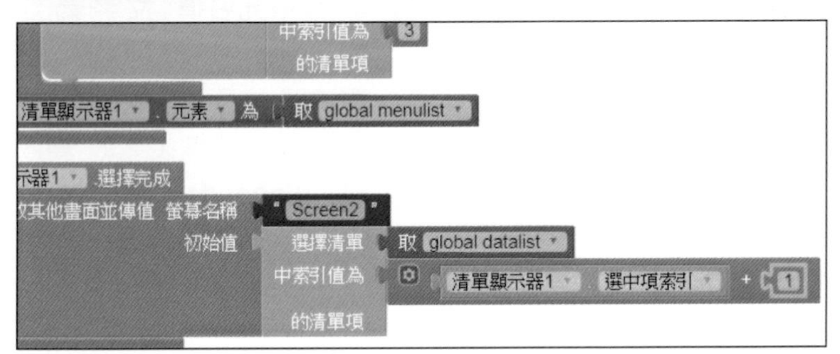

❽ 取 **數學 / 0** 到剛才拼塊的第 2 個參數，將值修改「1」。

14.4.2 設定 Screen2 頁面

❶ 在程式設計模式下切換到 **Screen2**。

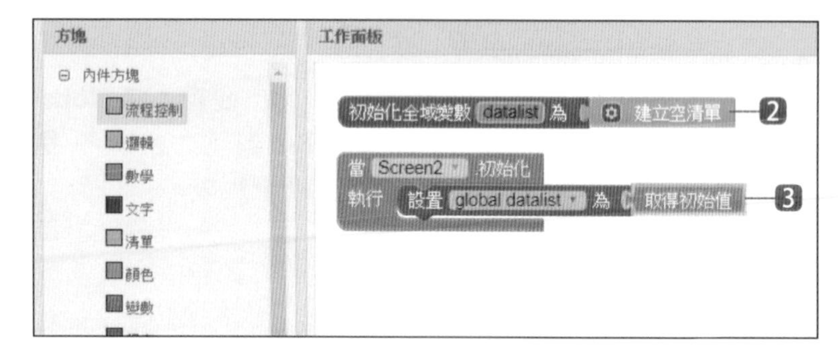

❷ 取 **變數 / 初始化全域變數為** 到 **工作面板** 中，設定變數名為：**datalist**。接著取 **清單 / 建立空清單** 到剛才的拼塊後。

❸ 取 **Screen2 / 當 Screen2 初始化** 到 **工作面板** 中。取 **變數 / 設置 global datalist 為** 到剛才拼塊中。取 **流程控制 / 取得初始值** 到剛才拼塊後方。

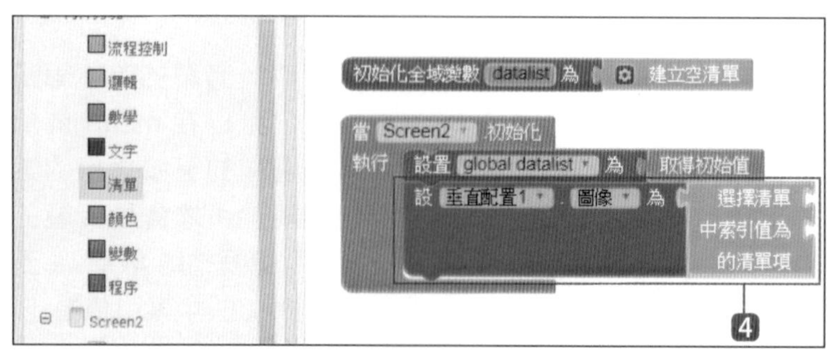

❹ 取 **垂直配置 1 / 設垂直配置 1. 圖像 為** 到剛才拼塊下。取 **清單 / 選擇清單 中索引值為 的清單項** 到剛才拼塊的後方。

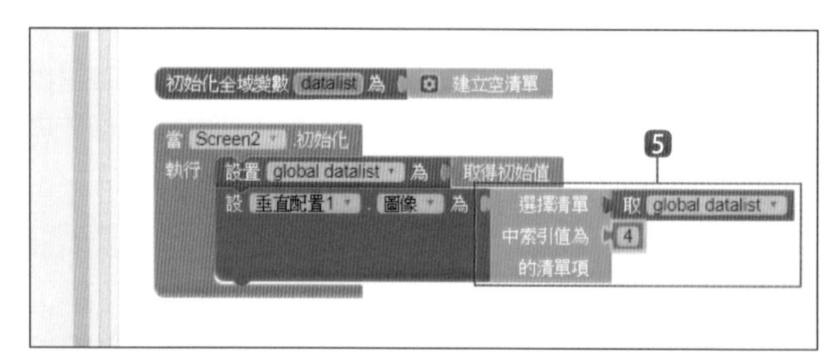

❺ 取並設定 **變數 / 取 global datalist** 到剛才拼塊的 **選擇清單** 後。因為 datalist 的第 4 欄是圖片的位址，取 **數學 / 0** 到剛才拼塊的第 2 個參數，將值修改「4」。

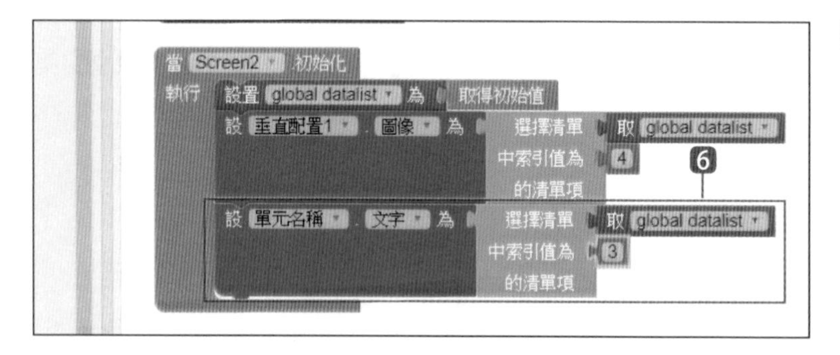

❻ 取 **設單元名稱 . 文字 為** 到剛才拼塊下，取 **清單 / 選擇清單 中索引值為 的清單項** 到剛才拼塊後。取 **變數 / 取 global datalist** 到剛才拼塊的 **選擇清單** 後，設定索引值為「3」。

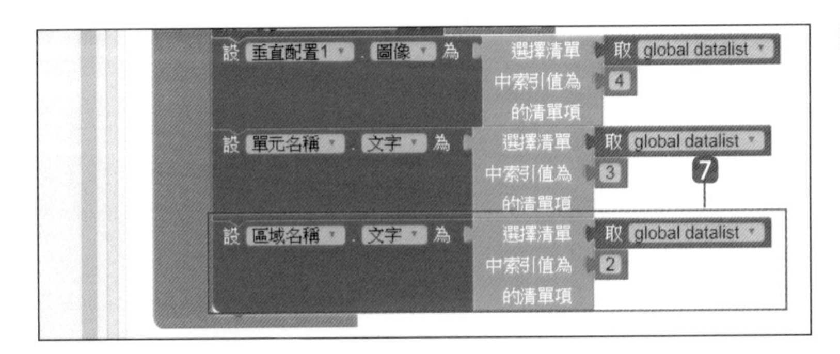

7 取 **設區域名稱 . 文字 為** 到剛才拼塊下，取 **清單 / 選擇清單 中索引值為 的清單項** 到剛才拼塊後。取 **變數 / 取 global datalist** 到剛才拼塊的 **選擇清單** 後，設定索引值為「2」。

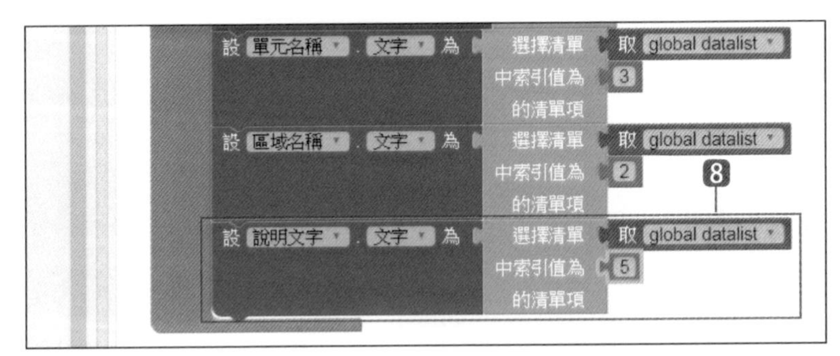

8 取 **設說明文字 . 文字 為** 到剛才拼塊下，取 **清單 / 選擇清單 中索引值為 的清單項** 到剛才拼塊後。取 **變數 / 取 global datalist** 到剛才拼塊的 **選擇清單** 後，設定索引值為「5」。

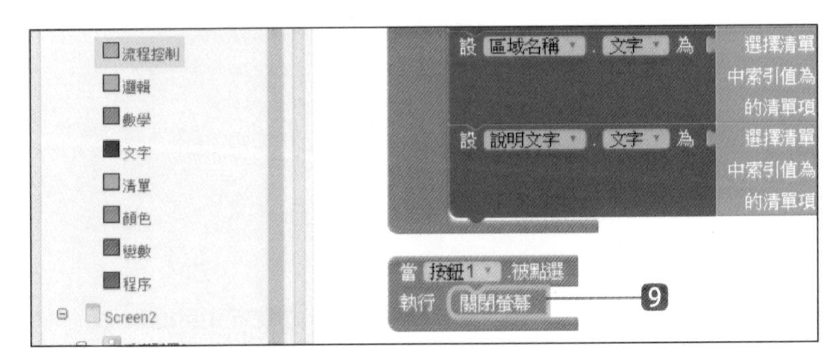

9 取 **按鈕 1 / 當按鈕 1. 被點選** 到 **工作面板**。取 **流程控制 / 關閉螢幕** 到剛才的拼塊中。

如此即完成 App 的專題製作。

手機應用程式設計超簡單--App Inventor 2 小專題特訓班

作　　者：文淵閣工作室
總 監 製：鄧文淵
企劃編輯：王建賀
文字編輯：王雅雯
設計裝幀：張寶莉
發 行 人：廖文良

發 行 所：碁峰資訊股份有限公司
地　　址：台北市南港區三重路 66 號 7 樓之 6
電　　話：(02)2788-2408
傳　　真：(02)8192-4433
網　　站：www.gotop.com.tw
書　　號：ACL055000
版　　次：2018 年 10 月初版
　　　　　2024 年 07 月初版五刷
建議售價：NT$450

國家圖書館出版品預行編目資料

手機應用程式設計超簡單：App Inventor 2 小專題特訓班 / 文淵閣工作室編著. -- 初版. -- 臺北市：碁峰資訊, 2018.10
面；　公分
ISBN 978-986-476-956-8(平裝)
1.系統程式　2.電腦程式設計
312.52　　107018408

本書是根據寫作當時的資料撰寫而成，日後若因資料更新導致與書籍內容有所差異，敬請見諒。若是軟、硬體問題，請您直接與軟、硬體廠商聯絡。